AutoCAD 2014 中文版从入门到精通

李 娇 吴诗贤 郑龙燕 高广宇／主 编
何锦传 李 茵 陈 军 陈 波／副主编

图书在版编目（CIP）数据

AutoCAD 2014 从入门到精通：铂金精粹版 / 李娇等主编 .
一北京：中国青年出版社，2014.6
ISBN 978-7-5153-1456-3
I. ①A… II. ①李 … III. ① AutoCAD 软件 IV. ①TP391.72
中国版本图书馆 CIP 数据核字（2014）第 030818 号

AutoCAD 2014从入门到精通（铂金精粹版）

李 娇 吴诗贤 郑龙燕 高广宇 / 主 编
何锦传 李 茵 陈 军 陈 波 / 副主编

出版发行：中国青年出版社
地 址：北京市东四十二条 21 号
邮政编码：100708
电 话：（010）59521188 / 59521189
传 真：（010）59521111
企 划：北京中青雄狮数码传媒科技有限公司
策划编辑：张 鹏
责任编辑：张 军
封面制作：六面体书籍设计 孙素锦

印 刷：北京建宏印刷有限公司
开 本：787 × 1092 1/16
印 张：16
版 次：2014 年 5 月北京第 1 版
印 次：2016 年 1 月第 3 次印刷
书 号：ISBN 978-7-5153-1456-3
定 价：69.80 元（附赠 1DVD，含语音视频教学 + 案例素材文件）

本书如有印装质量等问题，请与本社联系
电话：（010）59521188 / 59521189
读者来信：reader@cypmedia.com
如有其他问题请访问我们的网站：www.cypmedia.com

“北大方正公司电子有限公司”授权本书使用如下方正字体。
封面用字包括：方正粗雅宋简体，方正兰亭黑系列。

Preface

前言

随着计算机技术的飞速发展，AutoCAD技术已经广泛应用于建筑、机械、电子、纺织、化工等行业，它以友好的用户界面、丰富的命令和强大的功能，逐渐赢得了各行各业的青睐，成为国内外最受欢迎的计算机辅助设计软件。

Autodesk公司自1982年推出AutoCAD软件以来，先后经历了多次升级，目前最新版本为AutoCAD 2014。新版本的界面根据用户需求做了更多的优化，旨在使用户更快完成常规CAD任务、更轻松地找到更多常用命令。为了使广大读者能够在短时间内熟练掌握该版本的所有操作，我们特意组织了几位一线教师编写了本书，书中全面、详细地介绍了AutoCAD 2014的新增功能、使用方法及应用技巧。

全书共14章，其各章的主要内容介绍如下：

章　节	内　容
Chapter 01	主要讲解了AutoCAD的基本应用、AutoCAD 2014工作界面与新增功能、绘图环境的设置等
Chapter 02	主要讲解了图形文件的管理、捕捉功能的应用以及查询功能的应用等
Chapter 03	主要讲解了图层的特性、图层的设置、图层的管理等
Chapter 04	主要讲解了常见二维图形的绘制，包括点、线段、矩形和多边形的绘制等
Chapter 05	主要讲解了二维图形的编辑操作，包括图形对象的选取、复制、修改、调整以及图形图案的填充等
Chapter 06	主要讲解了图块的创建与编辑、外部参照的使用以及设计中心的使用等
Chapter 07	主要讲解了文字样式的设置、单行/多行文本的输入与编辑、表格的使用等
Chapter 08	主要讲解了尺寸标注的应用，如线性标注、对齐标注等基本尺寸标注，还有公差标注、引线标注等
Chapter 09	主要讲解了三维模型的创建，包括视觉样式的设置、三维实体的绘制、二维图形生成三维实体以及布尔运算等
Chapter 10	主要讲解了三维模型的编辑，包括三维对象的移动、旋转、对齐、镜像、阵列、剖切、抽壳以及材质和贴图，光源的添加等
Chapter 11	主要讲解了图形的输入 / 输出、图形的打印等
Chapter 12~14	综合实例练习，分别介绍了家装空间的设计、办公空间的设计、专卖店空间的设计等。通过模仿练习，使读者更好地掌握前面所学的CAD绘图知识

本书内容知识结构安排合理，语言组织通俗易懂，在讲解每一个知识点时，附加以小应用案例进行说明。正文中还穿插介绍了很多细小的知识点，均以“知识链接”和“专家技巧”栏目体现。每章最后都安排有“设计师训练营”和“课后习题”两个栏目，以对前面所学知识加以巩固练习。此外，附赠的光盘中记录了典型案例的教学视频，以供读者模仿学习。

本书在编写和案例制作过程中力求严谨细致，但由于水平和时间有限，疏漏之处在所难免，望广大读者批评指正。我的邮箱是itbook2008@163.com。

编　者

Contents

目录

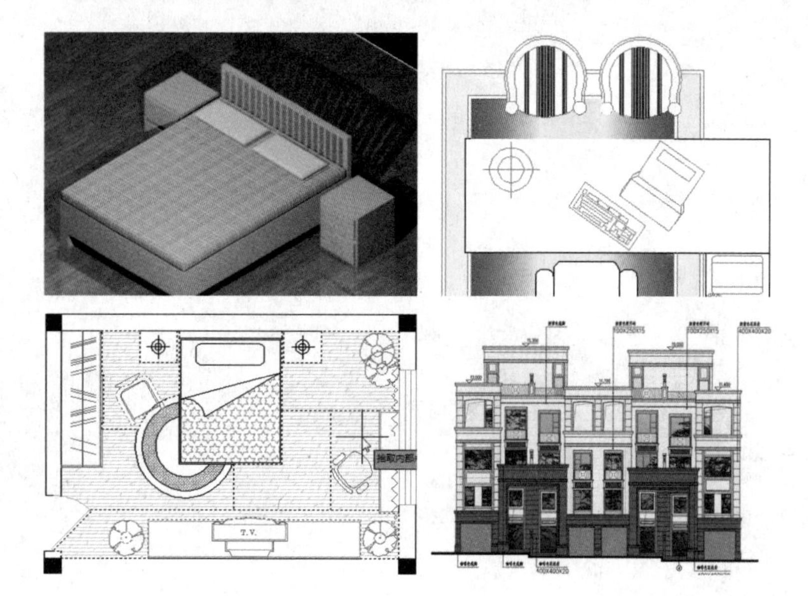

Chapter

AutoCAD 2014轻松入门

AutoCAD 2014的基本操作

图层的设置与管理

二维图形的绘制

Chapter

二维图形的编辑

Chapter

图块、外部参照及设计中心的应用

Chapter 07 文本与表格的应用

尺寸标注的应用

绘制三维图形

Chapter 10

编辑三维模型

输出与打印图形

Chapter 12

住宅空间设计方案

Chapter

办公空间设计方案

专卖店空间设计方案

AutoCAD 2014轻松入门

对于从事机械、建筑、服装、工业等专业的设计人员来说，AutoCAD软件是必须要掌握的工具。目前该软件已升级到2014版本。在这最新版本中，用户可体会到新功能所带来的乐趣。本章将对AutoCAD 2014的入门知识进行介绍，以为后面的绘图操作奠定基础。

重点难点

- AutoCAD 2014新功能
- AutoCAD 2014工作界面
- 绘图环境的设置
- 坐标系

Section 1.1 AutoCAD概述

AutoCAD软件操作起来很方便，绘制出的图纸不仅漂亮、工整，而且其中数据参数也十分严谨。所以该软件应用的范围非常广泛。下面将介绍AutoCAD软件的应用以及新版本的功能。

1.1.1 AutoCAD的基本应用

AutoCAD软件具有绘制二维图形、绘制三维图形、标注图形、协同设计、图纸管理等功能，并被广泛应用于机械、建筑、电子、航天、石油、化工、地质等领域，是目前世界上使用最为广泛的计算机绘图软件。下面将介绍在几种常见领域中AutoCAD的应用。

1. 在建筑工程领域中的应用

在绘制建筑工程图纸时，一般要用到3种以上的制图软件，例如AutoCAD、3ds Max、Photoshop等。其中AutoCAD软件则是建筑制图的核心制图软件。设计人员通过该软件，可以轻松地表现出所需要的设计效果，如下图所示。

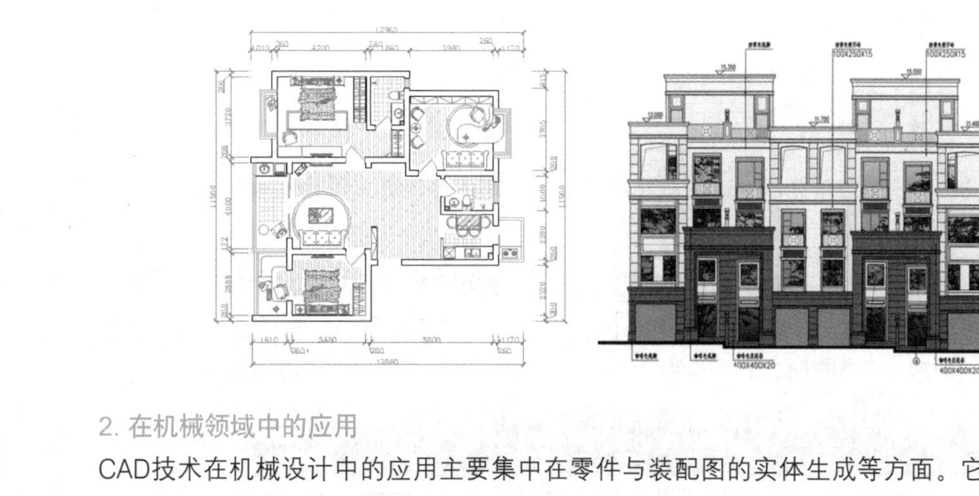

2. 在机械领域中的应用

CAD技术在机械设计中的应用主要集中在零件与装配图的实体生成等方面。它彻底更新了设计手段和设计方法，摆脱了传统设计模式的束缚，引进了现代设计观念，促进了机械制造业的高速发展，如下图所示。

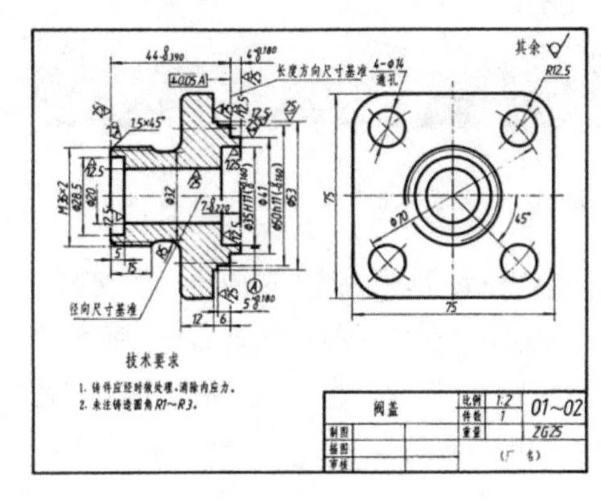

3. 在电气工程领域中的应用

在电气设计中，CAD主要应用在制图和一部分辅助计算方面。电气设计的最终产品是图纸，作为设计人员需要基于功能或美观方面的要求创作出新产品，并需要具备一定的设计概括能力，从而利用CAD软件绘制出设计图纸，如下图所示。

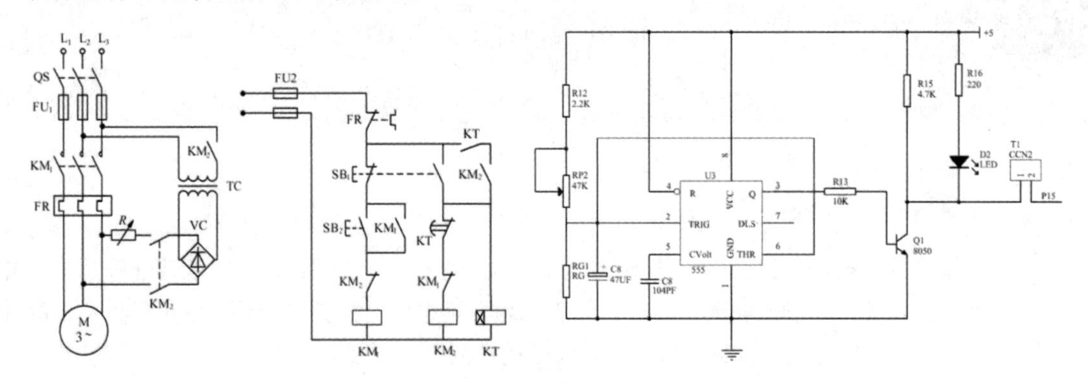

4. 在服装领域中的应用

随着科技时代的发展，服装行业也逐渐应用CAD设计技术。该技术融合了设计师的理想、技术经验，通过计算机强大的计算功能，使服装设计更加科学化、高效化，为服装设计师提供了一种现代化的工具。目前，使用服装CAD技术可进行服装款式图的绘制、对基础样板进行放码、对完成的衣片进行排料、对完成的排料方案直接通过服装裁剪系统进行裁剪等。

1.1.2 AutoCAD 2014新功能

AutoCAD 2014为AutoCAD的最新版本。该版本除了继承早期版本的优点外，还增加了几项新功能。

1. 图形选项卡

在AutoCAD 2014操作界面中，增添了一项图形选项卡。使用该选项卡，可在打开的图形间相互切换。默认情况下，该选项卡则位于功能区下方，绘图窗口上方，如下图所示。在该选项卡中，单击文件名称右侧的“+”按钮，可快速创建一个空白文件；而单击“×”按钮，可关闭该图形文件。

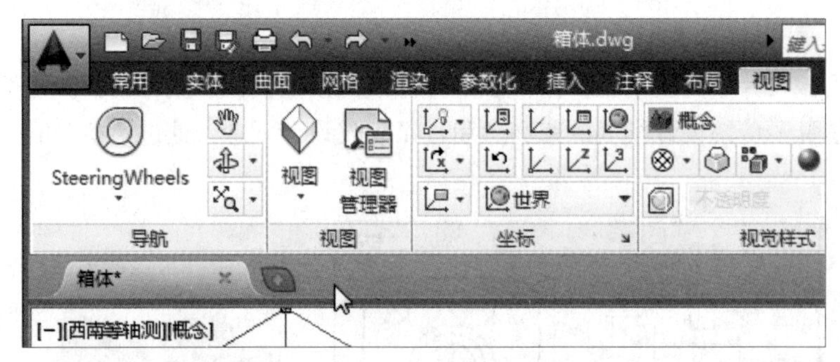

2. 命令行

在AutoCAD 2014命令行功能中，增加了功能搜索选项。例如在使用“图案填充”命令时，命令行会自动罗列出填充图案，以供用户选择。其方法为：在命令行中输入“H（图案填充）”命令，此时系统将自动打开与之相关的命令选项，单击“图案填充”后的叠加按钮，如下左图所示。其后在打开的填充图案列表中，和用鼠标选择满意的图案，即可进行图案填充操作，如下右图所示。

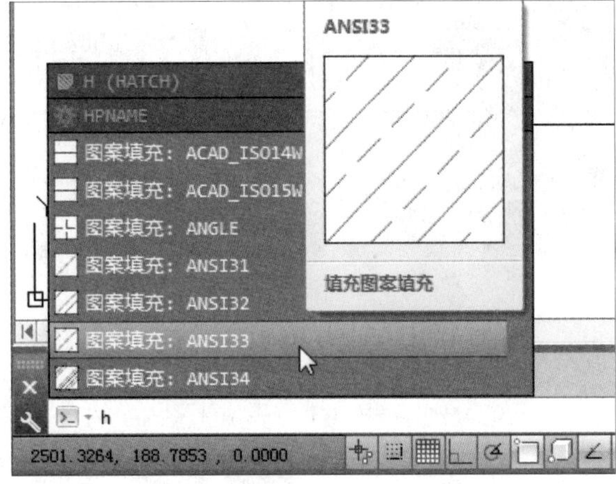

3. Autodesk 360

使用Autodesk 360功能，可将绘制的图纸上传至相关网页中，以方便与其他用户共享交流。用户只需单击“Autodesk 360”标签，在“访问”、“自定义同步”以及“共享与协作”这3个选项组中，根据需要单击相关命令，即可进行操作，如下图所示。

4. 图层合并

用户可使用AutoCAD 2014中提供的“图层合并”功能，对图纸中所需合并的图层进行合并操作。其方法为：单击“图层特性”命令，打开“图层特性管理器”对话框，选择要合并的图层选项，单击鼠标右键，选择“将选定的图层合并到”命令，在“合并到图层”对话框中，选择目标图层选项，单击“确定”按钮即可完成合并操作，如下图所示。

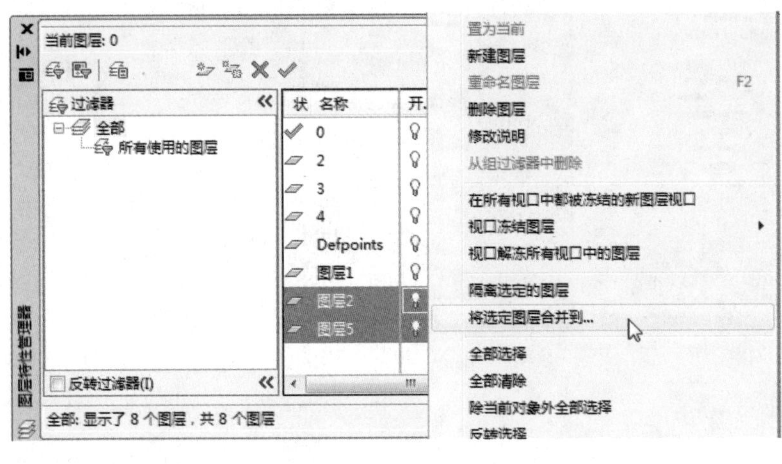

AutoCAD 2014工作界面

将应用程序成功安装到计算机后，双击桌面上的快捷方式，即可将其启动并使用了，本节将对AutoCAD 2014的工作界面进行介绍。

1.2.1 软件界面与应用程序菜单

AutoCAD 2014软件界面与AutoCAD 2013的界面大致相似，如下图所示。

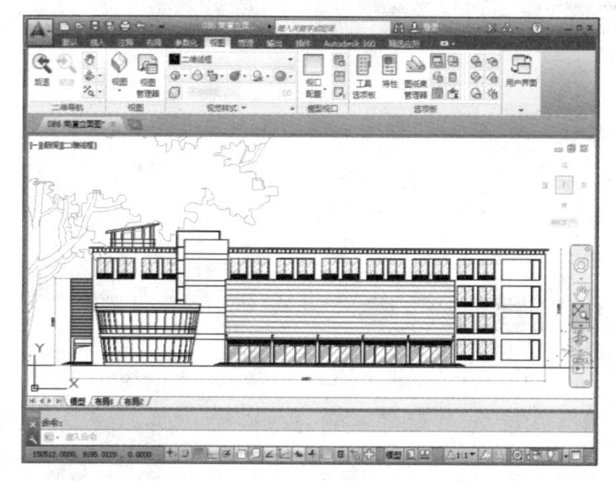

应用程序菜单是提供快速文件管理与图形发布以及选项设置的快捷路径方式。单击界面左上角的软件图标按钮，在打开的下拉菜单中，用户可对图形进行新建、打开、保存、输出、发布、打印及关闭操作，如下左图所示。

在该菜单中，若选择带有“▸”符号的命令选项，则说明该命令带有级联菜单，如下右图所示。当命令以灰色显示，则表示该命令不可用。

1.2.2 快速访问工具栏

快速访问工具栏默认位于操作界面左上方，该工具栏中放置了一些常用命令的快捷方式，例如“新建、打开、保存以、打印及放弃”等。单击“工作空间”下拉按钮，可在展开的列表中，选择所需的绘图环境选项。

1.2.3 标题栏

标题栏位于工作界面的最顶端。标题栏左侧依次显示的是“应用程序菜单”、“快速访问工具栏”选项；标题栏中间则显示当前运行程序的名称和文件名等信息；而在右侧依次显示的是“搜索”、“登陆”、“交换”、“保持连接”、“帮助”以及窗口控制按钮。

1.2.4 功能区

AutoCAD 2014功能区位于标题栏下方，绘图区上方，它集中了AutoCAD软件的所有绘图命令。包括“默认”、“插入”、“注释”、“布局”、“参数化”、“视图”、“管理”、“输出”、“插件”、“Autodesk 360”及“精选应用”选项卡。切换至任意选项卡，则会在其下方显示该命令中所包含的选项组。用户在选项组中，选择所需执行的操作命令即可。

1.2.5 图形选项卡

图形选项卡位于功能区下方，绘图区上方。它是以文件打开的顺序来显示的。拖动选项卡至满意位置，则可更改文件的顺序。若在该选项卡中没有足够的空间显示所有的图形文件，此时会在其右端出现浮动菜单以选择更多打开的图形文件。

在制图过程中，如果想扩大绘图区域，可关闭功能区和图形选项卡。单击三次功能区中的“最小化”按钮，可关闭功能区。若想关闭图形选项卡，只需在功能区中单击“文件图标”按钮，在打开的文件列表中，单击“选项”按钮，打开“选项”对话框，在“显示”选项卡中，取消勾选“显示文件选项卡”复选框，单击“确定”按钮，即可关闭图形选项卡。

1.2.6 绘图区

绘图区是用户绘图的主要工作区域，它占据了屏幕绝大部分空间，所有图形的绘制都是在该区域内完成的。绘图区的左下方为用户坐标系（UCS）；左上方则显示当前视图的名称及显示模式；而在右侧则显示当前视图三维视口及窗口控制按钮。

1.2.7 命令行

AutoCAD 2014的命令行在默认情况下位于绘图区下方。当然也可根据需要将其移至其他合适位置。它用于输入系统命令或显示命令提示信息，如下图所示。

```
命令: f FILLET
当前设置: 模式 = 修剪，半径 = 100.0000
FILLET 选择第一个对象或 [放弃(U) 多段线(P) 半径(R) 修剪(T) 多个(M)]:
```

1.2.8 状态栏

状态栏位于命令行下方，操作界面最底端，用于显示当前用户的工作状态。状态栏左侧显示了光标所在位置的坐标点；其次则显示一些绘图辅助工具，如“推断约束”、“捕捉模式”、“栅格显示”、“正交模式”、“极轴追踪”、“三维对象捕捉”、“快捷特性”等；在该栏最右侧则显示了“全屏显示”按钮，若单击该按钮，则操作界面以全屏显示。

绘图环境的设置

由于每位用户绘图习惯不同，在绘图前都会进行一番设置，以使绘制的图纸更加精确。下面将介绍一些常用绘图环境的设置操作。

1.3.1 设置绘图单位

在绘图之前，进行绘图单位的设置是很有必要的。对于任何图形而言，都有其大小、精度以及所采用的单位。但各个行业领域的绘图要求不同，其单位、大小等也会随之改变。

在菜单栏执行“格式>单位”命令，打开“图形单位”对话框，根从中根据需要设置“长度”、“角度”以及“插入时的缩放单位”等参数，如右图所示。

用户也可在命令行中输入“Units”后，按下回车键，同样可打开“图形单位”对话框。

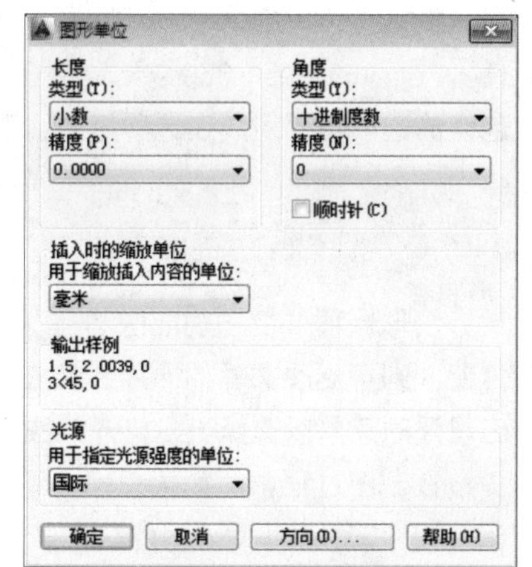

知识链接 “图形单位”对话框的介绍

- **长度**：用于指定测量的当前单位及当前单位的精度。“类型”用于设置测量单位的当前格式，分别为“分数”、“工程”、“建筑”、“科学”、“小数”。“精度”则是用于设置线性测量值显示的小数位数或分数大小。
- **角度**：用于指定当前角度格式和当前角度显示的精度。“类型”用于设置当前角度的格式，分别为“百分度”、“度/分/秒”、“弧度”、“勘测单位”以及“十进制度数”。“精度”则用于设置当前角度所显示的精度。
- **插入时的缩放单位**：用于控制插入至当前图形中的图块测量单位。若使用的图块单位与该选项单位不同，则在插入时，将对其按比例缩放；若插入时不按照指定单位缩放，可选择“无单位”选项。
- **输出样例**：显示用当前单位和角度设置的例子。
- **光源**：用于控制当前图形中的光源强度单位。

1.3.2 设置绘图比例

绘图比例的设置与所绘制图形的精确度有很大关系。比例设置得越大，绘图的精度则越高。当然各行业领域的绘图比例是不相同的。所以在制图前，需要调整好绘图比例值。

例1-1 下面将对绘图比例的设置操作进行介绍。

Step 01 执行“格式>比例缩放列表”命令，如下左图所示。打开“编辑图形比例”对话框。

Step 02 在“比例列表”中选择所需比例值，单击“确定”按钮即可，如下右图所示。

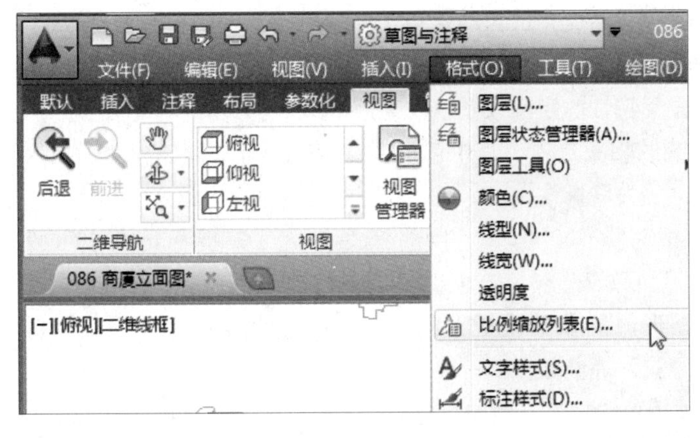

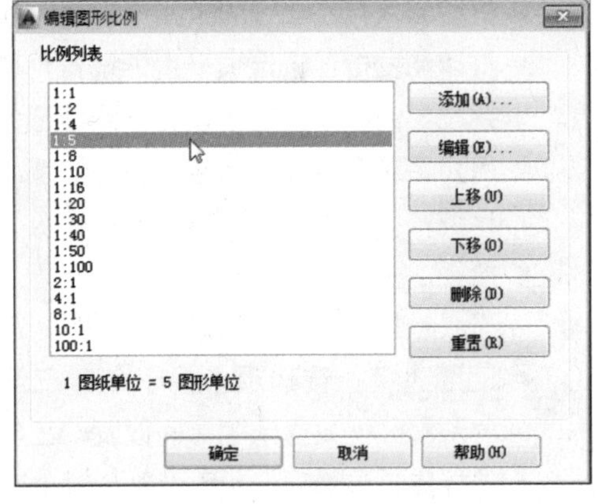

Step 03 若列表中没有合适的比例值，可单击“添加”按钮，在“添加比例”对话框的“显示在比例列表中的名称”文本框中，输入所需比例值，并输入“图形单位”与“图纸单位”比例，单击“确定”按钮，如下左图所示。

Step 04 在返回的对话框中，选中添加的比例值，单击“确定”即可，如下右图所示。

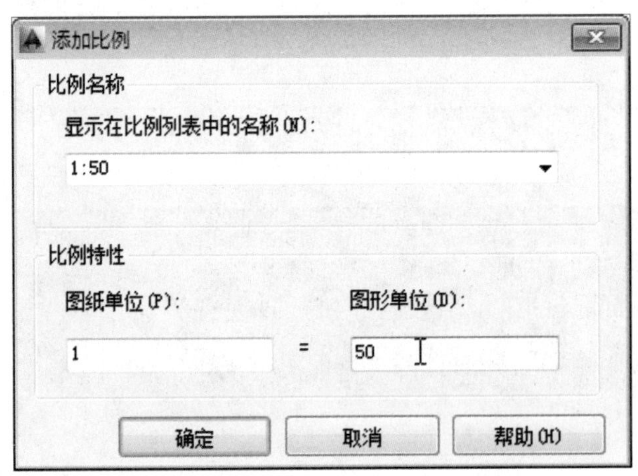

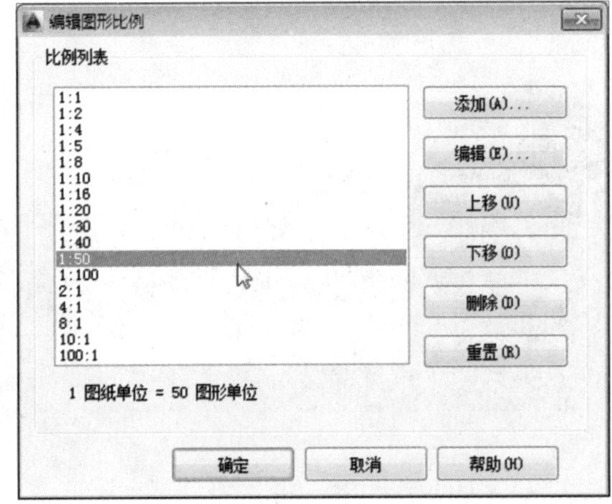

1.3.3 设置基本参数

每位用户绘图习惯都不相同，在绘图前，对一些基本参数进行正确的设置，才能够提高制图效率。

执行“应用程序>选项”命令，在打开的“选项”对话框中，用户即可对所需参数进行设置，如右图所示。

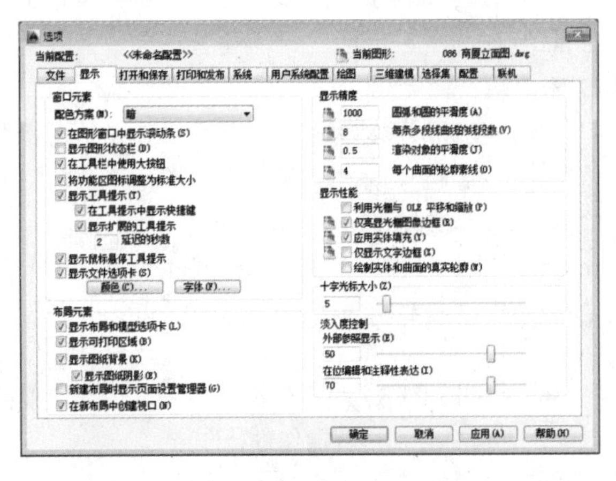

下面将对“选项”对话框中的各选项卡进行说明。

- **文件**：该选项卡用于确定系统搜索支持文件、驱动程序文件、菜单文件和其他文件。
- **显示**：该选项卡用于设置窗口元素、显示精度、显示性能、十字光标大小和参照编辑的颜色等参数。

- **打印和保存**：该选项卡用于设置系统保存文件类型、自动保存文件的时间及维护日志等参数。
- **打印和发布**：该选项卡用于设置打印输出设备。
- **系统**：该选项卡用于设置三维图形的显示特性、定点设备以及常规等参数。
- **用户系统配置**：该选项卡用于设置系统的相关选项，其中包括"Windows标准操作"、"插入比例"、"坐标数据输入的优先级"、"关联标注"、"超链接"等参数。
- **绘图**：该选项用于设置绘图对象的相关操作，例如"自动捕捉"、"捕捉标记大小"、"AutoTrack设置"以及"靶框大小"等参数。
- **三维建模**：该选项卡用于创建三维图形时的参数设置，例如"三维十字光标"、"三维对象"、"视口显示工具"以及"三维导航"等参数。
- **选择集**：该选项卡用于设置与对象选项相关的特性，例如"拾取框大小"、"夹点尺寸"、"选择集模式"、"夹点颜色"、"选择集预览"以及"功能区选项"等参数。
- **配置**：该选项卡用于设置系统配置文件的创建、重命名、删除、输入、输出以及配置等参数。
- **联机**：在该选项卡中选择登录后，可进行联机方面的设置，用户可将AutoCAD的有关设置保存到云上，这样无论在家庭或是办公室，都可保证AutoCAD设置总是相一致的，包括模板文件、界面、自定义选项等。

认识坐标系

用户使用坐标系进行绘图，可以精确定位图形对象，以便精确地拾取点的位置。AutoCAD坐标系分世界坐标系和用户坐标系，默认情况下为世界坐标系，用户可通过UCS命令进行坐标系的转换。

1.4.1 坐标系概述

坐标系分为世界坐标系和用户坐标系两种，而世界坐标系为AutoCAD默认坐标系。下面将分别对其进行介绍。

世界坐标系也称为WCS坐标系，它是AutoCAD中默认的坐标系。一般情况下世界坐标系与用户坐标系是重合在一起的，世界坐标系是不能更改的。在二维图形中，世界坐标系的X轴为水平方向，Y轴为垂直方向，世界坐标系的原点为X轴与Y轴的交点位置，如右图所示。

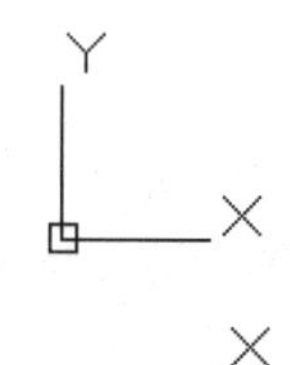

用户坐标系也称为UCS坐标系，该坐标系是可以进行更改的，主要为绘制图形时提供参考。用户坐标系可以通过在菜单栏中执行相关命令来创建，也可以通过在命令行中输入命令UCS来创建，如右图所示。

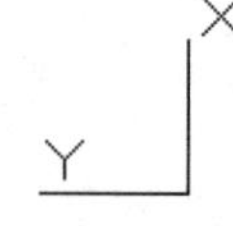

1.4.2 创建新坐标

在绘制图形时，用户根据制图要求创建所需的坐标系。在AutoCAD软件中，可使用4种方法进行创建。下面将分别对其操作进行介绍。

1. 通过输入原点创建

执行“工具>新建UCS>原点”命令，根据命令行中的提示信息，在绘图区中指定新的坐标原点，并输入X、Y、Z坐标值，按回车键，即可完成创建。

2. 通过确定坐标轴方向创建

在命令行中，输入“UCS”命令后按回车键，在绘图区中指定新坐标的原点，如下左图所示，然后根据需要指定好X、Y、Z三点坐标轴方向，即可完成新坐标的创建，如下中图所示。

3. 通过“面”命令创建

执行“工具>新建UCS>面”命令，指定对象一个面为用户坐标平面，然后根据命令行中的提示信息，指定新坐标轴的方向即可，如下右图所示。

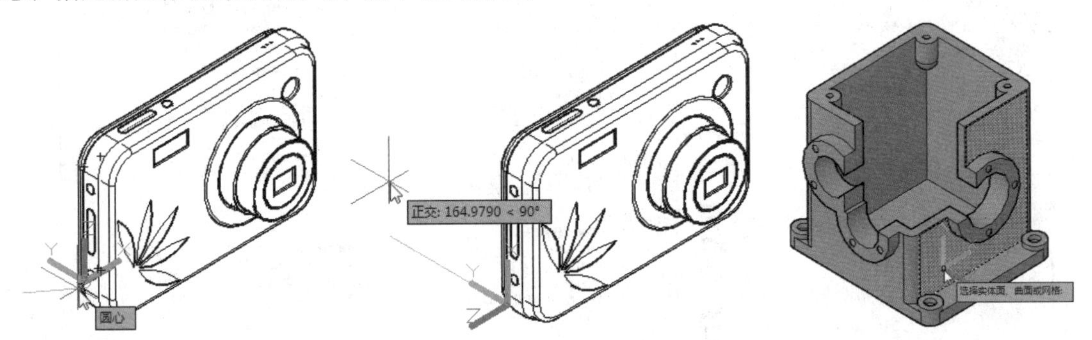

知识链接 认识工作空间

工作空间是用户在绘制图形时使用到的各种工具和功能面板的集合。AutoCAD 2014软件提供了4种工作空间，分别为“草图与注释”、“三维基础”、“三维建模”及“AutoCAD经典”。“草图与注释”为默认工作空间。

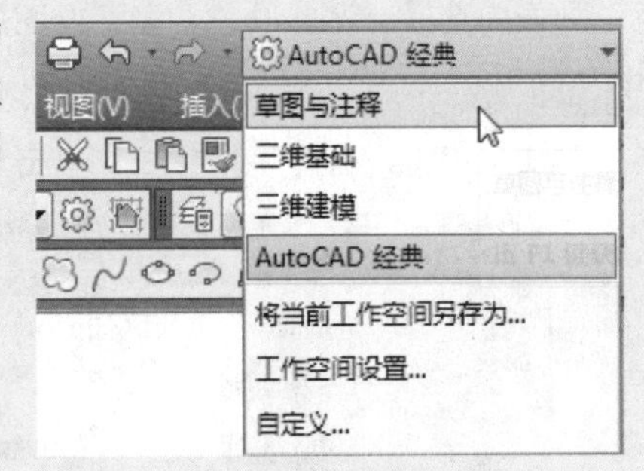

1. 草图与注释

该工作空间主要用于绘制二维草图，是最常用的空间，在该工作空间中，系统提供了常用的绘图工具、图层、图形修改等各种功能面板。

2. 三维基础

该工作空间只限于绘制三维模型。用户可运用系统所提供的建模、编辑、渲染等各种命令，创建出三维模型。

3. 三维建模

该工作空间与“三维基础”相似，但其功能中增添了“网格”和“曲面”建模，而在该工作空间中，也可运用二维命令来创建三维模型。

4. AutoCAD经典

该工作空间则保留了AutoCAD早期版本的界面风格。突出实用性和可操作性，扩大了绘图区的空间。

在实际绘图时，用户可根据绘图要求，对工作空间进行切换操作。

设计师训练营 自定义绘图环境

下面将以设置命令行字体以及绘图背景色为例，介绍如何对绘图环境进行自定义设置。

Step 01 启动AutoCAD 2014软件，执行“应用程序>选项”命令，如下左图所示。

Step 02 在“选项”对话框的“显示”选项卡中，单击“窗口元素”选项组中的“颜色”按钮，如下右图所示。

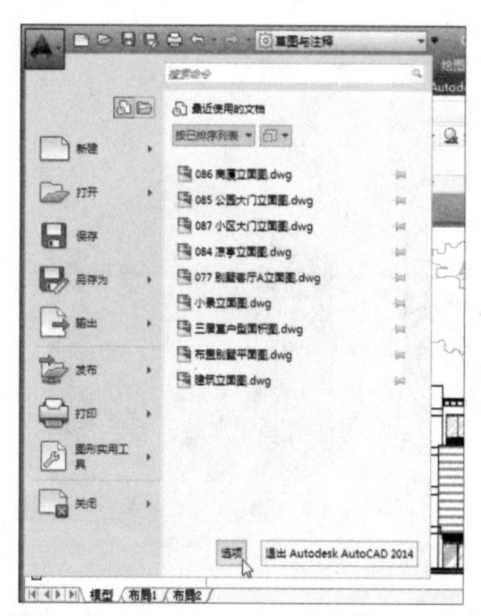

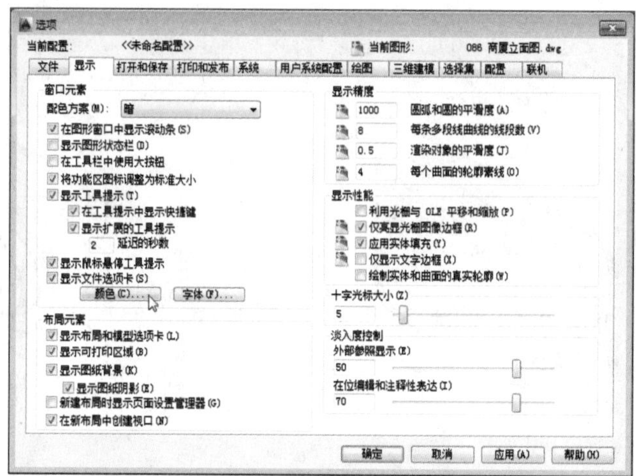

Step 03 在“图形窗口颜色”对话框中的“界面元素”下拉列表中，选择“统一背景”，并在“颜色”列表中选择合适的颜色，如下左图所示。

Step 04 单击“应用并关闭”按钮，然后在“选项”对话框中单击“字体”按钮，在“命令行窗口字体”对话框中，设置好字体样式，单击“应用并关闭”按钮，如下右图所示。

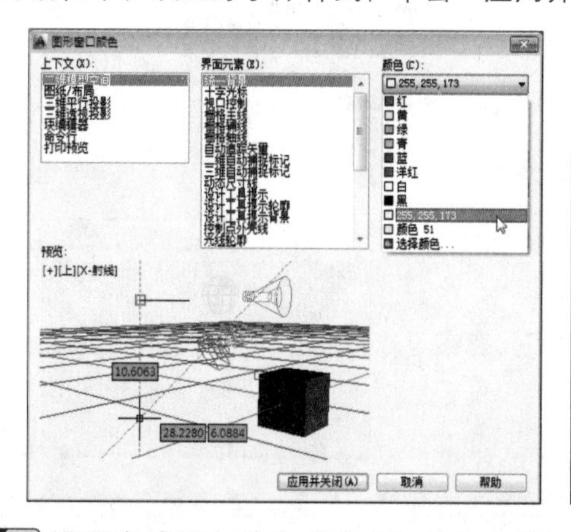

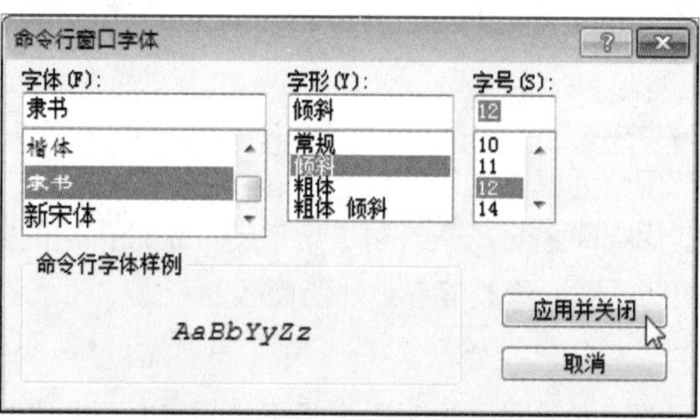

Step 05 设置完成后，单击“确定”按钮，关闭“选项”对话框。此时用户即可查看当前绘图窗口的变化，如下图所示。

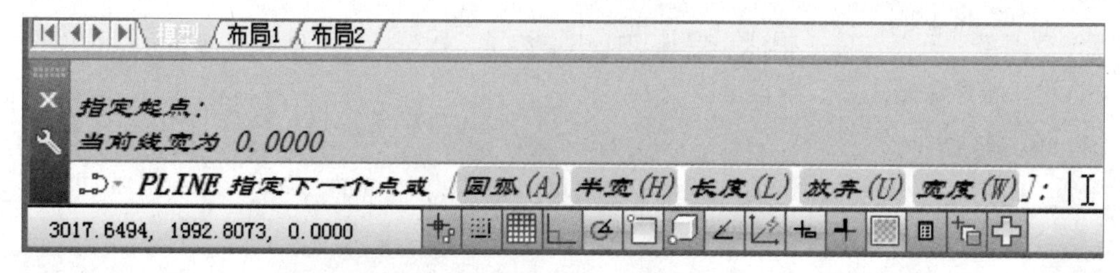

课后练习

1. 填空题

（1）计算机辅助设计简称为 ______________________。

（2）在AutoCAD中，执行“文件>打开”命令后，将打开 ________ 对话框。

（3）________ 是记录了AutoCAD历史命令的窗口，是一个独立的窗口。

2. 选择题

（1）在AutoCAD中不可以设置“自动隐藏”特性的对话框是（　）。

A.“选项”对话框　　B.“设计中心”对话框

C.“特性”对话框　　D.“工具选项板”对话框

（2）在AutoCAD中，构造选择集非常重要，以下（　）不是构造选择集的方法。

A. 按层选择　　B. 对象选择过滤器

C. 快速选择　　D. 对象编组

（3）在十字光标处被调用的菜单为（　）。

A. 鼠标菜单　　B. 十字交叉线菜单

C. 快捷菜单　　D. 没有菜单

（4）AutoCAD软件不能用来进行（　）。

A. 文字处理　　B. 服装设计

C. 电路设计　　D. 零件设计

3. 上机题

在“选项”对话框中，将图形另存为的类型设置为AutoCAD 2013图形。然后将夹点颜色设置为如下图所示的样式。

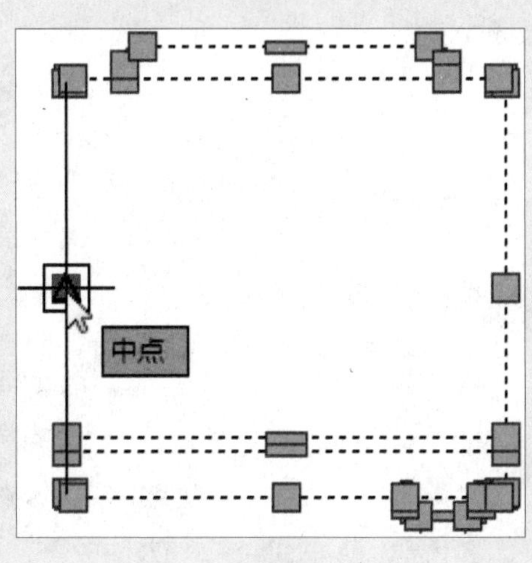

AutoCAD 2014的基本操作

在对AutoCAD 2014软件有所了解后，就可对该软件进行一些基本的操作了。例如命令的调用、文件的基本管理以及视图显示等。这些操作是学习AutoCAD软件最基本的操作，熟练掌握这些操作，可对以后绘图有很大的帮助。

重点难点

- 图形文件的管理
- 视口的显示
- 捕捉功能的应用
- 查询功能的应用

图形文件的管理

为了避免由于误操作导致图形文件的意外丢失，在操作过程中，需随时对当前文件进行保存。下面将介绍CAD图形文件的基本操作与管理。

2.1.1 新建图形文件

启动AutoCAD 2014软件后，系统将自动新建一个空白文件。通常新建文件的方法有3种，下面将分别对其操作进行介绍。

1. 利用应用程序命令进行新建

执行“应用程序>新建”命令，在级联菜单中，选择“图形”命令，如下左图所示，在打开的“选择样板”对话框中，选择好样本文件，单击“打开”按钮即可新建，如下右图所示。

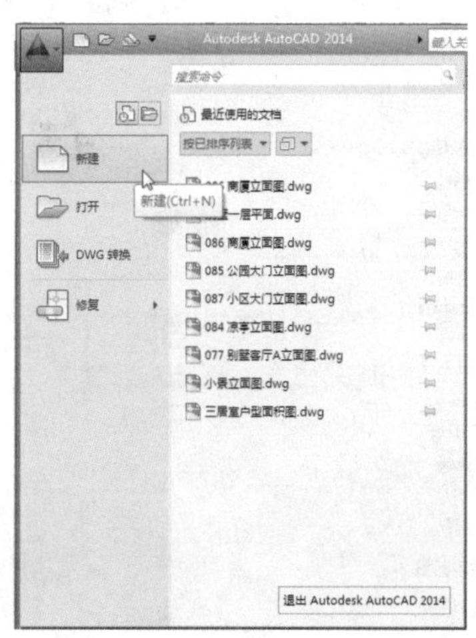

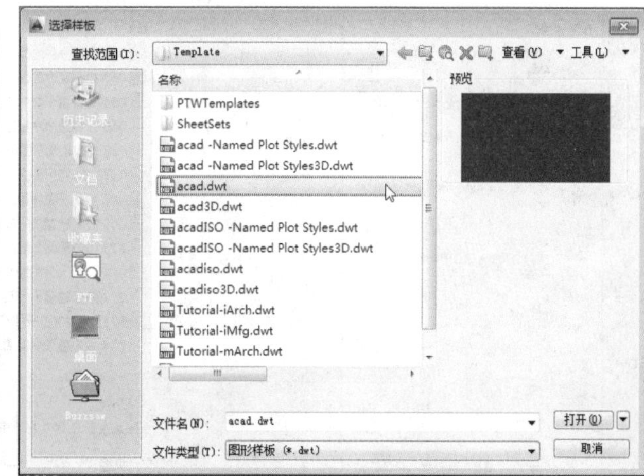

2. 利用快速访问工具栏新建

在快速访问工具栏中单击“新建”按钮，即可打开“选择样板”对话框，并完成新建操作，如下左图所示。

3. 利用命令行新建

在命令行中，输入“NEW”后按回车键，在“选择样板”对话框中完成文件的新建操作，如下右图所示。

知识链接　使用其他方法新建文件

除了以上3种常用的方法外，用户还可以在菜单栏中，执行“文件>新建”命令，新建空白文件。此外用户使用“Ctrl+N”组合键，同样可以新建文件。

2.1.2　打开图形文件

在AutoCAD 2014中打开文件的方法有以下两种，分别为：应用程序菜单和命令行打开文件，下面将介绍其操作步骤。

1. 利用应用程序菜单打开

执行“应用程序>打开>图形”命令，在“选择文件”对话框中，选择所需文件，单击“打开”按钮即可，如下图所示。

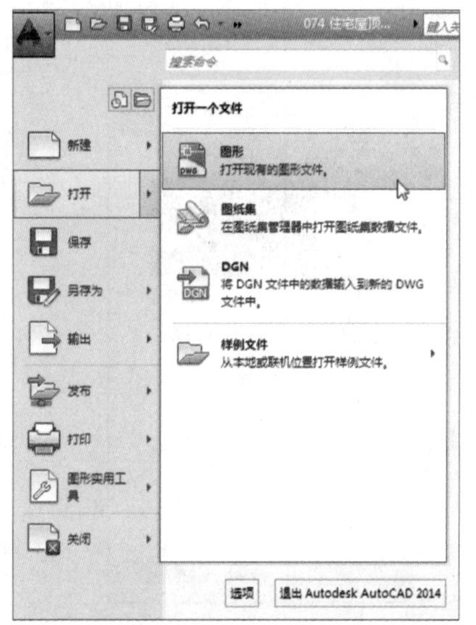

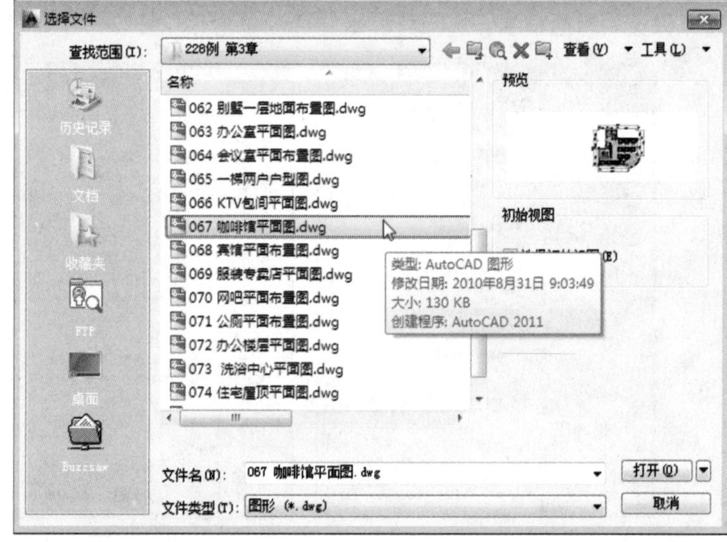

2. 利用命令行打开

用户也可在命令行中输入“NEW”后按回车键，在打开的“选择文件”对话框中选择所需文件，打开即可。

除了以上两种常用的打开方法外，还可以根据用户需求以“只读方式打开”、“局部打开”、“以只读方式局部打开”等方式打开文件。

2.1.3　保存图形文件

在AutoCAD 2014软件中，保存图形文件的方法有两种，分别为“保存”和“另存为”。

对于新建的图形文件，在图形选项卡中，选择要保存的图形文件，单击鼠标右键，选择“保存”命令，在打开的“图形另存为”对话框中，指定文件的名称和保存路径后单击“保存”按钮，即可将文件进行保存，如下图所示。

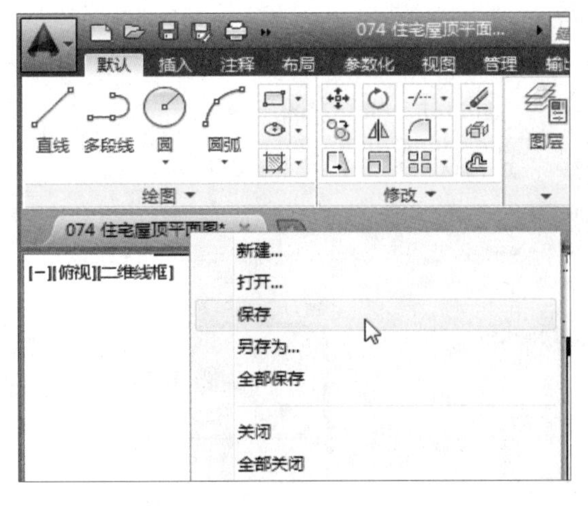

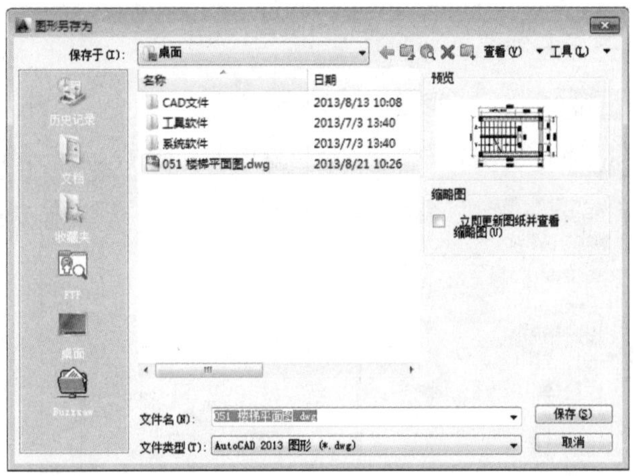

对于已经存在的图形文件在改动后的保存，只需执行“应用程序>保存”命令，即可用当前的图形文件替换早期的图形文件。如果要保留原来的图形文件，可以执行“应用程序>另存为”命令进行保存，此时将生成一个副本文件，副本文件为当前改动后保存的图形文件，原图形文件将保留。

2.1.4 关闭图形文件

在AutoCAD 2014中，用户可使用以下方法对文件进行关闭。具体操作方法如下：

1. 使用图形选项卡关闭

在图形选项卡中，单击所需文件的“关闭”按钮，或者右击该文件，在打开的快捷菜单中，选择“关闭”命令即可。

2. 使用应用程序菜单命令关闭

执行“应用程序>关闭>当前图形”命令，则可关闭当前图形文件。

关闭文件时，如果当前图形文件没有进行保存操作，系统将自动打开命令提示框，单击“是”按钮，即可保存当前文件；若单击“否”按钮，则可取消保存，并关闭当前文件。

Section 2.2 视口显示

视口是用于显示模型不同视图的区域，AutoCAD 2014中包含12种类型的视口样式，用户可以选择不同的视口样式以便于从各个角度来观察模型。

2.2.1 新建视口

用户可根据需要创建视口，并将创建好的视口进行保存，以便下次使用。“视口”对话框包含“新建视口”和“命名视口”两个选项卡。在“新建视口”选项卡中，可对新建的视口进行命名。若没有命名，则新建的视口配置只能应用而无法保存。而在“命名视口”选项卡中，显示图形中任意已保存的视口配置。在选择视口配置时，已保存配置的布局显示在“预览”列表框中。在已命名的视口名称上单击鼠标右键，选择“重命名”命令可对视口的名称进行修改。

例2-1 下面将对视口的创建操作进行介绍

Step 01 执行“视图>视口>新建视口”命令，打开“视口”对话框，如下左图所示。

Step 02 切换至“新建视口”选项卡，输入视口的名称，并选择视口样式，如下右图所示。

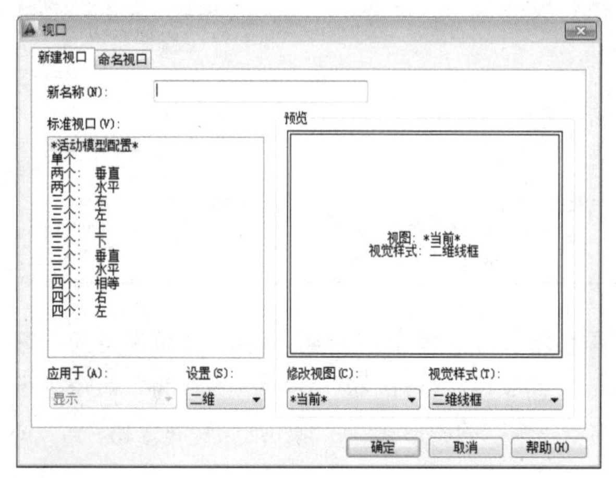

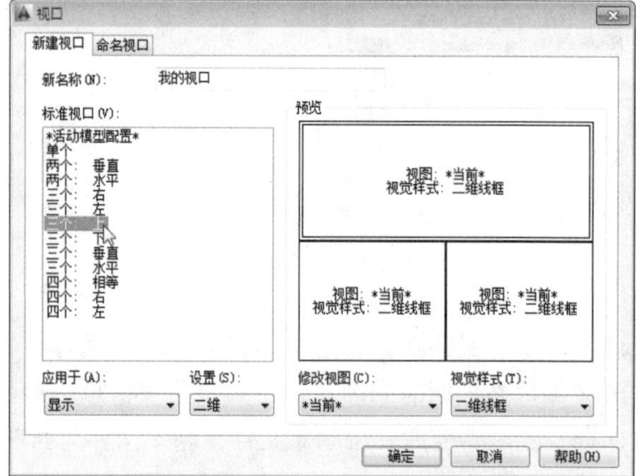

Step 03 单击“确定”按钮，此时在绘图区中，系统将自动按照要求进行视口分隔，如下左图所示。

Step 04 单击各视口左上角的视口名称选项，并在打开的下拉列表中，选择当前选中视口名称，即可更改当前视口视角，如下右图所示。

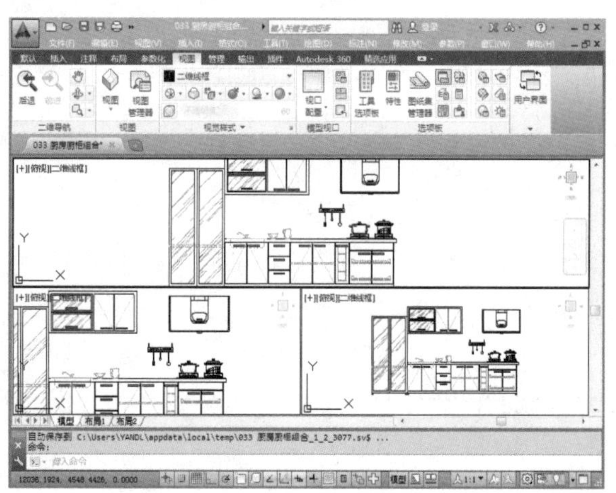

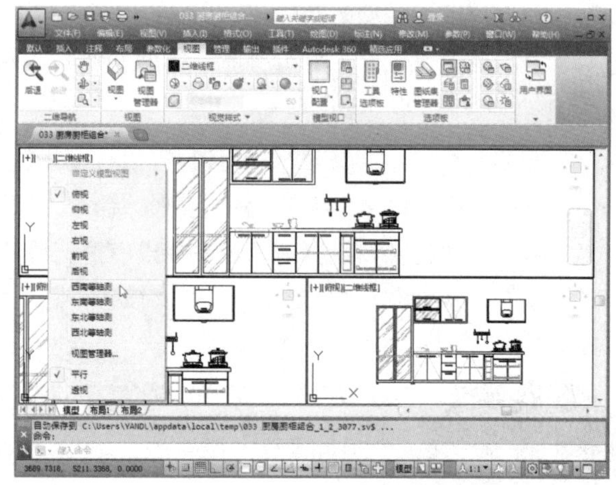

2.2.2 合并视口

在AutoCAD 2014软件中，可将多个视口进行合并。用户只需执行“视图>视口>合并”命令，选择两个所要合并的视口，即可完成合并。

命令行提示如下：

命令: _-vports
输入选项 [保存(S)/恢复(R)/删除(D)/合并(J)/单一(SI)/?/2/3/4/切换(T)/模式(MO)] <3>: _j
选择主视口 <当前视口>: （按回车键）
选择要合并的视口: 正在重生成模型。 （选择需合并的视口）

专家技巧 模型视口与布局视口的区别

在AutoCAD中视口有模型视口和布局视口两种类型。模型空间的视口主要是用来绘图，只能有矩形视口。例如一个视口可显示整体，另外一视口可用来将局部放大以便观察或修改，或者绘制立体图形时用来分别显示立面图、平面图、侧面图等。而布局空间的视口主要是用来组织图形方便出图，可以有多边形视口。例如可在同一张图纸的不同部分显示立体图形的不同角度的视图，也可在同一张图纸的不同部分显示不同比例的整体或局部。

捕捉功能的使用

使用捕捉工具能够精确、快速地绘制图纸。AutoCAD 2014软件提供了多种捕捉功能，其中包括对象捕捉、极轴捕捉、栅格、正交等功能。下面将分别对其功能进行讲解。

2.3.1 栅格和捕捉功能

使用捕捉工具，用户可创建一个栅格，使它可捕捉光标，并约束光标只能定位在某一栅格点上。用户可以通过数值的方式来确定栅格距离。

在AutoCAD中，启动“栅格捕捉”功能的方法有以下两种：

1. 使用菜单栏命令启动

执行“工具>绘图设置”命令，打开“草图设置”对话框，切换至“捕捉和栅格”选项卡，从中勾选“启动捕捉”和“启动栅格”复选框即可，如下左图所示。

2. 使用状态栏命令启动

在状态栏中，单击“捕捉模式”和“栅格显示”启动按钮即可，如下右图所示。

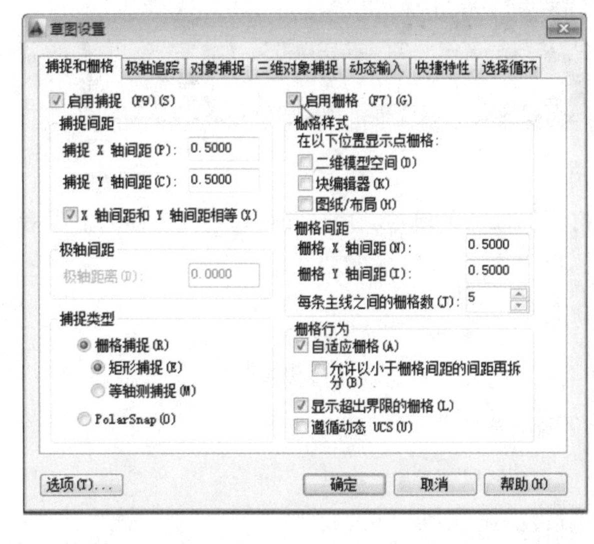

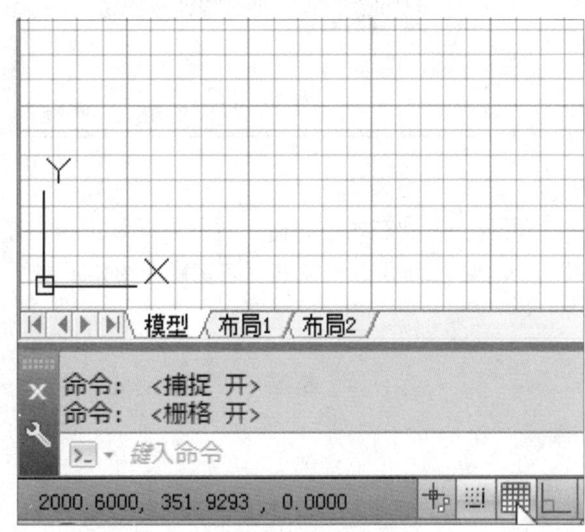

知识链接 “捕捉和栅格”选项卡中各选项的介绍

- **启动捕捉**：勾选该复选框，可启用捕捉功能；取消勾选，则会关闭该功能。
- **捕捉间距**：在该选区中，用户可设置捕捉间距值，以限制光标仅在指定的X轴和Y轴之间移动。其输入的数值应为正实数。
- **极轴间距**：用于控制极轴捕捉增量距离。该选项只能在启动“极轴捕捉”功能时才可用。
- **捕捉类型**：用于确定捕捉类型。选择“栅格捕捉”选项时，光标将沿着垂直和水平栅格点进行捕捉；选择“矩形捕捉”选项时，光标将捕捉矩形栅格；选择“等轴测捕捉”选项时，光标则捕捉等轴测栅格。
- **启动栅格**：勾选该复选框，可启动栅格功能。反之，则关闭该功能。
- **栅格间距**：用于设置栅格在水平与垂直方向的间距，其方法与“捕捉间距”相似。
- **每条主线之间的栅格数**：用于指定主栅格线与次栅格线的方格数。
- **栅格行为**：用于控制当Vscurrent系统变量设置为除二维线框之外的任何视觉样式时，所显示栅格线的外观。

2.3.2 对象捕捉功能

对象捕捉功能是用AutoCAD绘图必不可少的工具之一。通过对象捕捉功能，能够快速定位图形中点、垂点、端点、圆心、切点及象限点等。启动对象捕捉功能的方法有以下两种。

1. 单击“对象捕捉”按钮启动

右击状态栏中的“对象捕捉”按钮，在右键菜单中选择“设置”命令，打开“草图设置”对话框，选择“对象捕捉”选项卡，从中勾选所需捕捉功能即可启动，如下左图所示。

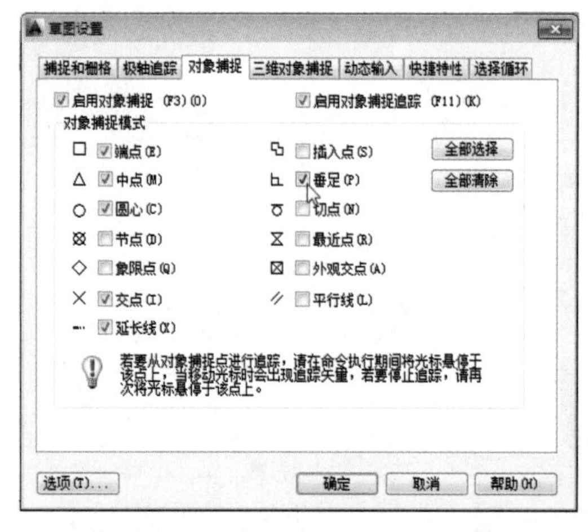

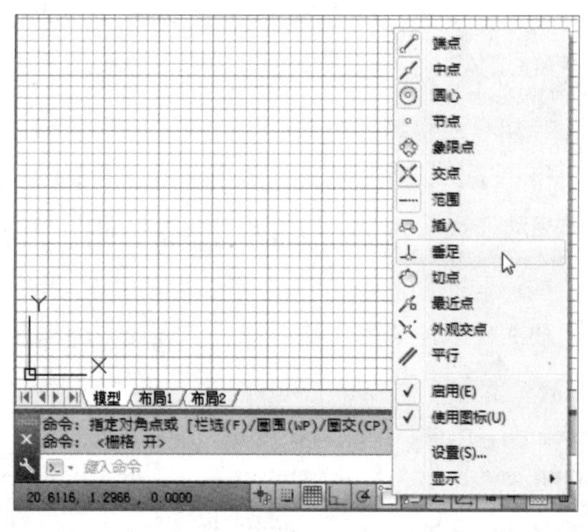

2. 右键菜单启动

同样，在状态栏中右击“对象捕捉”按钮，在打开的快捷菜单中，用户即可勾选需启动的捕捉命令，如上右图所示。对象捕捉各功能介绍如下表所示。

表 对象捕捉功能列表

名 称	使用功能
端点捕捉	捕捉到线段等对象的端点
中点捕捉	捕捉到线段等对象的中点
圆心捕捉	捕捉到圆或圆弧的圆心

（续 表）

名 称	使用功能
节点捕捉	捕捉到线段等对象的节点
象限点捕捉	捕捉到圆或圆弧的象限点
交点捕捉	捕捉到各对象之间的交点
延长线捕捉	捕捉到直线或圆弧的延长线上的点
插入点捕捉	捕捉块、图形、文字或属性的插入点
垂足捕捉	捕捉到垂直于线或圆上的点
切点捕捉	捕捉到圆或圆弧的切点
最近点捕捉	捕捉拾取点最近的线段、圆、圆弧或点等对象上的点
外观交点捕捉	捕捉两个对象的外观的交点
平行线捕捉	捕捉到与指定线平行的线上的点
临时追踪点	创建对象捕捉所使用的临时点
捕捉自	从临时参照点偏移

知识链接 关于捕捉模式的介绍

“临时追踪点”和“捕捉自”两种捕捉模式是在绘图过程中进行捕捉的，属于透明命令的一种。用户只需在绘制过程中，单击鼠标右键，在快捷菜单中，选择“捕捉替代”命令，在级联菜单中即可选择该捕捉功能。

2.3.3 运行和覆盖捕捉模式

对象捕捉模式可分为两种，分别为运行捕捉模式和覆盖捕捉模式。下面将分别对其功能进行简单介绍。

- **运行捕捉模式。**在状态栏中，右击“对象捕捉”按钮，在打开的快捷菜单中选择“设置”命令，在打开的对话框中，设置的对象捕捉模式始终处于运行状态，直到关闭它为止。
- **覆盖捕捉模式。**若在点命令的命令行提示信息下，输入“MID、CEN、QUA”等，执行相关捕捉功能，这样只是临时打开捕捉模式。这种模式只对当前捕捉点有效，完成该捕捉功能后，则无效。

2.3.4 对象追踪功能

对象追踪功能是对象捕捉与追踪功能的结合。它是AutoCAD的一个非常便捷的绘图功能。它是按指定角度或按与其他对象的指定关系绘制对象。

1. 极轴追踪功能

极轴追踪功能可在系统要求指定一点时，按事先设置的角度增量显示一条无限延伸的辅助线，用户就可沿着辅助线追踪到指定点。

若要启动该功能，则在状态栏中，右击“极轴追踪”启动按钮，选择“设置”命令，如下左图所示。随后打开“草图设置”对话框，切换至“极轴追踪”选项卡，从中设置相关选项即可，如下右图所示。

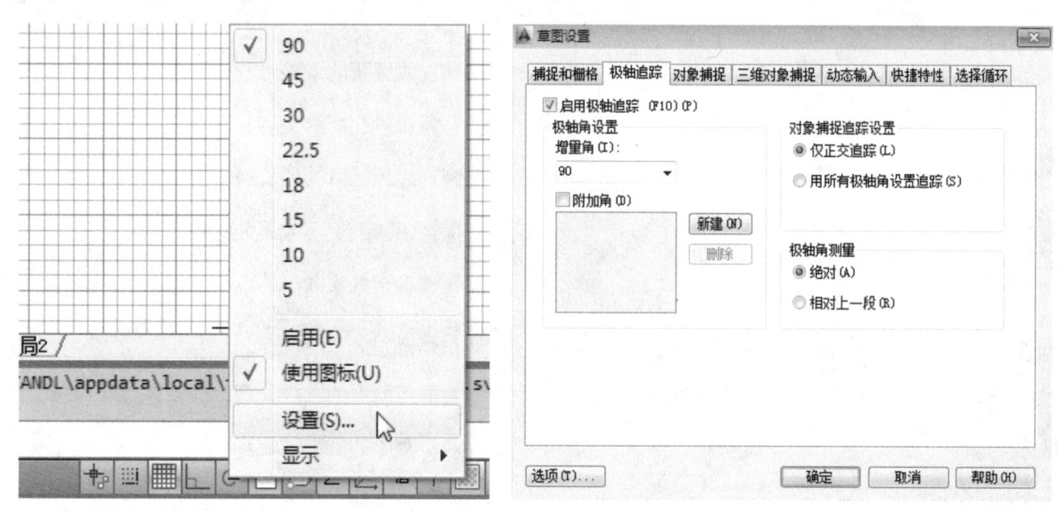

知识链接 “极轴追踪”选项卡中各选项介绍

- **启用极轴追踪**：用于启动极轴追踪功能。
- **极轴角设置**：该选项组用于设置极轴追踪的对齐角度；“增量角”用于设置显示极轴追踪对齐路径的极轴角增量，在此可输入任何角度，也可在其下拉列表中选择所需角度；“附加角”则是对极轴追踪使用列表中的任何一种附加角度。
- **对象捕捉追踪设置**：该选项组用于设置对象捕捉追踪选项。单击“仅正交追踪”单选按钮，则启用对象捕捉追踪时，将显示获取对象捕捉点的正交对象捕捉追踪路径；若单击“用所有极轴角设置追踪”单选按钮，则在启用对象追踪时，将从对象捕捉点起沿着极轴对齐角度进行追踪。
- **极轴角测量**：该选项组用于设置极轴追踪对齐角度的测量基准。单击“绝对”单选按钮，可基于当前用户坐标系确定极轴追踪角度；单击“相对上一段”单选按钮，则可基于最后绘制的线段确定极轴追踪角度。

2. 自动追踪功能

自动追踪功能可帮助用户快速精确定位所需点。执行“应用程序>选项”命令，打开“选项”对话框，切换至“绘图”选项卡，在“AutoTrack设置”选项组中进行设置即可，如下图所示。该选项组中各选项说明如下：

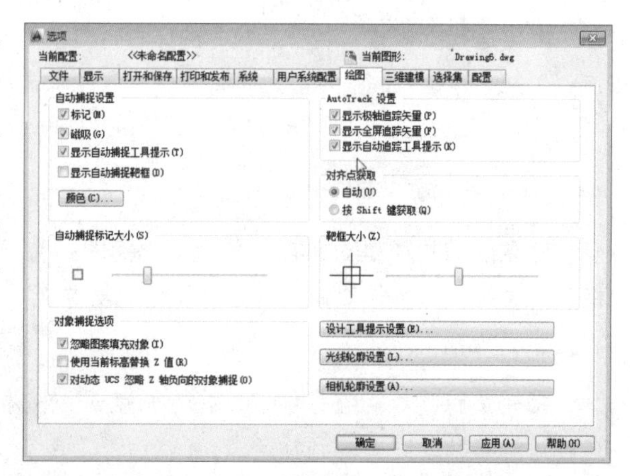

- **显示极轴追踪矢量**：该选项用于设置是否显示极轴追踪的矢量数据。
- **显示全屏追踪矢量**：该选项用于设置是否显示全屏追踪的矢量数据。
- **显示自动追踪工具栏提示**：该选项用于在追踪特征点时，是否显示工具栏上的相应按钮的提示文字。

2.3.5 使用正交模式

在绘制图形时，有时需要绘制水平线或垂直线，此时则需使用正交功能。该功能为绘图带来很大的方便。在状态栏中，单击“正交模式”按钮，即可启动该功能。当然用户也可按F8键来启动。

启动该功能后，光标只能限制在水平或垂直方向移动，通过在绘图区中单击鼠标或输入线条长度来绘制水平线或垂直线。

2.3.6 使用动态输入

动态输入功能是指在执行某项命令时，在光标右侧显示的一个命令界面。它可帮助用户完成图形的绘制。该命令界面可根据光标的移动而动态更新。

在状态栏中，单击“动态输入”按钮即可启用动态输入功能。相反，再次单击该按钮，则将关闭该功能。

1. 启用指针输入

在“草图设置”对话框中的“动态输入”选项卡中，勾选“启用指针输入”复选框来启动指针输入功能。单击“指针输入”下的“设置”按钮，在打开的“指针输入设置”对话框中设置指针的格式和可见性，如下左、中图所示。

在执行某项命令时，启用指针输入功能，十字光标右侧工具栏中则会显示当前的坐标点。此时可在工具栏中输入新坐标点，而不用在命令行中进行输入。

2. 启用标注输入

在“动态输入”选项卡中，勾选“可能时启用标注输入”复选框即可启用该功能。单击“标注输入”下的“设置”按钮，在打开的“标注输入的设置”对话框中，则可设置标注输入的可见性，如下右图所示。

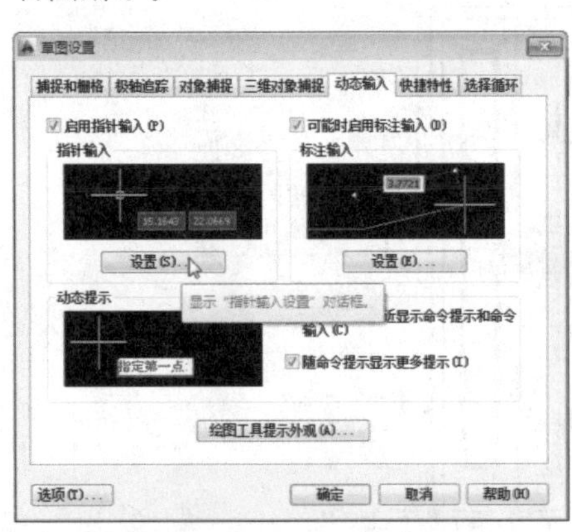

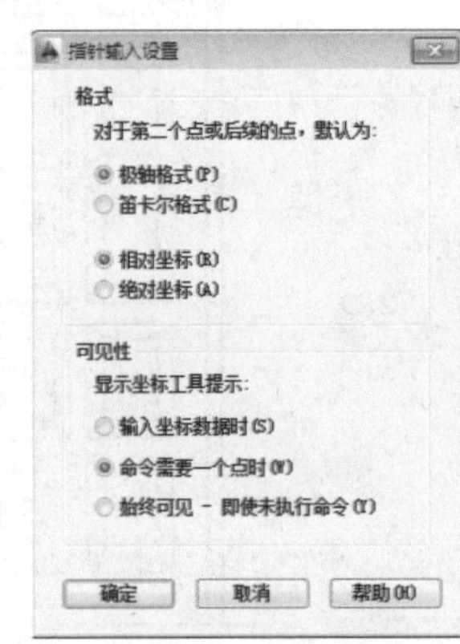

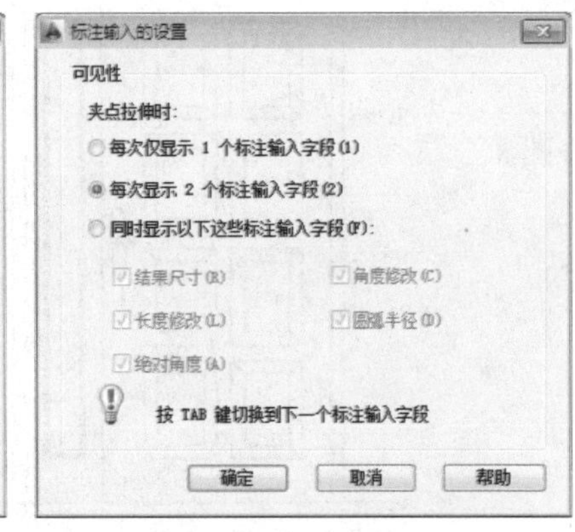

知识链接 设置动态输入工具栏界面

若想对动态输入工具栏的外观进行设置，需要在“动态输入”选项卡中单击“绘图工具提示外观”按钮，在打开的“工具提示外观”对话框中设置工具栏提示的颜色、大小、透明度及应用范围。

查询功能的使用

查询功能主要是通过查询工具，对图形的面积、周长、图形之间的距离以及图形面域质量等信息进行查询。使用该功能可帮助用户方便地了解当前绘制图形的所有相关信息，以便于对图形进行编辑操作。

2.4.1 距离查询

距离查询是测量两个点之间的最短长度值，距离查询是最常用的查询方式。在使用距离查询工具的时候只需要指定要查询距离的两个端点，系统将自动显示出两个点之间的距离。

执行“默认>实用工具>测量>距离”命令，根据命令行提示，选择测量图形的两个测量点，即可得出查询结果，如下图所示。

命令行提示如下：

```
命令: _MEASUREGEOM
输入选项 [距离(D)/半径(R)/角度(A)/面积(AR)/体积(V)] <距离>: _distance
指定第一点:                                    (指定第一个测量点)
指定第二个点或 [多个点(M)]:                      (指定第二个测量点)
距离 = 2000.0000，XY 平面中的倾角 = 270，  与 XY 平面的夹角 = 0
X 增量 = 0.0000，  Y 增量 = -2000.0000，  Z 增量 = 0.0000
输入选项 [距离(D)/半径(R)/角度(A)/面积(AR)/体积(V)/退出(X)] <距离>: *取消*
```

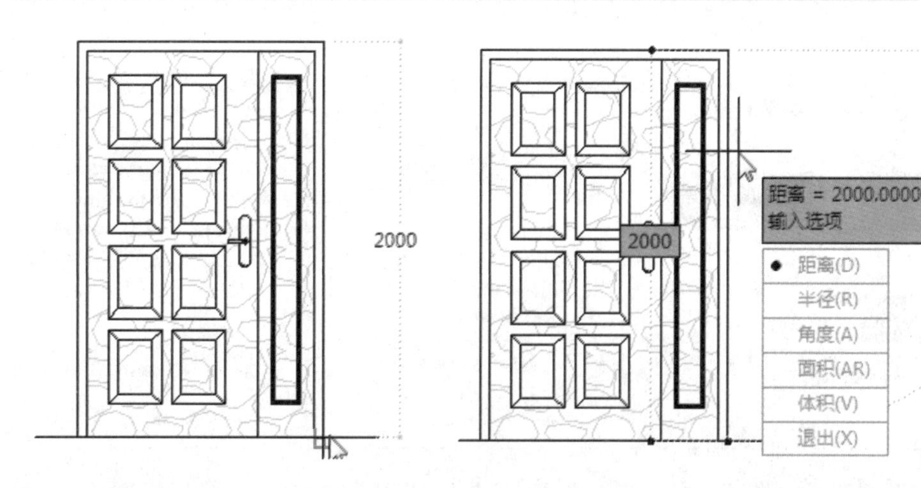

2.4.2 半径查询

半径查询主要用于查询圆或圆弧的半径或直径数值。执行“实用工具>测量>半径”命令，选择要进行查询的圆或圆弧曲线，此时，系统自动查询出圆或圆弧的半径和直径值，如下图所示。

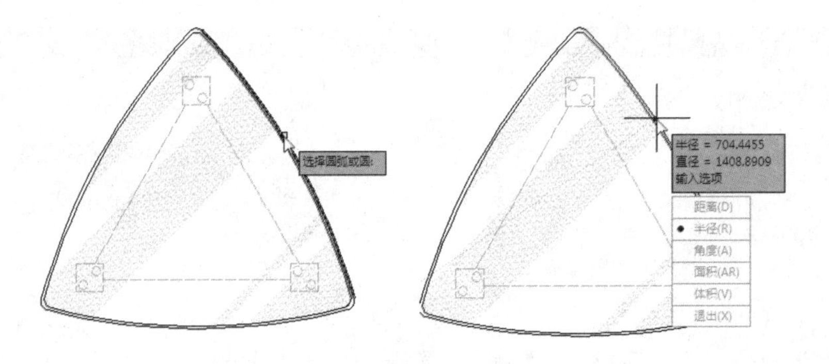

2.4.3 角度查询

角度查询用于测量两条线段之间的夹角度数，执行“实用工具>测量>角度”命令，在所需测量图形中，分别选中所要查询角度的两条线段，此时，系统将自动测量出两条线段之间的夹角度数，如下图所示。

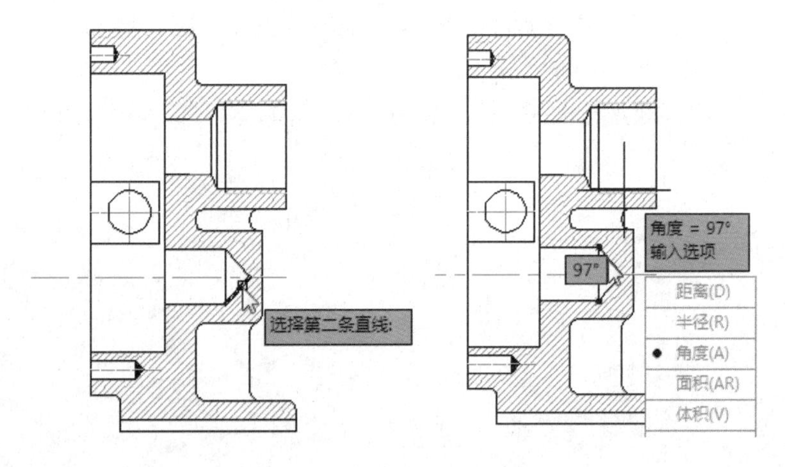

2.4.4 面积/周长查询

面积查询可以测量出对象的面积和周长，在查询图形面积的时候可以通过指定点来选择查询面积的区域。执行“实用工具>测量>面积”命令，根据命令行提示，框选出所需查询的图形范围，按回车键即可，如下图所示。

命令行提示如下:

```
命令: _MEASUREGEOM
输入选项 [距离(D)/半径(R)/角度(A)/面积(AR)/体积(V)] <距离>: _area
指定第一个角点或 [对象(O)/增加面积(A)/减少面积(S)/退出(X)] <对象(O)>:
                                                    (指定所需测量图形的范围)
指定下一个点或 [圆弧(A)/长度(L)/放弃(U)]:            (指定完成后，按回车键)
区域 = 11348300.0000，周长 = 13680.0707
输入选项 [距离(D)/半径(R)/角度(A)/面积(AR)/体积(V)/退出(X)] <面积>: *取消*
```

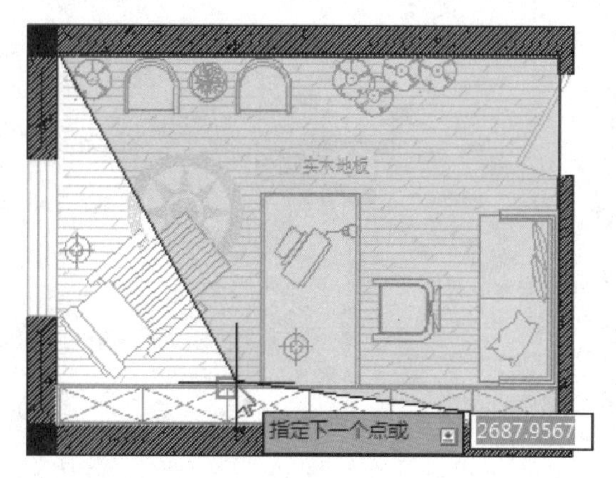

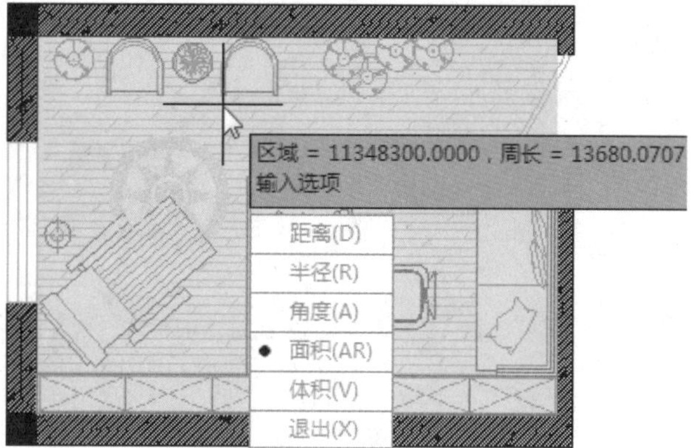

2.4.5 面域/质量查询

在AutoCAD中，执行菜单栏中的“工具>查询>面域/质量特性”命令，并选中所需查询的图形对象，按回车键，在打开的文本窗口中，即可查看其具体信息，按回车键，可继续读取相关信息，如下图所示。

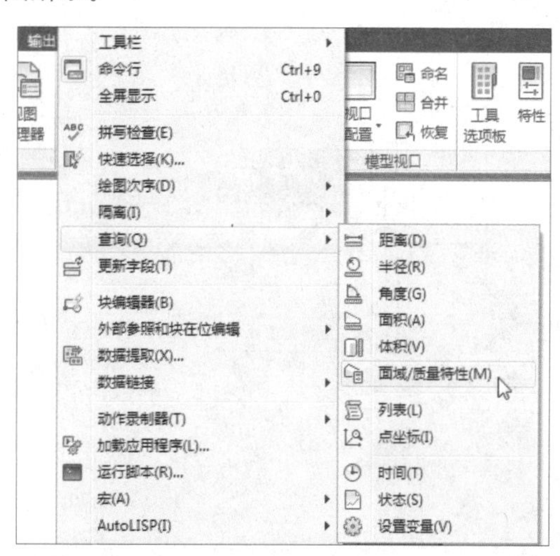

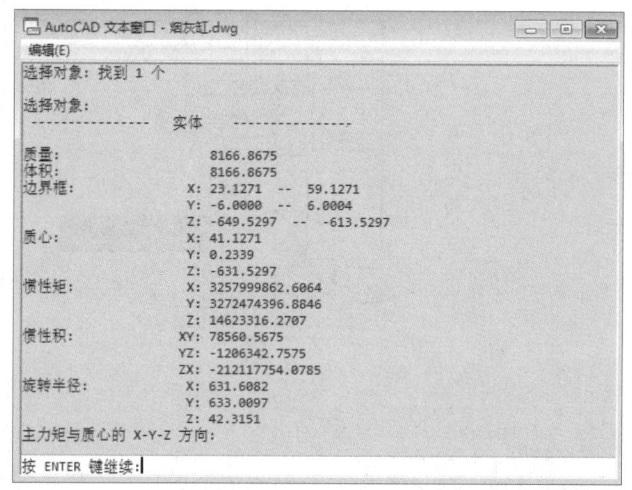

知识链接 什么是几何约束

几何约束即为几何限制条件，主要用于限制二维图形或对象上的点位置。进行几何约束后对象具有关联性，在没有溢出约束前不能进行位置的移动。执行“参数化>几何”命令，根据需要选择相应的约束命令进行限制操作，如下图所示。

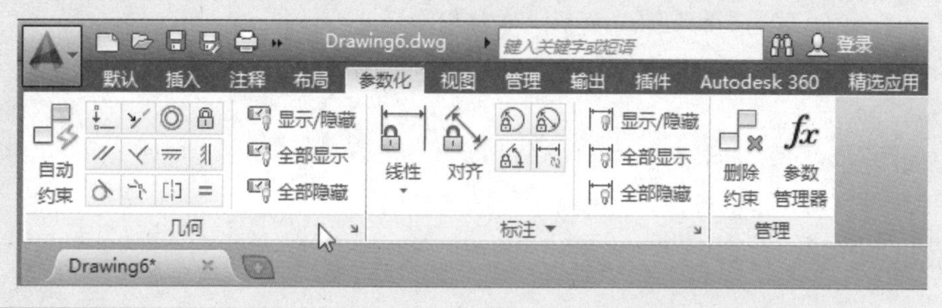

设计师训练营 查询室内图纸相关信息

通常，为了能够核算出本次装潢所需费用，需要计算出室内各房间的面积，从而准确地计算出装修所用材料。下面将以查询三居室各房间面积为例来介绍具体操作方法。

Step 01 启动AutoCAD 2014软件，打开"三居室户型图.dwg"素材文件，如下左图所示。

Step 02 执行"默认>实用工具>测量>面积"命令，根据命令行提示，捕捉客厅第一个测量点，如下右图所示。

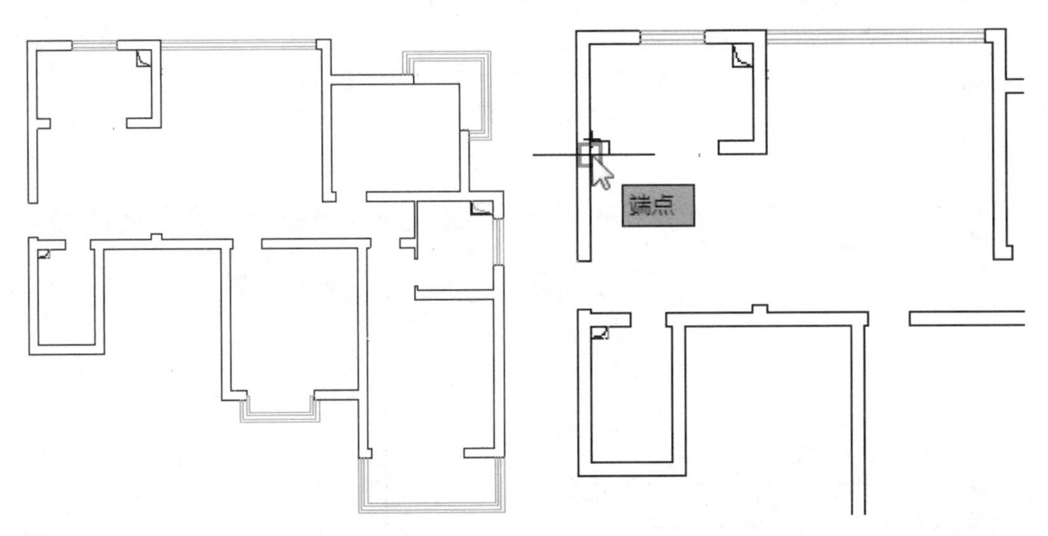

Step 03 捕捉客厅第二个测量点，如下左图所示。

Step 04 按照同样的方法，沿着客厅墙线，捕捉3、4、5……测量点，直到完成客厅范围的选择为止，如下右图所示。

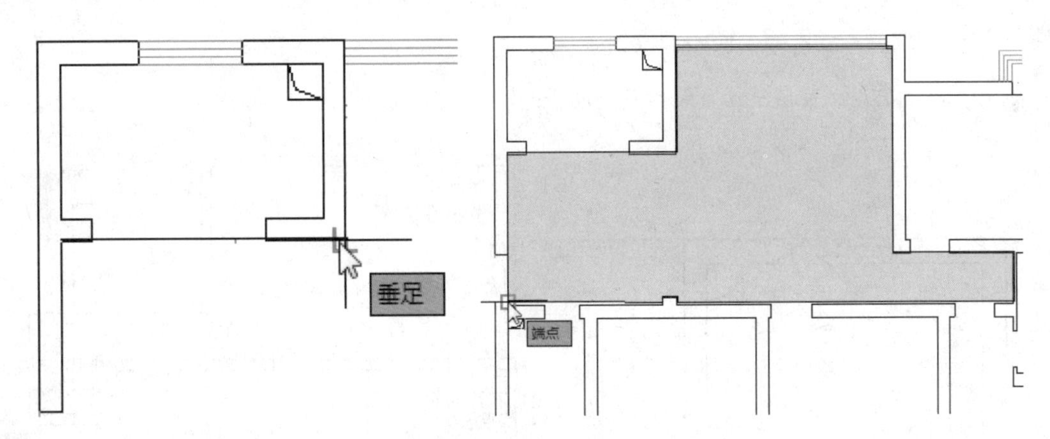

Step 05 选择完成后，按回车键，此时系统将显示客厅面积及周长信息，如下左图所示。

Step 06 执行"注释>多行文字"命令，在客厅任意区域中，按住鼠标左键，拖拽出文字范围，如下右图所示。

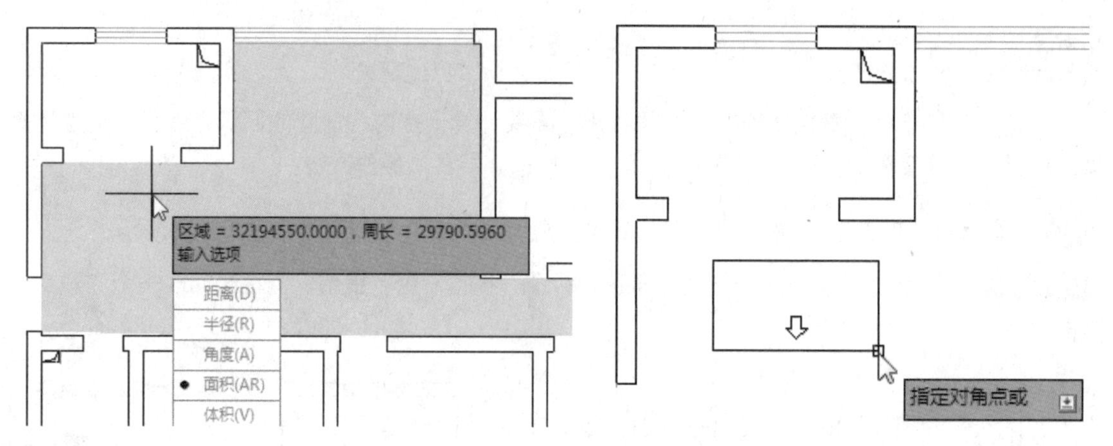

Step 07 框选完成后，即进入文字编辑器界面，在该界面中，输入客厅面积信息，如下左图所示。

Step 08 输入完成后，选中文字内容，执行"样式>注释性"命令，设置好文字大小，如下右图所示。

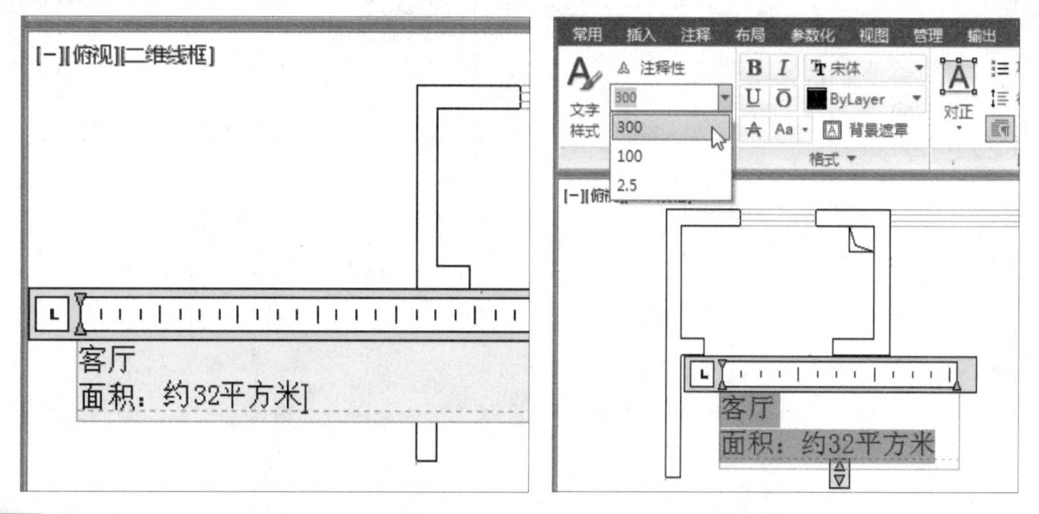

Step 09 输入完成后，单击绘图区空白区域，完成文字的输入，如下左图所示。

Step 10 用同样的方法，完成三居室剩余房间面积的计算，并输入相应的文本内容，如下右图所示。

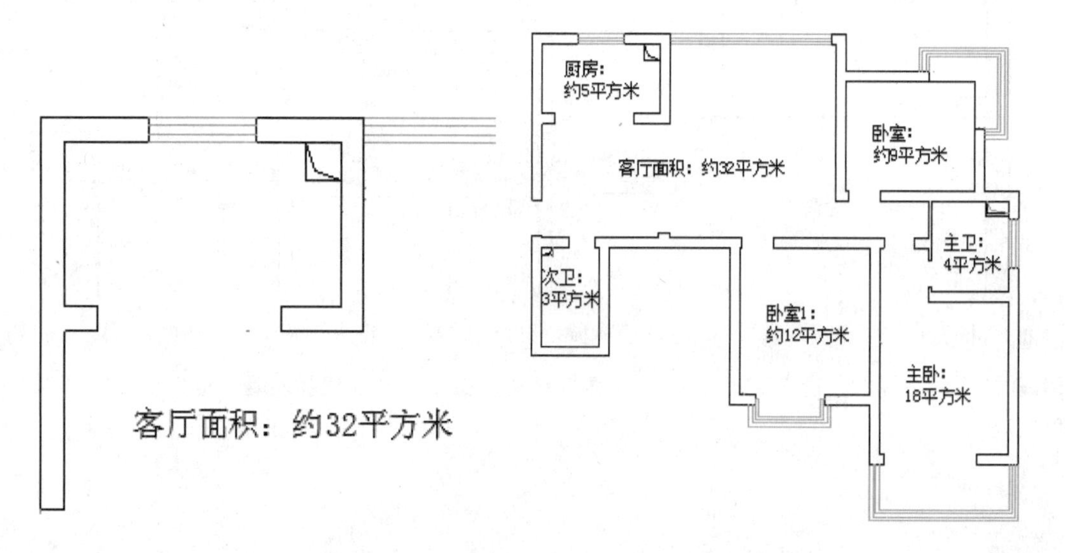

课后练习

1. 填空题

（1）在快速访问工具栏中单击“新建”按钮，即可打开 ____________________ 对话框，完成新建操作。

（2）在AutoCAD中，__________ 是用于显示模型不同视图的区域。

（3）在执行某项命令时，将在光标右侧显示一个命令界面，这是CAD的 _________________ 功能。

2. 选择题

（1）为了切换打开和关闭正交模式，可以按功能键（　）。

A. F8　　B. F3　　C. F4　　D. F2

（2）使用极轴追踪绘图模式时，必须指定（　）。

A. 增量角　　B. 附加角　　C. 基点　　D. 长度

（3）如果从起点为（10，10），要绘制出与X轴正方向成60°夹角，长度为90的直线段，应输入的坐标为（　）。

A. 90，60　　B. @60，90　　C. @90<60　　D. 60，90

（4）AutoCAD 图形文件的扩展名为（　）。

A. DWG　　B. DWS　　C. DWF　　D. DWT

3. 上机题

（1）利用极轴追踪功能绘制如下左图所示的等边三角形。

（2）利用本章所学知识，测量如下右图所示户型的实际面积与建筑面积。

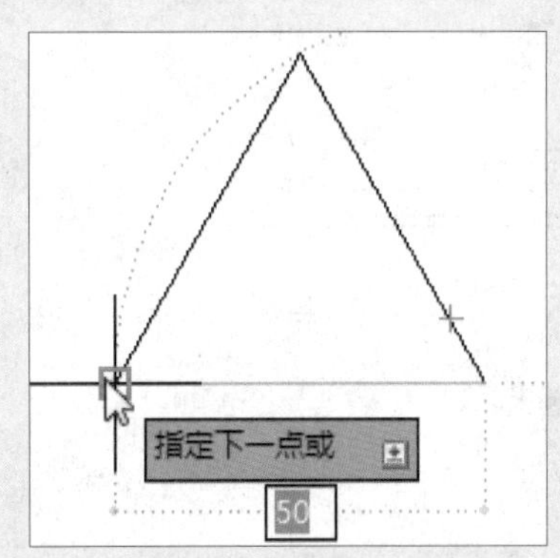

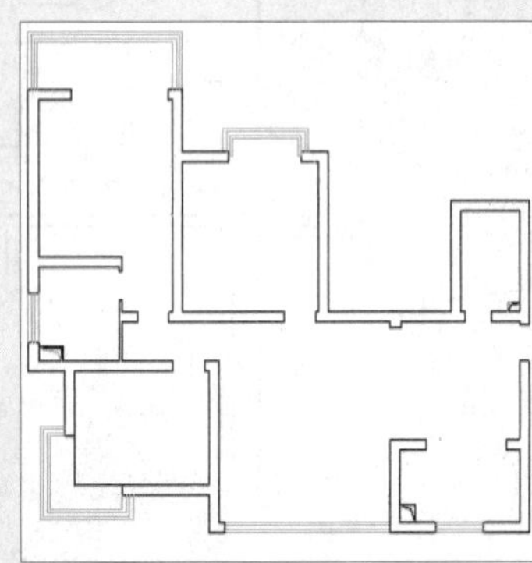

Chapter

03

图层的设置与管理

在使用AutoCAD软件制图时，通常都需创建不同类型的图层，用户可通过图层编辑和调整图形对象。本章将详细介绍图层的设置与管理操作，其中包括创建图层、设置图层特性以及管理图层等内容。使用图层功能来绘制图形，不仅可提高绘图效率，还可更好地保证图形的质量。

重点难点

- 图层的特性
- 图层的设置
- 图层的管理

图层概述

图层可比作绘图区域中的一层透明薄片，一张图纸中可包含多个图层，各图层之间是完全对齐，并相互叠加。下面将对图层的功能进行介绍。

3.1.1 认识图层

用户在绘制复杂图形时，若都在一个图层上进行绘制的话，显然很不合理，也容易出错。这时就需要使用图层功能。该功能可以利用多个图层，在每个图层上绘制图形的不同部分，然后再将各图层相互叠加，这样就会显示出整体图形较果。

如果用户需要对图形的某一部分进行修改编辑，选择相应的图层即可。当然在单独对某一图层中的图形进行修改时，不会影响到其他图层中图形的效果，如右图所示。

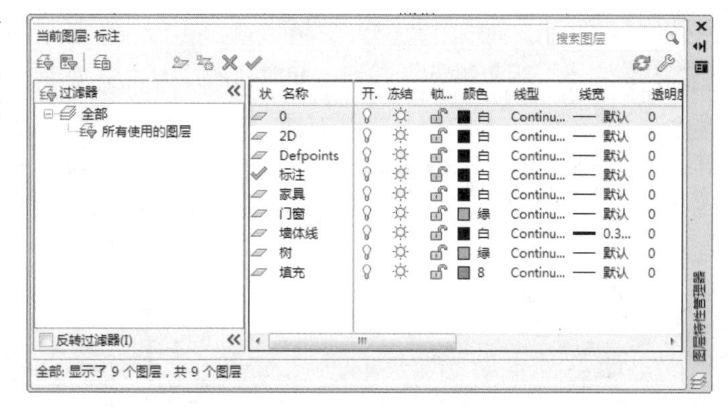

3.1.2 图层特性

每个图层都有各自的特性，它通常是由当前图层的默认设置决定的。在操作时，用户可对各图层的特性进行单独设置，其中包括“名称”、“打开/关闭”、“锁定/解锁”、“颜色”、“线型”、“线宽”等，如下图所示。

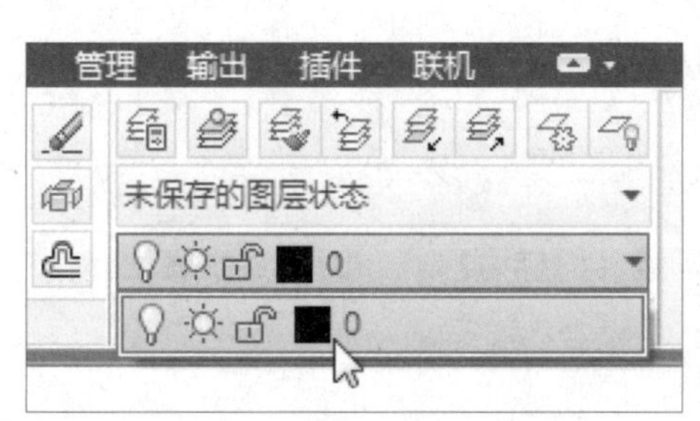

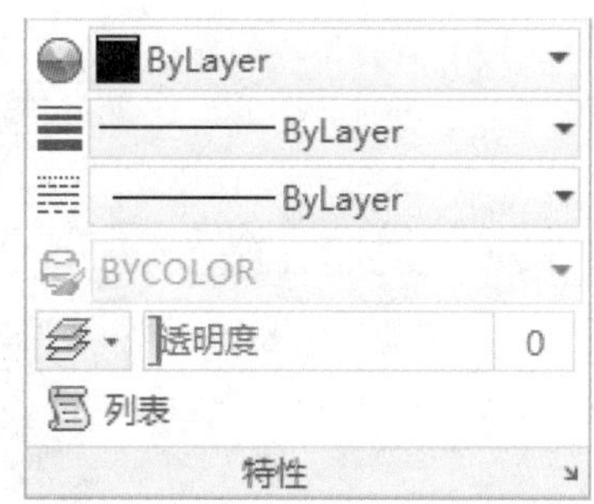

知识链接 0层的使用

在默认情况下，系统只有一个0层。而在0层上是不可以绘制任何图形的。它主要是用来定义图块的。定义图块时，先将所有图层均设为0层，其后再定义块，这样在插入图块时，当前图层是哪个层，其图块则属于哪个层。

图层的设置

在了解什么是图层之后，接下来学习图层的有关设置操作，比如图层的新建，图层颜色的设置，图层线型、线宽的设置等。

3.2.1 新建图层

在绘制图纸之前，需创建新图层，以提高绘图效率。

例3-1 下面将介绍图层创建的操作方法。

Step 01 执行"常用>图层>图层特性"命令，打开"图层特性管理器"，如下左图所示。

Step 02 单击"新建图层"按钮，此时在图层列表中将显示新图层"图层1"，如下右图所示。

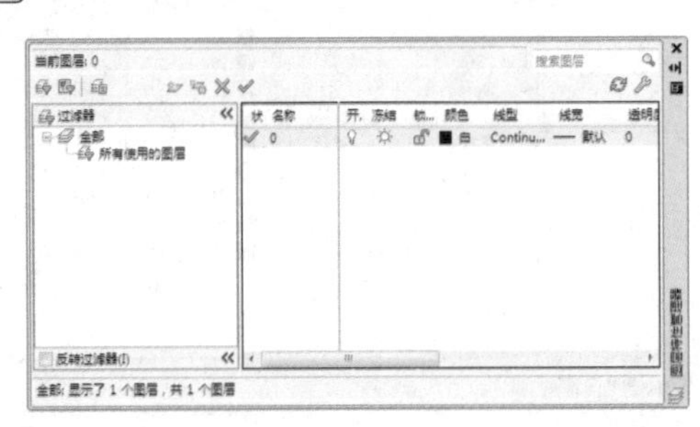

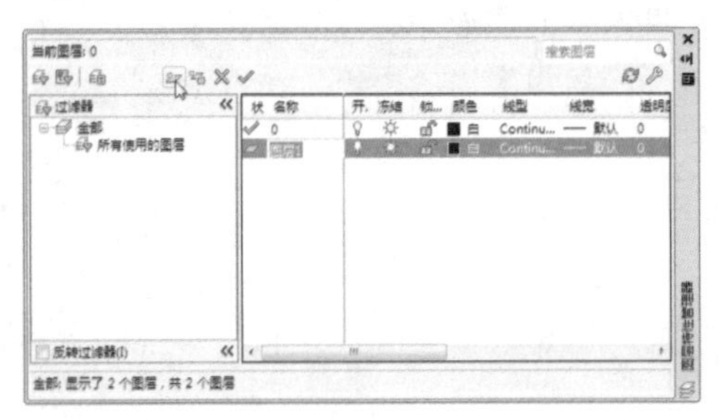

Step 03 单击"图层1"选项，将其设为编辑状态，输入所需图层新名称，例如输入"墙体"，如下左图所示。

Step 04 按照同样的操作方法，创建其他所需图层，例如创建"轴线"图层，如下右图所示。

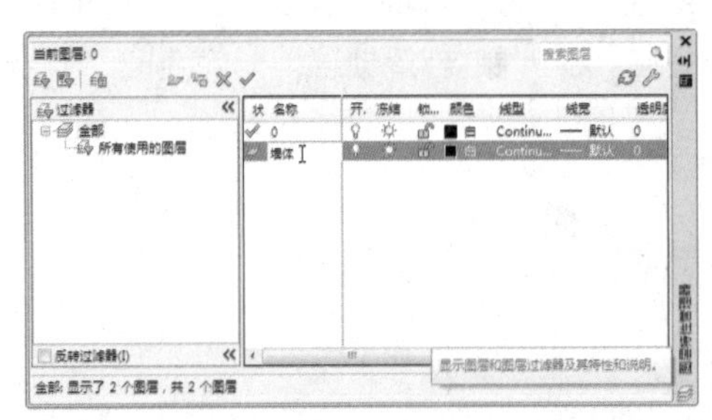

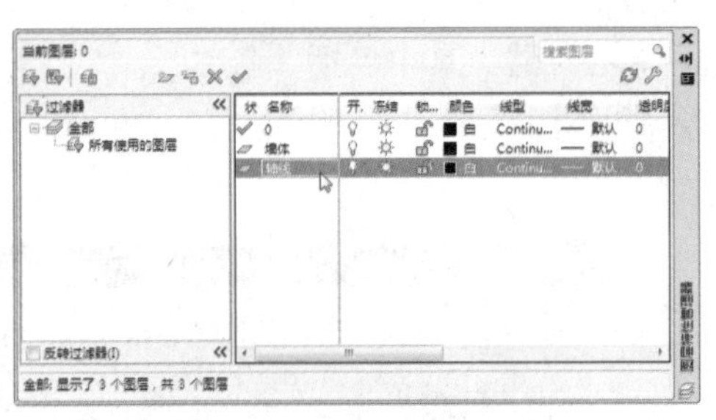

用户也可在命令行中输入"LA"后，按回车键，同样可打开"图层特性管理器"，并在其中创建所需图层。

3.2.2 设置图层的颜色

为了与其他图层相区别，在绘图时通常会将图层设置为不同颜色。

例3-2 下面将介绍图层颜色的设置方法。

Step 01 执行"常用>图层>图层特性"命令，打开"图层特性管理器"，在图层列表中选择所需设置图层，这里选择"墙体"图层，如下左图所示。

Step 02 选择完成后，单击该图层的“颜色”按钮■白，如下右图所示。

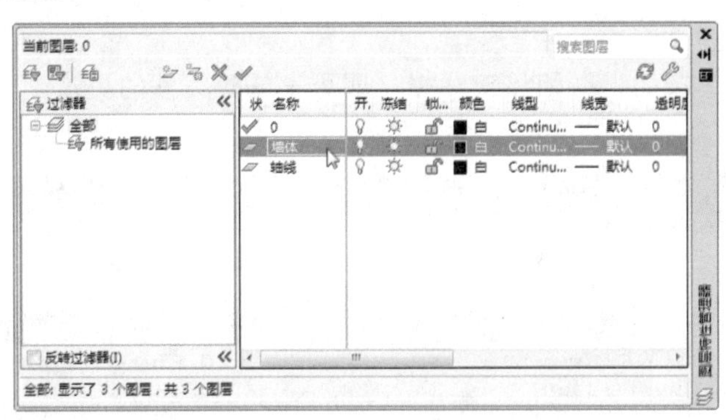

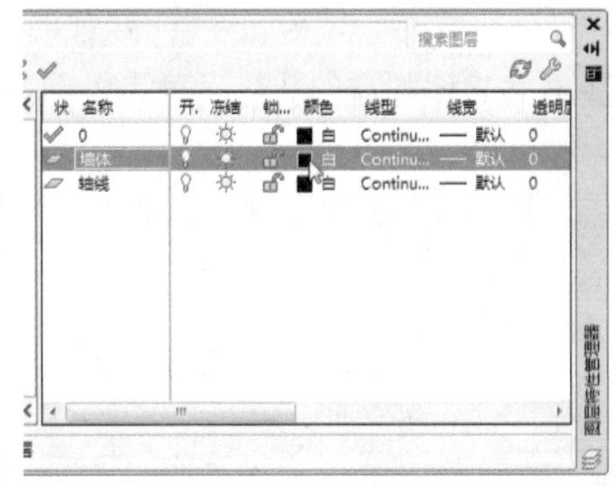

Step 03 在打开的“选择颜色”对话框中，选择所需颜色，这里选择“绿色”，单击“确定”按钮，关闭当前对话框，如下左图所示。

Step 04 此时该图层颜色已发生了变化，如下右图所示。

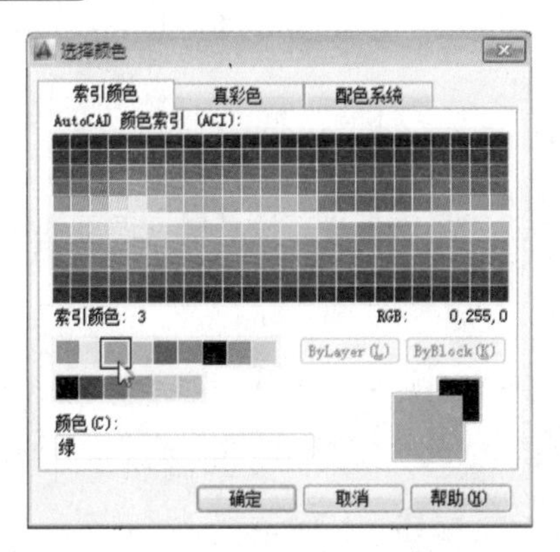

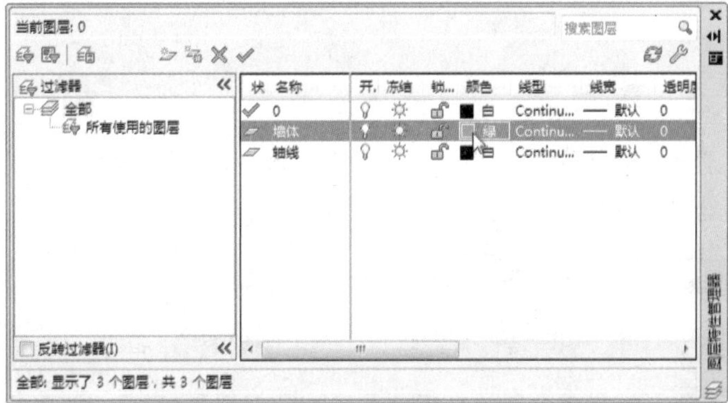

3.2.3 设置图层的线型

在绘制过程中，用户可对每个图层的线型样式进行设置，不同的线型表示的作用也不同。系统默认线型为“Continuous”线型。

例3-3 下面将介绍更改图层线型的操作。

Step 01 执行“图层特性”命令，在打开的“图层特性管理器”中，选中所需图层，例如选择“轴线”图层，然后单击“Continuous（线型）”选项，如下左图所示。

Step 02 在打开的“选择线型”对话框中，单击“加载”按钮，如下右图所示。

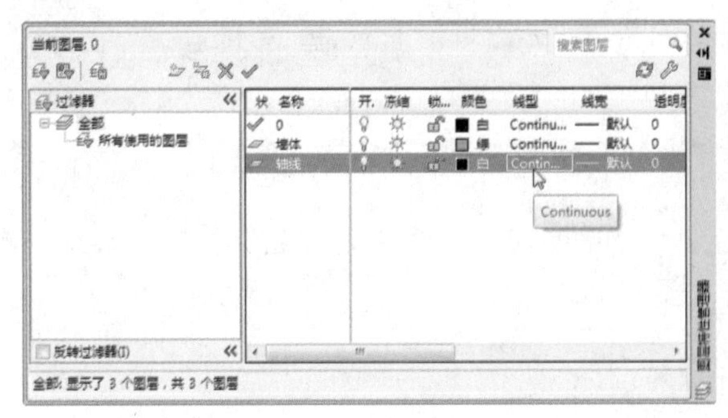

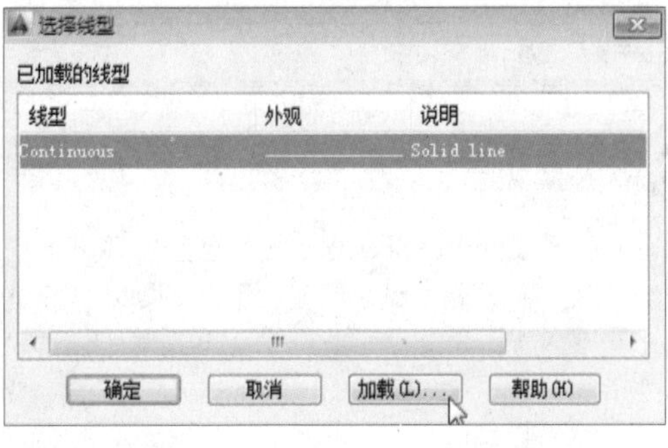

Step 03 在“加载或重载线型”对话框的“可用线型”列表中，选择所需线型样式，如下左图所示。选择完成后，单击“确定”按钮，返回至“选择线型”对话框。

Step 04 选中刚加载的线段，单击“确定”按钮，关闭该对话框，即可完成对线型的更改，如下右图所示。

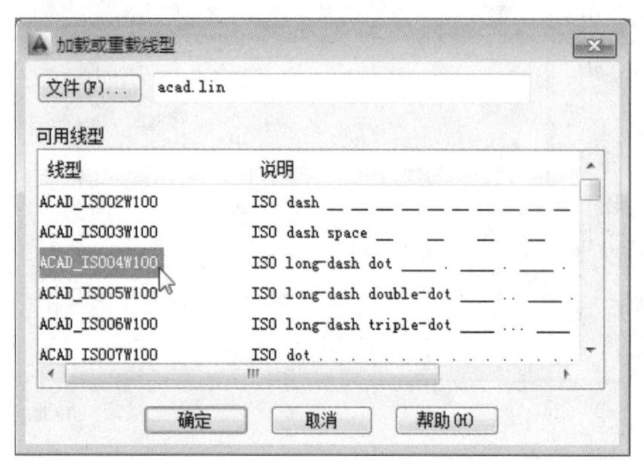

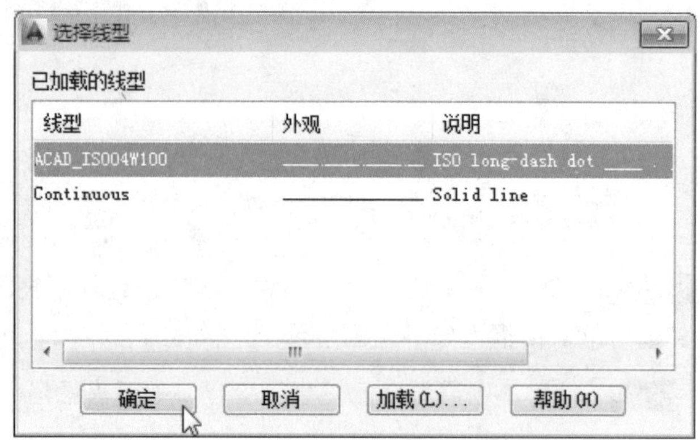

3.2.4 设置图层的线宽

在AutoCAD中，不同的线宽代表的含义也有所不同。所以在对图层特性进行设置时，图层的线宽设置也是必要的。

例3-4 下面将介绍图层线宽的设置操作。

Step 01 打开“图层特性管理器”，选中所需图层，单击“线宽”下面的“默认”图标，如下左图所示。

Step 02 在“线宽”对话框中，选择所需的线宽样式，单击“确定”按钮，关闭该对话框即可，如下右图所示。

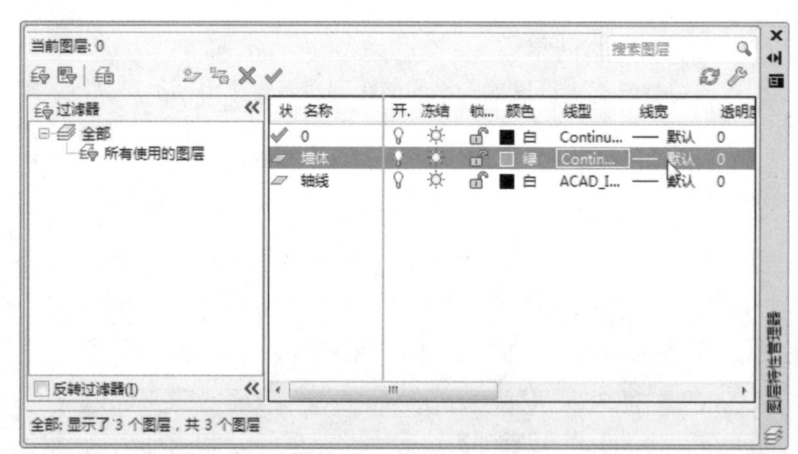

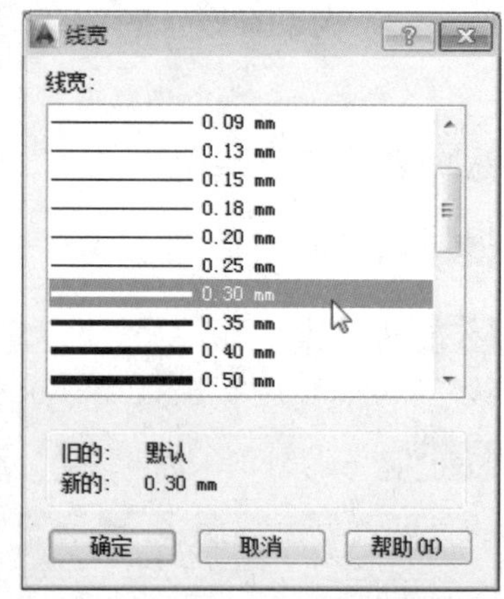

知识链接 显示/隐藏线宽

有时在设置了图层线宽后，当前线宽并没有变化。此时用户只需在该界面的状态栏中，单击“显示/隐藏线宽”按钮+，即可显示线宽。反之，则隐藏线宽。

图层的管理

在“图层特性管理器”中，用户不仅可创建图层、设置图层特性，还可以对创建好的图层进行管理，如锁定图层、关闭图层、过滤图层、删除图层等。

3.3.1 置为当前层

置为当前图层是将选定的图层设置为当前图层，并在当前图层上创建对象。在AutoCAD中当前层的设置方法有以下4种。

- 使用“置为当前”按钮设置。执行“图层特性”命令，在“图层特性管理器”中，选中所需图层选项，单击“置为当前”按钮✔即可。
- 使用鼠标双击设置。在“图层特性管理器”中，双击所需图层选项，即可将该图层置为当前图层。
- 使用鼠标右键设置。在“图层特性管理器”中，选中所需图层选项，单击鼠标右键，在打开的快捷菜单中，选择“置为当前”命令即可。
- 使用“图层”面板设置。执行“常用>图层>图层”命令，在打开的下拉列表中，选择所需图层选项，即可将其置为当前层。

3.3.2 打开/关闭图层

系统默认的图层都是处于打开状态的。而若选择某图层进行关闭，则该图层中所有的图形则不可见，且不能被编辑和打印。图层的打开与关闭操作可使用以下两种方法。

1. 使用“图层特性管理器”操作

在打开的“图层特性管理器”中，单击所需图层中的“开”按钮，将其变为灰色，如下左图所示。此时该图层已被关闭，而在该图层中所有的图形则不可见，如下右图所示。反之，再次单击该按钮，使其为高亮状态显示，则为打开图层操作。

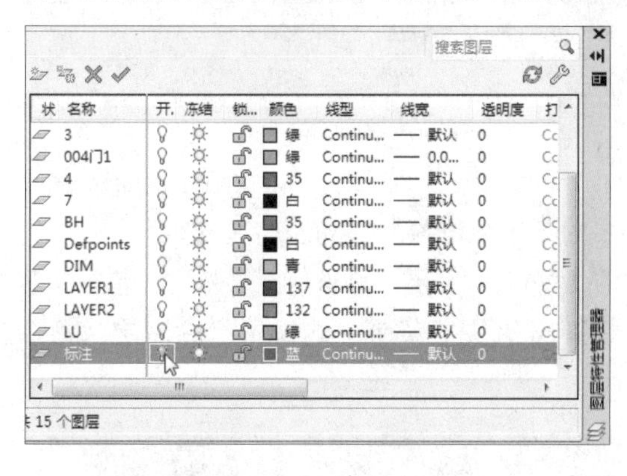

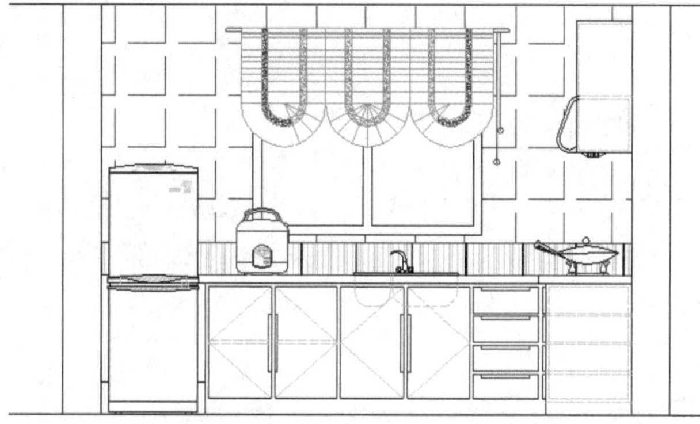

2. 使用“图层”面板操作

执行“常用>图层>图层”命令，在下拉列表中，单击所需图层的“开/关”按钮，同样可以打开或关闭该图层。需要注意的是，若该图层为当前层，则无法对其进行操作。

3.3.3 冻结/解冻图层

冻结图层有利于减少系统重生成图形的时间，冻结图层中的图形文件将不显示在绘图区中。在“图层特性管理器”中，选择所需的图层，单击“冻结 ”按钮，即可完成图层的冻结，如下图所示。反之，则为解冻操作。

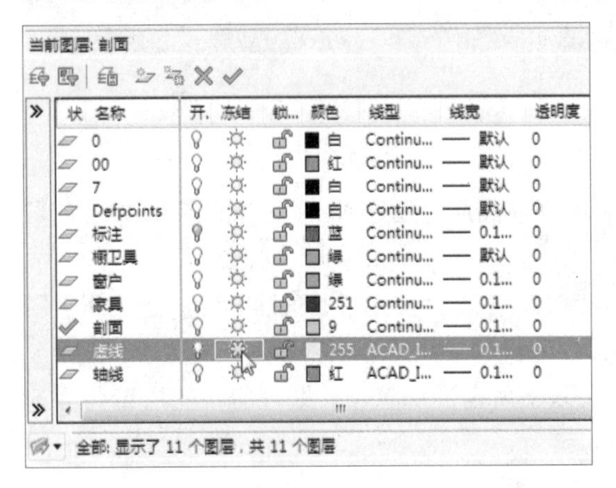

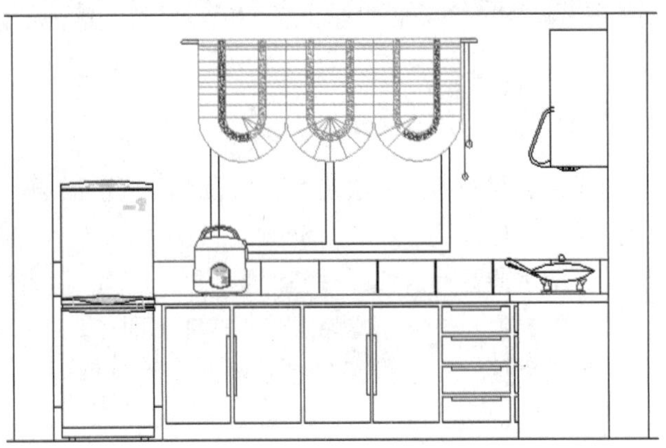

3.3.4 锁定/解锁图层

当某图层被锁定后，则该图层上所有的图形将无法进行修改或编辑，这样一来，可以降低意外修改对象的可能性。用户可在“图层特性管理器”中，选中所需图层，单击“锁定/解锁”按钮，即可将其锁定。反之，则为解锁操作。当光标移至被锁定的图形上时，在光标右下角则显示锁定符号，如右图所示。

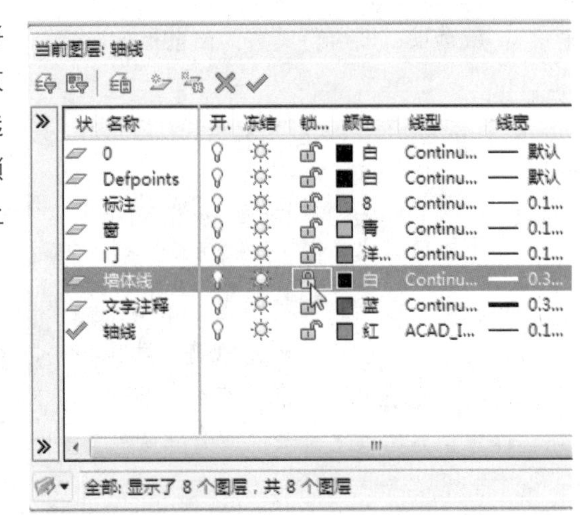

3.3.5 删除图层

若想删除多余的图层，可使用“图层特性管理器”中的“删除图层”按钮，将其删除。

删除操作很简单，即在“图层特性管理器”中，选中所需删除的图层（除当前图层外）。单击“删除图层 ”按钮即可。或者是右击需要删除的图层，在弹出的快捷菜单中选择“删除图层”命令即可。

专家技巧　隔离图层

图层隔离与图层锁定在用法上相似，但图层隔离只能对选中的图层进行修改操作，而其他未被选中的图层都为锁定状态，无法进行编辑；而锁定图层只是将当前选中的图层进行锁定，无法进行编辑。

设计师训练营 创建并保存机械图层

在以上章节中，向用户介绍了关于图层设置的一些知识点。下面将以创建机械图层为例，来巩固所学的知识点，如图层的创建、图层特性的设置、图层的保存与调用等。

Step 01 启动AutoCAD 2014软件，执行“图层特性”命令，打开“图层特性管理器”，单击“新建图层”按钮，如下左图所示。

Step 02 单击“图层1”，输入图层新名称“中轴线”，如下右图所示。

Step 03 单击该图层的“颜色”图标，在“选择颜色”对话框中，选择合适的颜色，即可完成对图层颜色的更改，如下左图所示。

Step 04 单击“线型”图标，在“选择线型”对话框中，单击“加载”按钮，打开“加载或重载线型”对话框，如下右图所示。

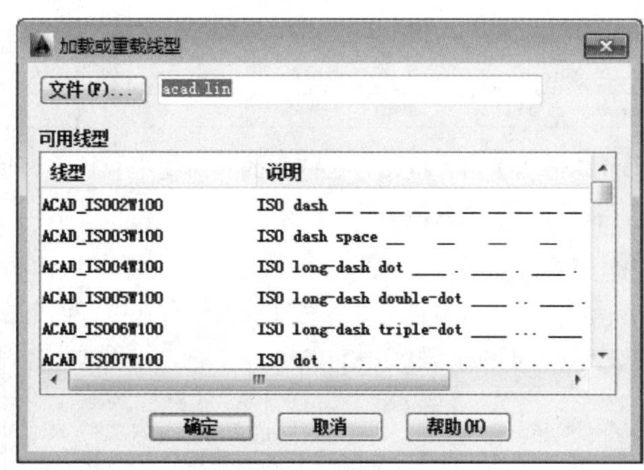

Step 05 选择合适的线型后，单击“确定”按钮，返回上一层对话框，如下左图所示。

Step 06 选择完成后，单击“确定”按钮，即可完成对线型的更改，如下右图所示。

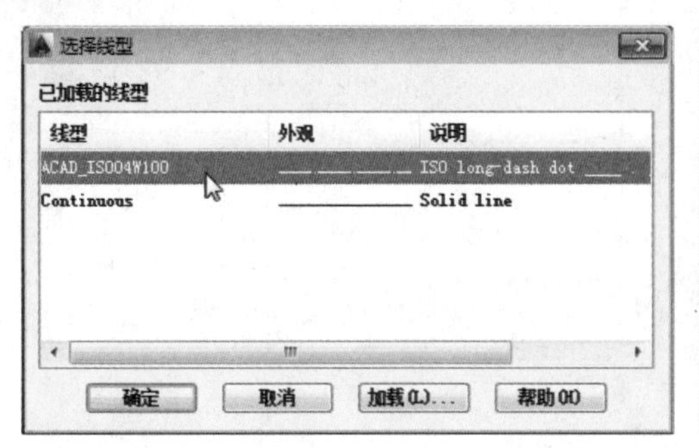

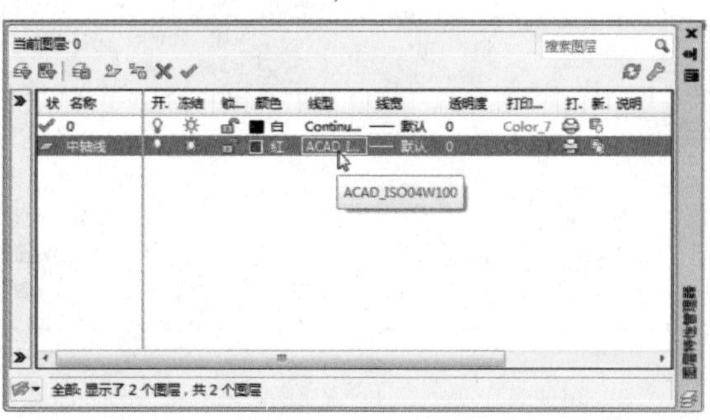

Step 07 单击“新建图层”按钮，创建“轮廓线”图层，如下左图所示。

Step 08 将墙体图层的颜色设为黑色，将线型设为默认，线宽设为0.3mm，如下右图所示。

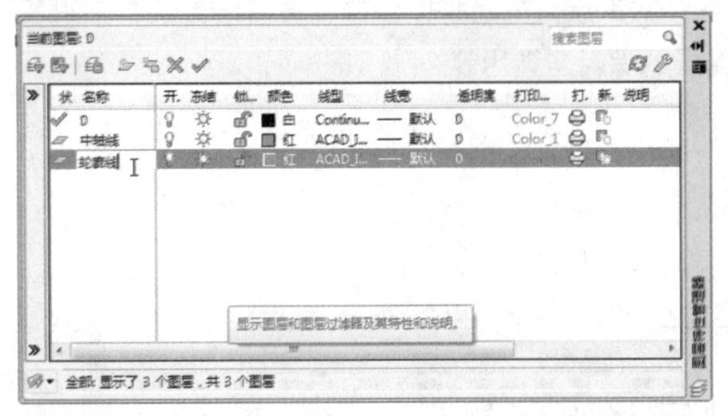

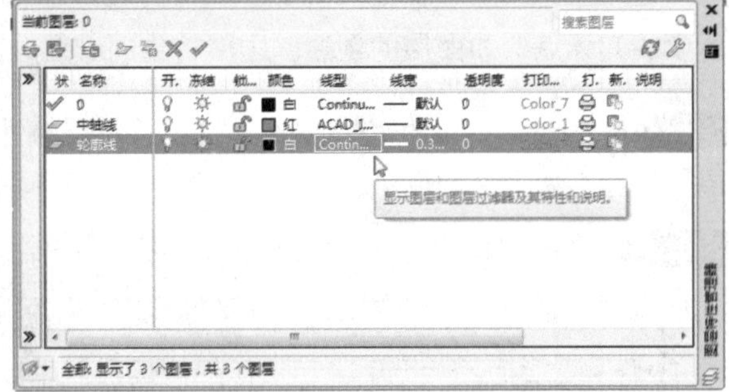

Step 09 按照同样的操作，创建“内部构造线、填充、标注、文字注释”图层，并分别设置其图层特性，如下左图所示。

Step 10 单击“图层状态管理器”按钮，打开相应的对话框，单击“新建”按钮，在打开的新对话框中，输入“机械图层”名称，单击“确定”按钮，如下右图所示。

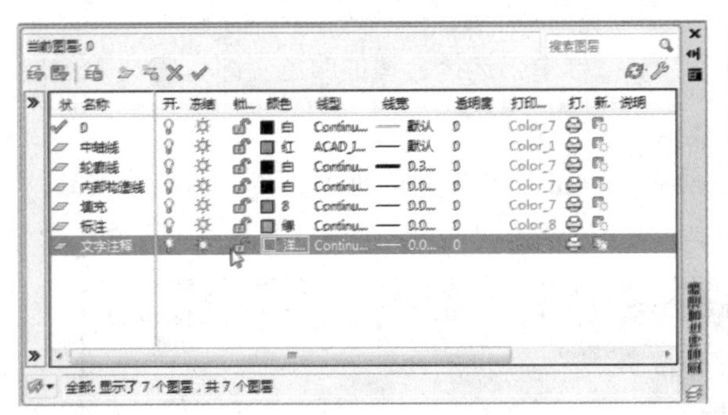

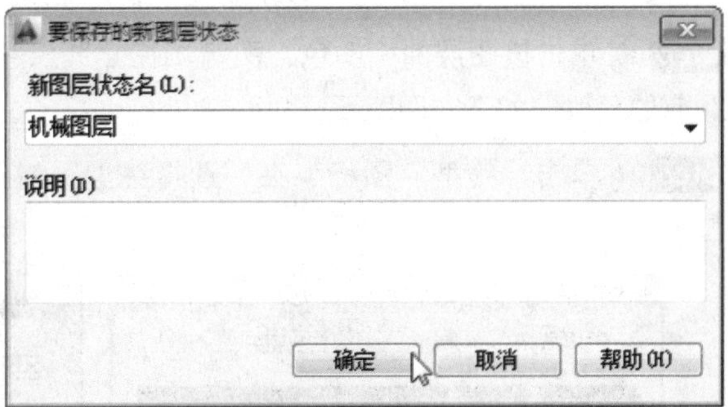

Step 11 单击“输出”按钮，在打开的对话框中，选择好保存位置，单击“保存”按钮，即可完成图层的保存输出，如下左图所示。

Step 12 当再次使用时，打开“图层状态管理器”对话框，单击“输入”按钮，并在打开的对话框中，选择调用的图层文件，即可将其调入新文件中，如下右图所示。

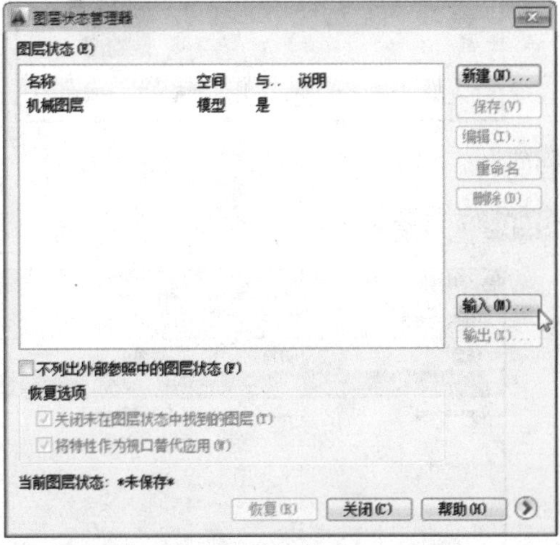

课后练习

1. 填空题

(1) 在AutoCAD 2014中，单击功能面板中的 ________ 命令，打开 ________，从而设置和管理图层。

(2) 在AutoCAD中，系统默认的线型是 ________。

(3) 用户可以单击 ____________ 中的 ________________ 按钮来完成切换图层的操作。

2. 选择题

(1) 每个图层都有各自的特性，下面哪一项不属于图层的特性（ ）。

A. 颜色　　B. 线型　　C. 线宽　　D. 色彩

(2) 在AutoCAD中，不同的线型表示的作用也不同。系统默认线型为（ ）。

A. Contins　　B. linear　　C. Continuous　　D. linetype

(3) 在AutoCAD中，关于当前层的设置方法，以下哪一种是错误的（ ）。

A. 使用"置为当前"按钮设置　　B. 使用鼠标单击设置

C. 使用鼠标右键设置　　D. 使用"图层"面板设置

(4) 下列叙述中，哪一项是不正确的（ ）。

A. 图层隔离只能将选中的图层进行修改操作，而其他未被选中的图层都为锁定状态

B. 锁定图层只是将当前选中的图层进行锁定，无法编辑

C. 当某图层被锁定后，则该图层上所有的图形将无法进行编辑

D. 冻结图层中的图形文件显示在绘图区外部

3. 上机题

新建一个图形文件，以"会议桌"为文件名保存文件。然后创建图层，并对图层进行设置。创建"会议桌"、"椅子"和"植物"图层：图层颜色分别为蓝色、黑色和绿色；图层的线型分别为ACAD-ISOO3W100、Continuous和ACAD-ISO12W100，线宽为默认值，如下图所示。

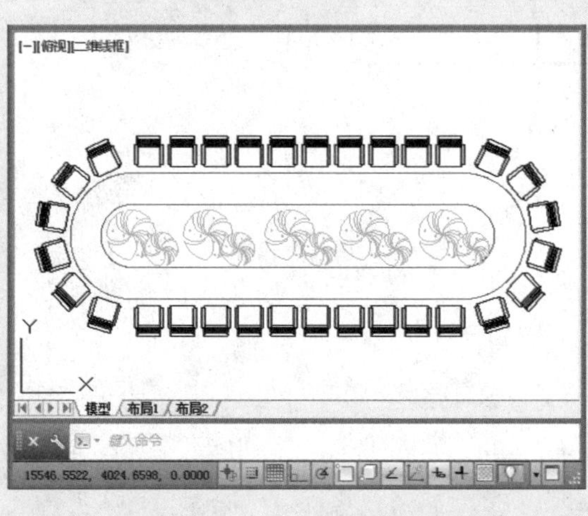

二维图形的绘制

使用二维绘图命令绘图是AutoCAD软件最基本的命令之一。利用这些命令可绘制出各种基本图形，如直线、矩形、圆、多段线及样条曲线等。本章将介绍各种二维命令的使用方法，并结合实例来完成各种简单图形的绘制。

重点难点

- 线段的绘制方法
- 曲线的绘制方法
- 矩形的绘制方法
- 徒手绘图的方法

点的绘制

无论是直线、曲线还是其他线段，都是由多个点连接而成的。所以点是组成图形最基本的元素。在AutoCAD软件中，点样式是可以根据需要进行设置的。

4.1.1 设置点样式

在默认情况下，点是没有长度和大小的，所以在绘图区中绘制一个点，则很难看见。为了能够清晰地显示出点的位置，用户可对点样式进行设置。在菜单栏中，执行“格式>点样式”命令，在打开的“点样式”对话框中，选中所需的点样式，并在“点大小”文本框中，输入点的大小值即可，如右图所示。

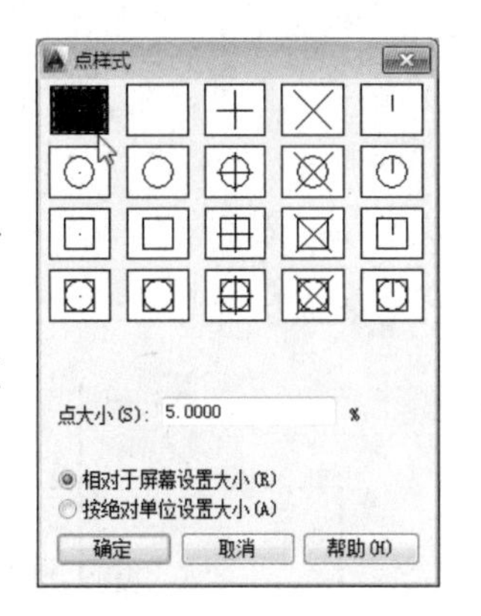

用户也可在命令行中输入“DDPTYPE”后，按回车键，同样也可打开“点样式”对话框，对点样式进行设置。

4.1.2 绘制点

完成点的设置后，执行“常用>绘图>多点”命令，然后在绘图区中单击鼠标左键指定所需位置即可完成点的绘制。

例4-1 下面将对点样式的设置与绘制进行介绍。

Step 01 执行“格式>点样式”命令，打开“点样式”对话框，选中所需设置的点样式，并在“点大小”文本框中，输入点数值，单击“确定”按钮，如下左图所示。

Step 02 设置完成后，在绘图区中，指定好点的位置即可，如下右图所示。

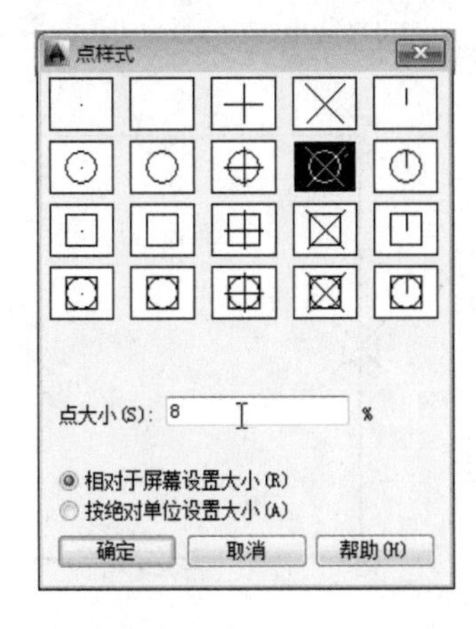

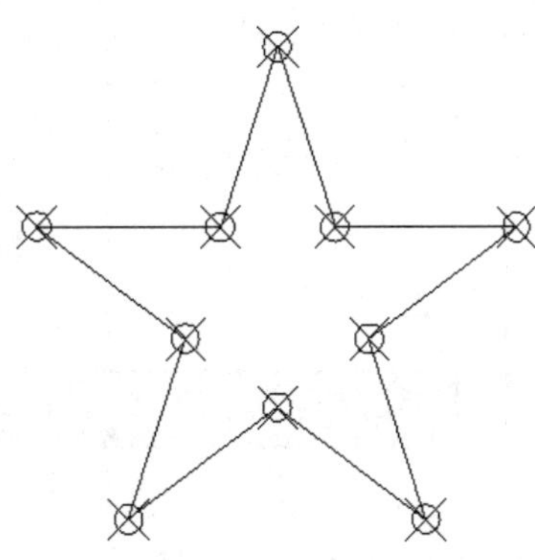

设置好点样式后，在命令行中输入“POINT”后，按回车键，在绘图区中，指定好点位置，同样也可完成点的绘制。

命令行提示如下:

命令: _point
当前点模式: PDMODE=35 PDSIZE=-8.0000
指定点: (指定点位置)

4.1.3 定数等分

定数等分是将选择的曲线或线段按照指定的段数进行平均等分。执行"默认>绘图>定数等分"命令，根据命令行的提示，首先选择所需等分对象，然后输入等分数值并按回车键即可，如下图所示。

命令行提示如下:

命令: _divide
选择要定数等分的对象: (选择等分图形对象)
输入线段数目或 [块(B)]: 4 (输入等分数值，按回车键)

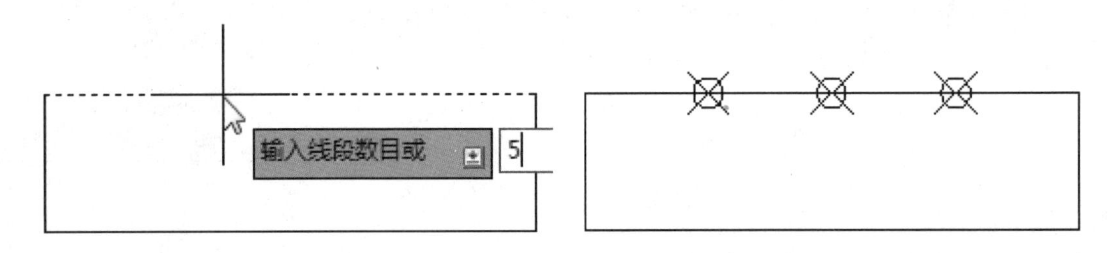

4.1.4 定距等分

定距等分命令则是指在选定图形对象上，按照指定的长度放置点的标记符号。执行"默认>绘图>定距等分"命令，根据命令行提示，选择测量对象，并输入线段长度值，按回车键即可，如下图所示。

命令行提示如下:

命令: _measure
选择要定距等分的对象: (选择所需图形对象)
指定线段长度或 [块(B)]: 50 (输入线段长度值，按回车键)

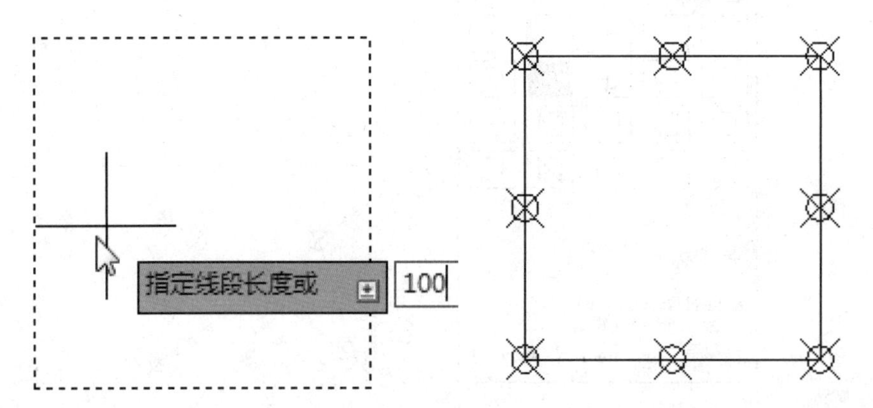

Section 4.2

线段的绘制

在AutoCAD中线段的类型分为多种，包括直线、射线、构造线、多线以及多段线等。线段是绘制图形的基础。下面将分别对其进行介绍。

4.2.1 直线的绘制

在AutoCAD中执行直线命令的方法有两种：其一，使用“直线”命令操作；其二，使用快捷键进行操作。下面将分别对其进行介绍。

1. 使用“直线”命令操作

执行“默认>绘图>直线”命令，根据命令行提示，在绘图区中指定直线的起点，移动鼠标，并输入直线的距离值，按回车键即可完成绘制。

2. 使用命令快捷键操作

若要执行“直线”命令，在命令行中输入“L”后，按回车键，同样可执行直线操作。

命令行提示如下：

```
命令: _line
指定第一个点:                                  (指定直线起点)
指定下一点或 [放弃(U)]: <正交 开> 200           (输入起点距下一点距离值)
指定下一点或 [放弃(U)]:                         (按回车键，完成操作)
```

4.2.2 射线的绘制

射线是以一个起点为中心，向某方向无限延伸的直线。射线一般用来作为创建其他直线的参照。执行“默认>绘图>射线”命令，根据命令行提示，指定好射线的起始点，其后将光标移至所需位置，并指定好第二点，即可完成射线的绘制，如下图所示。

命令行提示如下：

```
命令: _ray 指定起点:                            (指定射线起点)
指定通过点:                                    (指定射线方向)
```

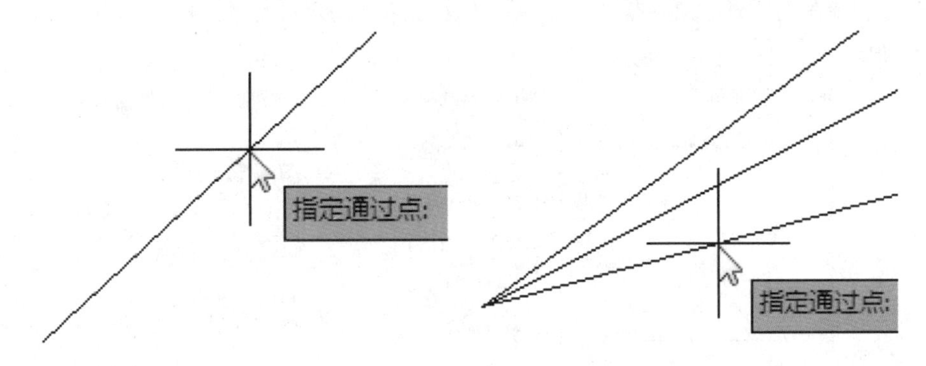

4.2.3 构造线的绘制

构造线是无限延伸的线，也可以用来作为创建其他直线的参照，可创建出水平、垂直、具有一定角度的构造线。执行“默认>绘图>构造线”命令，在绘图区中，分别指定线段起点和端点，即可创建出构造线，这两个点就是构造线上的点。

命令行提示如下：

```
命令: _xline
指定点或 [水平(H)/垂直(V)/角度(A)/二等分(B)/偏移(O)]:        (指定构造线上的第一点)
指定通过点:                                                  (指定构造线上的第二点)
```

4.2.4 多线的绘制

多线一般是由多条平行线组成的对象，平行线之间的间距和数目是可以设置的。多线主要用于绘制建筑平面图中的墙体图形。通常在绘制多线时，需要对多线样式进行设置。下面将对其相关知识进行介绍。

1. 设置多线样式

在AutoCAD中，设置多线样式的操作方法有两种，即使用“多线样式”命令操作和使用快捷命令操作。

（1）使用“多线样式”命令操作。在菜单栏中，执行“格式>多线样式”命令，打开“多线样式”对话框，然后根据需要选择相关选项进行设置即可。

（2）使用快捷命令操作。用户可在命令行中输入“MLSTYLE”命令，按回车键，同样可打开“多线样式”对话框进行设置。

知识链接 新建多线样式

在“多线样式”对话框中，默认样式为“STANDARD”样式。若要新建样式，可单击“新建”按钮，在“创建新的多线样式”对话框中，输入新样式的名称，单击“确定”按钮，然后在“修改多线样式”对话框中，根据需要进行设置，完成后返回上一层对话框，在“样式”列表中选择新建的样式，单击“置为当前”按钮即可。

例4-2 下面将介绍多线样式的设置方法。

Step 01 通过上述方法打开“多线样式”对话框，单击“修改”按钮，如下左图所示。

Step 02 在“修改多线样式”对话框的“封口”选项组中，勾选“直线”的“起点”和“端点”复选框，如下右图所示。

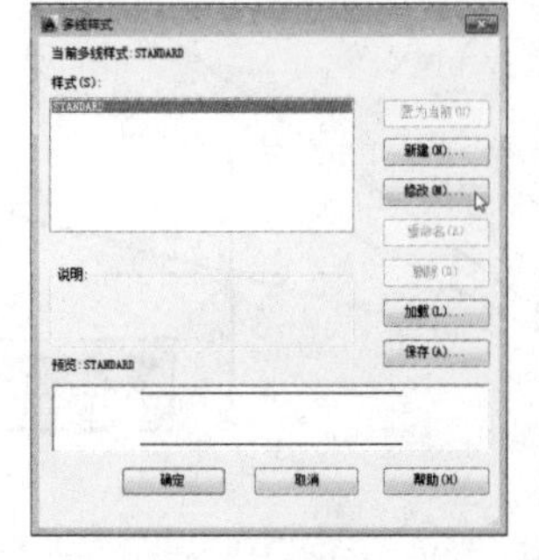

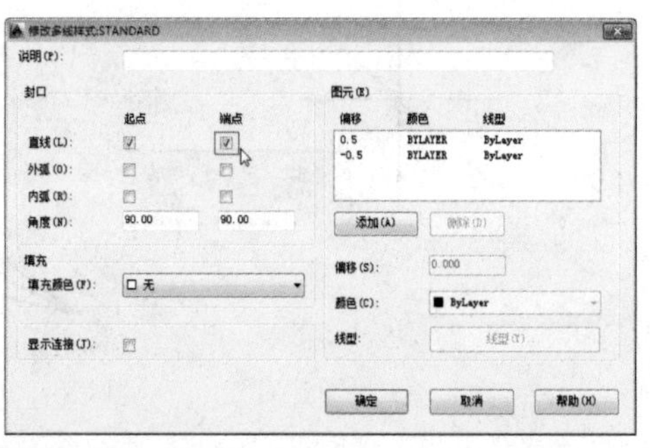

Step 03 设置完成后，单击“确定”按钮，返回上一层对话框，单击“确定”按钮即可。

2. 绘制多线

完成多线设置后，需通过“多线”命令进行绘制。用户可通过以下两种方法进行操作。

（1）使用“多线”命令操作。在菜单栏中，执行“绘图>多线”命令，并根据命令行提示，设置多线比例和样式，然后指定多线起点，并输入线段长度值即可。

（2）使用快捷命令操作。设置完多线样式后，在命令行中输入“ML”并按回车键即可。

命令行提示如下：

```
命令: ml                                                  （输入“多线”快捷命令）
MLINE
当前设置: 对正 = 上，比例 = 20.00，样式 = STANDARD
指定起点或 [对正(J)/比例(S)/样式(ST)]: s                  （选择“比例”选项）
输入多线比例 <20.00>: 240                                 （输入比例值，按回车键）
当前设置: 对正 = 上，比例 = 240.00，样式 = STANDARD
指定起点或 [对正(J)/比例(S)/样式(ST)]: j                  （选择“对正”选项）
输入对正类型 [上(T)/无(Z)/下(B)] <上>: Z                  （选择对正类型）
当前设置: 对正 = 无，比例 = 240.00，样式 = STANDARD
指定起点或 [对正(J)/比例(S)/样式(ST)]:                    （指定多线起点）
指定下一点或 [闭合(C)/放弃(U)]:                           （绘制多线）
```

例4-3 下面将举例介绍多线绘制的具体操作。

Step 01 在命令行中，输入“ML”后并按回车键。根据命令行中提示，将多线比例设为240，将对正类型设为“无”。

Step 02 在绘图区中，指定多线起点，将光标向左移动，并在命令行中输入多线距离值2000，按回车键，如下左图所示。

Step 03 将光标向上移动，并输入距离值为3500，按回车键，如下右图所示。

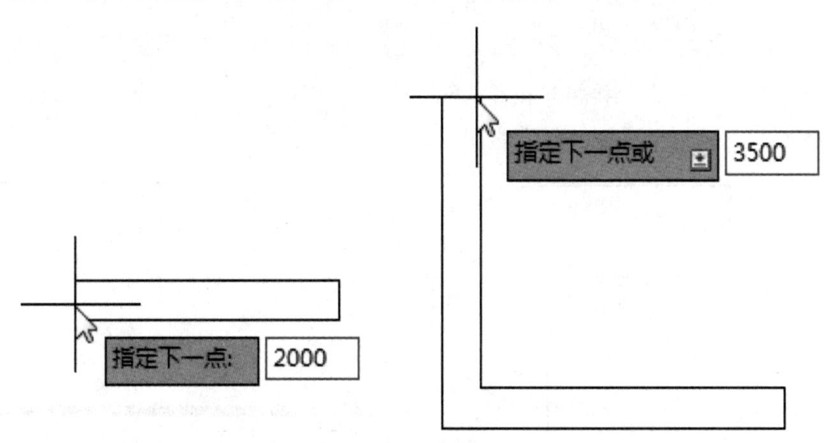

Step 04 将光标向右移动，并输入数值3000，按回车键，如下左图所示。

Step 05 将光标向下移动，并输入数值3500，按回车键，其后按照同样的操作，将光标向左移动，并输入300，按回车键完成操作，如下右图所示。

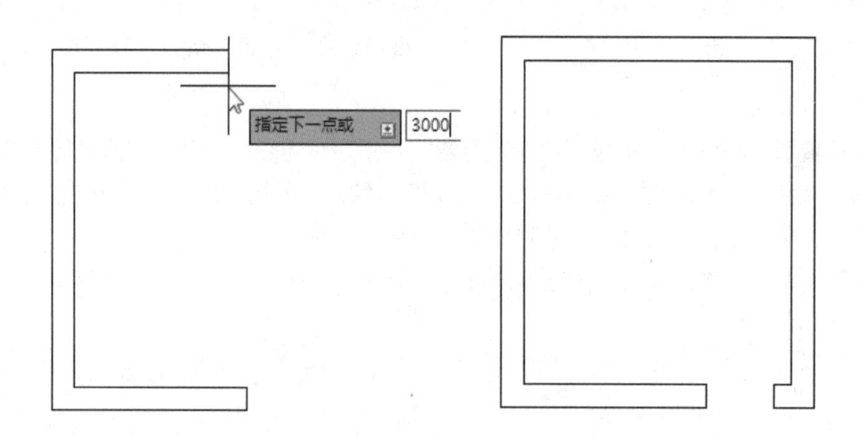

4.2.5 多段线的绘制

多段线是由相连的直线和圆弧曲线组成的，在直线和圆弧曲线之间可进行自由切换。用户可以设置多段线的宽度，也可以在不同的线段中设置不同的线宽。此外，还可以设置线段的始末端点具有不同的线宽。

执行“默认>绘图>多段线”命令，根据命令行中的提示，指定线段起点和终点即可完成多段线的绘制。当然用户在命令行中输入“PL”后按回车键，同样可以绘制多段线。

命令行提示如下：

```
命令: _pline
指定起点:                                                    (指定多段线起点)
当前线宽为 0.0000
指定下一个点或 [圆弧(A)/半宽(H)/长度(L)/放弃(U)/宽度(W)]:      (输入线段长度，指定下一点)
指定下一点或 [圆弧(A)/闭合(C)/半宽(H)/长度(L)/放弃(U)/宽度(W)]:
```

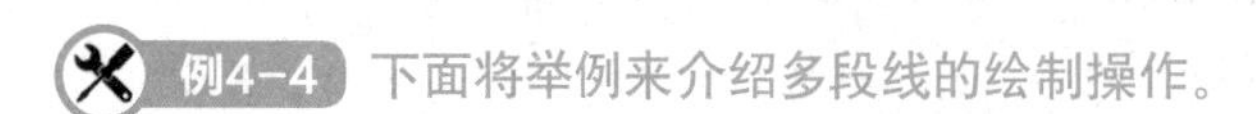
例4-4 下面将举例来介绍多段线的绘制操作。

Step 01 在命令行中输入“PL”后按回车键，在绘图区中指定多段线起点和下一端点的位置，并在命令行中输入“A”，切换至圆弧状态，移动鼠标，指定圆弧另一端点，如下左图所示。

Step 02 在命令行中输入“W”，并将起点宽度设为0，终点宽度设为50，绘制圆弧，然后再次输入“L”，切换至直线状态，绘制直线段，如下右图所示。

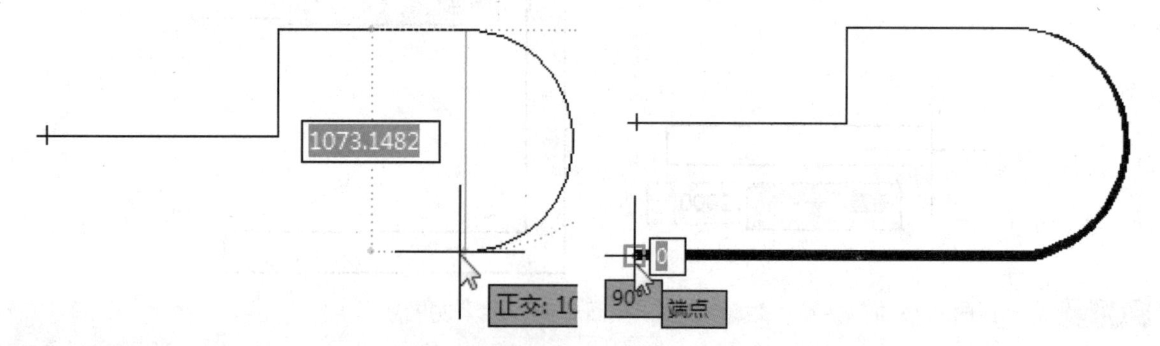

Step 03 在命令行中输入“W”，将起点宽度设为50，终点宽度设为0。然后输入“C”闭合该图形，以完成该图形的绘制，如下图所示。

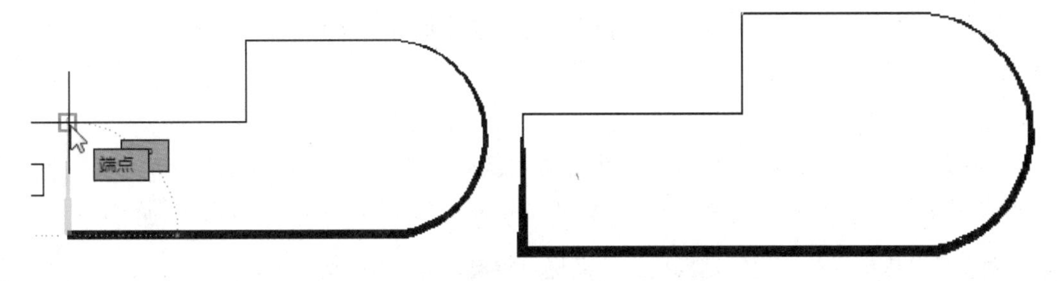

专家技巧 直线和多段线的区别

利用直线和多段线都可以绘制首尾相连的线段。而它们的区别在于，利用直线所绘制的是独立的线段；而多段线则可在直线和圆弧曲线之间切换，并且绘制的多段线是一个独立的整体。

曲线的绘制

使用曲线绘图是最常用的绘图方式之一。在AutoCAD软件中，曲线功能主要包括圆弧、圆、椭圆和椭圆弧等。下面就分别对其操作进行介绍。

4.3.1 圆形的绘制

在制图过程中，“圆”命令是常用命令之一。用户可使用以下两种方法进行圆形的绘制。

1. 使用“圆”命令绘制

执行“默认>绘图>圆>圆心、半径”命令，根据命令行的提示信息，在绘图区中，指定圆的圆心，然后输入圆的半径值，即可创建圆。

2. 使用快捷命令绘制

用户可在命令行中直接输入“C”后按回车键，即可根据命令提示进行绘制。

命令行提示如下：

```
命令: _circle
指定圆的圆心或 [三点(3P)/两点(2P)/切点、切点、半径(T)]:        (指定圆心点)
指定圆的半径或 [直径(D)]: 50                                  (输入圆的半径值)
```

在AutoCAD软件中，可通过6种模式绘制圆形，分别为“圆心、半径”、“圆心、直径”、“两点”、“三点”、“相切、相切、半径”以及“相切、相切、相切”。

(1) 圆心、半径：该模式是通过指定圆心位置和半径值进行绘制。该模式为默认模式，如右图所示。

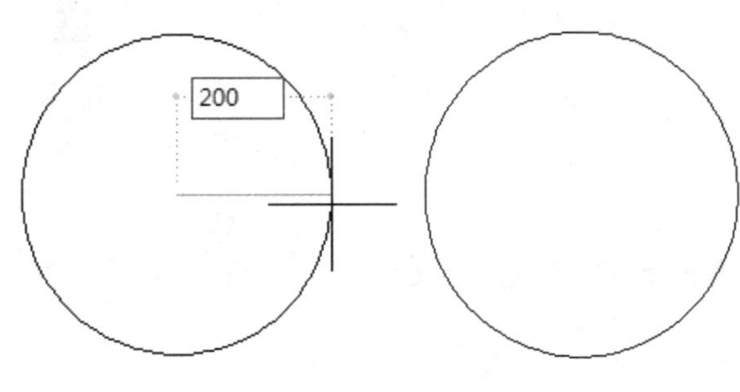

（2）圆心、直径⊘：该模式是通过指定圆心位置和直径值进行绘制。

命令行提示如下：

命令：_circle
指定圆的圆心或 [三点(3P)/两点(2P)/切点、切点、半径(T)]: （指定圆心）
指定圆的半径或 [直径(D)] <200.0000>: _d 指定圆的直径 <400.0000>: 200 （输入直径值）

（3）两点◯：该模式是通过指定圆周上两点进行绘制，如下图所示。

命令行提示如下：

命令：_circle
指定圆的圆心或 [三点(3P)/两点(2P)/切点、切点、半径(T)]: _2p 指定圆直径的第一个端点:
（指定圆第一个端点）
指定圆直径的第二个端点: 200 （指定第二个端点，或输入两端点之间的距离值）

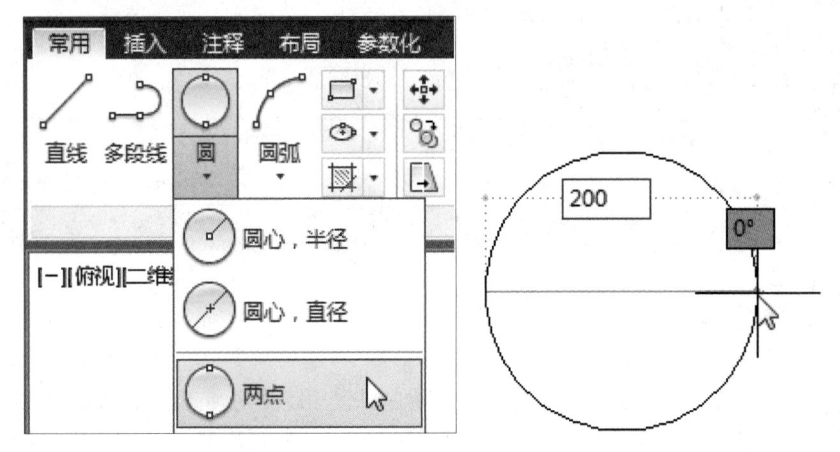

（4）三点◯：该模式是通过指定圆周上三点进行绘制。第一个点为圆的起点，第二个点为圆的直径点，第三个点为圆上的点，如下图所示。

命令：_circle
指定圆的圆心或 [三点(3P)/两点(2P)/切点、切点、半径(T)]: _3p 指定圆上的第一个点: （指定圆上第一点）
指定圆上的第二个点: （指定圆上第二点）
指定圆上的第三个点: （指定圆上第三点）

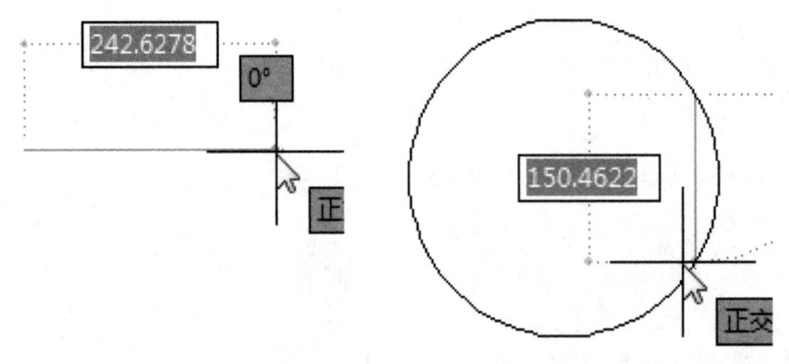

（5）相切、相切、半径⊙：该模式是通过先指定两个相切对象，然后指定半径值进行绘制。在使用该命令时所选的对象必须是圆或圆弧曲线，第一个点为第一组曲线上的相切点，如下图所示。

命令行提示如下：

命令: _circle
指定圆的圆心或 [三点(3P)/两点(2P)/切点、切点、半径(T)]: _3p 指定圆上的第一个点: （指定圆上第一点）
指定圆上的第二个点: （指定圆上第二点）
指定圆上的第三个点: （指定圆上第三点）

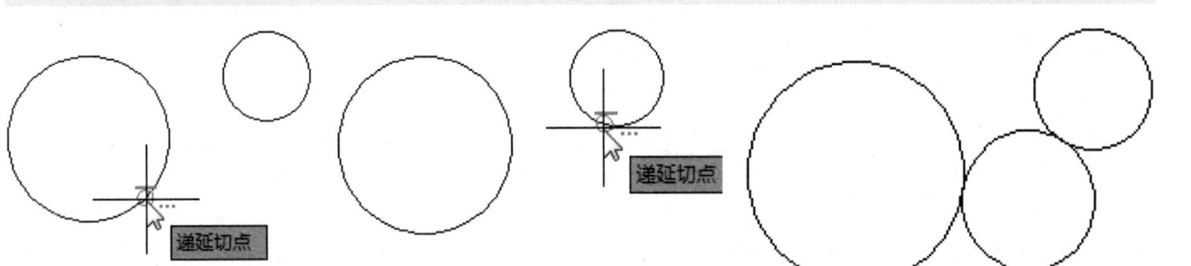

专家技巧 绘制相切圆需注意

使用"相切、相切、半径"模式绘制圆形时，如果指定的半径太小，无法满足相切条件，则系统会提示该圆不存在。

（6）相切、相切、相切：该模式是过指定与已经存在的圆弧或圆对象相切的三个切点来绘制圆。先在第一个圆或圆弧上指定第一个切点，其后在第二个、第三个圆或圆弧上分别指定切点后，即可完成创建，如下图所示。

命令行提示如下：

命令: _circle
指定圆的圆心或 [三点(3P)/两点(2P)/切点、切点、半径(T)]: _3p 指定圆上的第一个点: _tan 到
（捕捉第一个圆上的切点）
指定圆上的第二个点: _tan 到 （捕捉第二个圆上的切点）
指定圆上的第三个点: _tan 到 （捕捉第三个圆上的切点）

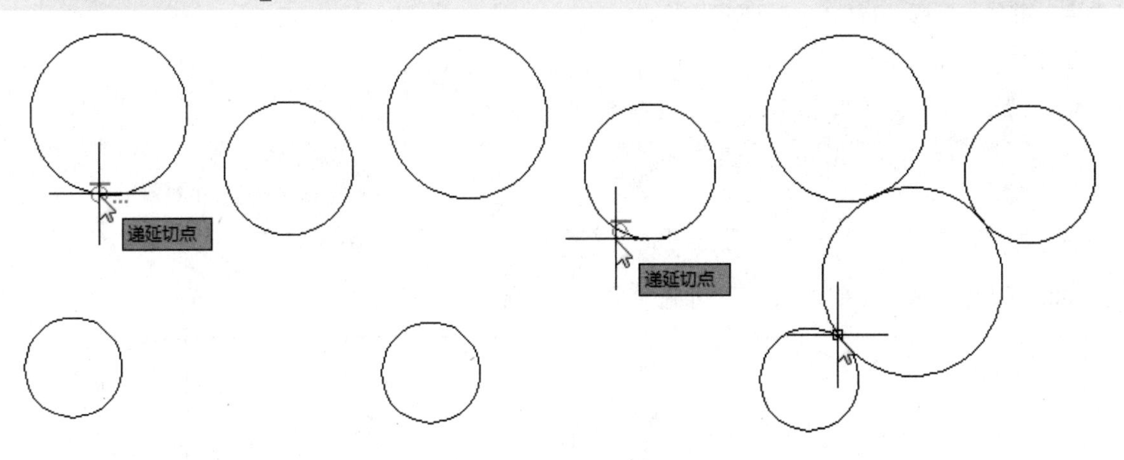

4.3.2 圆弧的绘制

圆弧是圆的一部分，绘制圆弧一般需要指定三个点，圆弧的起点、圆弧上的点和圆弧的端点。用户可使用以下两种方法绘制圆弧。

1. 使用“圆弧”命令绘制

执行“默认>绘图>圆弧”命令，根据命令行提示信息，在绘图区中，指定好圆弧三个点，即可创建圆弧。

2. 使用快捷命令绘制

在命令行中输入“AR”后，按回车键，即可绘制圆弧。

命令行提示如下：

```
命令: _arc
指定圆弧的起点或 [圆心(C)]:                          (指定圆弧起点)
指定圆弧的第二个点或 [圆心(C)/端点(E)]:               (指定圆弧第二点)
指定圆弧的端点:                                      (指定圆弧第三点)
```

在AutoCAD中，用户可通过多种模式绘制圆弧，其中包括“三点”、“起点、圆心、端点”、“起点、端点、角度”、“圆心、起点、端点”以及“连续”等，其中“三点”模式为默认模式。

- **三点**：该方式是通过指定三个点来创建一条圆弧曲线，第一个点为圆弧的起点，第二个点为圆弧上的点，第三个点为圆弧的端点。
- **起点、圆心**：该方式指定圆弧的起点和圆心进行绘制。使用该方法绘制圆弧还需要指定它的端点、角度或长度。
- **起点、端点**：该方式指定圆弧的起点和端点进行绘制。使用该方法绘制圆弧还需要指定圆弧的半径、角度或方向。
- **圆心、起点**：该方式指定圆弧的圆心和起点进行绘制。使用该方法绘制圆弧还需要指定它的端点、角度或长度。
- **连续**：使用该方法绘制的圆弧将与最后一个创建的对象相切。

例4-5 下面将以圆弧的绘制为例进行介绍。

Step 01 执行“绘图>圆弧>圆心、起点、角度”命令，根据命令行提示，捕捉长方形右侧边线的中点和端点，并输入圆弧角度值，如下左图所示。

命令行提示如下：

```
命令: _arc
指定圆弧的起点或 [圆心(C)]: _c 指定圆弧的圆心:            (捕捉长方形一侧边线的中点)
指定圆弧的起点:                                          (捕捉长方形边线的端点)
指定圆弧的端点或 [角度(A)/弦长(L)]: _a 指定包含角: 180     (输入圆弧角度)
```

Step 02 设置完成后，即可完成圆弧的绘制，如下右图所示。

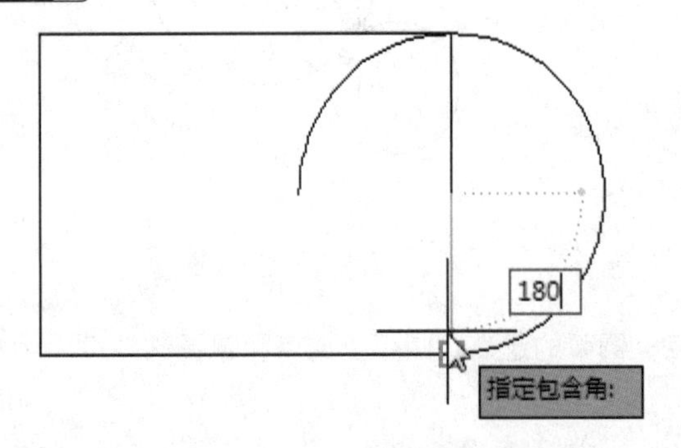

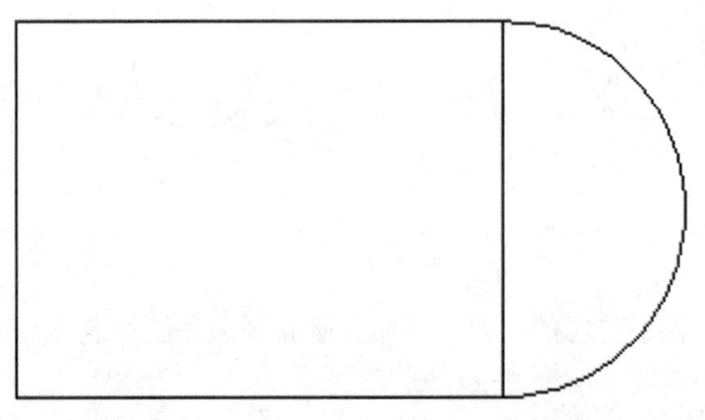

Step 03 执行“绘图>圆弧>起点、圆心、端点”命令，捕捉长方形另一边线的起点、圆心和端点，如下左图所示。

Step 04 指定完成后完成圆弧的绘制。最后删除长方形两侧的边线，如下右图所示。

命令行提示如下：

```
命令：_arc
指定圆弧的起点或 [圆心(C)]:                                   （捕捉长方形另一侧边线的端点）
指定圆弧的第二个点或 [圆心(C)/端点(E)]: _c 指定圆弧的圆心:        （捕捉中点）
指定圆弧的端点或 [角度(A)/弦长(L)]:                            （捕捉第二个端点）
```

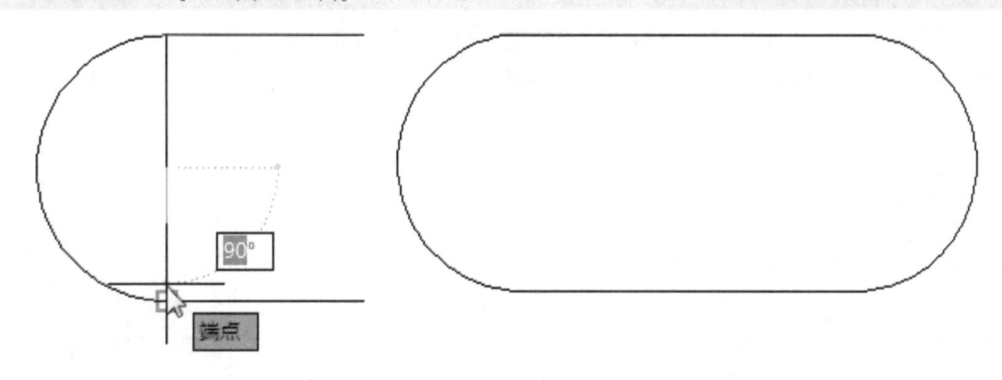

4.3.3 椭圆的绘制

椭圆有长半轴和短半轴之分，长半轴与短半轴的值决定了椭圆曲线的形状，用户通过设置椭圆的起始角度和终止角度可以绘制椭圆弧。

执行“默认>绘图>圆心”命令，根据命令行提示信息，指定圆心的中点，其后移动光标，指定椭圆短半轴和长半轴的数值，即可完成椭圆的绘制，如下图所示。

命令行提示如下：

```
命令：_ellipse
指定椭圆的轴端点或 [圆弧(A)/中心点(C)]: _c
指定椭圆的中心点:                                   （指定椭圆中心点）
指定轴的端点: 100                                   （指定长半轴长度）
指定另一条半轴长度或 [旋转(R)]: 50                   （指定短半轴长度）
```

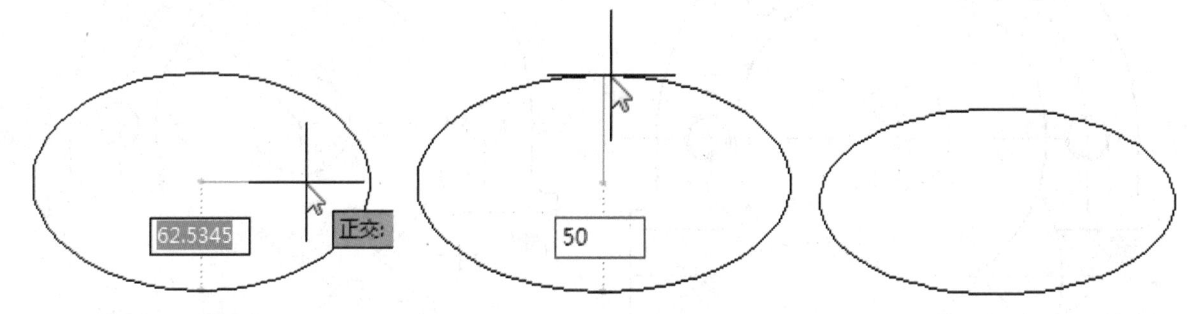

椭圆的绘制模式有三种，分别为“圆心”、“轴、端点”和“椭圆弧”。其中“圆心”方式为系统默认绘制椭圆的方式。

- **圆心**：该模式是指定一个点作为椭圆曲线的圆心点，然后再分别指定椭圆曲线的长半轴长度和短半轴长度。

- **轴、端点**：该模式是指定一个点作为椭圆曲线半轴的起点，指定第二个点为长半轴（或短半轴）的端点，指定第三个点为短半轴（或长半轴）的半径点。
- **圆弧**：该模式的创建方法与轴、端点的创建方式相似。使用该方法创建的椭圆可以是完整的椭圆，也可以是其中的一段圆弧。

4.3.4 圆环的绘制

圆环是由两个圆心相同、半径不同的圆组成的。圆环分为填充环和实体填充圆，即带有宽度的闭合多段线。绘制圆环时，应首先指定圆环的内径、外径，然后再指定圆环的中心点即可完成圆环的绘制。

执行"默认>绘图>圆环"命令，根据命令行提示，指定好圆环的内、外径大小，即可完成圆环的绘制。

命令行提示如下：

```
命令: _donut
指定圆环的内径 <24.8308>: 50                    (指定圆环内径值)
指定圆环的外径 <50.0000>: 20                    (指定圆环外径值)
指定圆环的中心点或 <退出>:                      (指定圆弧中心点位置)
指定圆环的中心点或 <退出>: *取消*
```

4.3.5 样条曲线的绘制

样条曲线是一种较为特别的线段。它是通过一系列指定点的光滑曲线，用来绘制不规则的曲线图形。适用于表达各种具有不规则变化曲率半径的曲线。在AutoCAD 2014中，样条曲线可分为两种绘制模式，分别为"样条曲线拟合"和"样条曲线控制点"。

- **样条曲线拟合**：该模式是使用曲线拟合点来绘制样条曲线，如下左图所示。
- **样条曲线控制点**：该模式是使用曲线控制点来绘制样条曲线的。使用该模式绘制出的曲线较为平滑，如下右图所示。

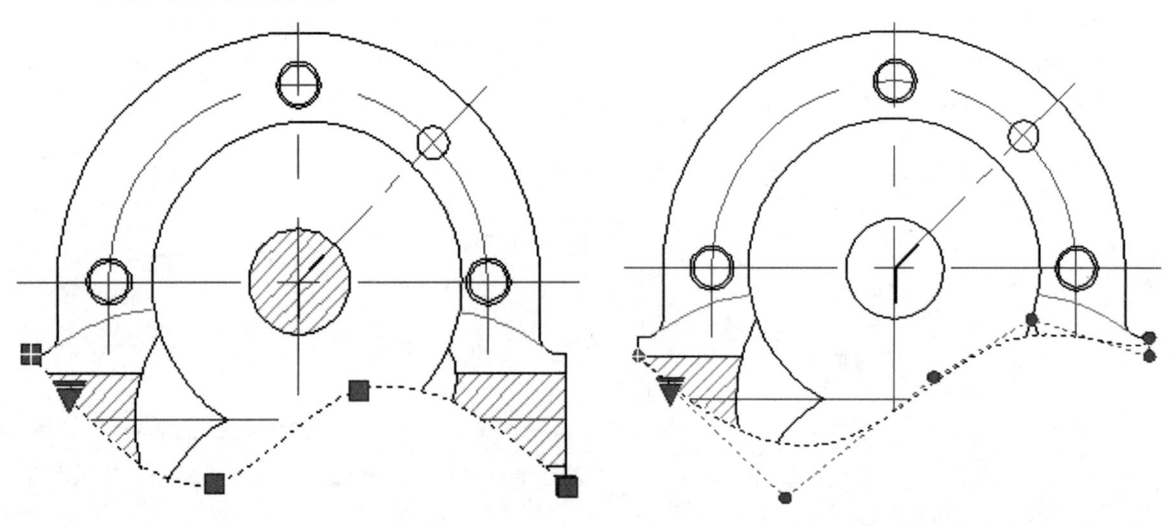

4.3.6 面域的绘制

面域是使用形成闭合环的对象创建二维闭合区域。组成面域的对象必须闭合或通过与其他对象共享端点而形成闭合的区域。

执行"默认>绘图>面域"命令，根据命令行的提示，选择所要创建面域的线段，如下左图所示，选择完成后，按回车键即可完成面域的创建，如下右图所示。

命令行提示如下：

```
命令: _region
选择对象: 指定对角点: 找到 2 个                    (选中所有对象)
选择对象: 找到 6 个, 总计 8 个
选择对象:                                          (按回车键)
已提取 1 个环。
已创建 1 个面域。
```

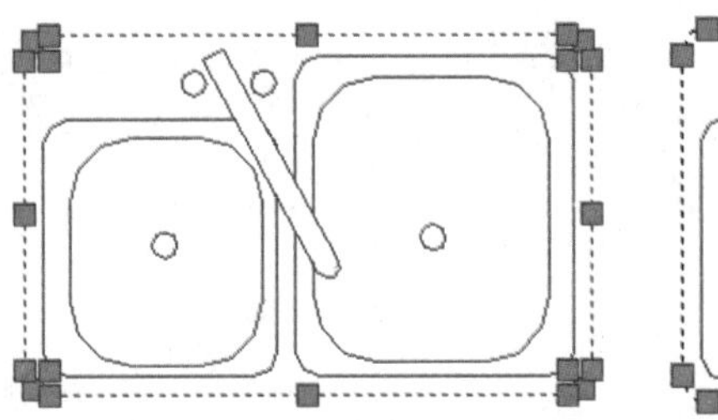
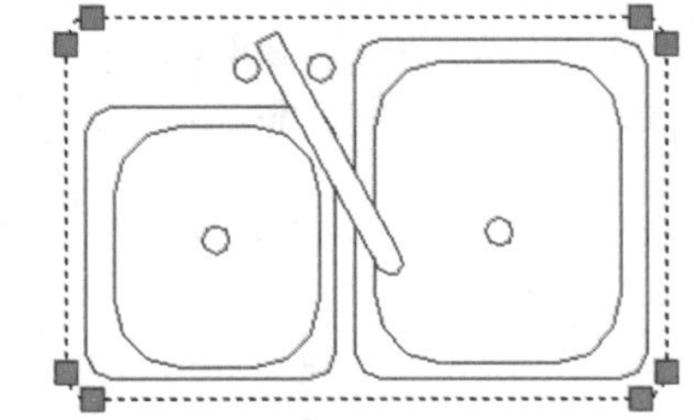

4.3.7 螺旋线的绘制

螺旋线常被用来创建具有螺旋特征的曲线，螺旋线的底面半径和顶面半径决定了螺旋线的形状，用户还可以控制螺旋线的圈间距。

执行"默认>绘图>螺旋"命令，根据命令行提示，指定螺旋底面中心点，并输入底面半径值和螺旋顶面半径值以及螺旋线高度值，即可完成绘制，如下图所示。

命令行提示如下：

```
命令: _Helix
圈数 = 3.0000    扭曲=CCW
指定底面的中心点:
指定底面半径或 [直径(D)] <1.0000>: 50                              (输入底面半径值)
指定顶面半径或 [直径(D)] <50.0000>: 100                            (输入顶面半径值)
指定螺旋高度或 [轴端点(A)/圈数(T)/圈高(H)/扭曲(W)] <1.0000>: 50    (输入螺旋高度值)
```

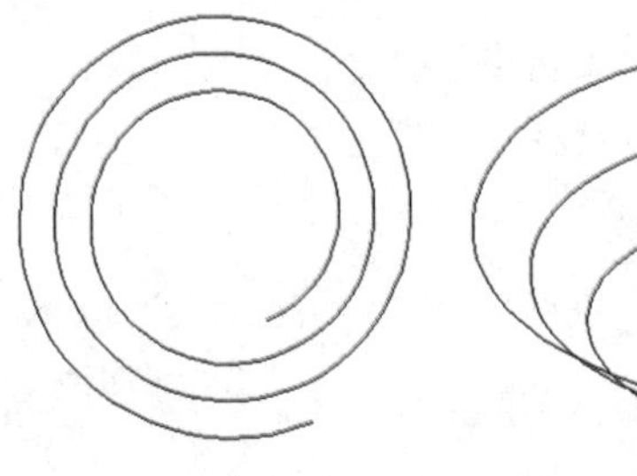
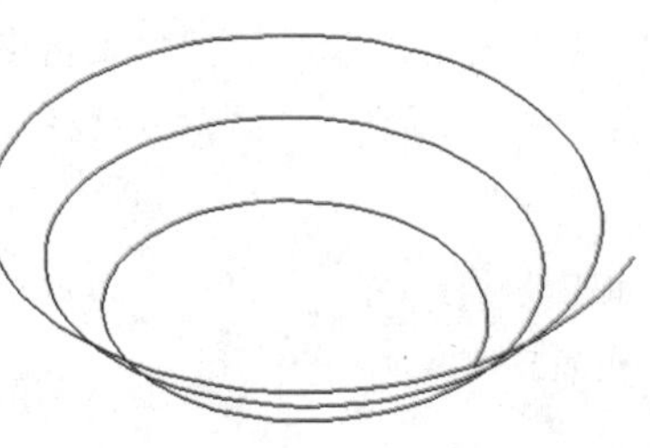

矩形和多边形的绘制

在绘图过程中，用户需要经常绘制方形、多边形等对象，例如矩形、正方形及正多边形等。下面将分别对其绘制方法进行讲解。

4.4.1 矩形的绘制

“矩形”命令是常用的命令之一，它可通过两个角点来定义。

执行“默认>绘图>矩形”命令，在绘图区中指定一个点作为矩形的起点，再指定第二个点作为矩形的对角点，即可创建出一个矩形，如下图所示。

命令行提示如下：

命令: _rectang
指定第一个角点或 [倒角(C)/标高(E)/圆角(F)/厚度(T)/宽度(W)]: （指定第一个矩形角点）
指定另一个角点或 [面积(A)/尺寸(D)/旋转(R)]: @100,100 （输入矩形长度和宽度值）

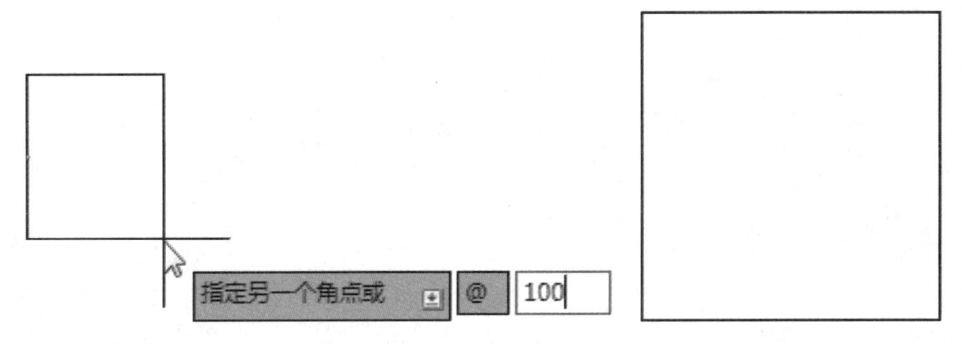

命令行各选项说明如下：

- **倒角**：使用该命令可绘制一个带有倒角的矩形，这时必须指定两个倒角的距离。
- **标高**：使用该命令可指定矩形所在的平面高度。
- **圆角**：使用该命令可绘制一个带有圆角的矩形，这时需要输入倒角半径。
- **厚度**：使用该命令可设置具有一定厚度的矩形。
- **宽度**：使用该命令可设置矩形的线宽。

4.4.2 正多边形的绘制

正多边形是由多条边长相等的闭合线段组合而成。各边相等，各角也相等的多边形称为正多边形。在默认情况下，正多边形的边数为4。

执行“默认>绘图>多边形”命令，根据命令行提示，输入所需边数值，然后指定多边形的中心点，并根据需要指定圆类型和圆半径值，即可完成绘制，如下图所示。

命令行提示如下：

命令: _polygon 输入侧面数 <4>: 5 （输入多边形边数值）
指定正多边形的中心点或 [边(E)]: （指定多边形中心点）

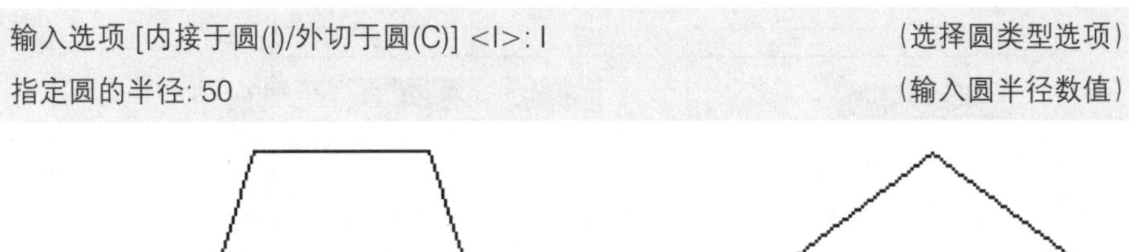
输入选项 [内接于圆(I)/外切于圆(C)] <I>: I　　(选择圆类型选项)
指定圆的半径: 50　　(输入圆半径数值)

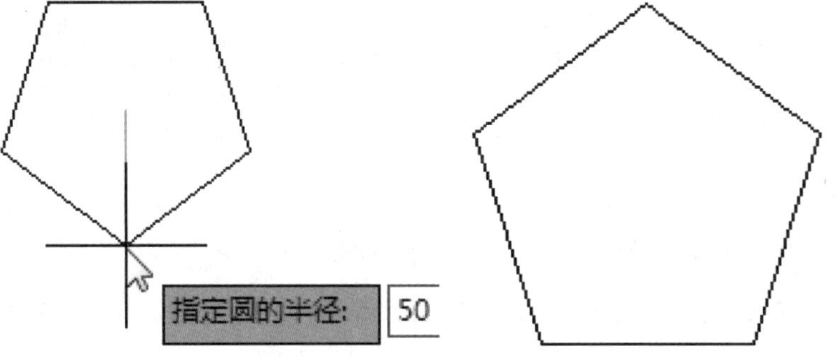

设计师训练营 绘制床头柜

本节将利用上述所学的知识练习绘制床头柜立面图形。以帮助读者更好地掌握直线、矩形、圆等的绘制方法。在绘制过程中，首先绘制床头柜柜体轮廓，然后绘制抽屉面板与拉手，具体操作介绍如下。

Step 01 执行“直线”命令，然后开启“正交”功能，绘制一个长为500mm，宽为500mm的矩形作为床头柜的柜体，如下左图所示。

Step 02 执行“矩形”命令，绘制如下右图所示的矩形，命令行提示内容如下:

命令: _rectang	(调用矩形命令)
指定第一个角点或 [倒角(C)/标高(E)/圆角(F)/厚度(T)/宽度(W)]	(选择矩形左上角端点并单击鼠标左键)
指定另一个角点或 [面积(A)/尺寸(D)/旋转(R)]: D↙	(选择尺寸选项)
指定矩形的长度 <10.0000>: 500↙	(输入长度值并按回车键)
指定矩形的宽度 <10.0000>: 40↙	(输入宽度值并按回车键)
指定另一个角点或 [面积(A)/尺寸(D)/旋转(R)]:	(在矩形内单击鼠标左键，完成矩形的绘制)

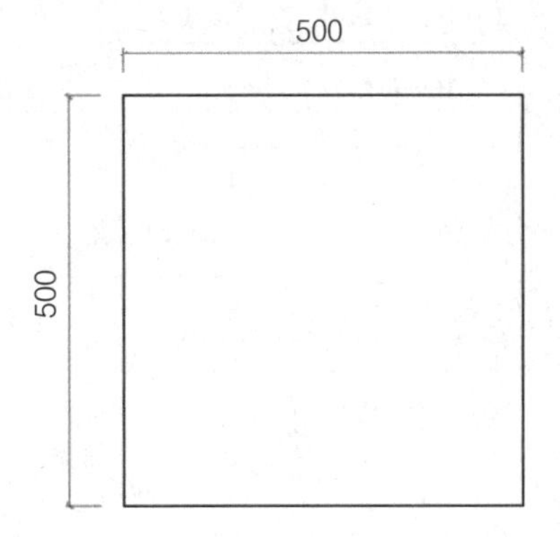

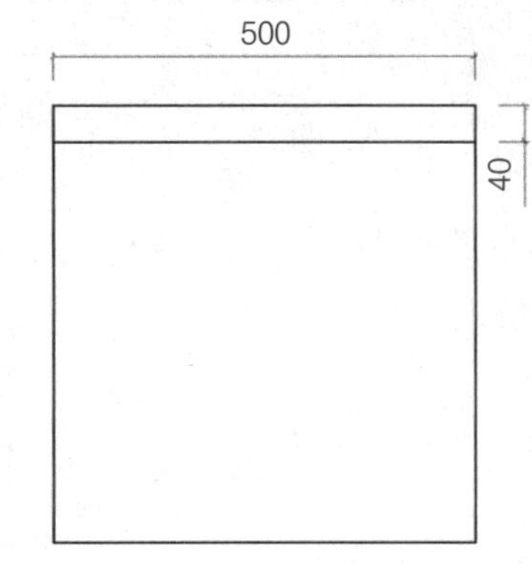

Step 03 继续执行“矩形”命令，结合使用“对象捕捉追踪”功能，指定矩形的左下角端点为新矩形的第一个角点，如下左图所示。

Step 04 按回车键后，输入点坐标（@500，-200），确定另一角点的位置，如下右图所示。

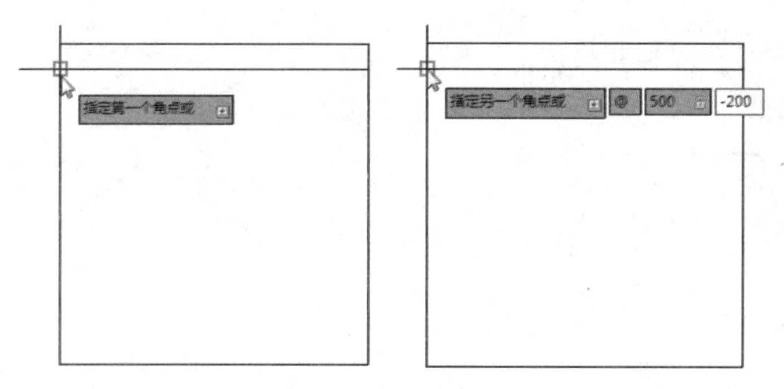

Step 05 按回车键后，完成矩形的绘制，效果如下左图所示。

Step 06 按照同样的操作方法，执行“矩形”命令，绘制出相同尺寸的矩形，效果如下右图所示。

Step 07 执行“圆心，半径”命令，在图形合适的位置单击，指定圆的圆心，然后输入圆的半径值为15，如下左图所示。

Step 08 按回车键后，即可完成圆的绘制，如下右图所示。

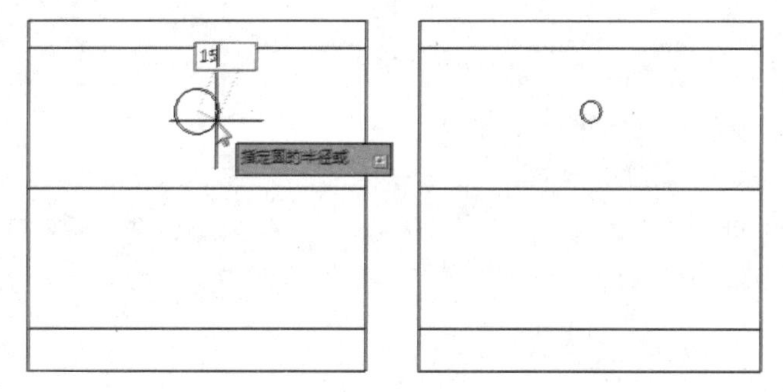

Step 09 继续执行“圆心，半径”命令，捕捉圆的圆心并向下移动光标至合适位置单击，确定第二个圆的圆心位置，如下左图所示。

Step 10 输入圆的半径为15，然后按回车键，即可绘制出另一个半径相同的圆，如下右图所示。至此，床头柜已全部绘制完毕。

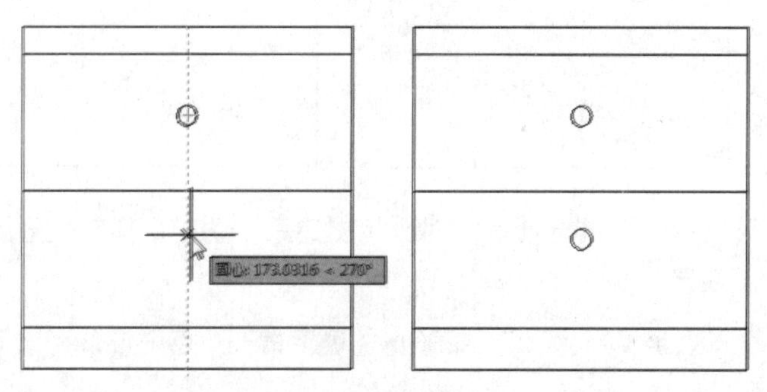

课后练习

1. 填空题

(1) 用户可以在 ________ 对话框中，设置点的样式。

(2) 在AutoCAD中，绘制多边形常用的有 ________ 和 ________ 两种方式。

(3) 在AutoCAD中，绘制椭圆有 ________ 和 ________ 两种方式。

2. 选择题

(1) 用"直线"命令绘制一个矩形，该矩形中有（　）图元实体。

A. 1个　　B. 2个　　C. 3个　　D. 4个

(2) 系统默认的多段线快捷命令别名是（　）。

A. p　　B. D　　C. pli　　D. pl

(3) 执行"样条曲线"命令后，下列哪个选项用来输入曲线的偏差值。值越大，曲线越远离指定的点；值越小，曲线离指定的点越近（　）。

A. 闭合　　B. 端点切向　　C. 拟合公差　　D. 起点切向

(4) 圆环是填充环或实体填充圆，即带有宽度的闭合多段线，用"圆环"命令创建圆环对象时（　）。

A. 必须指定圆环圆心

B. 圆环内径必须大于0

C. 外径必须大于内径

D. 运行一次圆环命令只能创建一个圆环对象

3. 上机题

(1) 利用"矩形"、"直线"命令绘制双人床，并设置矩形圆角，利用"圆"和"多段线"命令绘制床头柜和台灯部分，如下左图所示。

(2) 利用"矩形"命令绘制门板，然后利用"三点"圆弧命令绘制门的开启方向，如下右图所示。

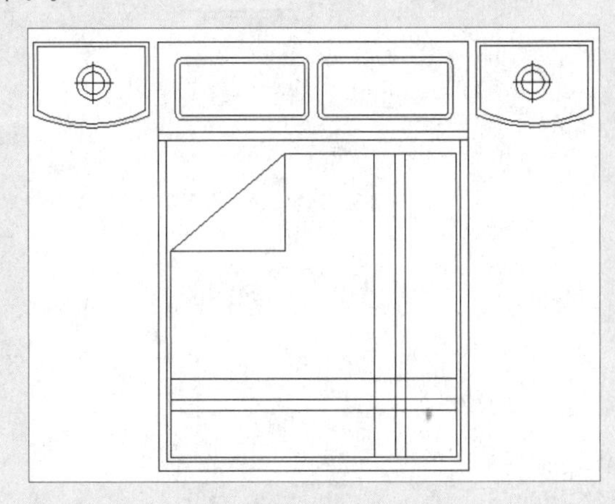

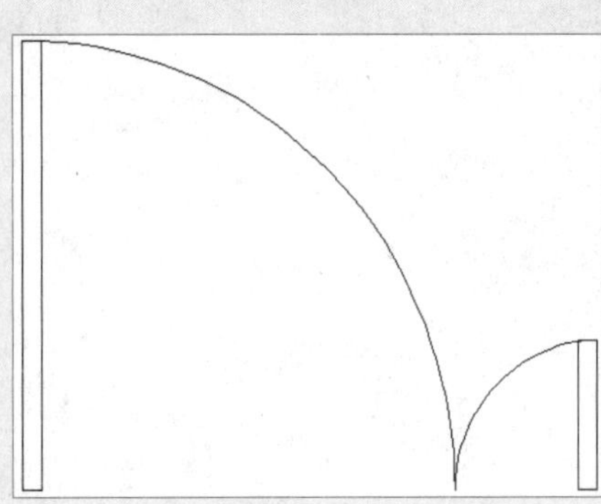

二维图形的编辑

二维图形绘制完成后，就需对所绘制的图形进行编辑和修改。AutoCAD软件提供了多种编辑命令，其中包括图形的选取、复制、分解、镜像、旋转、阵列、偏移以及修剪等。本章将详细介绍这些编辑命令的使用方法及应用技巧。

重点难点

- 选取图形的方法
- 复制图形的方法
- 修改图形的方法
- 多线、多段线和样条曲线的编辑方法
- 图形图案填充的方法

选取图形对象

用户要对图形进行编辑时，就需要对图形进行选取。正确选取图形对象，可以提高作图效率。在AutoCAD中，图形的选取方式有多种，下面将分别对其进行介绍。

5.1.1 选取图形的方式

在AutoCAD软件中，用户可通过点选图形的方式进行选择，也可通过框选的方式进行选择，当然也可通过围选或栏选的方式来选择。

1. 点选图形方式

点选的方法较为简单，用户只需直接选取图形对象即可。当用户在选择某图形时，只需将光标放置在该图形上，然后单击该图形即可选中。当图形被选中后，将会显示该图形的夹点。若要选择多个图形，则只需单击其他图形即可。

利用该方法选择图形较为简单，直观，但其精确度不高。如果在较为复杂的图形中进行选取操作，往往会出现误选或漏选现象。

2. 框选图形方式

在选择大量图形时，使用框选方式较为合适。选择图形时，用户只需在绘图区中指定框选起点，移动光标至合适位置，如下左图所示。此时在绘图区中则会显示矩形窗口，而在该窗口内的图形将被选中，选择完成后再次单击鼠标左键即可，如下右图所示。

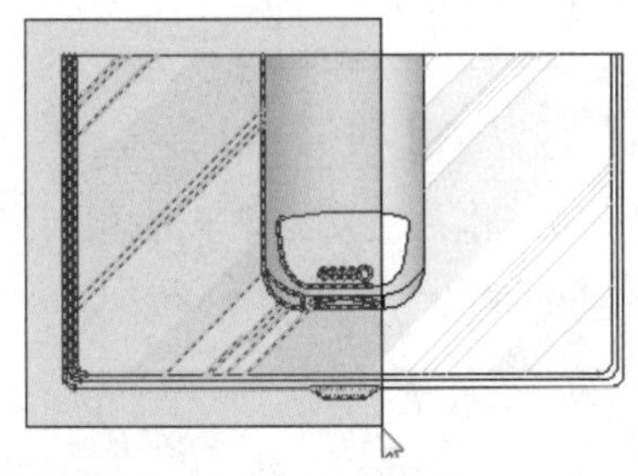

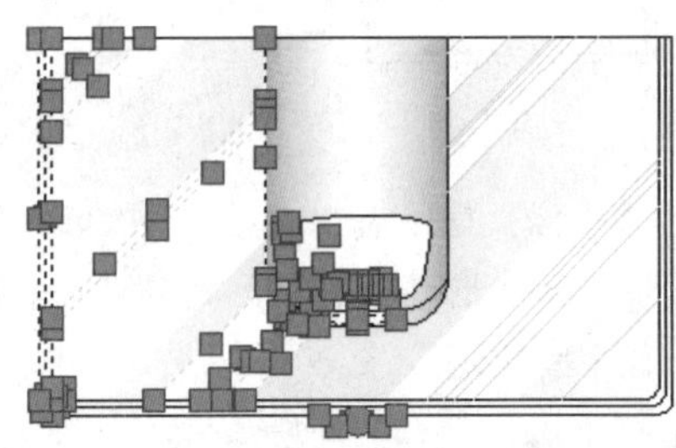

框选的方式分为两种，一种是从左至右框选，而另一种则是从右至左框选。使用这两种方式都可进行图形的选择。

- 从左至右框选，称为窗口选择，而其位于矩形窗口内的图形将被选中，窗口外图形将不能被选中。
- 从右至左框选，称为窗交选择，其操作方法与窗口选择相似，它同样也可创建矩形窗口，并选中窗口内所有图形，而与窗口方式不同的是，在进行框选时，与矩形窗口相交的图形也可被选中，如下图所示。

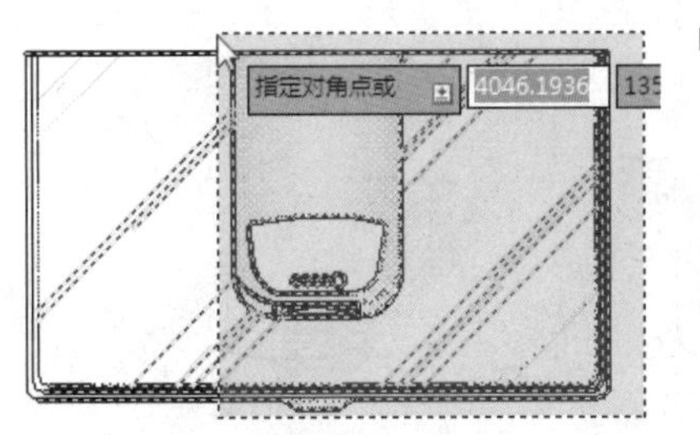

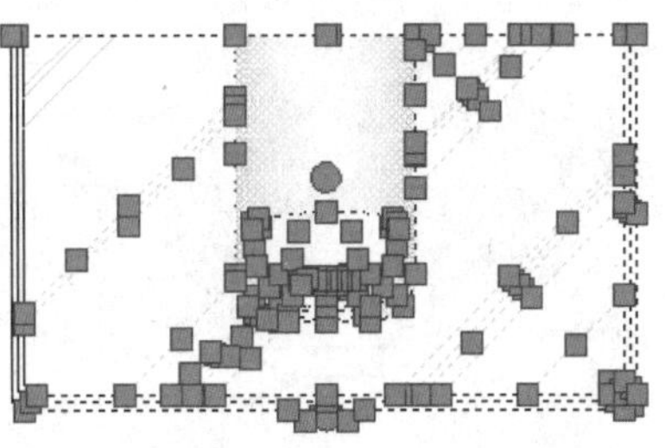

3. 围选图形方式

使用围选的方式来选择图形，其灵活性较大。它可通过不规则图形围选所需选择图形。而围选的方式可分为圈选和圈交两种。

（1）圈选

圈选是一种多边形窗口选择方法，其操作与窗口、窗交方式相似。用户在要选择图形任意位置指定一点，然后在命令行中输入"WP"并按回车键，接着在绘图区中指定其他拾取点，通过不同的拾取点构成任意多边形，如下左图所示。在该多边形内的图形将被选中，选择完成后，按回车键即可，如下右图所示。

命令行提示如下：

命令：	（指定圈选起点）
指定对角点或 [栏选(F)/圈围(WP)/圈交(CP)]: wp	（输入"WP"圈围选项）
指定直线的端点或 [放弃(U)]:	
指定直线的端点或 [放弃(U)]:	（选择其他拾取点，按回车键完成）

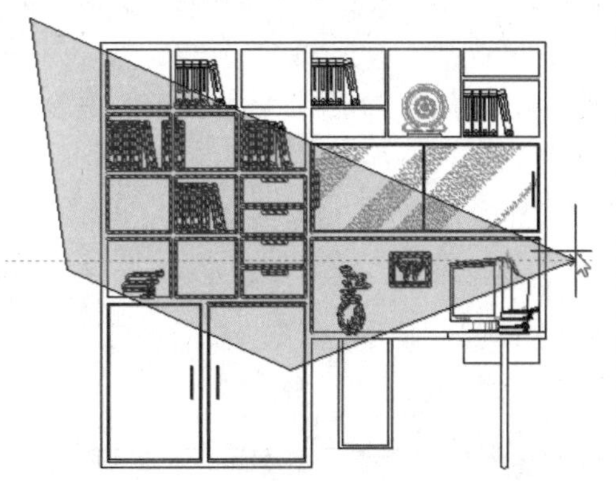
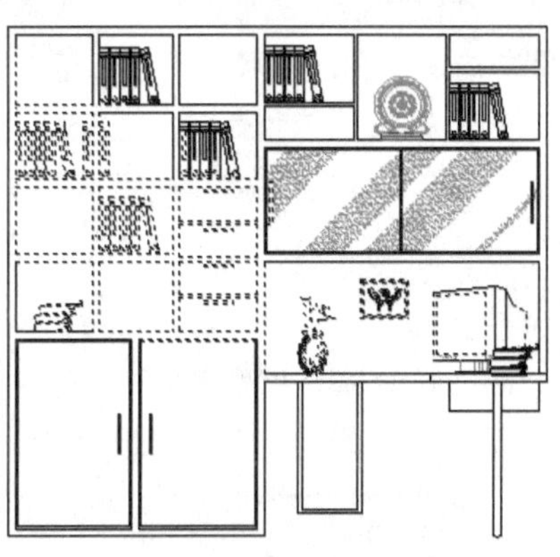

（2）圈交

圈交与窗交方式相似，是绘制一个不规则的封闭多边形作为交叉窗口来选择图形对象的。完全包围在多边形中的图形与多边形相交的图形将被选中。用户只需在命令行中输入"CP"后按回车键，即可进行选取操作，如下图所示。

命令行提示如下：

命令：指定对角点或 [栏选(F)/圈围(WP)/圈交(CP)]: cp	（输入CP选择"圈交"，按回车键）
指定直线的端点或 [放弃(U)]:	（圈选图形，按回车键完成操作）

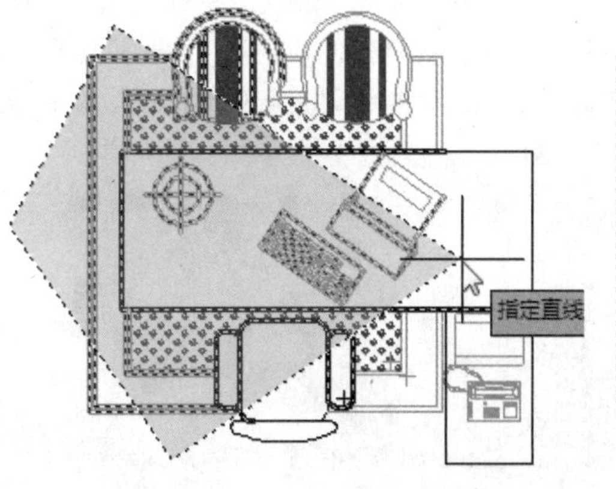

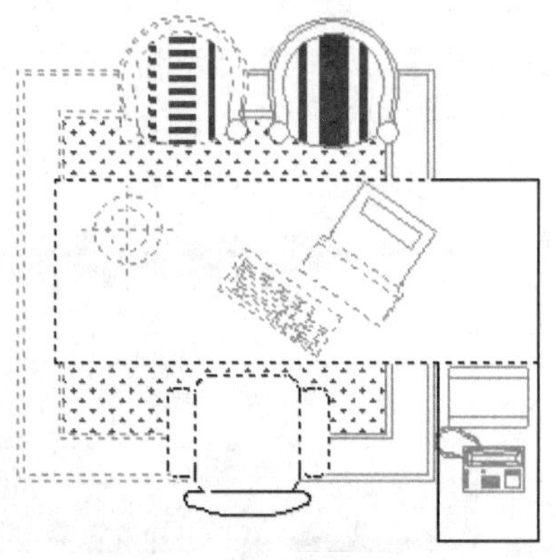

4. 栏选图形方式

栏选方式则是利用一条开放的多段线进行图形的选择，其所有与该线段相交的图形都会被选中。在对复杂图形进行编辑时，使用栏选方式，可方便地选择连续的图形。用户只需在命令行中输入"F"并按回车键，即可选择图形，如下图所示。

命令行提示如下：

命令：指定对角点或 [栏选(F)/圈围(WP)/圈交(CP)]：f　　（输入"F"，选择"栏选"选项）
指定下一个栏选点或 [放弃(U)]：　　（选择下一个拾取点）

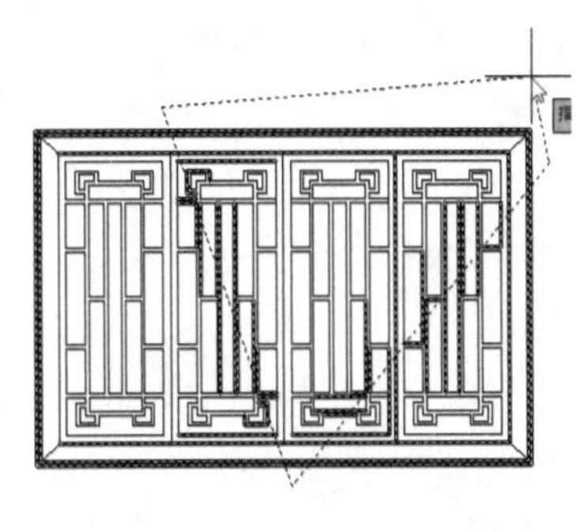
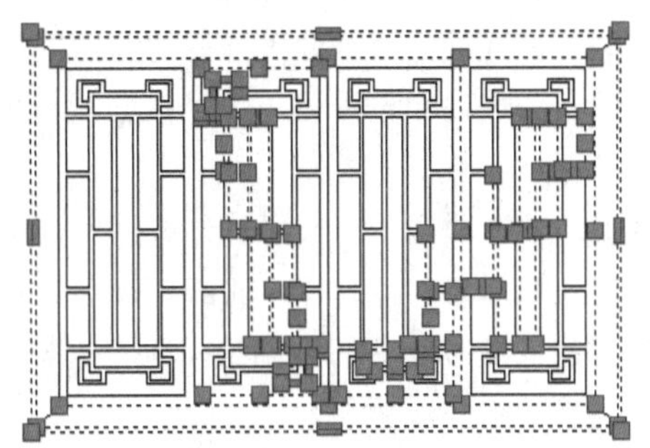

5. 其他选取方式

除了以上常用选取图形的方式外，还可以使用其他一些方式进行选取。例如"上一个"、"全部"、"多个"、"自动"等。用户只需在命令行中输入"SELECT"后按回车键，然后输入"？"，则可显示多种选取方式，此时用户即可根据需要进行选取操作。

命令行提示如下：

命令：SELECT
选择对象：?　　（输入"？"）
无效选择
需要点或窗口(W)/上一个(L)/窗交(C)/框(BOX)/全部(ALL)/栏选(F)/圈围(WP)/圈交(CP)/编组(G)/添加(A)/
删除(R)/多个(M)/前一个(P)/放弃(U)/自动(AU)/单个(SI)/子对象(SU)/对象(O)　　（选择所需选择的方式）

知识链接 命令行中主要选取方式的介绍

- **上一个**：选择最近一次创建的图形对象。该图形需在当前绘图区中。
- **全部**：该方式用于选取图形中没有被锁定、关闭或冻结的图层上的所有图形对象。
- **添加**：该方式可使用任何对象选择方式将选定对象添加到选择集中。
- **删除**：该选项可使用任何对象选择方式从当前选择集中删除图形。
- **前一个**：该选项表示选择最近创建的选择集。
- **放弃**：该选项将放弃选择最近加到选择集中的图形对象。如果最近一次选择的图形对象多于一个，将从选择集中删除最后一次选择的图形。
- **自动**：该选项切换到自动选择，单击一个对象即可选择。单击对象内部或外部的空白区，将形成框选方法定义的选择框的第一点。
- **多个**：该选项则可单击选中多个图形对象。
- **单个**：该选项则表示切换到单选模式，选择指定的第一个或第一组对象而不继续提示进一步选择。
- **子对象**：该选项则使用户可逐个选择原始形状，这些形状是复合实体的一部分或三维实体上的顶点、边和面。
- **对象**：该选项则表示结束选择子对象的功能，使用户可使用对象选择方法。

5.1.2 过滤选取

使用过滤选取功能可以使用对象特性或对象类型将对象包含在选择集中或排除对象。用户在命令行中输入"Filter"并按回车键，则可打开"对象选择过滤器"对话框。在该对话框中可以对象的类型、图层、颜色、线型等特性为过滤条件来过滤选择符合条件的图形对象，如右图所示。

"对象选择过滤器"对话框中各选项说明如下：

- **选择过滤器**：该选项组用于设置选择过滤器的类型。
- **X、Y、Z轴**：该选项用于设置与选择调节对应的关系运算符。
- **添加到列表**：该选项用于将选择的过滤器及附加条件添加到过滤器列表中。
- **替换**：该选项可用当前"选择过滤器"选项组中的设置替代列表框中选定的过滤器。
- **添加选定对象**：该按钮将切换到绘图区，选择一个图形对象，系统将会把选中的对象特性添加到过滤器列表框中。
- **编辑项目**：该选项用于编辑过滤器列表框中选定的项目。
- **删除**：该选项用于删除过滤器列表框中选定的项目。
- **清除列表**：该按钮用于删除过滤器列表框中选中的所有项目。
- **当前**：该选项用于显示出可用的已命名的过滤器。
- **另存为**：该按钮则可保存当前设置的过滤器。
- **删除当前过滤器列表**：该按钮可从"Filter.nfl"文件中删除当前的过滤器集。

复制图形对象

在AutoCAD软件中，若想要快速绘制多个图形，则可以使用复制、偏移、镜像、阵列等命令进行绘制。灵活运用这些命令，可提高绘图效率。

5.2.1 复制图形

"复制"命令在制图中经常会遇到。复制对象则是将原对象保留，移动原对象的副本图形，复制后的对象将继承原对象的属性。在AutoCAD中可进行单个复制，当然也可根据需要进行连续复制。

执行"默认>修改>复制"命令，根据命令行提示，选择所需复制的图形，并指定复制基点，然后将其移至新位置即可完成复制操作。

命令行提示如下：

```
命令: _copy
选择对象: 指定对角点: 找到 30 个
选择对象:                                    (选择所需复制图形)
当前设置: 复制模式 = 多个
```

指定基点或 [位移(D)/模式(O)] <位移>:　　(指定复制基点)
指定第二个点或 [阵列(A)] <使用第一个点作为位移>:　　(指定新位置，完成)
指定第二个点或 [阵列(A)/退出(E)/放弃(U)] <退出>: *取消*

5.2.2 偏移图形

偏移命令是可根据指定的距离或指定的某个特殊点，创建一个与选定对象类似的新对象，并将偏移的对象放置在离原对象一定距离的位置上，同时保留原对象。偏移的对象可以为直线、圆弧、圆、椭圆、椭圆弧、二维多段线、构造线、射线和样条曲线组成的对象。

执行"默认>修改>偏移"命令，根据命令行提示，输入偏移距离，并选择所需偏移的图形，然后在所需偏移方向上单击任意一点，即可完成偏移操作。当然用户也可在命令行中直接输入"O"后按回车键，执行偏移命令。

命令行提示如下:

命令: o
OFFSET
当前设置: 删除源=否 图层=源 OFFSETGAPTYPE=0
指定偏移距离或 [通过(T)/删除(E)/图层(L)] <通过>: 100　　(输入偏移距离)
选择要偏移的对象，或 [退出(E)/放弃(U)] <退出>:　　(选择偏移对象)
指定要偏移的那一侧上的点，或 [退出(E)/多个(M)/放弃(U)] <退出>:　　(指定偏移方向上的一点)
选择要偏移的对象，或 [退出(E)/放弃(U)] <退出>: *取消*

专家技巧 偏移图形类型需注意

使用偏移命令时，如果偏移的对象是直线，则偏移后的直线大小不变；如果偏移的对象是圆、圆弧和矩形，其偏移后的对象将被缩小或放大。

5.2.3 镜像图形

镜像图形是将选择的图形以两个点为镜像中心进行对称复制。在进行镜像操作时，用户需指定好镜像轴线，并根据需要选择是否删除或保留原对象。灵活运用镜像命令，可在很大程度上避免重复操作的麻烦。

执行"默认>修改>镜像"命令，根据命令行提示，选择所需图形对象，然后指定好镜像轴线，并确定是否删除原图形对象，最后按回车键，则可完成镜像操作。

命令行提示如下:

命令: _mirror
选择对象: 指定对角点: 找到 9 个　　(选中需要镜像图形)
选择对象: 指定镜像线的第一点: 指定镜像线的第二点:　　(指定镜像轴的起点和终点)
要删除源对象吗? [是(Y)/否(N)] <N>:　　(选择是否删除原对象)

例5-1 下面将举例介绍镜像命令的使用方法。

Step 01 执行“镜像”命令，根据命令行提示，选中需镜像的图形对象，如下左图所示。

Step 02 选中镜像轴线的起点，这里选择A点，如下右图所示。

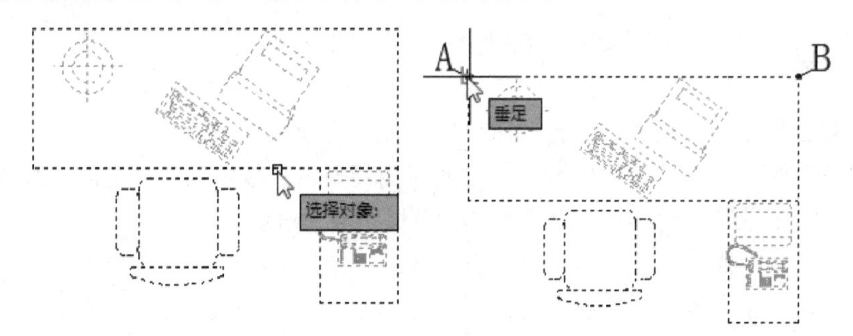

Step 03 选中镜像轴线的端点，这里选择B点（如下左图所示），选择完成后按回车键，则可完成镜像操作，其结果如下右图所示。

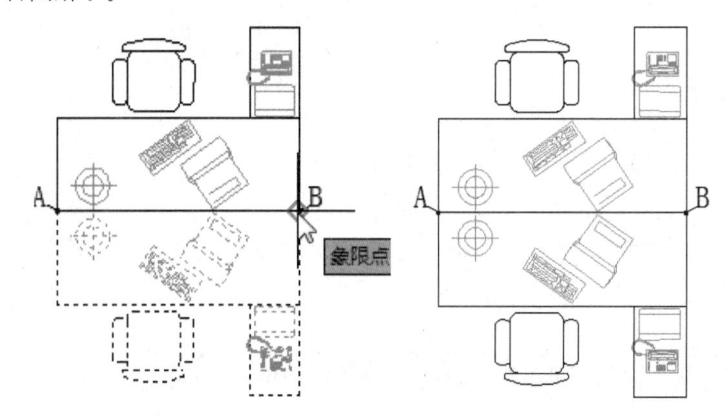

5.2.4 阵列图形

“阵列”命令是一种有规则的复制命令，它可创建按指定方式排列的多个图形副本。如果用户遇到一些有规则分布的图形时，就可以使用该命令来解决。AutoCAD软件提供了三种阵列选项，分别为矩形阵列、环形阵列以及路径阵列。

1. 矩形阵列

矩形阵列是通过设置行数、列数、行偏移和列偏移来对选择的对象进行复制。执行“默认>修改>矩形阵列”命令，根据命令行提示，输入行数、列数以及间距值，按回车键即可完成矩形阵列操作，如下图所示。

命令行提示如下：

```
命令: _arrayrect
选择对象: 指定对角点: 找到 12 个
选择对象:                                              （选择阵列对象）
类型 = 矩形  关联 = 是
选择夹点以编辑阵列或 [关联(AS)/基点(B)/计数(COU)/间距(S)/列数(COL)/行数(R)/层数(L)/退出(X)]
<退出>: cou                                            （选择“计数”选项）
```

输入列数数或 [表达式(E)] <4>: 2　　(输入列数值)

输入行数数或 [表达式(E)] <3>: 4　　(输入行数值)

选择夹点以编辑阵列或 [关联(AS)/基点(B)/计数(COU)/间距(S)/列数(COL)/行数(R)/层数(L)/退出(X)]

<退出>: s　　(选择"间距"选项)

指定列之间的距离或 [单位单元(U)] <420>: 340　　(输入列间距值)

指定行之间的距离 <555>:430　　(输入行间距值)

选择夹点以编辑阵列或 [关联(AS)/基点(B)/计数(COU)/间距(S)/列数(COL)/行数®/层数(L)/退出(X)] <退出>:

(按回车键退出)

当执行阵列命令后，在功能区中则会打开"阵列"面板，在该命令面板中，用户可对阵列后的图形进行编辑修改，如下图所示。

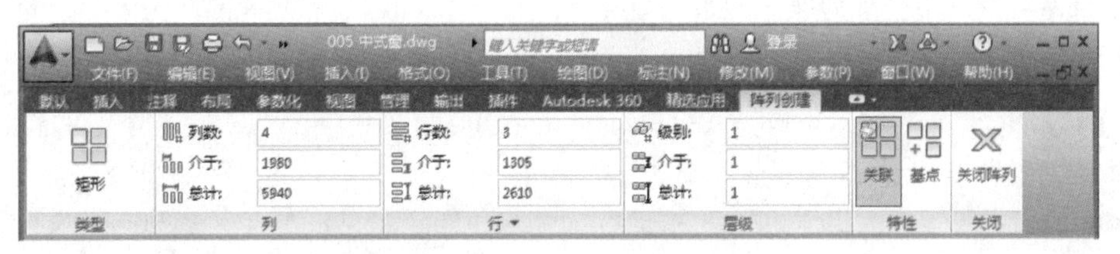

2. 环形阵列

环形阵列是指阵列后的图形呈环形。使用环形阵列时也需要设定有关参数，其中包括中心点、方法、项目总数和填充角度。与矩形阵列相比，环形阵列创建出的阵列效果更灵活。执行"默认>修改>环形阵列"命令，根据命令行提示，指定阵列中心，并输入阵列数目值即可完成环形阵列，如下图所示。

命令行提示如下：

命令: _arraypolar

选择对象: 指定对角点: 找到 13 个

选择对象:　　(选中所需阵列的图形)

类型 = 极轴 关联 = 是

指定阵列的中心点或 [基点(B)/旋转轴(A)]:　　(指定阵列中心点)

选择夹点以编辑阵列或 [关联(AS)/基点(B)/项目(I)/项目间角度(A)/填充角度(F)/行(ROW)/层(L)/旋转项目(ROT)/退出(X)] <退出>: I　　(选择"项目"选项)

输入阵列中的项目数或 [表达式(E)] <6>: 8　　(输入阵列数目值)

选择夹点以编辑阵列或 [关联(AS)/基点(B)/项目(I)/项目间角度(A)/填充角度(F)/行(ROW)/层(L)/旋转项目(ROT)/退出(X)] <退出>:　　(按回车键，完成操作)

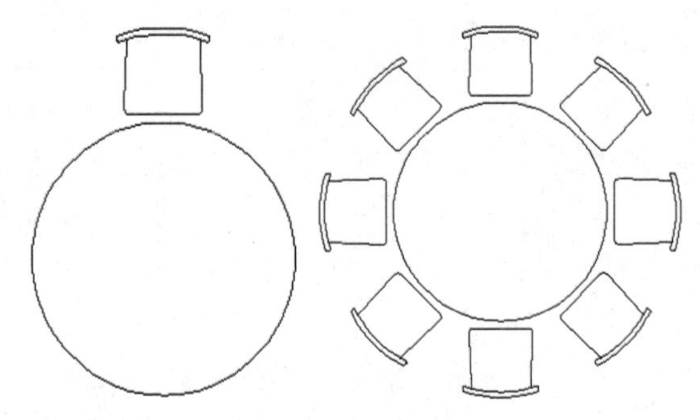

环形阵列完毕后，选中阵列的图形，同样会打开“阵列创建”选项卡。在该选项卡中可对阵列后的图形进行编辑，如下图所示。

3. 路径阵列

路径阵列是根据所指定的路径进行阵列，例如曲线、弧线、折线等所有开放型线段。执行“默认>修改>路径阵列”命令，根据命令行提示，选择所要阵列图形对象，然后选择所需阵列的路径曲线，并输入阵列数目即可完成路径阵列操作，如下图所示。

命令行提示如下：

```
命令: _arraypath
选择对象: 找到 1 个
选择对象:                                                        (选择阵列对象)
类型 = 路径  关联 = 是
选择路径曲线:                                                    (选择阵列路径)
选择夹点以编辑阵列或 [关联(AS)/方法(M)/基点(B)/切向(T)/项目(I)/行(R)/层(L)/对齐项目(A)/Z 方向(Z)/
退出(X)] <退出>: I                                               (选择“项目”选项)
指定沿路径的项目之间的距离或 [表达式(E)] <310.4607>: 300         (输入阵列间距值)
最大项目数 = 6
指定项目数或 [填写完整路径(F)/表达式(E)] <6>:                     (输入阵列数目)
选择夹点以编辑阵列或 [关联(AS)/方法(M)/基点(B)/切向(T)/项目(I)/行(R)/层(L)/对齐项目(A)/Z 方向(Z)/
退出(X)] <退出>:                                                 (按回车键，完成操作)
```

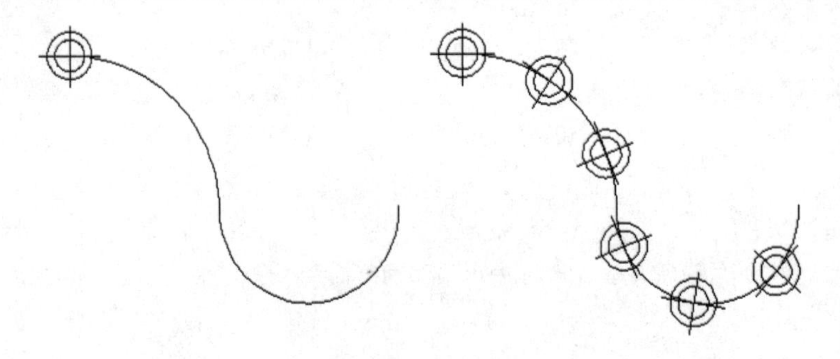

同样，在执行路径阵列后，系统也会打开“阵列创建”选项卡。该选项卡与其他阵列选项卡相似，都可对阵列后的图形进行编辑操作，如下图所示。

知识链接 命令选项卡中各主要选项含义

- **项目**：该选项可设置项目数、项目间距、项目总间距。
- **测量**：该选项可重新布置项目，以沿路径长度平均定数等分。
- **对其项目**：该选项指定是否对其每个项目以与路径方向相切。
- **Z方向**：该选项控制是保持项的原始Z方向还是沿三维路径倾斜方向。

修改图形对象

在图形绘制完毕后，有时会根据需要对图形进行修改。AutoCAD软件提供了多种图形修改命令，其中包括“倒角”、“倒圆角”、“分解”、“合并”以及“打断”等。下面将对这些修改命令的操作进行介绍。

5.3.1 图形倒角

倒角命令可将两个图形对象以平角或倒角的方式来连接。在实际的图形绘制中，通过倒角命令可将直角或锐角进行倒角处理。执行“默认>修改>倒角”命令，根据命令行的提示，设置两条倒角边距离，然后选择好所需的倒角边即可，如下图所示。

命令行提示如下：

```
命令: _chamfer
(“修剪”模式) 当前倒角距离 1 = 0.0000，距离 2 = 0.0000
选择第一条直线或 [放弃(U)/多段线(P)/距离(D)/角度(A)/修剪(T)/方式(E)/多个(M)]: d    (选择“距离”选项)
指定第一个倒角距离 <0.0000>: 50                    (输入第一条倒角距离值)
指定第二个倒角距离 <50.0000>: 30                   (输入第二条倒角距离值)
选择第一条直线或 [放弃(U)/多段线(P)/距离(D)/角度(A)/修剪(T)/方式(E)/多个(M)]:
选择第二条直线，或按住 Shift 键选择直线以应用角点或 [距离(D)/角度(A)/方法(M)]:    (选择两条倒角边)
```

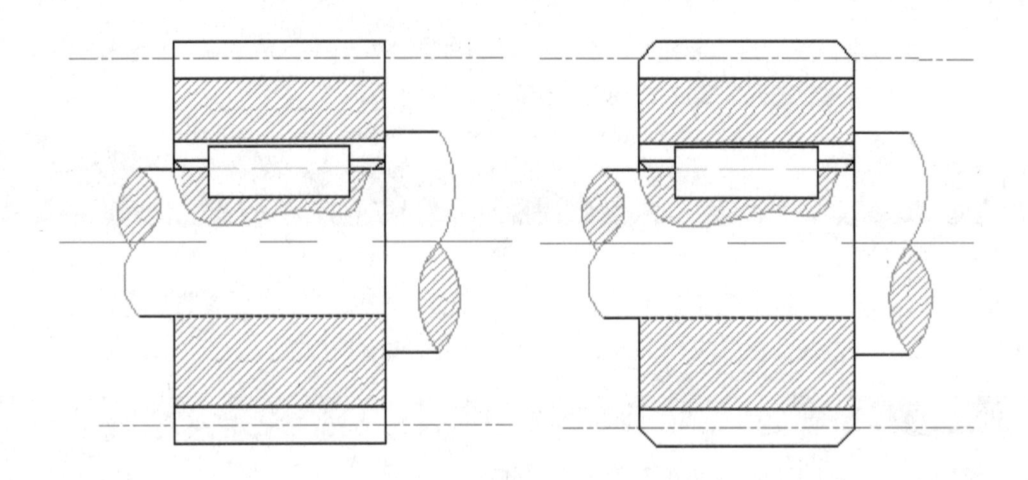

5.3.2 图形倒圆角

圆角命令可按指定半径的圆弧并与对象相切来连接两个对象。执行"默认>修改>倒圆角"命令，根据命令行提示，设置好圆角半径，并选择好所需倒角边，按回车键即可完成倒圆角操作，如下图所示。

命令行提示如下：

```
命令: _FILLET
当前设置: 模式 = 修剪, 半径 = 0.0000
选择第一个对象或 [放弃(U)/多段线(P)/半径(R)/修剪(T)/多个(M)]: r      (选择"半径"选项)
指定圆角半径 <0.0000>: 20                                          (输入圆角半径值)
选择第一个对象或 [放弃(U)/多段线(P)/半径(R)/修剪(T)/多个(M)]:         (选择两条倒角边，按回车键即可)
选择第二个对象，或按住 Shift 键选择对象以应用角点或 [半径(R)]:
```

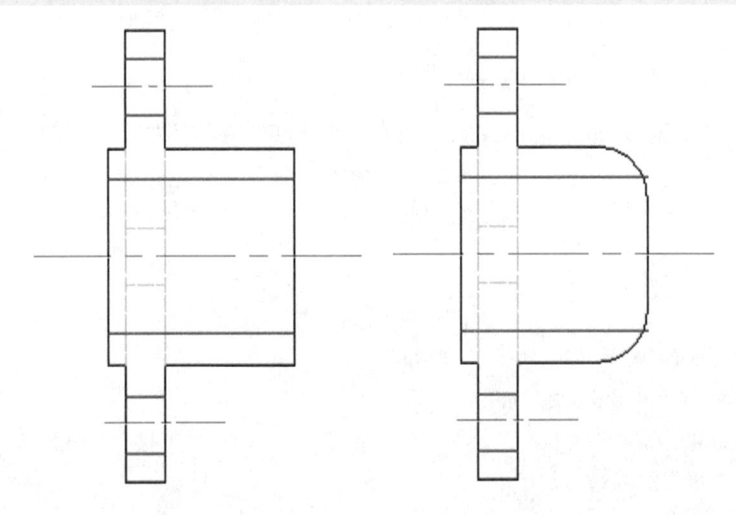

5.3.3 分解图形

分解对象是将多段线、面域或块对象分解成独立的线段。执行"默认>修改>分解"命令，根据命令行的提示，选中所要分解的图形对象，然后按回车键即可完成分解操作，如下图所示。

命令行提示如下：

命令: _explode
选择对象: 指定对角点: 找到 1 个　　　　(选择所要分解的图形)
选择对象:　　　　(按回车键即可完成)

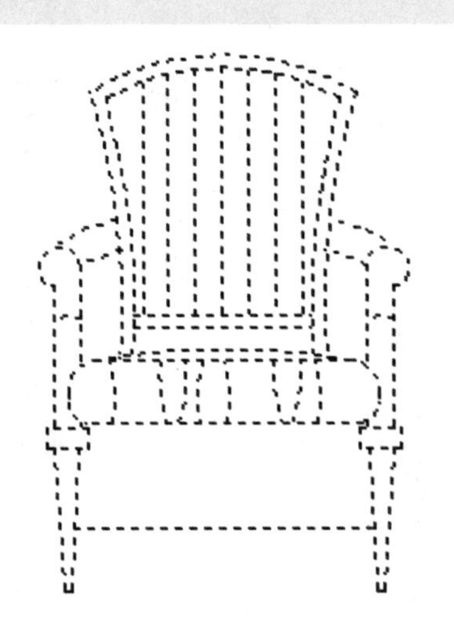
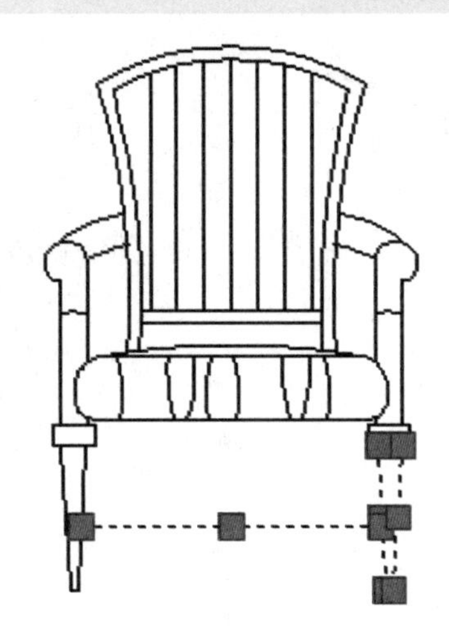

5.3.4 合并图形

合并对象是将相似的对象合并为一个对象，例如将两条断开的直线合并成一条线段，可使用“合并”命令。但合并的对象必须位于相同的平面上。合并的对象可以为圆弧、椭圆弧、直线、多段线和样条曲线。执行“默认>修改>合并”命令，根据命令行提示，选中所需合并的线段，按回车键即可完成合并操作。

命令行提示如下:

命令: _join
选择源对象或要一次合并的多个对象: 找到 1 个
选择要合并的对象: 找到 1 个，总计 2 个　　　　(选择所需合并的图形对象)
选择要合并的对象:　　　　(按回车键，完成合并)
2 条直线已合并为 1 条直线

专家技巧 合并操作需注意

合并两条或多条圆弧时，将从源对象开始沿逆时针方向合并圆弧。合并直线时，所要合并的所有直线必须共线，即位于同一无限长的直线上，合并多个线段时，其对象可以是直线、多段线或圆弧。但各对象之间不能有间隙，而且必须位于同一平面上。

5.3.5 打断图形

“打断”命令可将直线、多段线、圆弧或样条曲线等图形分为两个图形对象，或将其中一部分删除。执行“默认>修改>打断”命令，根据命令行提示，选择一条要打断的线段，并选择两点作为打断点，即可完成打断操作，如下图所示。

命令行提示如下:

命令: _break	
选择对象:	(选择打断对象)
指定第二个打断点或 [第一点(F)]:	(指定打断点, 完成操作)

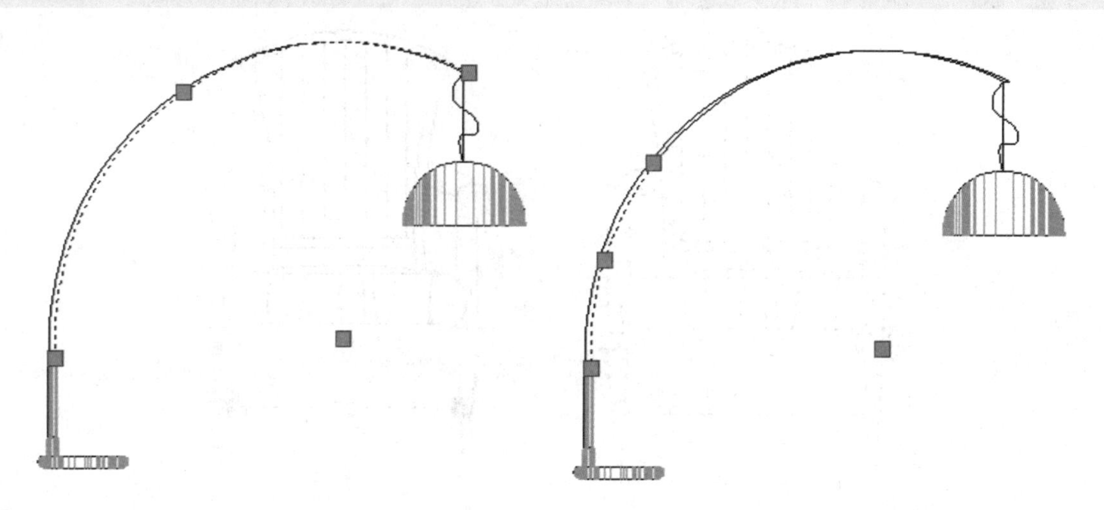

知识链接 自定义打断点位置

默认情况下选择线段后，系统自动将其选择点设置为第一点，然后根据需要选择下一断点。其实用户也可以自定义第一、二断点位置。启动“打断”命令并选择要打断的线段，其后在命令行中输入“F”，按回车键，选择第一断点和第二断点，即可完成打断操作。

Section 5.4 调整图形对象

在绘制图形时，有时会根据需要对图形的大小、位置进行更改。此时可使用以下命令进行操作。

5.4.1 移动图形

移动图形是指在不改变对象的方向和大小的情况下，按照指定的角度和方向进行移动操作。执行"默认>修改>移动"命令，根据命令行提示，选中所需移动图形，并指定移动基点，即可将其移动至新位置，如下图所示。

命令行提示如下:

命令: m	
MOVE 找到 1 个	(选择所需移动对象)
指定基点或 [位移(D)] <位移>:	(指定移动基点)
指定第二个点或 <使用第一个点作为位移>:	(指定新位置点或输入移动距离值即可)

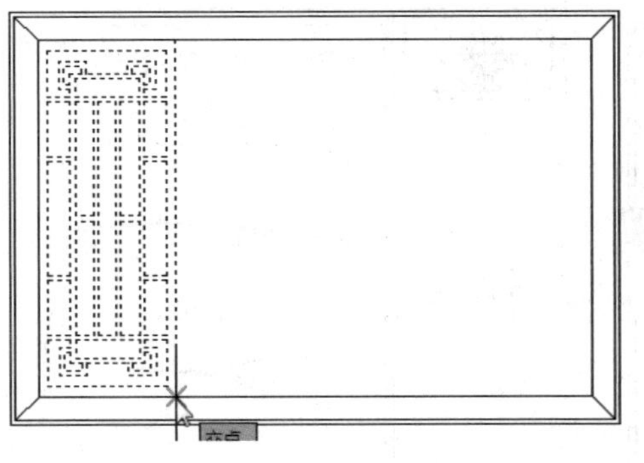
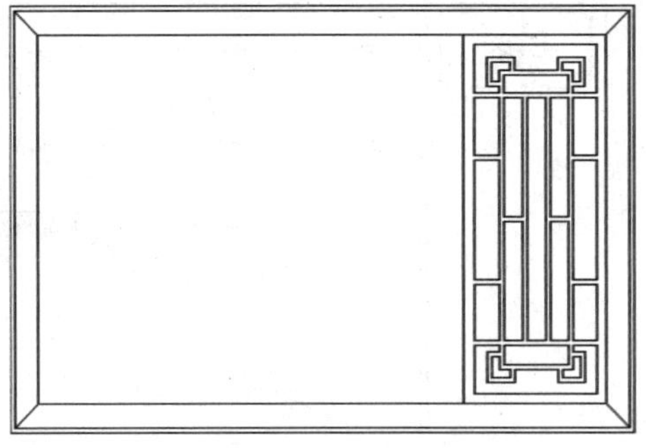

5.4.2 旋转图形

旋转对象是将图形对象按照指定的旋转基点进行旋转。执行“默认>修改>旋转”命令，选择所需旋转对象，指定旋转基点，并输入旋转角度即可完成，如下图所示。

命令行提示如下：

命令：_rotate
UCS 当前的正角方向：ANGDIR=逆时针 ANGBASE=0
选择对象：指定对角点：找到 1 个
选择对象：（选中图形对象）
指定基点：（指定旋转基点）
指定旋转角度，或 [复制(C)/参照(R)] <0>：90（输入旋转角度）

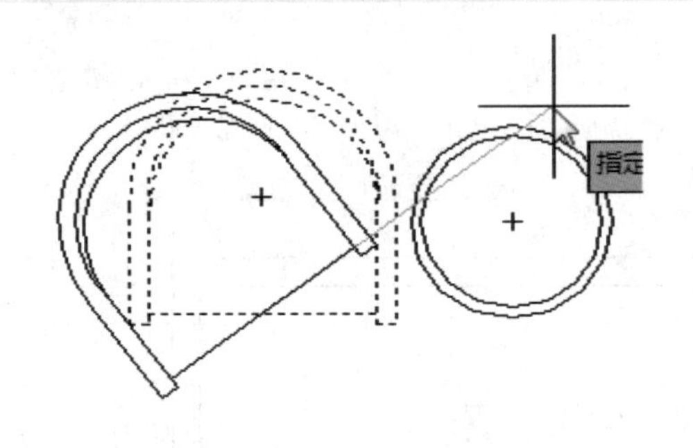
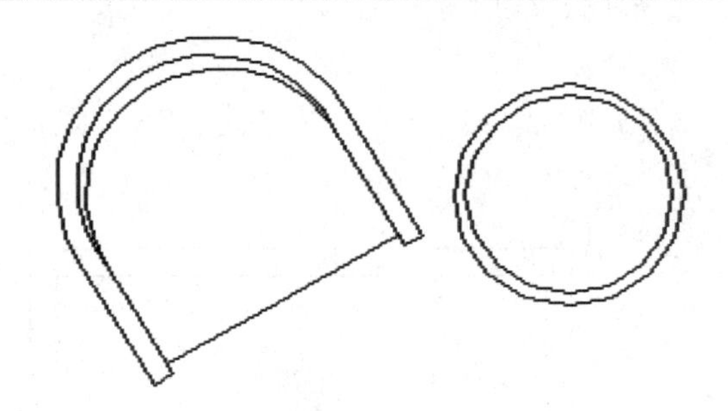

5.4.3 修剪图形

“修剪”命令则是将超过修剪边的线段修剪掉。执行“默认>修改>修剪”命令，根据命令提示行选择修剪边，按回车键后选择需要修剪的线段即可，如下图所示。

命令行提示如下：

命令：_trim
当前设置:投影=UCS，边=无
选择剪切边...
选择对象或 <全部选择>：找到 1 个（选择修剪边线，按回车键）
选择对象：
选择要修剪的对象，或按住 Shift 键选择要延伸的对象，或
[栏选(F)/窗交(C)/投影(P)/边(E)/删除(R)/放弃(U)]：（选择要修剪的线段）

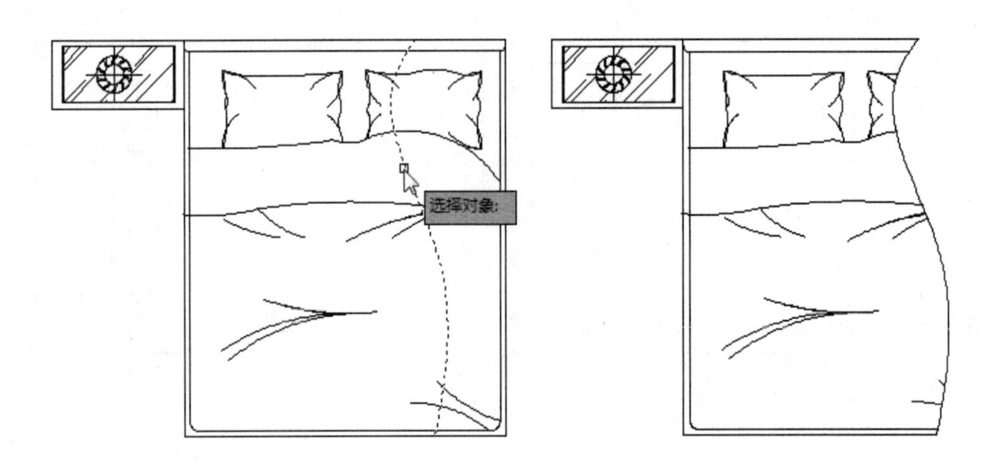

5.4.4 延伸图形

"延伸"命令是将指定的图形对象延伸到指定的边界。执行"默认>修改>延伸"命令，根据命令行提示，选择所需延伸到的边界线，按回车键，然后选择要延伸的线段即可，如下图所示。

命令行提示如下:

```
命令: _extend
当前设置:投影=UCS，边=无
选择边界的边...
选择对象或 <全部选择>: 找到 1 个
选择对象: 找到 1 个，总计 2 个                    (选择所需延长到的线段，按回车键)
选择对象:
选择要延伸的对象，或按住 Shift 键选择要修剪的对象，或[栏选(F)/窗交(C)/投影(P)/边(E)/放弃(U)]:
                                                  (选择要延长的线段)
```

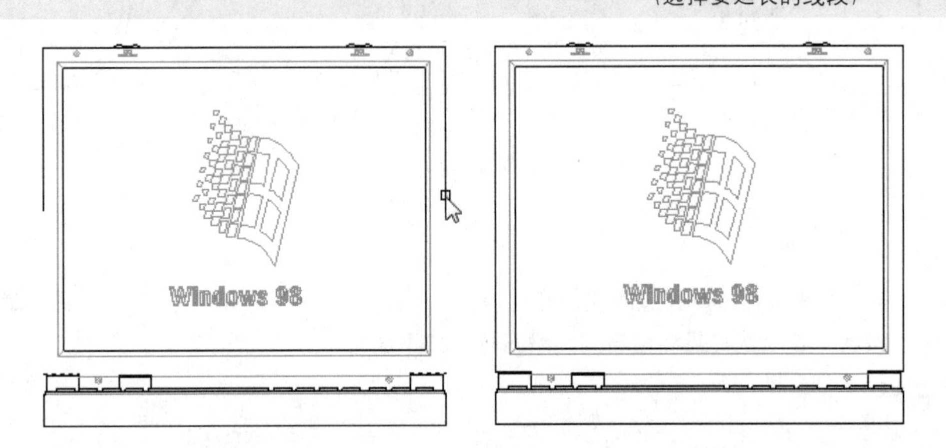

5.4.5 拉伸图形

拉伸是将对象沿指定的方向和距离进行延伸，拉伸后与原对象是一个整体，只是长度会发生改变。执行"默认>修改>拉伸"命令，根据命令行提示，选择要拉伸的图形对象，指定拉伸基点，输入拉伸距离或指定新基点即可完成，如下图所示。

命令行提示如下:

命令: _stretch
以交叉窗口或交叉多边形选择要拉伸的对象...
选择对象: 指定对角点: 找到 45 个　　(选择所需拉伸的图形，使用窗交方式选择)
选择对象:
指定基点或 [位移(D)] <位移>:　　(指定拉伸基点)
指定第二个点或 <使用第一个点作为位移>:　　(指定拉伸新基点)

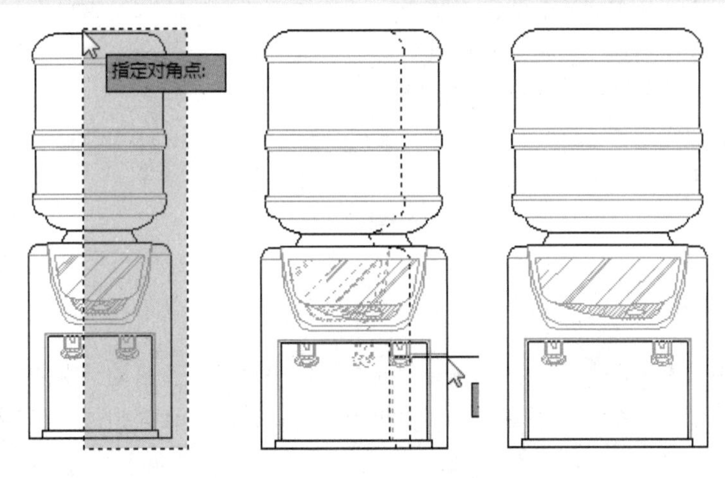

专家技巧　拉伸操作需注意

在进行拉伸操作时，矩形和块图形是不能被拉伸的。如要将其拉伸，需将其进行分解后才可进行拉伸。在选择拉伸图形时，通常需要通过窗交方式来选取图形。

Section 5.5 多线、多段线及样条曲线的编辑

在上一章向用户介绍了如何使用多线、多段线以及样条曲线来绘制图形。下面将介绍如何对这些特殊线段进行修改编辑操作。

5.5.1 编辑多线

通常在使用“多线”命令绘制墙体线后，都需要对该线段进行编辑。AutoCAD软件提供了多个多线编辑工具。用户只需在菜单栏中，执行“修改>对象>多线”命令，在“多线编辑工具”对话框中，根据需要选择相关编辑工具，即可进行编辑，如下图所示。

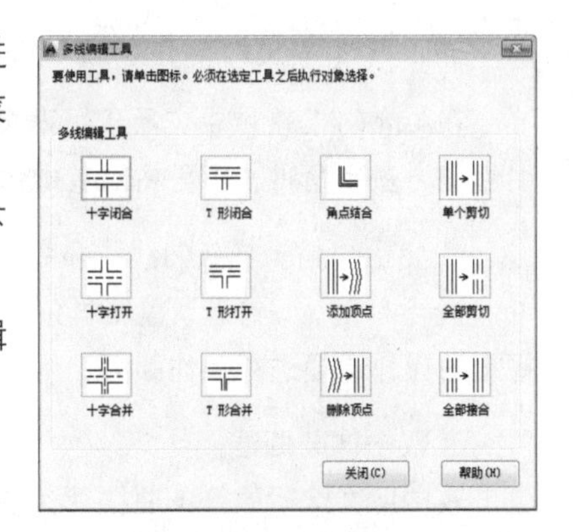

用户也可双击所需要编辑的多线，同样能够打开“多线编辑工具”对话框，并进行相关设置。

“多线编辑工具”对话框中的各工具说明如下：

- **十字闭合**：用于两条多线相交为闭合的十字交点。
- **十字打开**：用于两条多线相交为合并的十字交点。
- **T形闭合**：用于两条多线相交为闭合的T形交点。
- **T形打开**：用于两条多线相交为打开的T形交点。
- **T形合并**：用于两条多线相交为合并的T形交点。
- **角点结合**：用于两条多线相交为角点结合。
- **添加顶点**：用于在多线上添加一个顶点。
- **删除顶点**：用于将多线上的一个顶点删除。
- **单个剪切**：通过指定两个点，使多线的一条线打断。
- **全部剪切**：用于通过指定两个点使多线的所有线打断。
- **全部接合**：用于被全部剪切的多线全部连接。

5.5.2 编辑多段线

编辑多段线的方式有多种，其中包括闭合、合并、线段宽度以及移动、添加或删除单个顶点来编辑多段线。用户只需双击要编辑的多段线，然后根据命令行提示，选择相关编辑方式，即可执行相应操作。

命令行提示如下：

```
命令: _pedit
输入选项 [闭合(C)/合并(J)/宽度(W)/编辑顶点(E)/拟合(F)/样条曲线(S)/非曲线化(D)/线型生成(L)/反转(R)/
放弃(U)]: *取消*
```

下面将对多段线的编辑方式进行说明。

- **闭合**：该选项用于闭合多段线。
- **合并**：该选项用于合并直线、圆弧或多段线，使所选对象成为一条多段线。合并的前提则是各段对象首尾相连。
- **宽度**：该选项用于设置多选项的线宽。
- **拟合**：该选项将多段线的拐角用光滑的圆弧曲线进行连接。
- **样条曲线**：该选项用样条曲线拟合多段线。
- **线型生成**：该选项用于控制多段线的线型生成方式开关。

5.5.3 编辑样条曲线

在AutoCAD软件中，不仅可对多段线进行编辑，也可对绘制完成的样条曲线进行编辑。编辑样条曲线的方法有两种，下面将对其操作进行介绍。

1. 使用“编辑样条曲线”命令操作

执行“默认>修改>编辑样条曲线”命令，根据命令行提示，选中所需编辑的样条曲线，然后选择相关操作选项进行操作即可。

2. 双击样条曲线操作

双击所需编辑的样条曲线后，在命令行信息提示中，用户同样可选择相应的操作选项进行编辑。

命令行中各选项说明如下：

- **闭合**：将开放的样条曲线的开始点与结束点闭合。
- **合并**：将两条或两条以上的开放曲线进行合并操作。
- **拟合数据**：在该选项中，有多项操作子命令，例如添加、闭合、删除、扭折、清理、移动、公差等。这些选项是针对曲线上的拟合点进行操作。
- **转换为多段线**：将样条曲线转换为多段线。
- **反转**：反转样条曲线的方向。
- **放弃**：放弃当前的操作，不保存更改。
- **退出**：结束当前操作，退出该命令。

图形图案的填充

图案填充则是一种使用图形图案对指定的图形区域进行填充的操作。用户可使用图案进行填充，也可使用渐变色进行填充。填充完毕后，还可对填充的图形进行编辑操作。

5.6.1 图案的填充

执行“默认>绘图>图案填充”命令，打开“图案填充创建”选项卡。在该选项卡中，用户可根据需要选择填充的图案、颜色以及其他设置选项，如下图所示。

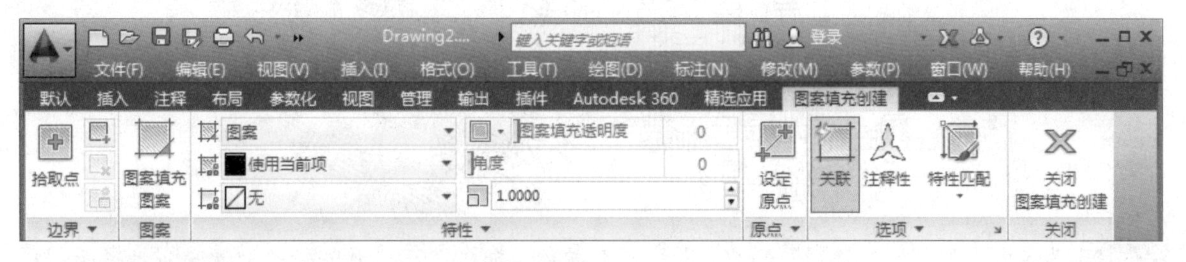

“图案填充创建”选项卡中常用命令说明如下：

- **边界**：该命令是用来选择填充的边界点或边界线段。
- **图案**：在下拉列表中可以选择图案的类型。
- **特性**：在该命令中，用户可根据需要，设置填充方式、填充颜色、填充透明度、填充角度以及填充比例值等功能。
- **原点**：设置原点可使用户在移动填充图形时，方便与指定原点对齐。
- **选项**：在该命令中，可根据需要选择是否自动更新图案、自动视口大小调整填充比例值以及填充图案属性的设置等。
- **关闭**：退出该选项卡。

例5-2 下面将对图形图案填充的操作方法进行介绍。

Step 01 执行“默认>绘图>图案填充”命令，在打开的“图案填充创建”选项卡中，单击“图案>图案填充图案”选项，在其下拉列表中，选择合适的图案，如下左图所示。

Step 02 在绘图区中，指定所要填充的区域，则可显示所填充的图案，如下右图所示。

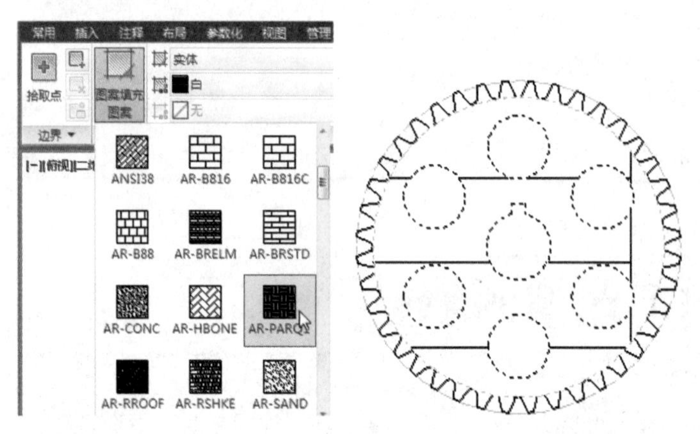

Step 03 按回车键，则可完成图案填充。选中填充图案，执行“特性>填充图案比例”命令，设置图案比例，这里输入0.07，此时填充的图案已发生变化，其结果如下左图所示。

Step 04 同样选择要填充的图形，执行“特性>图案填充角度”命令，输入所需角度，则可更改图案填充角度，如下右图所示。

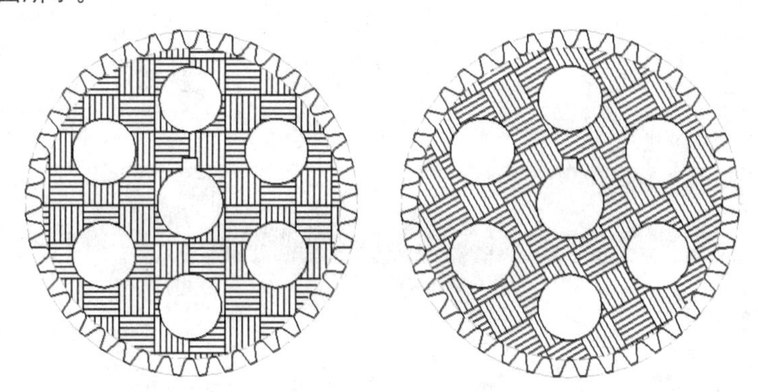

Step 05 选择填充的图形，执行“特性>图案填充颜色”命令，在打开的颜色列表中，选择所需颜色，则可更改当前填充图形的颜色，如下左图所示。

Step 06 若想更改当前填充的图案，只需执行“图案>图案填充图案”命令，在下拉列表中，选择新图案即可，如下右图所示。

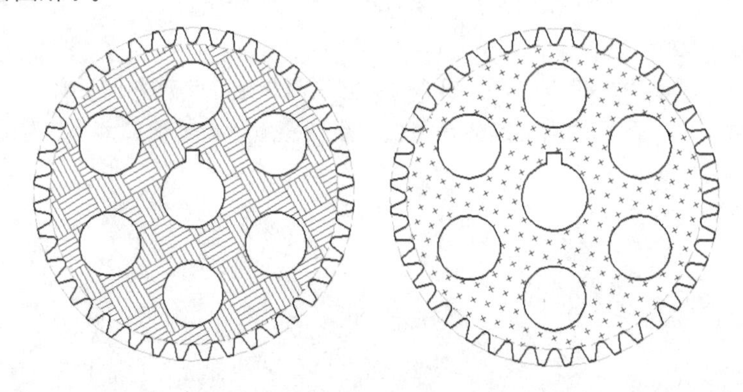

5.6.2 渐变色的填充

在AutoCAD软件中，除了可对图形进行图案填充，也可对图形进行渐变色填充。执行“默认>绘图>图案填充”命令，在其下拉列表中选择“渐变色”选项，打开“图案填充创建”选项卡，如下图所示。

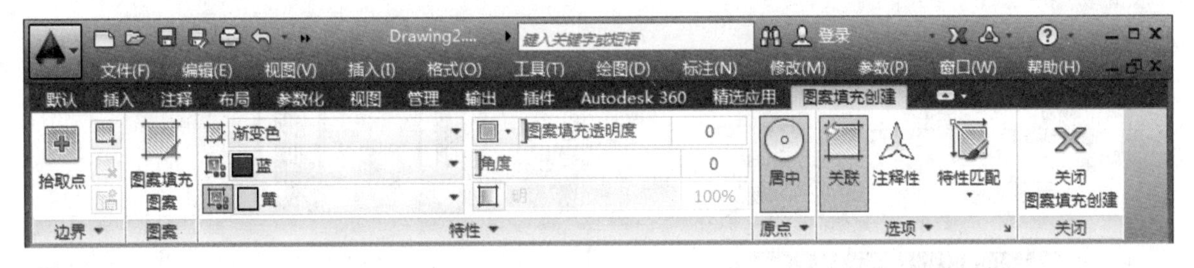

例5-3 下面将举例介绍使用渐变色进行填充的操作方法。

Step 01 执行“默认>绘图>图案填充>渐变色”命令，在打开的选项卡中，单击“渐变色1”下拉按钮，选择所需渐变颜色，如下左图所示。

Step 02 按照同样的方法，单击“渐变色2”下拉按钮，选择第二种渐变色，选择完成后，单击所需填充的区域，则可显示渐变效果，如下右图所示。

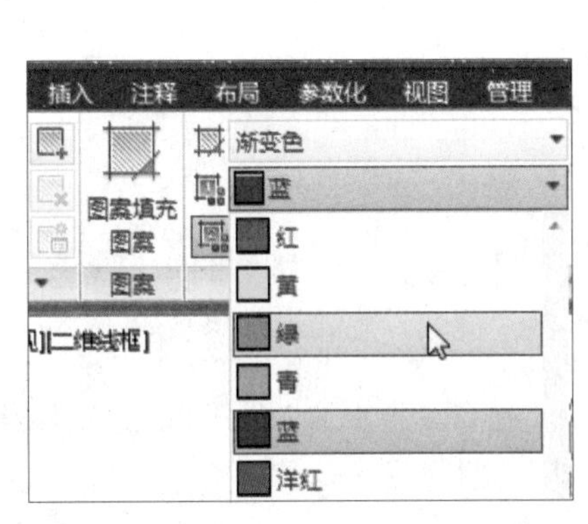

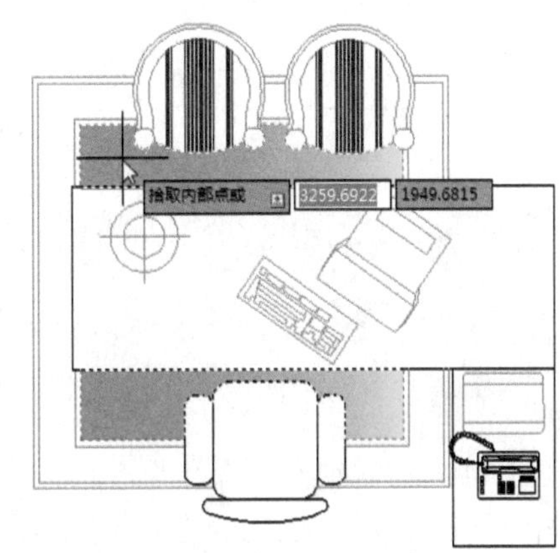

Step 03 按回车键，完成填充操作。选中填充的渐变色，单击“选项”右侧小箭头，则可打开“图案填充和渐变色”对话框，此时用户可对渐变路径、方向、角度进行设置，如下左图所示。

Step 04 设置完成后，单击“预览”按钮，可进行填充预览，如下右图所示。

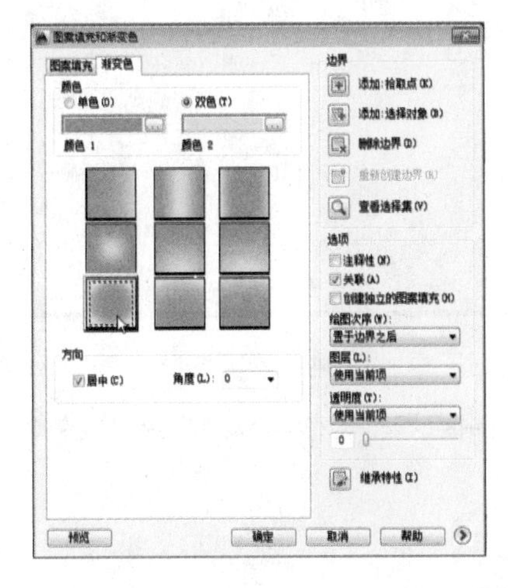

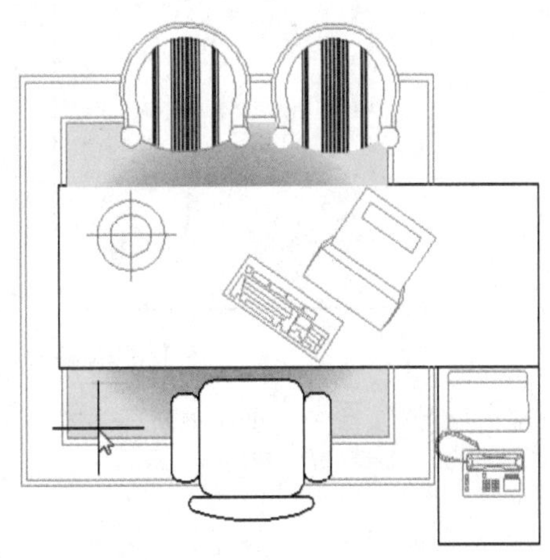

Step 05 按空格键返回对话框。此时用户也可对渐变颜色进行更改，单击“单色”或“双色”后选择按钮[...]，打开“选择颜色”面板，如下左图所示。

Step 06 选择好填充颜色后，单击“确定”按钮，返回上一层对话框，同样单击“确定”按钮，完成渐变色更改，如下右图所示。

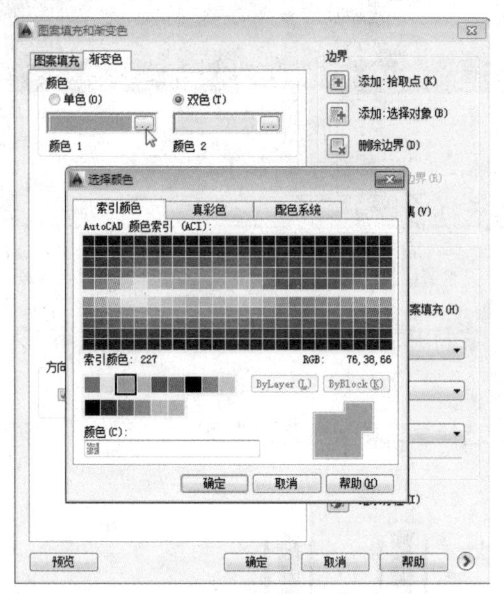

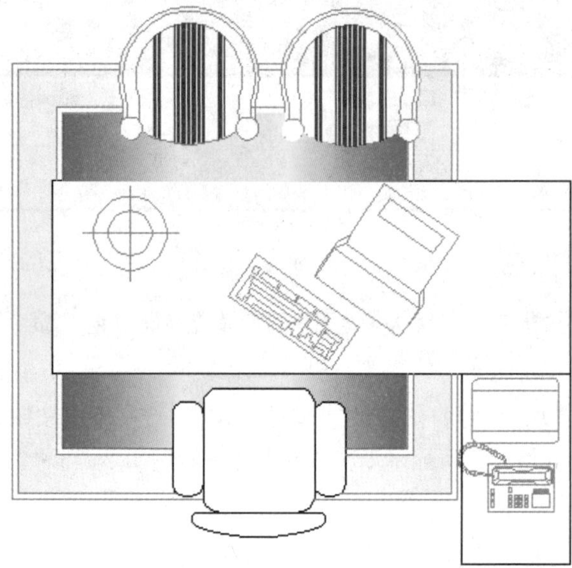

设计师训练营 绘制炉灶平面图

本章向用户介绍了二维编辑命令的使用方法。下面将结合以上所学的知识，来绘制炉灶平面图。其中涉及到的编辑命令有：圆角矩形、偏移、复制、镜像、旋转以及修剪等。

Step 01 启动AutoCAD 2014软件，执行“矩形”命令，在命令行中输入“F”后，设置半径为50，然后根据提示绘制一个长1000，宽600的圆角长方形，如下左图所示。

Step 02 执行“偏移”命令，将偏移距离设为5，然后选中圆角长方形，并将其向外进行偏移操作，如下右图所示。

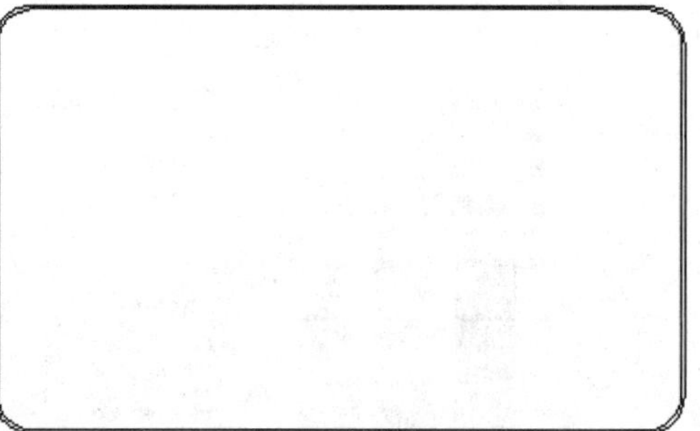

Step 03 执行“直线”命令，捕捉长方形上下两条边线的中点，绘制垂直辅助线，如下左图所示。

Step 04 再次执行“直线”命令，捕捉长方形左边线的中点和垂直辅助线的中点，绘制水平辅助线，如下右图所示。

Step 05 执行“圆”命令，捕捉水平线中点，绘制半径为150mm的圆形，如下左图所示。

Step 06 执行“偏移”命令，将该圆形向内偏移20mm，结果如下右图所示。

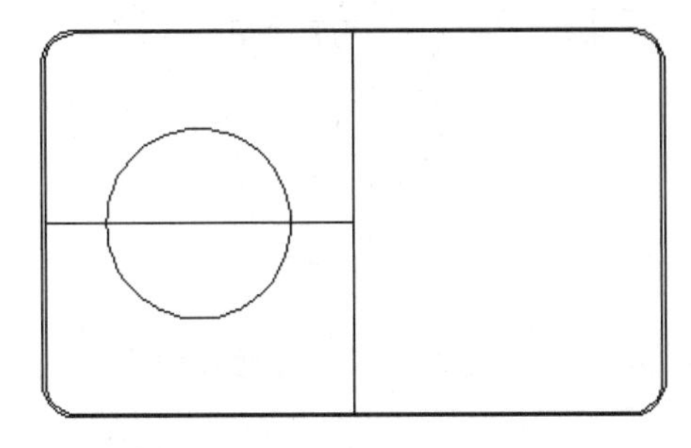

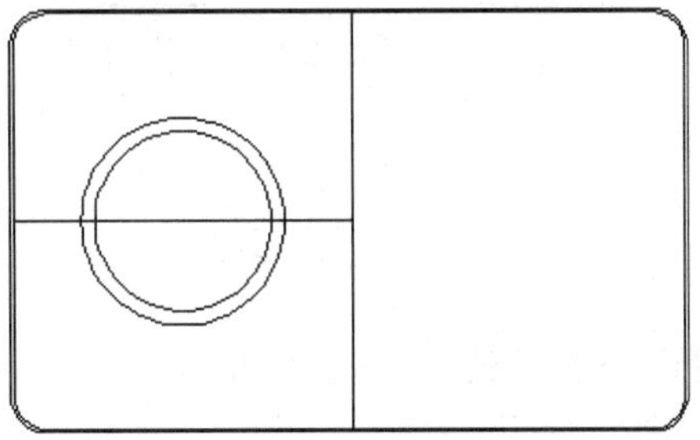

Step 07 执行“偏移”命令，将刚偏移的圆依次向内偏移30mm和60mm，其结果如下左图所示。

Step 08 执行“矩形”命令，绘制一个长100mm，宽10mm，半径为5mm的圆角矩形，放置图形至合适位置，如下右图所示。

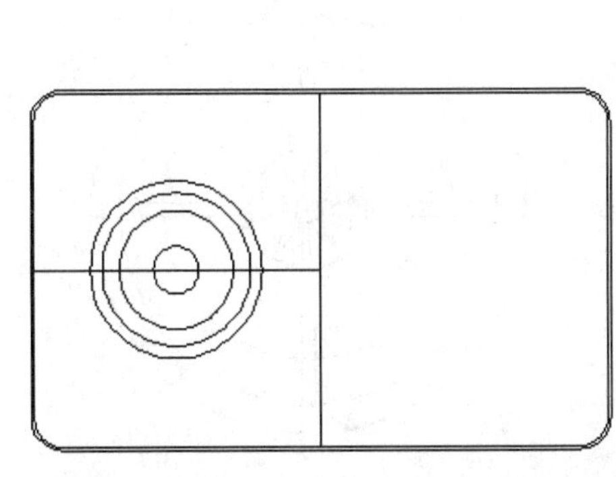

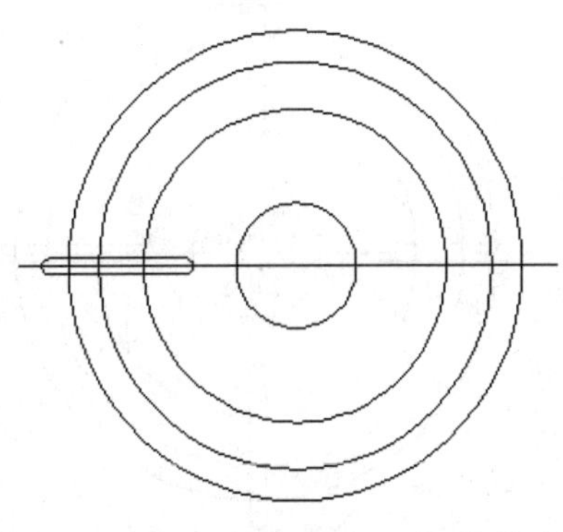

Step 09 执行“旋转”命令，选择刚绘制的圆角长方形，然后，指定圆心点为旋转基点，并在命令行中输入“C”，如下左图所示。

Step 10 输入好后，将旋转角度设为90°，按回车键，即可对该圆角长方形进行旋转复制操作，结果如下右图所示。

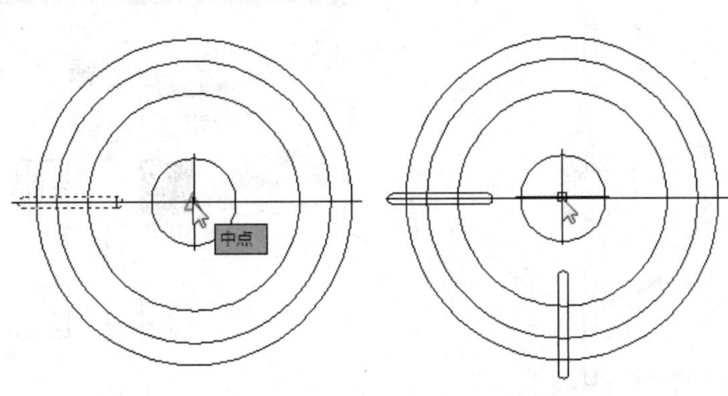

Step 11 同样执行"旋转"命令，将刚绘制的两个圆角长方形，以圆心点为旋转基点，进行180°旋转复制操作，结果如下左图所示。

Step 12 执行"矩形"命令，绘制长为25mm，宽为5mm，圆角半径为3mm的圆角矩形，作为炉灶的火眼，如下右图所示。

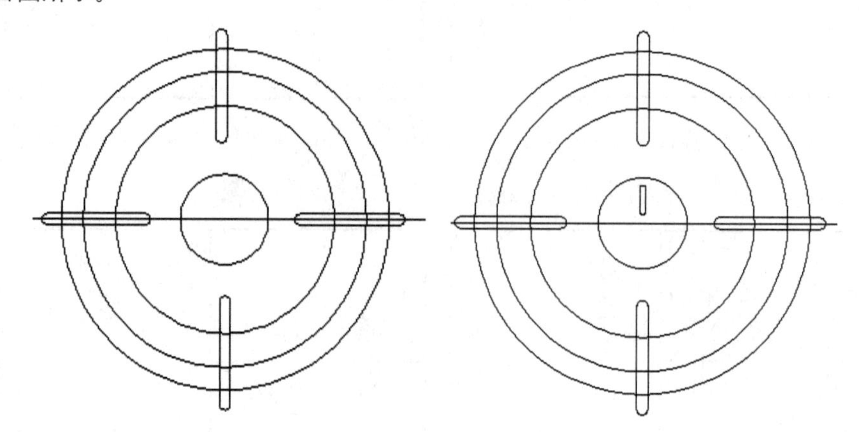

Step 13 执行"环形阵列"命令，根据命令行提示，选中火眼图形，以圆心为阵列中心，输入阵列数10，以完成阵列，如下左图所示。

Step 14 执行"修剪"命令，选中大圆角长方形，按回车键，然后选中长方形内多余直线，则可将其删除，如下右图所示。

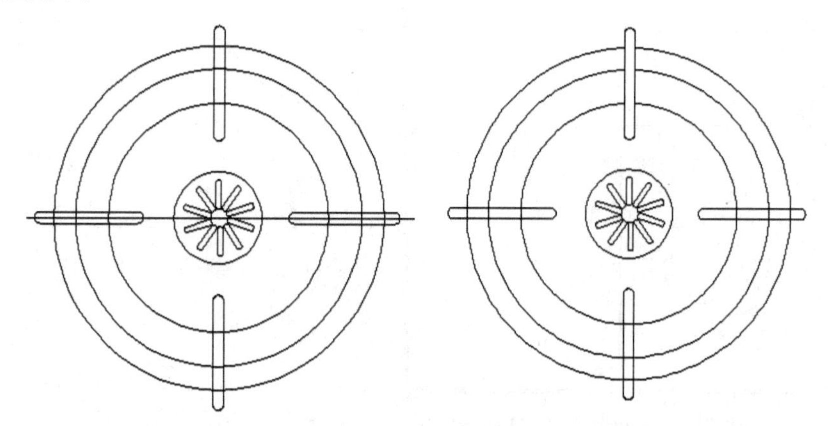

Step 15 按照同样的操作，将其他圆角长方形内多余的线段删除，如下左图所示。

Step 16 执行"图案填充"命令，在"图案填充创建"选项卡中，选择合适的填充图案，如下右图所示。

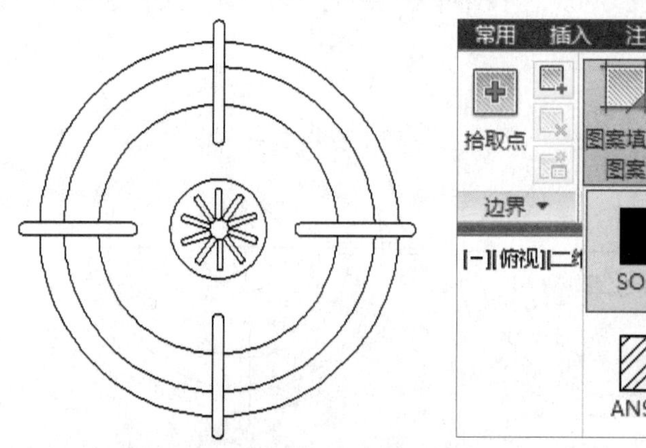

常用 插入 注释 布局 参数化

拾取点

图案填充图案

实体

使用当前项

无

边界 ▼

[-][俯视][二维

SOLID

ANGLE

ANSI32

ANSI33

Step 17 在绘图区中，选择好填充区域，即可完成填充操作，如下左图所示。

Step 18 执行“镜像”命令，根据命令行提示，选中绘制好的一个炉灶图形，如下右图所示。

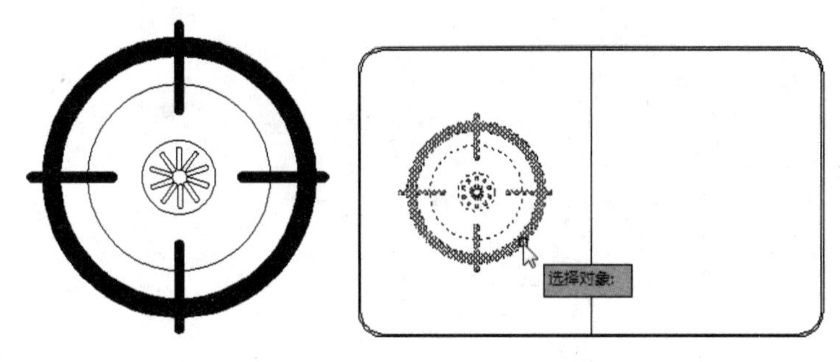

Step 19 按回车键，指定垂直辅助线为镜像轴线，再次按回车键即可完成镜像操作，如下左图所示。

Step 20 执行“圆”命令，绘制半径为30mm的圆，并将其放置在图形合适位置。执行“偏移”命令，将小圆向内偏移10mm，如下右图所示。

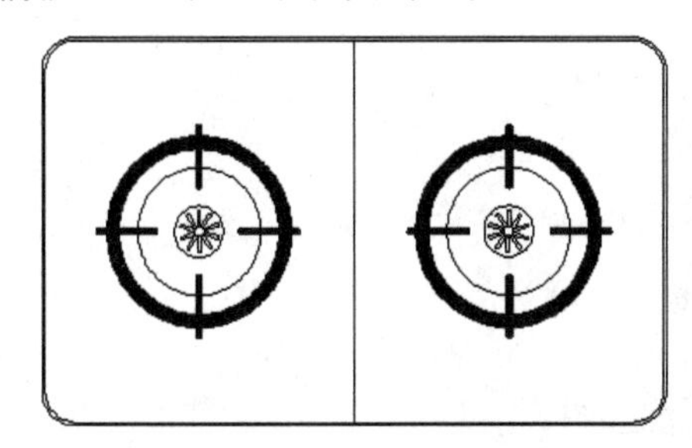

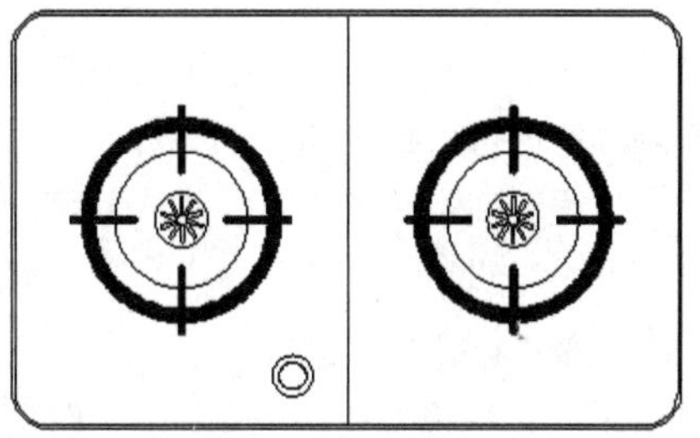

Step 21 执行“矩形”命令，绘制长为50mm，宽为10mm，半径为5mm的圆角矩形，如下左图所示。

Step 22 执行“修剪”命令，对刚绘制的小长方形中的线段进行修剪，如下右图所示。

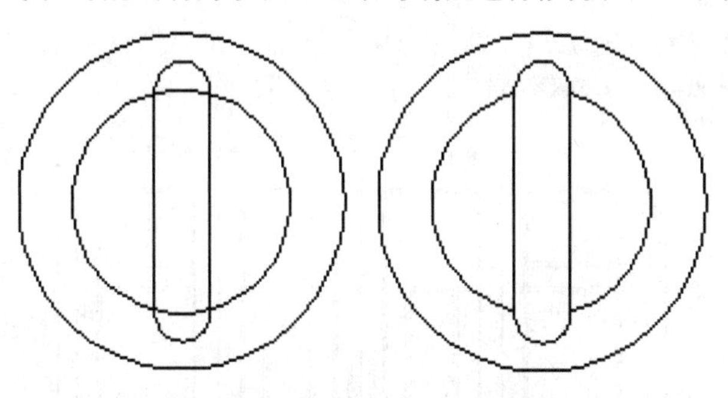

Step 23 执行“镜像”命令，将刚修剪好的图形以垂直辅助线进行镜像，如下左图所示。

Step 24 删除垂直辅助线。执行“图案填充”命令，选中所需填充的图案，并设置好填充比例、颜色和填充角度，然后选择炉灶台面对其进行填充即可，如下右图所示。

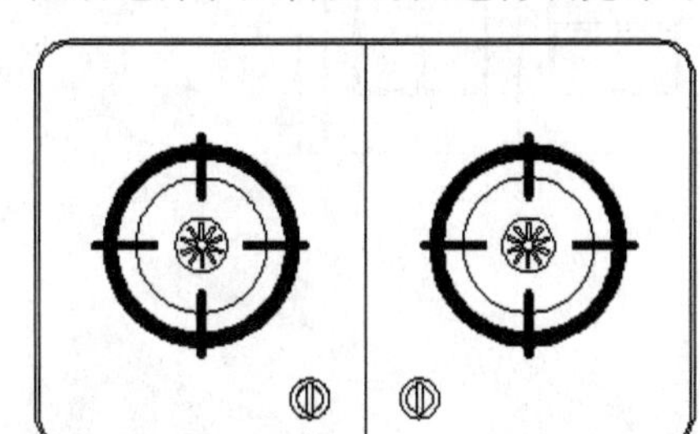

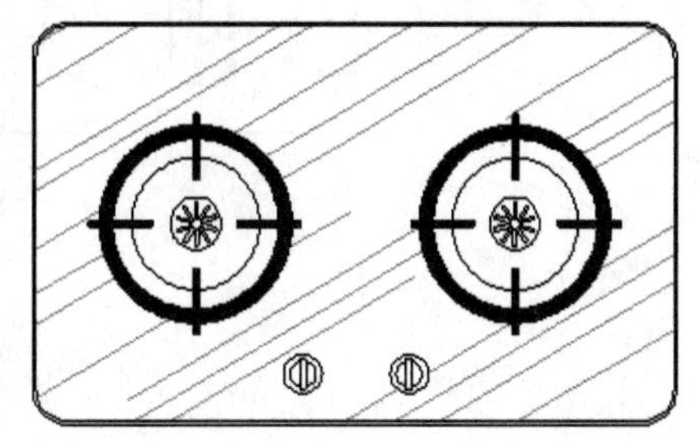

至此，完成炉灶平面图的绘制。

课后练习

1. 填空题

(1) 在复制图形时，当根据命令行的提示输入M时，表示 ______ 复制方式。

(2) ______ 命令可以增加或减少视图区域，而使对象的真实尺寸保持不变。

(3) 偏移图形指对指定圆弧和圆等做 ______ 复制。对于 ______ 而言，由于圆心为无穷远，因此可以平行复制。

2. 选择题

(1) 在执行“圆角”命令时，应先设置（　）。

A. 圆角半径　　B. 距离　　C. 角度值　　D. 内部块

(2) 使用“拉伸”命令拉伸对象时，不能（　）。

A. 把圆拉伸为椭圆　　B. 把正方形拉伸成长方形

C. 移动对象特殊点　　D. 整体移动对象

(3) 应用延伸命令进行对象延伸时（　）。

A. 必须在二维空间中延伸　　B. 可以在三维空间中延伸

C. 可以延伸封闭线框　　D. 可以延伸文字对象

(4) 用“旋转”命令旋转对象时（　）。

A. 必须指定旋转角度　　B. 必须指定旋转基点

C. 必须使用参考方式　　D. 可以在三维空间旋转对象

3. 上机题

利用“矩形”命令绘制大概轮廓线，然后使用“直线”和“偏移”命令绘制内部，最后使用“镜像”命令，对相同的部分进行镜像复制，如下图所示。

图块、外部参照及设计中心的应用

在设计图纸时，可将重复绘制的图形创建成块然后插入到图形中。此外，还可以把已有的图形文件以参照的形式插入到当前图形中（即外部参照），利用设计中心也可插入所需内容。

重点难点

- 图块的创建
- 图块的编辑
- 外部参照
- 设计中心

图块的概念和特点

块是一个或多个对象形成的对象集合，常用于绘制复杂、重复的图形。当生成块时，可以把处于不同图层上的具有不同颜色、线型和线宽的对象定义为块，使块中的对象仍保持原来的图层和特性信息。

在AutoCAD中，使用图块具有如下特点：

- **提高绘图速度**：在绘制图形时，常常要绘制一些重复出现的图形。将这些图形创建成图块，当再次需要绘制它们时就可以用插入块方法实现，即把绘图变成了拼图，从而把大量重复的工作简化，提高绘图速度。
- **节省存储空间**：在保存图中每一个对象的相关信息，如对象的类型、位置、图层、线型及颜色等时，这些信息要占用存储空间。如果一幅图中包含有大量相同的图形，就会占据较大的磁盘空间。但如果把相同的图形事先定义成一个块，绘制它们时就可以直接把块插入到图中的各相应位置。
- **便于修改图形**：建筑工程图纸往往需要多次修改。比如，在建筑设计中要修改标高符号的尺寸，如果每个标高符号都一一修改，既费时又不方便。但如果原来的标高符号是通过插入块的方法绘制的，那么只要简单地对块进行再定义，就可对图中的所有标高进行修改。
- **可以添加属性**：很多块还要求有文字信息以进一步解释其用途。此外，还可以从图中提取这些信息并将它们传送到数据库中。

创建与编辑图块

创建块首先要绘制组成块的图形对象，然后用块命令对其实施定义，这样在以后的工作中便可以重复使用该块了。因为块在图中是一个独立的对象，所以编辑块之前要对其进行分解。

6.2.1 创建块

内部图块是跟随定义它的图形文件一起保存的，存储在图形文件内部，因此只能在当前图形文件中调用，而不能在其他图形中调用。创建块可以通过以下几种方法来实现。

- 执行“绘图>块>创建”命令。
- 在“默认”选项卡的“块”选项组中单击“创建”按钮。
- 在命令行中输入快捷命令“B”，然后按回车键。

执行以上任意一种操作后，即可打开“块定义”对话框，如右图所示。在该对话框中进行相关的设置，即可将图形对象创建成块。

该对话框中一些主要选项的含义介绍如下。

- **基点**：该选项区中的选项用于指定图块的插入基点。系统默认图块的插入基点值为（0,0,0），用户可直接在X、Y和Z数值框中输入坐标相对应的数值，也可以单击“拾取点”按钮，切换到绘图区中指定基点。
- **对象**：该选项区中的选项用于指定新块中要包含的对象，以及创建块之后如何处理这些对象，是否保留还是删除选定的对象，或者是将它们转换成块实例。
- **方式**：该选项区中的选项用于设置插入后的图块是否允许被分解、是否统一比例缩放等。
- **在块编辑器中打开**：勾选该复选框，当创建图块后，在块编辑器窗口中对“参数”、“参数集”等选项的设置。

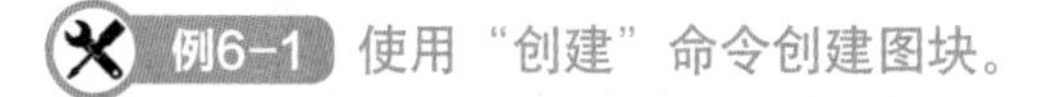

例6-1 使用“创建”命令创建图块。

Step 01 执行“绘图>块>创建”命令，打开“块定义”对话框，单击“选择对象”单选按钮，如下左图所示。

Step 02 在绘图区中，选取所要创建的图块对象，如下右图所示。

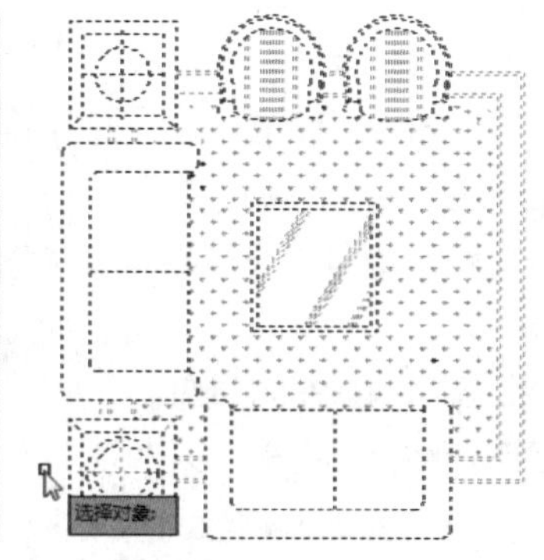

Step 03 按回车键，返回至“块定义”对话框，然后单击“拾取点”按钮，如下左图所示。

Step 04 在绘图区中，指定图形一点为块的基准点，如下右图所示。

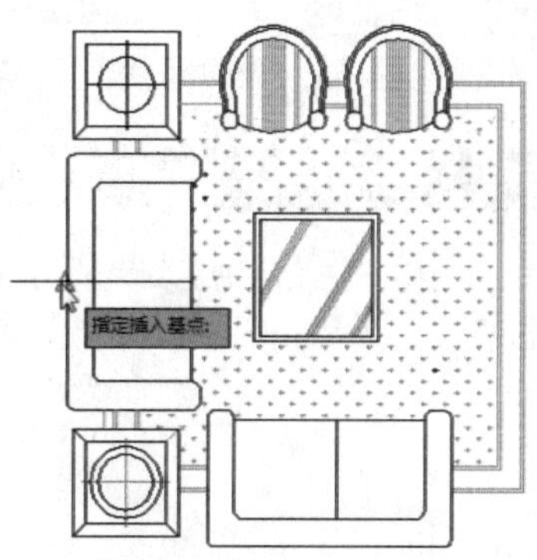

知识链接 命令提示行中各选项的含义

在“插入”选项卡的“块定义”选项组中单击“创建块”按钮，即可打开“块定义”对话框。

Step 05 选择好后，返回到对话框，输入块名称，将“块单位”设置为“毫米”，如下左图所示。

Step 06 单击“确定”按钮即可完成图块的创建，选择创建好的图块，效果如下右图所示。

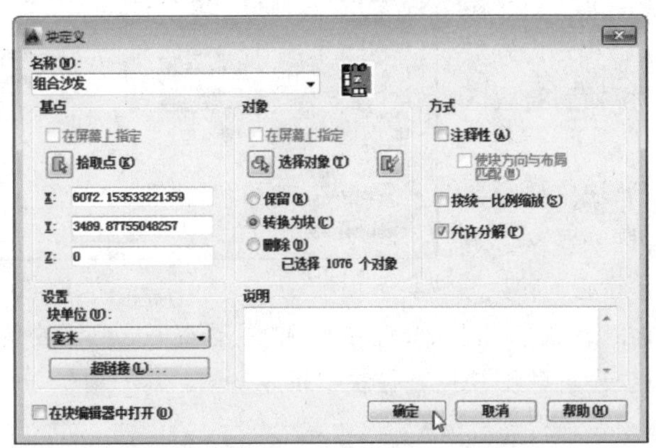

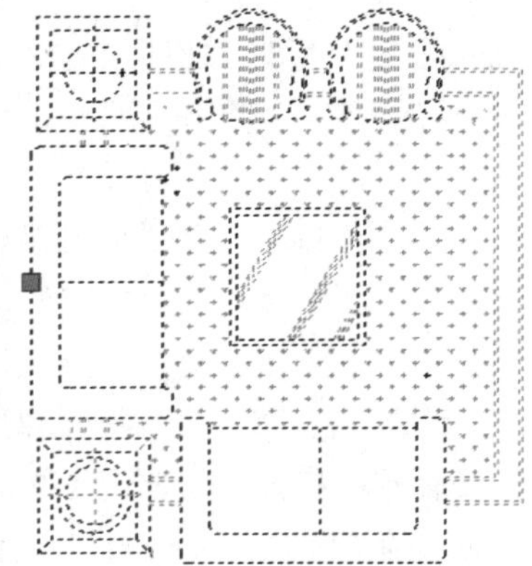

6.2.2 存储块

存储图块是将块、对象或者某些图形文件保存到独立的图形文件中，又称为外部块。在AutoCAD 2014中，使用“写块”命令，可以将文件中的块作为单独的对象保存为一个新文件，被保存的新文件可以被其他对象使用。用户可以通过以下方法执行“写块”命令。

- 在“插入”选项卡的“块定义”选项组中单击“写块”按钮 。
- 在命令行中输入“W”，然后按回车键。

执行以上任意一种操作后，即可打开“写块”对话框，如右图所示。在该对话框中可以设置组成块的对象来源，其主要选项的含义介绍如下。

- **块**：将创建好的块写入磁盘。
- **整个图形**：将全部图形写入图块。
- **对象**：指定需要写入磁盘的块对象，用户可根据需要使用“基点”选项组设置块的插入基点位置；使用“对象”选项组设置组成块的对象。

此外，在该对话框的“目标”选项组中，用户可以指定文件的新名称和新位置以及插入块时所用的测量单位。

专家技巧 外部图块与内部图块的区别

外部图块与内部图块的区别是创建的图块作为独立文件保存，可以插入到任何图形中去，并可以对图块进行打开和编辑。

6.2.3 插入块

当图形被定义为块后，可使用“插入块”命令直接将图块插入到图形中。插入块时可以一次插入一个，也可一次插入呈矩形阵列排列的多个块参照。

在AutoCAD 2014中，用户可以通过以下方法插入块。

- 执行“插入>块”命令。
- 在“默认”选项卡的“块”选项组中单击“插入”按钮。
- 在命令行中输入“I”，然后按回车键。

执行以上任意一种操作后，即可打开“插入”对话框，如右图所示。利用该对话框可以把用户创建的内部图块插入到当前的图形中，或者把创建的图块从外部插入到当前的图形中。

该对话框中各主要选项的含义如下。

- **名称**：用于选择块或图形的名称。单击其后的“浏览”按钮，可打开“选择图形文件”对话框，从中选择图块或外部文件。
- **插入点**：用于设置块的插入点位置
- **比例**：用于设置块的插入比例。“统一比例”复选框用于确定插入块在X、Y、Z这3个方向的插入块比例是否相同。勾选该复选框，表示比例相同，即只需要在x文本框中输入比例值即可。
- **旋转**：用于设置块插入时的旋转角度。
- **分解**：用于将插入的块分解成组成块的各基本对象。

编辑与管理块属性

块的属性是块的组成部分，是包含在块定义中的文字对象，在定义块之前，要先定义该块的每个属性，然后将属性和图形一起定义成块。

6.3.1 块属性的特点

用户可以在图形绘制完成后（甚至在绘制完成前），调用ATTEXT命令将块属性数据从图形中提取出来，并将这些数据写入到一个文件中，这样就可以从图形数据库文件中获取数据信息。

属性块具有如下特点。

- 块属性由属性标记名和属性值两部分组成。如可以把Name定义为属性标记名，而具体的姓名Mat就是属性值，即属性。
- 定义块前，应先定义该块的每个属性，即规定每个属性的标记名、属性提示、属性默认值、属性的显示格式（可见或不可见）及属性在图中的位置等。一旦定义了属性，该属性以及其标记名将在图中显示出来，并保存有关的信息。
- 定义块时，应将图形对象和表示属性定义的属性标记名一起用来定义块对象。
- 插入有属性的块时，系统将提示用户输入需要的属性值。插入块后，属性用它的值表示。因此，同一个块在不同点插入时，可以有不同的属性值。如果属性值在属性定义时规定为常量，系统将不再询问它的属性值。
- 插入块后，用户可以改变属性的显示可见性，对属性作修改，把属性单独提取出来写入文件，以统计、制表使用，还可以与其他高级语言或数据库进行数据通信。

6.3.2 创建并使用带有属性的块

属性块是由图形对象和属性对象组成。对块增加属性，就是使块中的指定内容可以变化。要创建一个块属性，用户可以使用“定义属性”命令，先建立一个属性定义来描述属性特征，包括标记、提示符、属性值、文本格式、位置以及可选模式等。

在AutoCAD 2014中，用户可以通过以下方法执行“定义属性”命令。

- 执行“绘图>块>定义属性”命令。
- 在“默认”选项卡的“块”选项卡中单击“定义属性”按钮。
- 在命令行中输入“ATTDEF”，然后按回车键。

执行以上任意一种操作后，系统将自动打开“属性定义”对话框，如右图所示。

（1）模式

“模式”选项组用于在图形中插入块时，设定与块关联的属性值选项。

- **不可见**：指定插入块时不显示或打印属性值。
- **固定**：在插入块时赋予属性固定值。勾选该复选框，插入块时属性值不发生变化。
- **验证**：插入块时提示验证属性值是否正确。勾选该复选框，插入块时系统将提示用户验证所输入的属性值是否正确。
- **预设**：插入包含预设属性值的块时，将属性设定为默认值。勾选该复选框，插入块时，系统将把“默认”文本框中输入的默认值自动设置为实际属性值，不再要求用户输入新值。
- **锁定位置**：锁定块参照中属性的位置。解锁后，属性可以相对于使用夹点编辑的块的其他部分移动，并且可以调整多行文字属性的大小。
- **多行**：指定属性值可以包含多行文字。选定此选项后，可以指定属性的边界宽度。

（2）属性

“属性”选项组用于设定属性数据。

- **标记**：标识图形中每次出现的属性。
- **提示**：指定在插入包含该属性定义的块时显示的提示。如果不输入提示，属性标记将用作提示。
- **默认**：指定默认属性值。单击后面的“插入字段”按钮，显示“字段”对话框，可以插入一个字段作为属性的全部或部分值；选定“多行”模式后，显示“多行编辑器”按钮，单击此按钮将弹出具有“文字格式”工具栏和标尺的在位文字编辑器。

（3）插入点

“插入点”选项组用于指定属性位置。输入坐标值或者选择“在屏幕上指定”，并使用定点设备根据与属性关联的对象指定属性的位置。

（4）文字设置

“文字设置”选项组用于设定属性文字的对正、样式、高度和旋转。

- **对正**：用于设置属性文字相对于参照点的排列方式。
- **文字样式**：指定属性文字的预定义样式。显示当前加载的文字样式。
- **注释性**：指定属性为注释性。如果块是注释性的，则属性将与块的方向相匹配。
- **文字高度**：指定属性文字的高度。

● **旋转**：指定属性文字的旋转角度。

● **边界宽度**：换行至下一行前，指定多行文字属性中一行文字的最大长度。此选项不适用于单行文字属性。

(5) 在上一个属性定义下对齐

该选项用于将属性标记直接置于之前定义的属性的下面。如果之前没有创建属性定义，则此选项不可用。

6.3.3 块属性管理器

当图块中包含属性定义时，属性将作为一种特殊的文本对象也一同被插入。此时即可使用“块属性管理器”工具编辑之前定义的块属性，然后使用“增强属性管理器”工具将属性标记赋予新值，使之符合相似图形对象的设置要求。

1. 块属性管理器

当编辑图形文件中多个图块的属性定义时，可以使用“块属性管理器”重新设置属性定义的构成、文字特性和图形特性等属性。

在“插入”选项卡的“块定义”选项卡中单击“管理属性”按钮，将打开“块属性管理器”对话框，如右图所示。

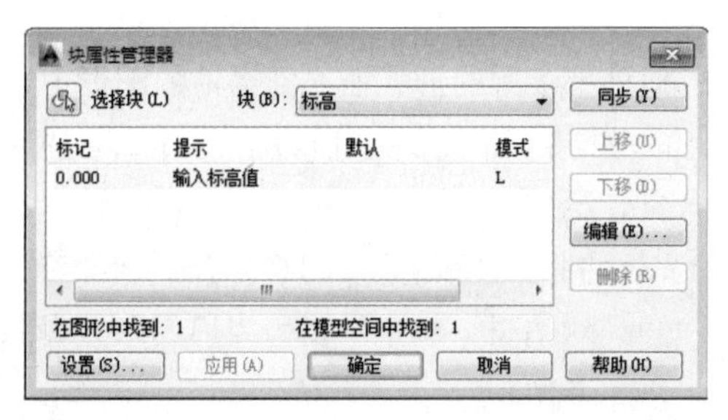

在该对话框中各选项含义介绍如下。

● **块**：列出具有属性的当前图形中的所有块定义。选择要修改属性的块。

● **属性列表**：显示所选块中每个属性的特性。

● **同步**：更新具有当前定义的属性特性的选定块的全部实例。

● **上移**：在提示序列的早期阶段移动选定的属性标签。选定固定属性时，“上移”按钮不可用。

● **下移**：在提示序列的后期阶段移动选定的属性标签。选定常量属性时，“下移”按钮不可使用。

● **编辑**：可打开“编辑属性”对话框，从中可以修改属性特性。

● **删除**：从块定义中删除选定的属性。

● **设置**：打开“块属性设置”对话框，从中可以自定义“块属性管理器”中属性信息的列出方式。

2. 增强属性编辑器

“增强属性编辑器”主要用于编辑块中定义的标记和值属性，与块属性管理器设置方法基本相同。

在“插入”选项卡的“块”选项组中单击“编辑属性”下拉按钮，在展开的下拉列表中单击“单个”按钮，然后选择属性块，或者直接双击属性块，都将打开“增强属性编辑器”对话框，如右图所示。

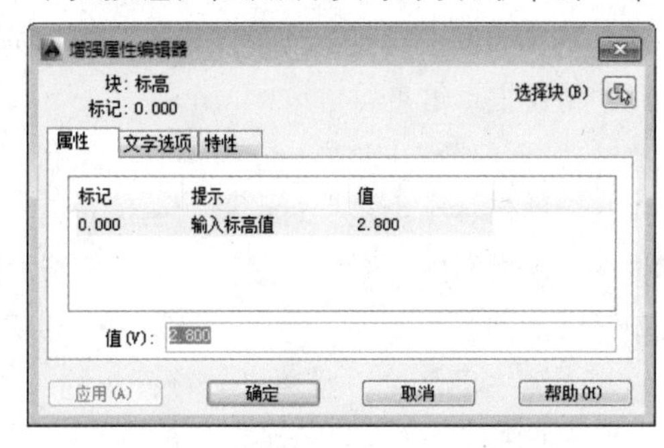

在该对话框中可指定属性块标记，在“值”文本框为属性块标记赋予值。此外，还可以分别利用“文字选项”和“特性”选项卡设置图块不同的文字格式和特性，如更改文字的格式、文字的图层、线宽以及颜色等属性。

外部参照的使用

外部参照是指在绘制图形过程中，将其他图形以块的形式插入，并且可以作为当前图形的一部分。外部参照和块不同，外部参照提供了一种更为灵活的图形引用方法。使用外部参照可以将多个图形链接到当前图形中，并且作为外部参照的图形会随着原图形的修改而更新。

6.4.1 附着外部参照

要使用外部参照图形，先要附着外部参照文件。在“插入”选项卡的“参照”选项卡中单击“附着”按钮，打开“选择参照文件”对话框，选择合适的文件，单击“打开”按钮，即可打开“附着外部参照”对话框，如右图所示。从中可将图形文件以外部参照的形式插入到当前的图形中。

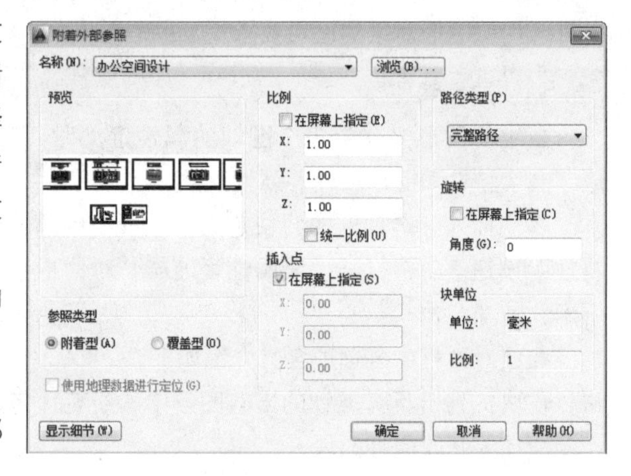

在“附着外部参照”对话框中，各主要选项的含义介绍如下。

- **浏览**：单击该按钮将打开“选择参照文件”对话框，从中可以为当前图形选择新的外部参照。
- **参照类型**：用于指定外部参照为附着型还是覆盖型。与附着型的外部参照不同，当附着覆盖型外部参照的图形作为外部参照附着到另一图形时，将忽略该覆盖型外部参照。
- **比例**：用于指定所选外部参照的比例因子。
- **插入点**：用于指定所选外部参照的插入点。
- **路径类型**：设置是否保存外部参照的完整路径。如果选择该选项，外部参照的路径将保存到数据库中，否则将只保存外部参照的名称而不保存其路径。
- **旋转**：为外部参照引用指定旋转角度。

6.4.2 绑定外部参照

将参照图形绑定到当前图形中，可以方便地进行图形发布和传递操作，并且不会出现无法显示参照的错误提示信息。

执行“修改>对象>外部参照>绑定”命令，打开“外部参照绑定”对话框。在该对话框中可以将块、尺寸样式、图层、线型以及文字样式中的依赖符添加到主图形中。绑定依赖符后，它们会永久的加入到主图形中，且原来依赖符中的“|”符号变为“0”，如右图所示。

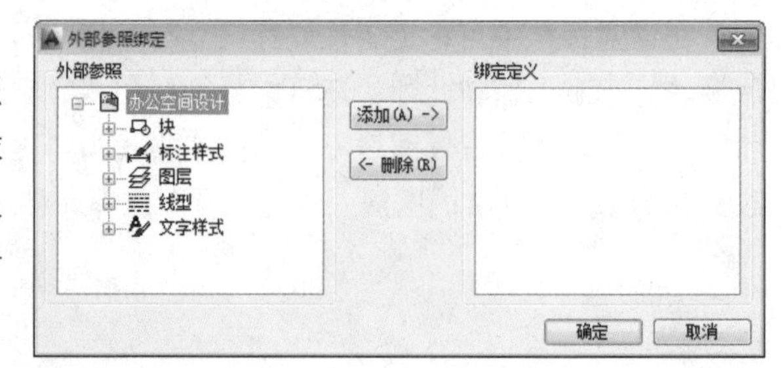

设计中心的使用

通过AutoCAD设计中心用户可以访问图形、块、图案填充及其他图形内容，可以将原图形中的任何内容拖动到当前图形中使用。还可以在图形之间复制、粘贴对象属性，以避免重复操作。

6.5.1 设计中心选项板

“设计中心”选项板用于浏览、查找、预览以及插入内容，包括块、图案填充和外部参照。

在AutoCAD 2014中，用户可以通过以下方法打开如右图所示的选项板。

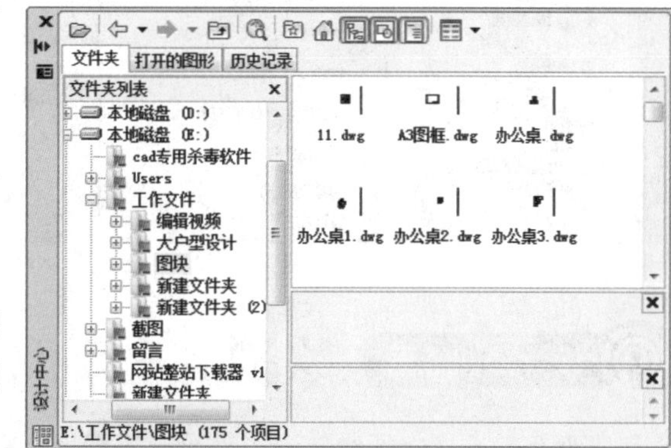

- 执行“工具>选项板>设计中心”命令。
- 在“视图”选项卡的“选项板”选项组中单击“设计中心”按钮▦。
- 按组合键Ctrl+2。

从右图中可以看到，“设计中心”选项板主要由工具栏、选项卡、内容窗口、树状视图窗口、预览窗口和说明窗口6个部分组成。

1. 工具栏

工具栏控制着树状视图和内容窗口中信息的显示。各选项作用如下。

- **加载**：单击该按钮，显示“加载”对话框（标准文件选择对话框）。通过对话框浏览本地和网络驱动器或Web上的文件，然后选择内容加载到内容区域。
- **上一级**：单击该按钮将会在内容窗口或树状视图中显示上一级内容、内容类型、内容源、文件夹、驱动器等内容。
- **主页**：将设计中心返回到默认文件夹。可以使用树状图中的快捷菜单更改默认文件夹。
- **树状图切换**：显示和隐藏树状视图。若绘图区域需要更多的空间，则可以隐藏树状图。树状图隐藏后，可以使用内容区域浏览容器并加载内容。在树状视图中使用“历史记录”列表时，“树状图切换”按钮不可用。
- **预览**：显示和隐藏内容窗口中选定项目的预览。
- **说明**：显示和隐藏内容窗口中选定项目的文字说明。

2. 选项卡

设计中心共由3个选项卡组成，分别为“文件夹”、“打开的图形”和“历史记录”。

- **文件夹**：利用该选项卡可方便地浏览本地磁盘或局域网中所有的文件夹、图形和项目内容。
- **打开的图形**：该选项卡显示了所有打开的图形，以便查看或复制图形内容。
- **历史记录**：该选项卡主要用于显示最近编辑过的图形名称及目录。

6.5.2 插入设计中心内容

通过AutoCAD 2014设计中心，可以很方便地在当前图形中插入图块、引用图像和外部参照，及在图形之间复制图层、图块、线型、文字样式、标注样式和用户定义等内容。

打开“设计中心”选项板，在“文件夹列表”中，查找文件的保存目录，并在内容区域选择需要插入为块的图形，右击鼠标，在打开的快捷菜单中选择“插入为块”命令，如下左图所示。打开“插入”对话框，从中进行相应的设置，单击“确定”按钮即可，如下右图所示。

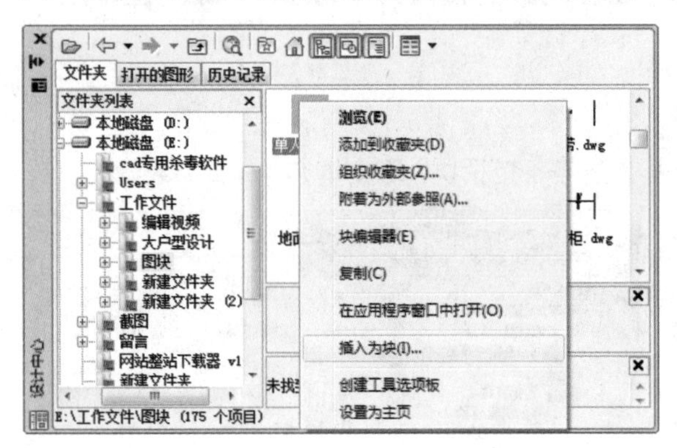

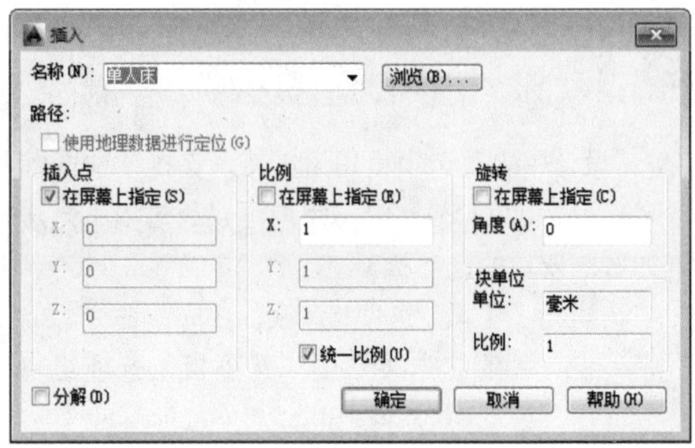

设计师训练营 绘制卧室平面图

下面将结合以上所学知识，来绘制床图块，并将其插入至卧室平面图中。其中涉及到的相关命令有创建块、插入块等。

Step 01 在AutoCAD 2014中执行“矩形”命令，绘制一个长1800mm，宽1500mm的矩形，如下左图所示。

Step 02 执行“偏移”命令，将该矩形向内偏移20mm，结果如下右图所示。

Step 03 执行“矩形”命令，绘制一个长1500mm，宽100mm的长方形，作为床靠背图形，如下左图所示。

Step 04 执行“矩形”命令，绘制一个长1000mm，宽300mm及半径为80mm的圆角矩形，作为枕头图形，并放置在合适位置，如下右图所示。

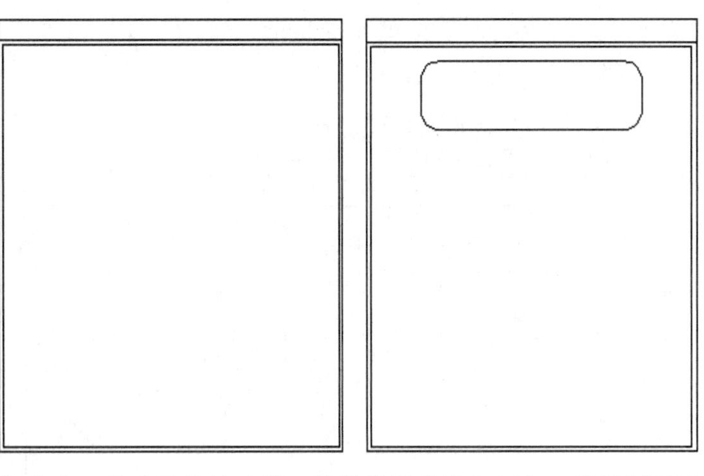

Step 05 执行“直线”命令，并启动极轴功能，将其增量角设为15°，并绘制斜线，如下左图所示。

Step 06 同样执行“直线”和“极轴”命令，将增量角设为30°，并绘制另一条斜线，如下右图所示。

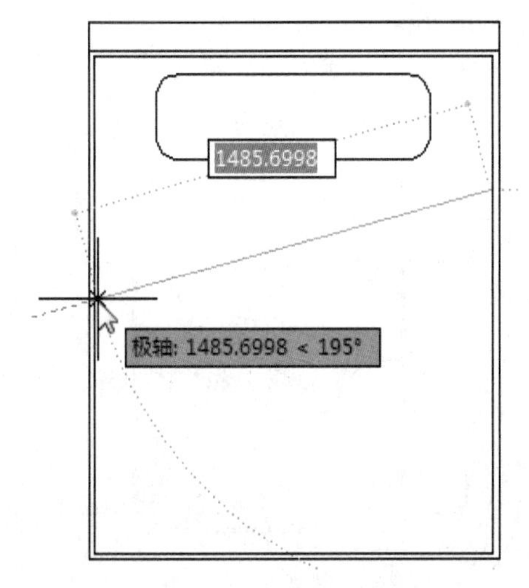

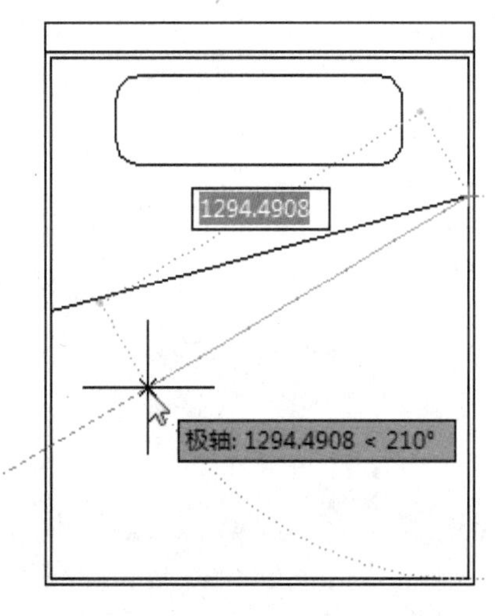

Step 07 执行“圆弧”命令，捕捉两个斜线的终点，绘制圆弧，完成被褥图形的绘制，如下左图所示。

Step 08 执行“矩形”命令，绘制一个长550mm，宽450mm的矩形，作为床头柜放置在图形适当位置，结果如下右图所示。

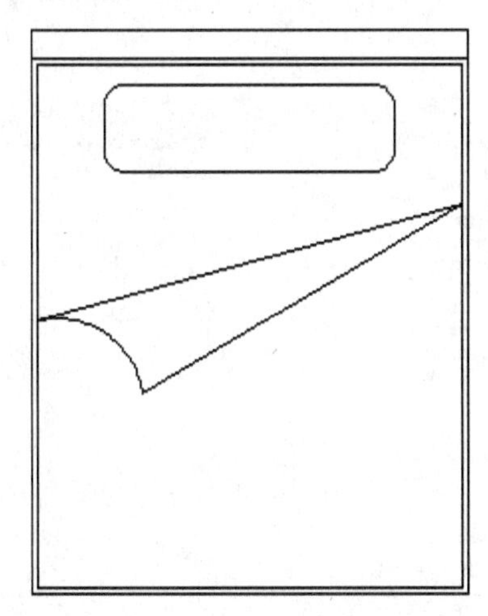

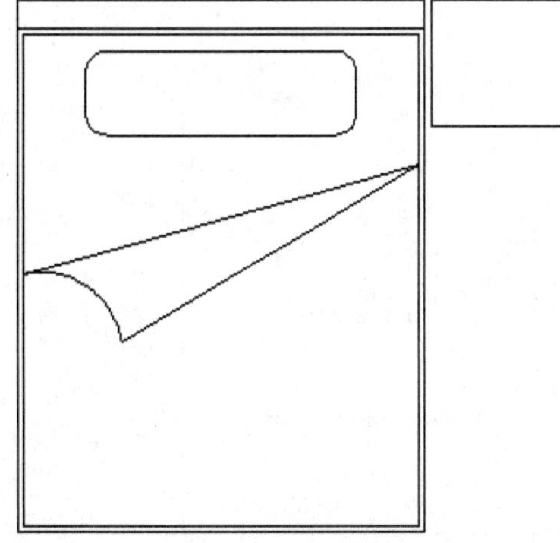

Step 09 执行“圆”命令，绘制半径为100mm和半径为50mm的两个圆，放置在床头柜的合适位置，结果如下左图所示。

Step 10 执行“直线”命令，在同心圆上绘制直线，完成台灯图形的绘制，其后执行“镜像”命令，将绘制好的床头柜，以床中线为镜像线，进行镜像，如下右图所示。

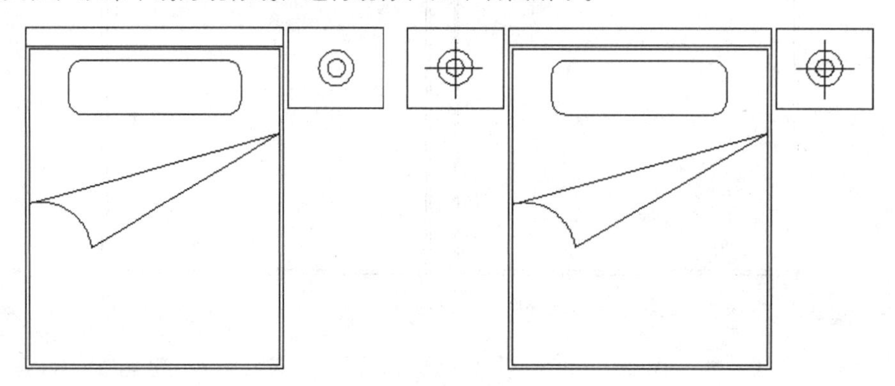

Step 11 执行“图案填充”命令，选择合适的图案，对被褥进行填充，然后执行“圆”命令，绘制圆，作为地毯图形，并执行“修剪”命令，对图形进行修剪，如下左图所示。

Step 12 执行“偏移”和“图案填充”命令，完成对圆形地毯的填充，如下右图所示。

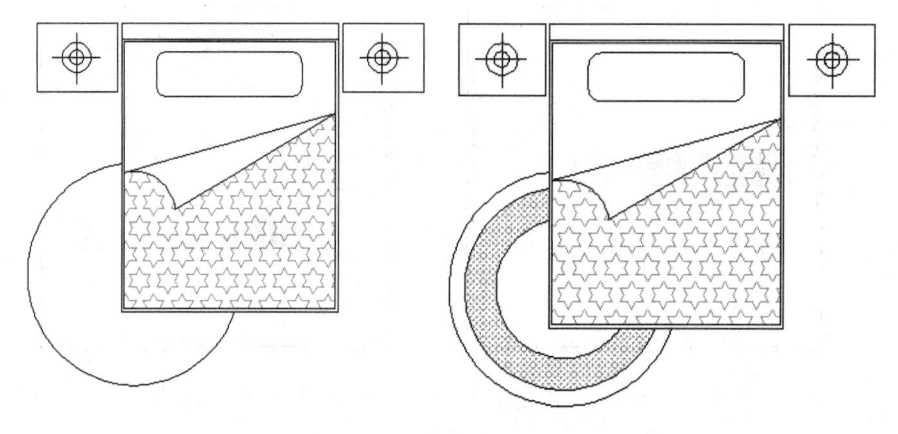

Step 13 执行“插入>块定义>写块”命令，在打开的对话框中，指定好床图块基点，并选择好床图形，如下左图所示。

Step 14 选择好后，在“写块”对话框中，单击“文件名和路径”按钮，对床图块进行保存操作，如下右图所示。

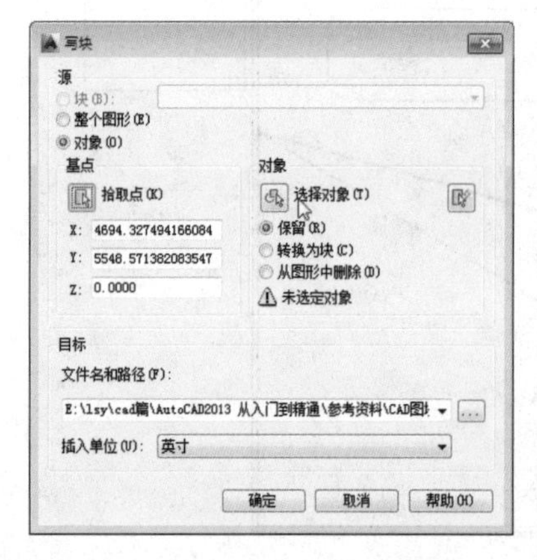

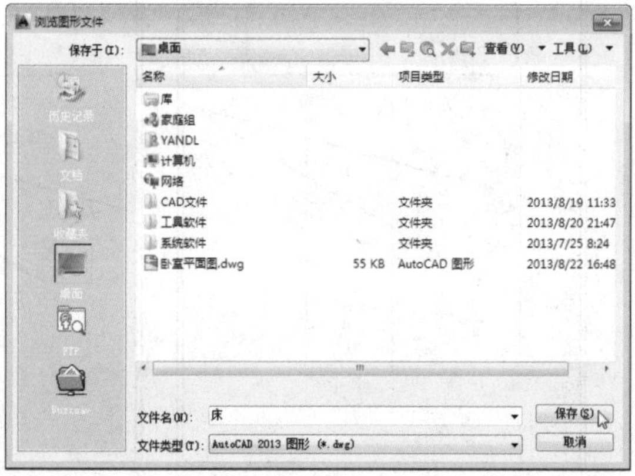

Step 15 打开“卧室平面图”素材文件，执行“插入>块>插入”命令，在“插入”对话框中，单击“浏览”按钮，如下左图所示。

Step 16 在打开的对话框中，选中刚绘制的床图块，并单击“确定”按钮，然后在绘图区中指定床图块的插入点，如下右图所示。

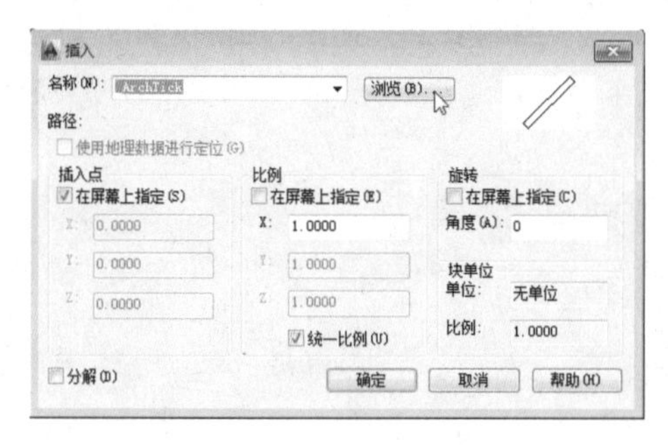

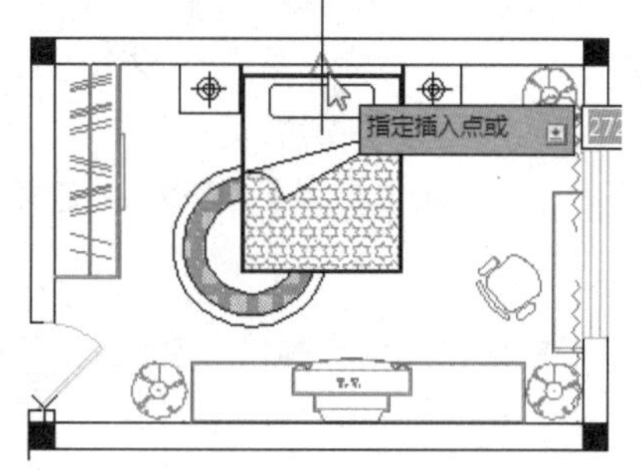

Step 17 再次执行“插入”命令，将休闲椅图块插入至图形合适位置，如下左图所示。

Step 18 执行“旋转”命令，对休闲椅图块进行旋转，如下右图所示。

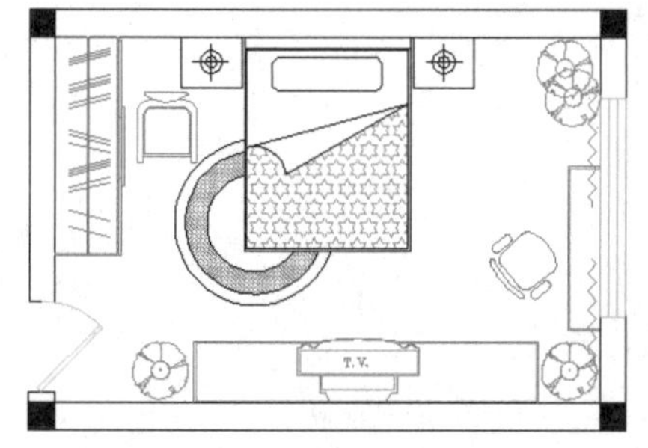

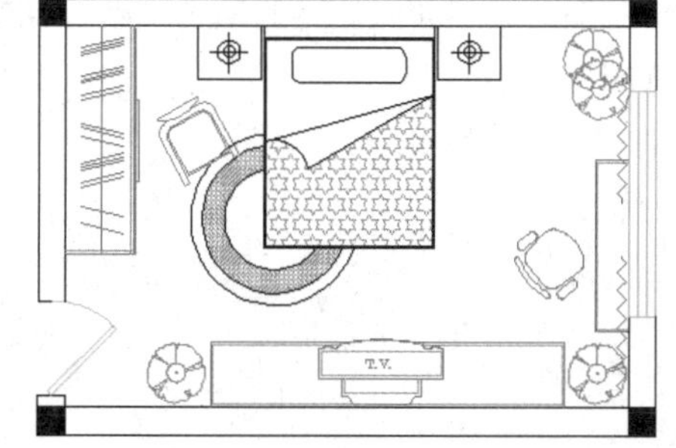

Step 19 执行“直线”命令，将卧室区域划分成几个小块，如下左图所示。

Step 20 执行“图案填充”命令，选择一款合适的地板图案，并设置好填充比例，对被划分的一小块区域进行填充，如下右图所示。

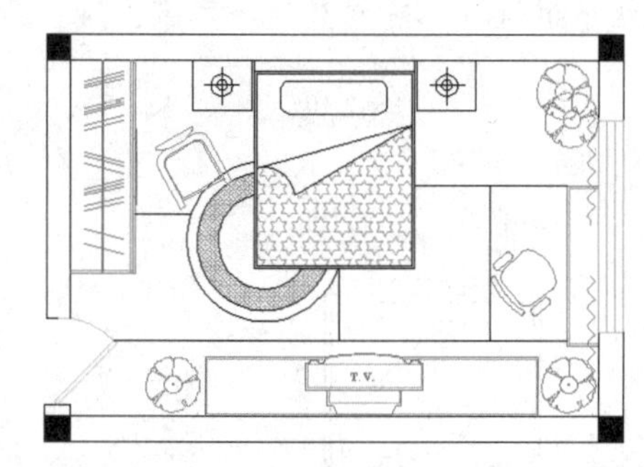

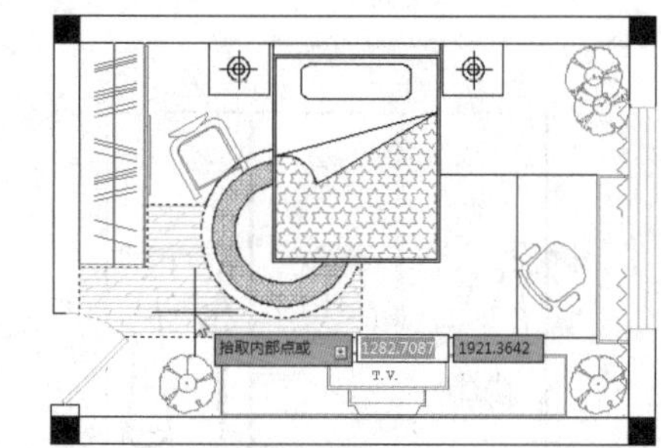

Step 21 再次执行“图案填充”命令，填充卧室地面剩余的区域。至此完成整个图形的绘制，如右图所示。

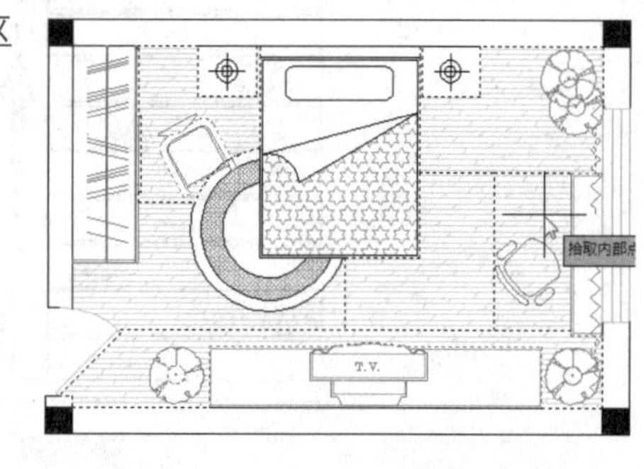

课后练习

1. 填空题

（1）块是一个或多个对象组成的 __________，常用于绘制复杂、重复的图形。

（2）使用 __________ 命令，可以将文件中的块作为单独的对象保存为一个新文件，被保存的新文件可以被其他对象使用。

（3）__________ 功能主要用于编辑块中定义的标记和值属性。

2. 选择题

（1）AutoCAD中块定义属性的快捷键是（ ）。

A. Ctrl+1　　B. W　　C. ATT　　D. B

（2）下列哪个项目不能用块属性管理器进行修改（ ）。

A. 属性的可见性

B. 属性文字如何显示

C. 属性所在的图层和属性行的颜色、宽度及类型

D. 属性的个数

（3）创建对象编组和定义块的不同在于（ ）。

A. 是否定义名称　　B. 是否选择包含对象

C. 是否有基点　　D. 是否有说明

（4）在AutoCAD中，打开“设计中心”选项板的组合键是（ ）。

A. Ctrl+1　　B. Ctrl+2　　C. Ctrl+3　　D. Ctrl+4

3. 上机题

（1）块的使用不仅提高了绘图效率，还节省了存储空间，便于修改图形并能够为其添加相应的属性。下面将鞋、包、伞等图块插入到鞋柜中，如下左图所示。

（2）利用“设计中心”选项板，将餐椅外部参照至餐桌旁，然后对其进行复制、旋转、镜像设置，并将其摆放在合适位置，如下右图所示。

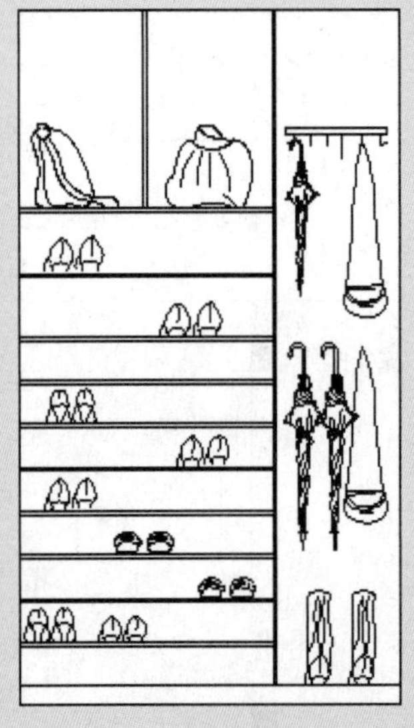

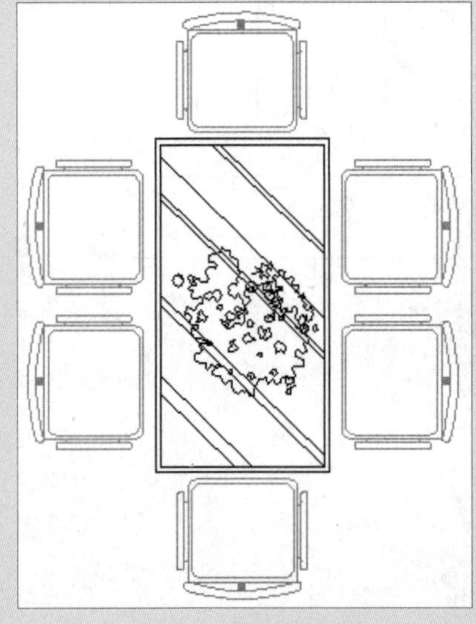

Chapter 07

文本与表格的应用

当完成一张图纸的绘制后，往往需要在图纸上进行简单说明。这时就可以应用AutoCAD软件提供的文字与表格功能。通过对本章内容的学习，可以让读者掌握单行文字、多行文字、文字编辑以及表格插入编辑等命令的应用方法及其设置技巧。

重点难点

- 文字样式的设置
- 输入单行文字
- 输入多行文字
- 文本字段的使用
- 表格的应用

文字样式的设置

图形中的所有文字都具有与之相关联的文字样式，系统默认使用的是"Standard"样式，用户可根据图纸需要，自定义文字样式，如文字高度、大小、颜色等。

7.1.1 设置文字样式

在AutoCAD中，若要对当前文字样式进行设置，可通过以下3种方法进行操作。

方法1：使用功能区命令操作。在"注释"选项卡的"文字"选项组中单击"文字样式"按钮，在"文字样式"对话框中，根据需要设置文字的"字体、大小、效果"等参数选项，完成后，单击"应用"按钮。

方法2：使用菜单栏命令操作。执行"格式>文字样式"命令，同样也可在"文字样式"对话框中进行相关设置。

方法3：使用快捷命令操作。用户直接在命令行中输入"ST"后按回车键，也可打开"文字样式"对话框进行设置。

例7-1 下面将介绍创建文字样式的具体操作。

Step 01 执行"注释>文字"命令，在打开的"文字样式"对话框中，单击"新建"按钮，如下左图所示。

Step 02 在"新建文字样式"对话框中，输入样式名称，这里输入"建筑"，然后单击"确定"按钮，如下右图所示。

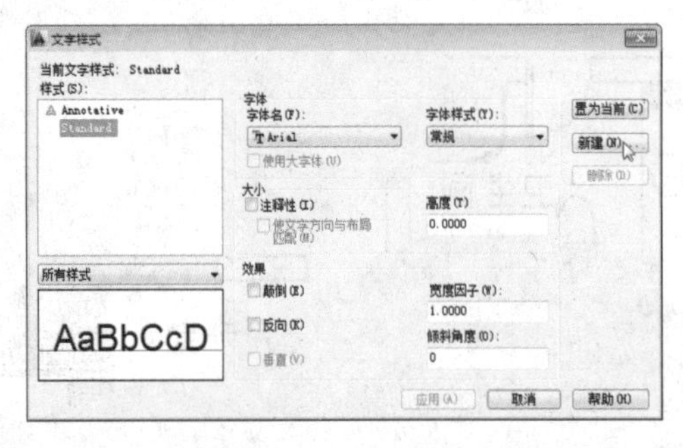

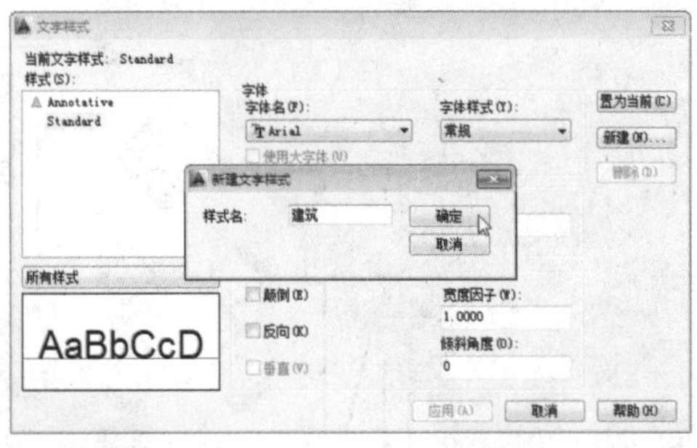

Step 03 在返回的对话框中，单击"字体名"下拉按钮，选择所需字体，这里选择"黑体"，如下左图所示。

Step 04 在"高度"文本框中，输入合适的文字高度值，这里输入100，然后单击"应用"按钮和"关闭"按钮即可，如下右图所示。

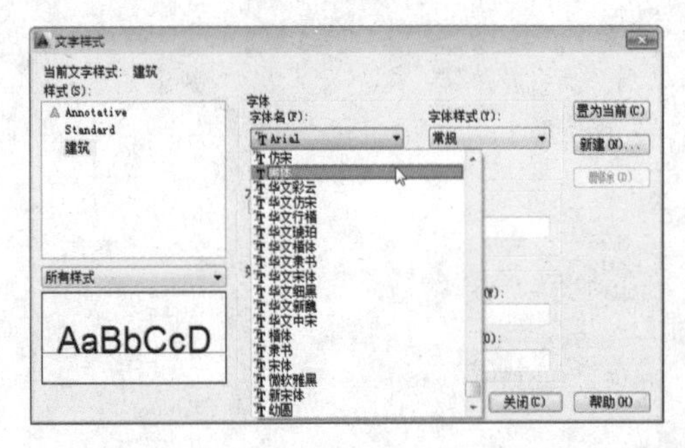

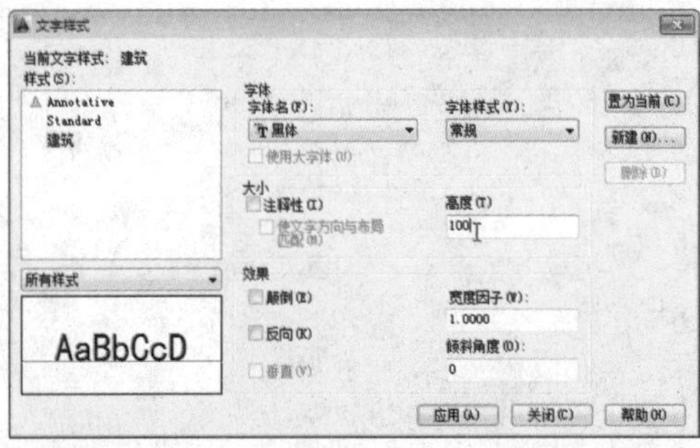

7.1.2 修改样式

创建好文字样式后，如果用户对当前所设置的样式不满意，可对其进行编辑或修改操作。用户只需在“文字样式”对话框中，选中所要修改的文字样式，并按照需求修改其字体、大小值即可，如下左图所示。

除了以上方法外，用户也可在绘图区中，双击输入的文本，此时在功能区中则会打开“文字编辑器”选项卡，在此，只需在“样式”和“格式”选项组中，根据需要进行设置即可，如下右图所示。

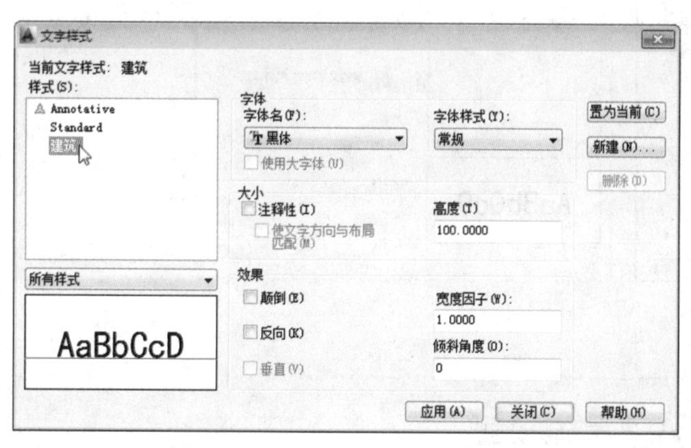

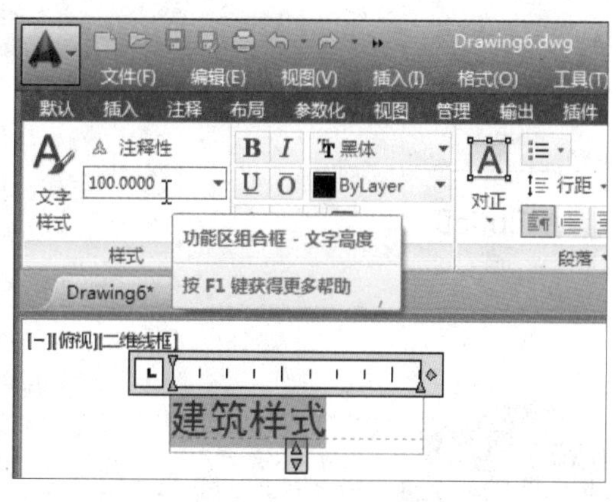

7.1.3 管理样式

当创建文字样式后，用户可以按照需要对创建好的文字样式进行管理，例如更换文字样式的名称以及删除多余的文字样式等。

例7-2 下面将对样式的管理操作进行具体介绍。

Step 01 执行“文字”命令，打开“文字样式”对话框，在“样式”列表框中，选择所需设置的文字样式，单击鼠标右键，在弹出的快捷菜单中，选择“重命名”命令，如下左图所示。

Step 02 在文本编辑框中，输入所需更换的文字名称，即可重命名当前文字样式，如下右图所示。

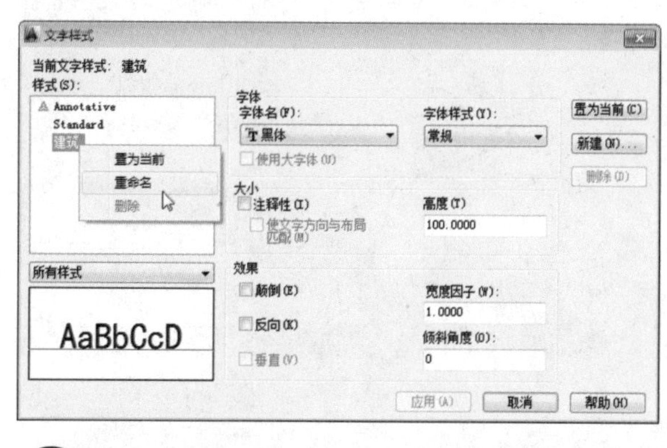

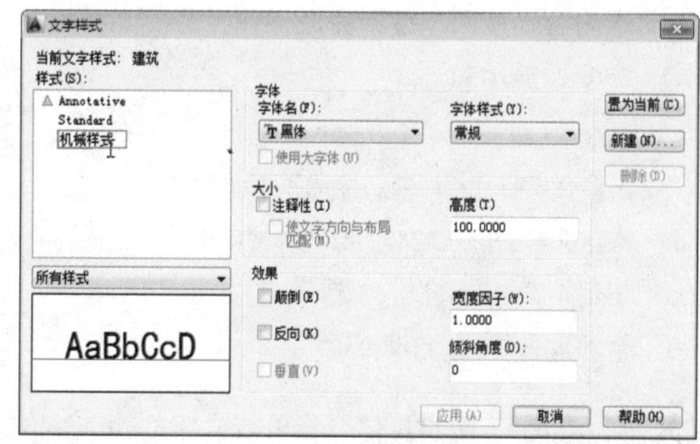

知识链接 无法删除文字样式

在进行删除操作时，系统是无法删除已经被使用了的文字样式、默认的Standard样式以及当前文字样式的。

Step 03 若想删除多余的文字样式，在“样式”列表框中，右击所需样式名称，在弹出的快捷菜单中，选择“删除”命令，如下左图所示。

Step 04 在打开的系统提示框中，单击“确定”按钮即可。用户也可单击“文字样式”对话框右侧“删除”按钮，同样也可删除，如下右图所示。

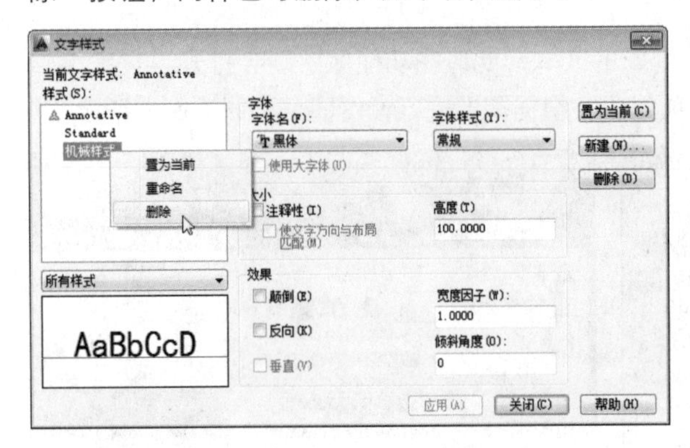

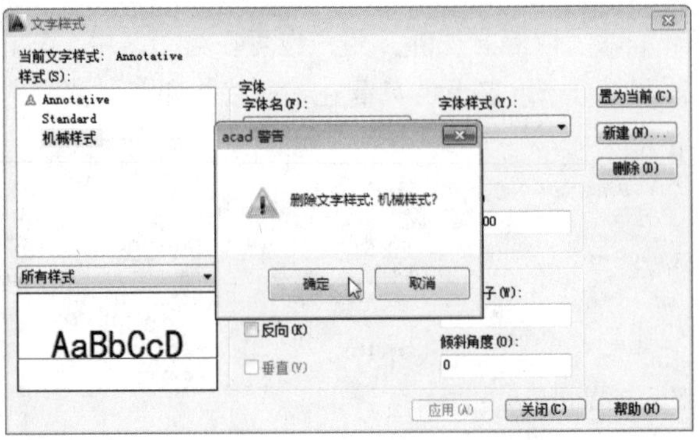

单行文本的输入与编辑

使用单行文字可创建一行或多行的文本内容。按回车键，即可换行输入。使用“单行文字”输入的文本都是一个独立完整的对象，用户可对其进行重新定位、格式修改以及其他编辑操作。通常设置好文字样式后，则可进行文本的输入。

7.2.1 创建单行文本

单行文字常用于创建文本内容较少的对象。用户只需执行“注释>文字>多行文字>单行文字”命令，在绘图区中指定文本插入点，根据命令行提示，输入文本高度和旋转角度，然后在绘图区中输入文本内容，按回车键，完成操作。

命令行提示如下：

```
命令: _text
当前文字样式: "Standard" 文字高度: 2.5000 注释性: 否
指定文字的起点或 [对正(J)/样式(S)]:                    (指定文字起点)
指定高度 <2.5000>: 100                                  (输入文字高度值)
指定文字的旋转角度 <0>:                                 (输入旋转角度值)
```

例7-3 下面将具体介绍单行文字的输入方法。

Step 01 执行“注释>文字>单行文字”命令，根据命令行提示，在绘图区中指定文字起点，按回车键，如下左图所示。

Step 02 根据提示输入文字高度值，这里输入100，如下右图所示。

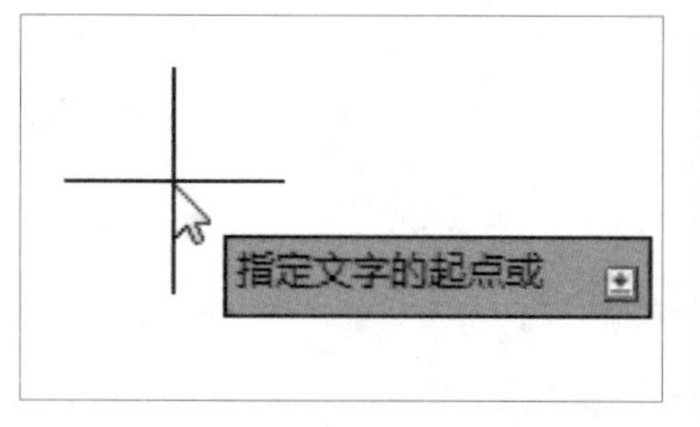

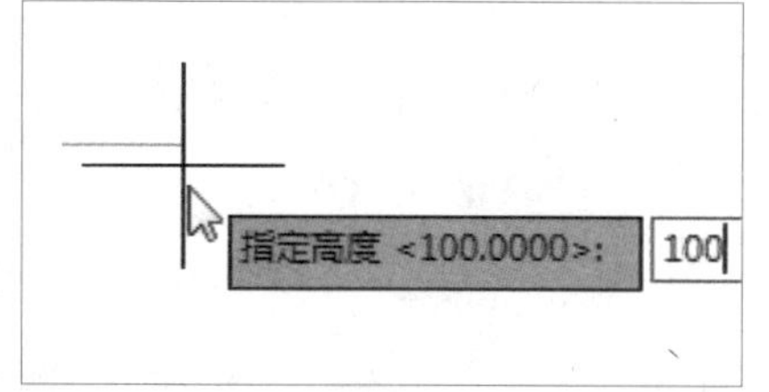

Step 03 同样根据提示输入文字的旋转角度，这里输入0，如下左图所示。

Step 04 输入完成后，按回车键。在光标闪动的位置输入相应的文本内容，然后单击绘图区中任意空白处，并按回车键，完成输入操作，如下右图所示。

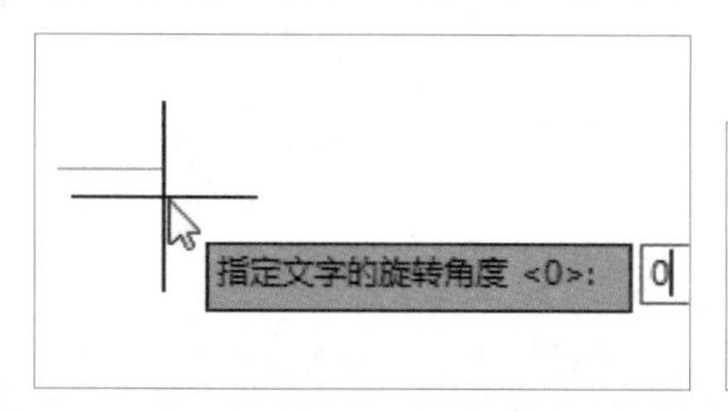

知识链接 命令行中各选项说明如下：

- **指定文字起点**：在默认情况下，通过指定单行文字行基线的起点位置创建文字。
- **对正**：在命令行中输入"J"后，则可设置文字的排列方式。AutoCAD为用户提供了"对齐、调整、居中、中间、右对齐、左上、中上、右上、左中、正中、右中和左下"等12种对齐方式。
- **样式**：在命令行中输入"S"后，可设置当前使用的文字样式。在此可直接输入新文字样式的名称，也可输入"？"，一旦输入"？"后并按两次回车键，则会在"AutoCAD文本窗口"中显示当前图形所有已有的文字样式。
- **指定高度**：输入文字高度值。默认文字高度为2.5。
- **指定文字的旋转角度**：输入文字所需旋转的角度值。默认旋转角度为0。

7.2.2 编辑修改单行文本

输入好单行文本后，可对输入的文本进行修改编辑操作。例如修改文字的内容、对正方式以及缩放比例。用户只需双击所需修改的文本，当其进入可编辑状态后，即可修改当前的文本内容，如下图所示。

如果用户需对单行文本进行缩放或对正操作。则选中该文本，执行菜单栏中"修改>对象>文字"命令，在打开的级联菜单中，根据需要选择"比例"或"对正"命令，然后根据命令行中的提示进行设置即可。

7.2.3 输入特殊字符

在进行文字输入过程中，经常会输入一些特殊字符，例如直径、正负公差符号，文字的上划线、下划线等。而这些特殊符号一般不能由键盘直接输入，因此，AutoCAD提供了相应的控制符，以实现这些标注要求。

用户只需执行“单行文字”命令，设置好文字的大小值，然后在命令行中输入特殊字符的代码，即可完成。常见特殊字符代码如下表所示。

表　常用特殊字符代码表

特殊字符图样	特殊字符代码	说明
字符	%%O	打开或关闭文字上划线
字符	%%U	打开或关闭文字下划线
30°	%%D	标注度符号
±	%%P	标注正负公差符号
Ø	%%C	直径符号
∠	\U+2220	角度
≠	\U+2260	不相等
≈	\U+2248	几乎等于
Δ	\U+0394	差值

多行文本的输入与编辑

如果需要在图纸中输入的文本内容比较多，这时则需要使用多行文本功能。多行文本包含一个或多个文字段落，可作为单一的对象处理。

7.3.1 创建多行文本

多行文本又称段落文本，它是由两行或两行以上的文本组成。用户可执行“注释>文字>多行文字”命令，在绘图区中，指定文本起点，框选出多行文字的区域范围，如下左图所示。此时则可进入文字编辑文本框，在此输入相关文本内容，输入完成后，单击空白处的任意一点，可完成多行文本输入操作，如下右图所示。

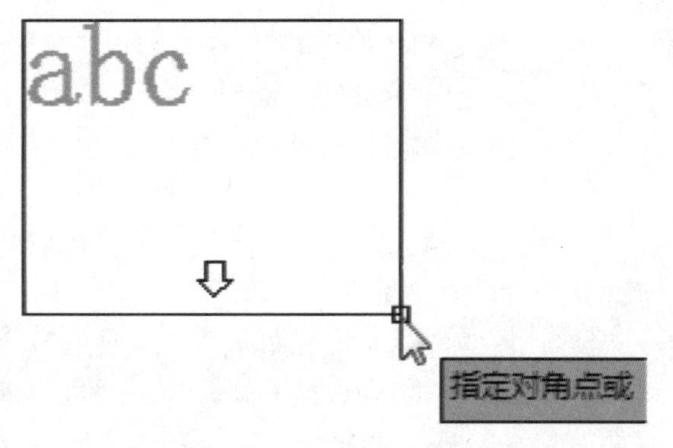

客厅经过精心布置。与电视背景相对的一面特意设计了展示柜，展示柜采用乳白色，使浅橘色为主的客厅显得活泼生动，更通过突出饰品自身的魅力展示主人的富足和品位；地面及部分墙面运用了天然大理石做饰面，显示豪气尊贵，而贴金箔的镂空雕花与水晶珠帘的相映成趣，以及精致的沙发、欧式的茶几、个性化的台灯，足以把路易十四时期的盛世再现。

7.3.2 设置多行文本格式

输入多行文本内容后，用户可对其文本的格式进行设置。双击所需设置的文本内容，执行"文字编辑器>格式"命令，则可对当前段落文本的字体、颜色、格式等选项进行设置。

例7-4 下面将对多行文本的输入操作进行具体介绍。

Step 01 双击所需设置的段落文本，执行"文字编辑器>格式>加粗"命令，将文本字体加粗，如下左图所示。

Step 02 执行"文字编辑器>格式>倾斜"命令，将文本字体进行倾斜，如下右图所示。

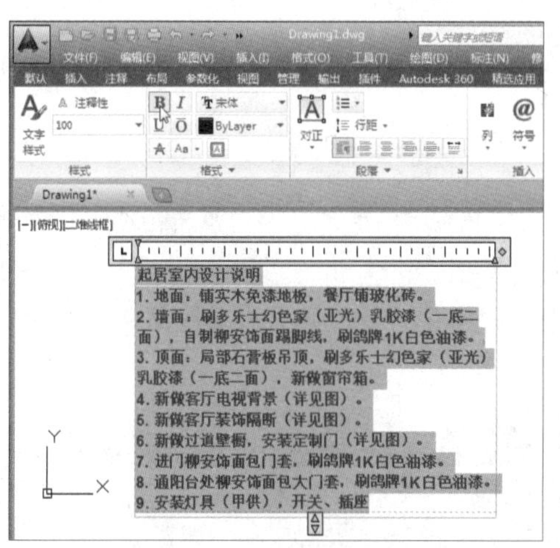

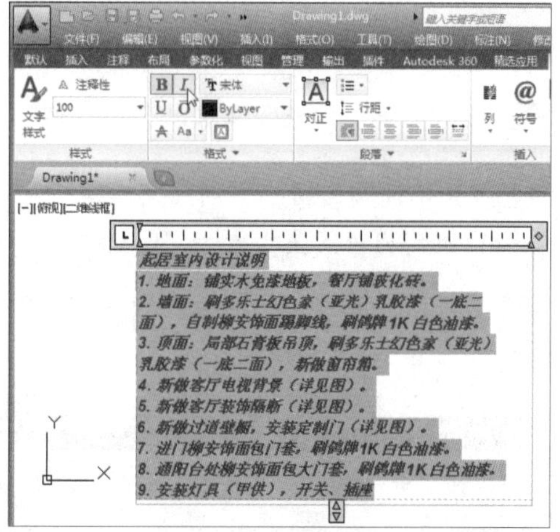

Step 03 执行"格式>字体"命令，在下拉列表中，选择新字体，则可更改当前文本字体样式，如下左图所示。

Step 04 执行"格式>文本编辑器颜色库"命令，在颜色下拉列表中，选择新颜色，则可更改当前的文本颜色，如下右图所示。

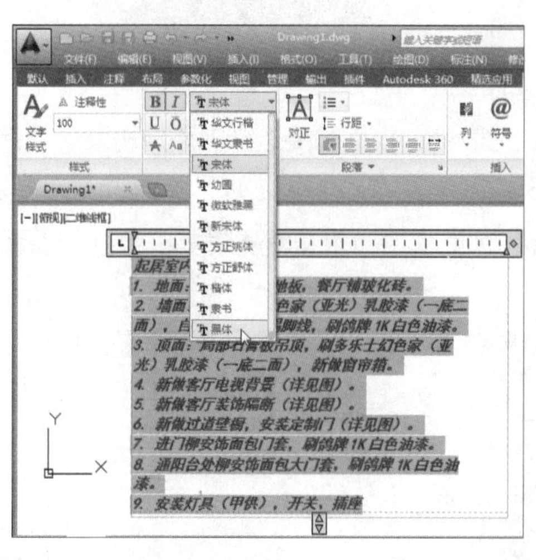

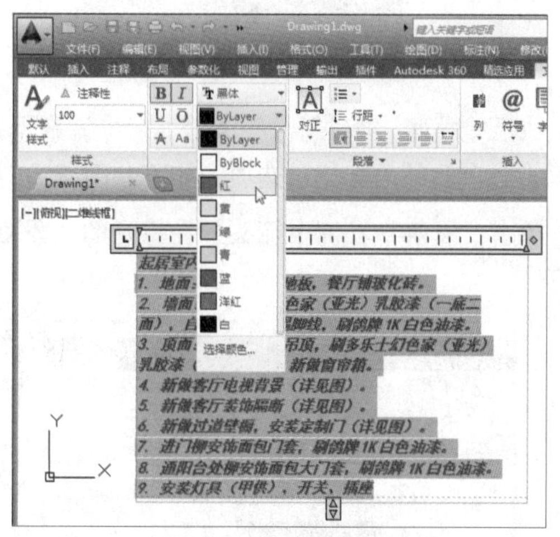

Step 05 执行"格式>背景遮罩"命令，在"背景遮罩"对话框中，勾选"使用背景遮罩"复选框，如下左图所示。

Step 06 单击颜色下拉按钮，选择背景颜色，单击"确定"按钮，即可完成对段落文本底纹的设置，如下右图所示。

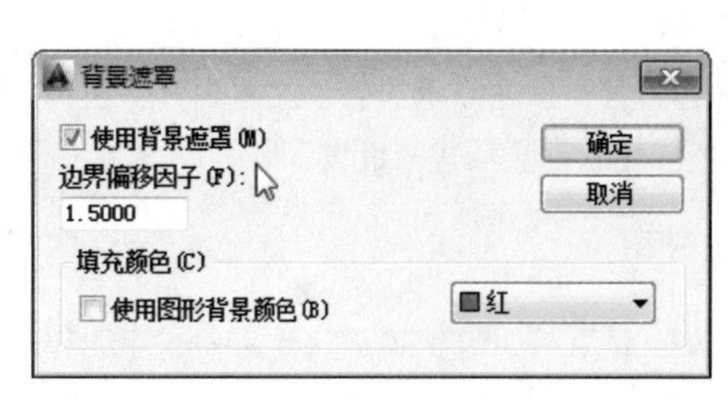

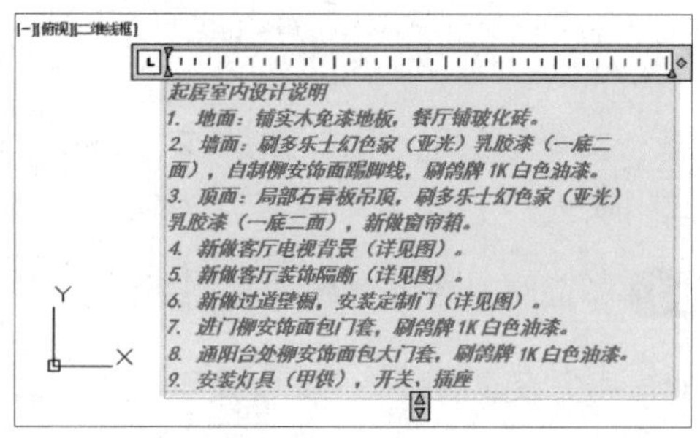

7.3.3 设置多行文本段落

在AutoCAD软件中，用户除可对多行文本的格式进行设置外，还可对整个文本段落的格式进行设置。

例7-5 下面将对多行文本段落的设置操作进行介绍。

Step 01 双击并选中所需设置的文本段落，执行“文字编辑器>段落>行距”命令，在下拉列表中选择合适的行距值，则可设置段落文本的行距，如下左图所示。

Step 02 单击“对正”按钮，在下拉列表中，选择合适的排列方式，则可设置段落文本的对齐方式，如下右图所示。

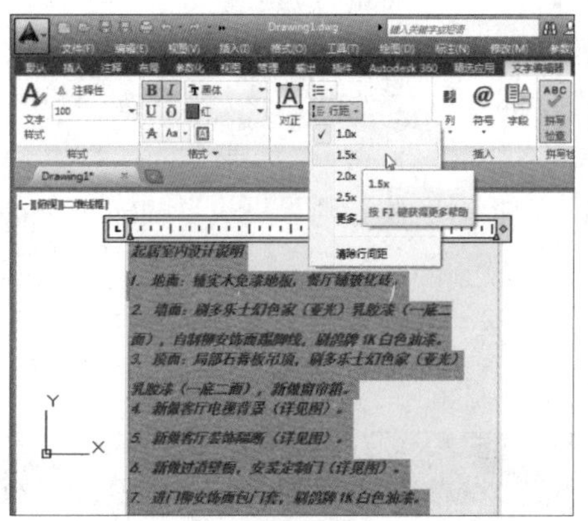

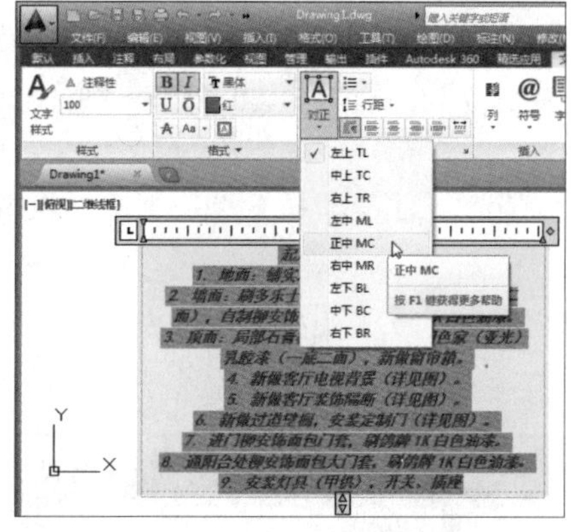

Step 03 执行“段落>项目符号和编号”命令，在下拉列表中，根据需要选择需添加的段落项目符号，这里选择“以项目符号标记”选项，如下左图所示。

Step 04 单击“段落”右侧小箭头，在打开的“段落”对话框中，根据需要对其参数进行设置，如下右图所示。

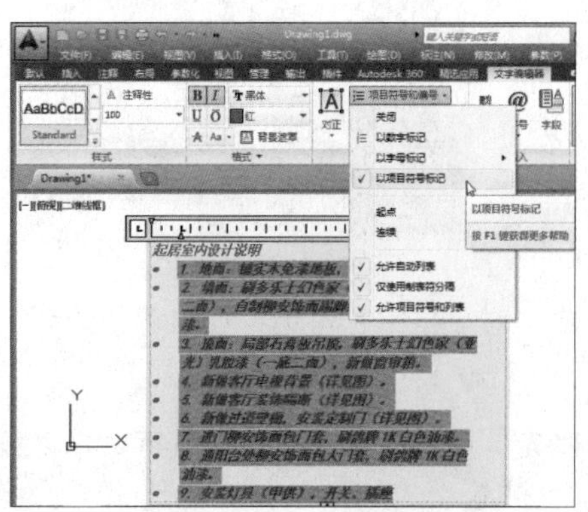

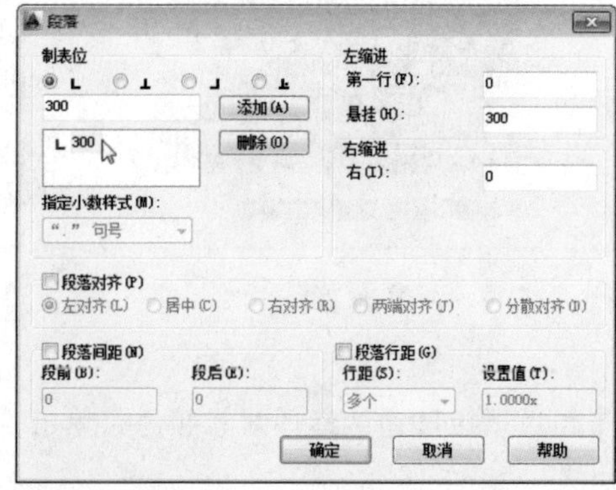

Step 05 将“左缩进”选项组中的“悬挂”选项设置为0，单击“确定”按钮，则可完成段落缩进的设置，如下左图所示。

Step 06 同样打开“段落”对话框，勾选“段落间距”复选框，并设置“段前”和“段后”值，这里设置“段前”、“段后”值为2，则可完成段落间距的设置，如下右图所示。

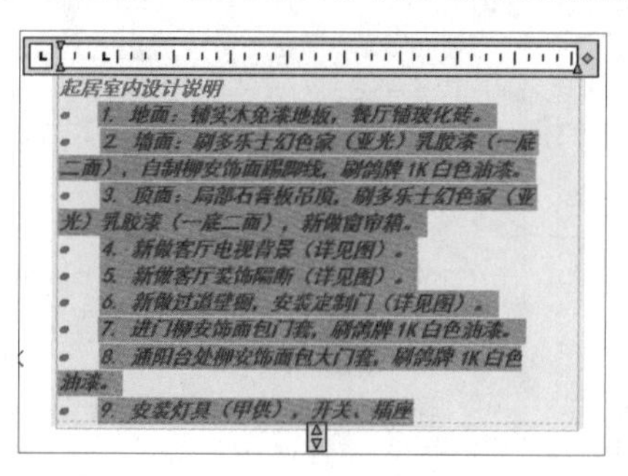

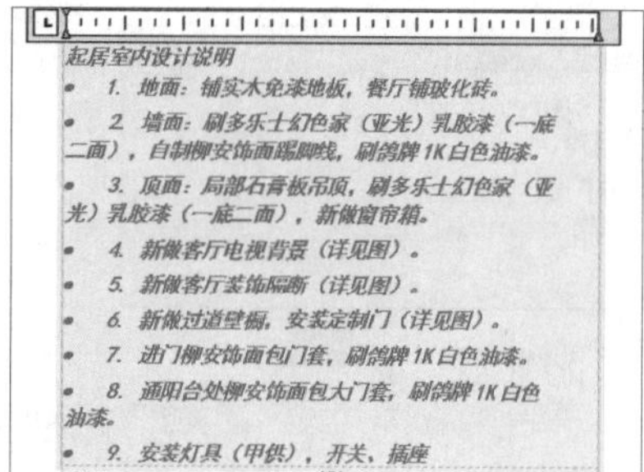

知识链接 字段的使用

字段是包含说明的文字，这些说明用于显示可能会在图形制作和使用过程中需要修改的数据。字段可以插入到任意种类的文字（公差除外）中，其中包括表单元、属性和属性定义中的文字。

Section 7.4 表格的使用

表格是在行和列中包含数据的对象，可从空表格或表格样式创建表格对象，也可以将表格链接到Excel电子表格中的数据等。在AutoCAD中用户可以使用默认表格样式STANDARD，当然也可根据需要创建自己的表格样式。

7.4.1 设置表格样式

表格样式控制一个表格的外观，用于保证标准的字体、颜色、文本、高度和行距。在创建表格前，应先创建表格样式，并通过管理表格样式，使表格样式更符合行业的需要。

例7-6 下面将对表格样式的设置进行介绍。

Step 01 执行“注释>表格>表格”命令，打开“插入表格”对话框，如下左图所示。

Step 02 单击“表格样式”下拉按钮，打开“表格样式”对话框，如下右图所示。

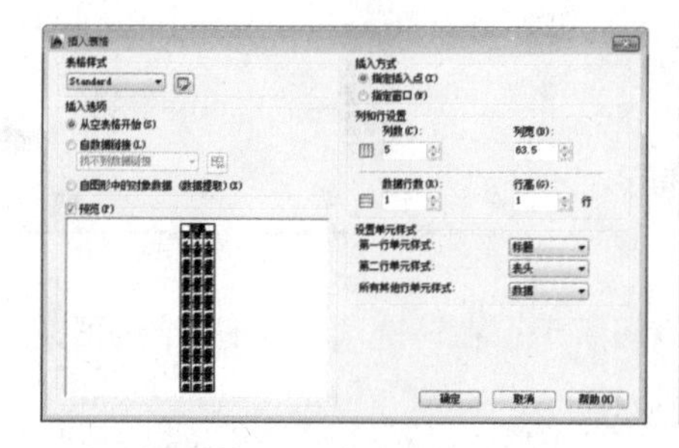

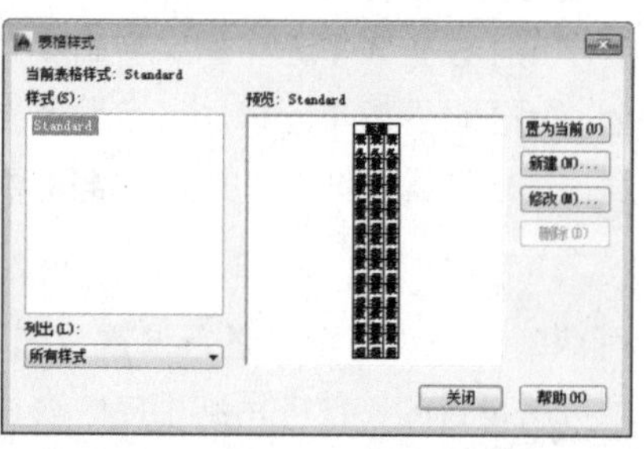

Step 03 在此单击“新建”按钮，打开“创建新的表格样式”对话框，输入新样式名称，并单击“继续”按钮，如下左图所示。

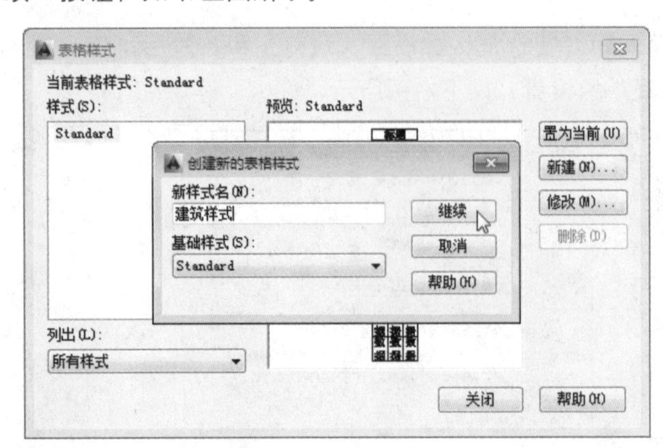

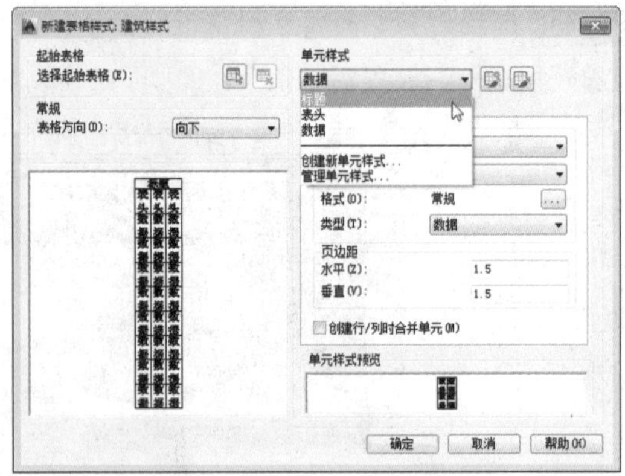

Step 04 “新建表格样式”对话框，在“单元格式”下拉列表框中，可以设置标题、数据、表头所对应的文字、边框等特性，如上右图所示。

Step 05 设置完成后，单击“确定”按钮，返回“表格样式”对话框。此时在“样式”列表中则会显示刚创建的表格样式。单击“关闭”按钮完成操作。

在“新建表格样式”对话框中，用户可通过以下3种选项来对表格的“标题、表头和数据”样式进行设置。下面将分别对其选项进行说明。

1. 常规

在该选项卡中，用户可以对填充、对齐方式、格式、类型和页边距进行设置。该选项卡中各选项说明如下：

- **填充颜色**：用于设置表格的背景填充颜色。
- **对齐**：用于设置表格单元中的文字对齐方式。
- **格式**：单击其右侧的 按钮，打开“表格单元格式”对话框，用于设置表格单元格的数据格式。
- **类型**：用于设置是数据类型还是标签类型。
- **页边距**：用于设置表格单元中内容距边线的水平和垂直距离。

2. 文字

在该选项卡中可设置表格单元中的文字样式、高度、颜色和角度等特性，如右图所示。该选项卡中各主要选项说明如下：

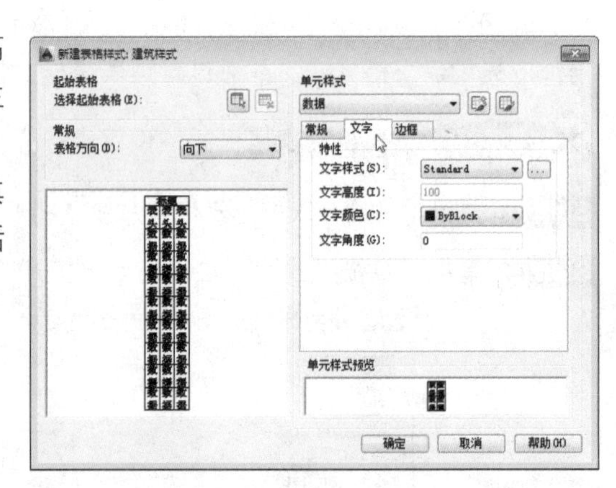

- **文字样式**：选择可以使用的文字样式，单击其右侧的…按钮，可以打开的“文字样式”对话框，并创建新的文字样式。
- **文字高度**：用于设置表单元中的文字高度。
- **文字颜色**：用于设置表单元中的文字颜色。
- **文字角度**：用于设置表单元中的文字倾斜角度。

3. 边框

该选项卡可以对表格边框特性进行设置，如下图所示。在该选项中，有8个边框按钮，单击其中的任意按钮，则可将设置的特性应用到相应的表格边框上。

该选项卡中各主要选项说明如下：

- **线宽**：用于设置表格边框的线宽。
- **线型**：用于设置表格边框的线型样式。
- **颜色**：用于设置表格边框的颜色。
- **双线**：勾选该复选框，可将表格边框线型设置为双线。
- **间距**：用于设置边框双线间的距离。

7.4.2 创建与编辑表格

表格颜色创建完成后，则可使用"插入表格"命令创建表格。如果用户对创建的表格不满意，也可根据需要使用相关编辑命令，对表格进行编辑操作。

1. 创建表格

执行"注释>表格>表格"命令，在打开的"插入表格"对话框中，根据需要创建表格的行数和列数，并在绘图区中指定插入点即可。

例7-7 下面将对表格的创建操作进行介绍。

Step 01 执行"表格"命令，打开"插入表格"对话框，在"列和行设置"选项组中，设置行数和列数值，这里将行数设为6，列数设为4，如下左图所示。

Step 02 设置好后，将列宽和行高设为合适的数值，这里将列宽设为100，将行高设为3，然后单击"确定"按钮，根据命令行提示，指定表格插入点，如下右图所示。

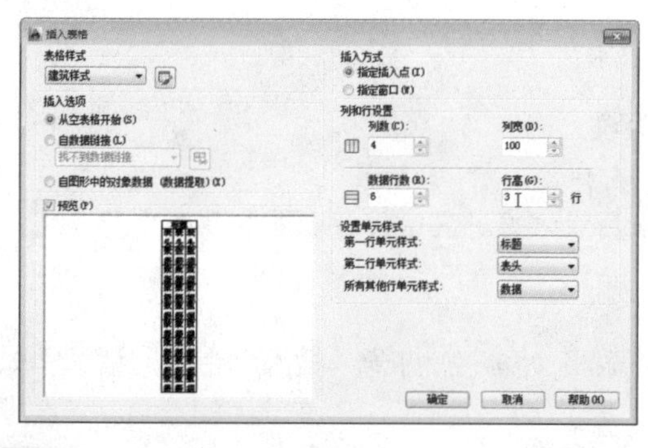

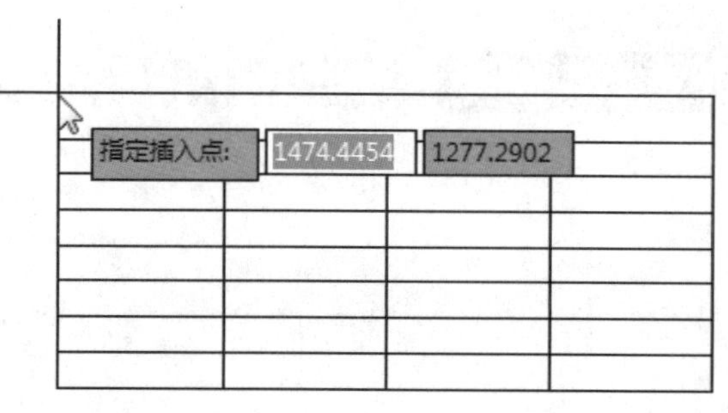

Step 03 表格插入完成后，则可进入文字编辑状态，在此可输入表格内容，这里则输入"装饰材料表"，其结果如下左图所示。

Step 04 输入好后，按回车键，则可进入下一行内容的输入，这里输入"材料名称"，其结果如下右图所示。

Step 05 在该表格中，双击所要输入内容的单元格，也可进行文字的输入。

2. 编辑表格内容

创建表格后，用户可对表格进行剪切、复制、删除、缩放或旋转等操作。首先选中所需编辑的单元格，在“表格单元”选项卡中，用户可根据需要对表格的行、列、单元样式、单元格式等元素进行编辑操作，如下图所示。

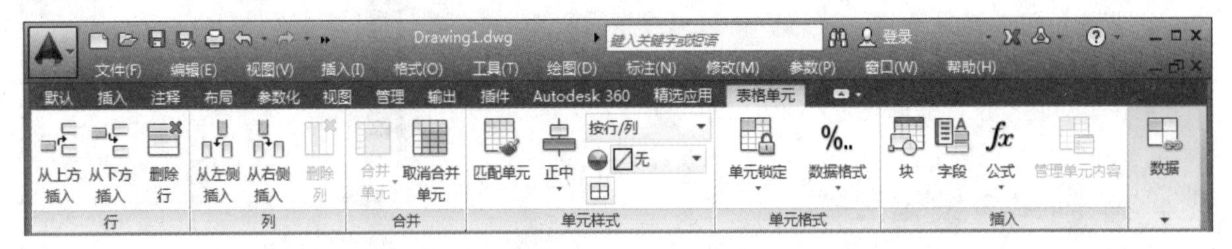

下面将对该选项卡中的主要命令进行说明。

- **行**：在该选项组中，用户可对单元格的行进行相应的操作，例如插入行、删除行。
- **列**：在该选项组中，用于可对选定的单元列进行操作，例如插入列、删除列。
- **合并**：在该选项组中，用户可将多个单元格合并成一个单元格，也可对已合并的单元格进行取消合并操作。
- **单元样式**：在该选项组中，用户可设置表格文字的对齐方式、单元格的颜色以及表格的边框样式等。
- **单元格式**：在该选项组中，用户可确定是否将选择的单元格进行锁定操作，也可以设置单元格的数据类型。
- **插入**：在该选项组中，用户可插入图块、字段以及公式等特殊符号。
- **数据**：在该选项组中，用户可设置表格数据，如将Excel电子表格中的数据与当前表格中的数据进行链接操作。

设计师训练营 绘制图纸目录表格

下面将结合以上所学的知识，来绘制一张装修图纸目录表格，其中涉及到的命令有创建表格、编辑表格等。

Step 01 启动AutoCAD 2014软件，执行“注释>表格>表格”命令，打开“插入表格”对话框，如下左图所示。

Step 02 将表格的行设为10，列设为4，单击“确定”按钮，并在绘图区中指定表格插入点，插入表格，结果如下右图所示。

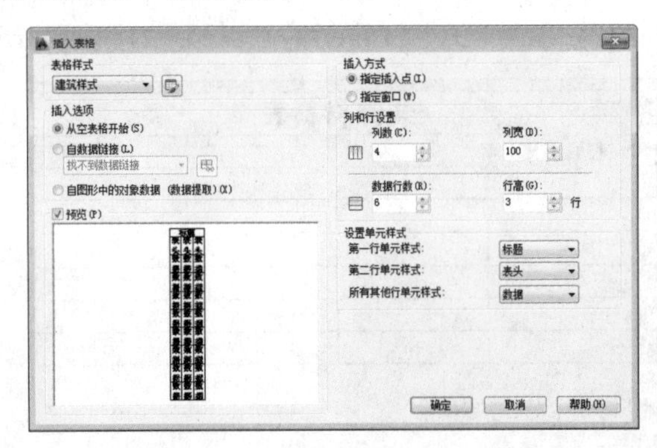

Step 03 双击表格标题行，使其进入可编辑状态，并输入标题内容，这里输入“施工图纸目录”字样，如下左图所示。

Step 04 输入完成后，选中标题行内容，执行“文字编辑器>样式>文字高度”命令，设置文字高度，这里输入10，结果如下右图所示。

Step 05 双击表头第一个单元格，当其转换成可编辑状态后，输入表格表头内容，结果如下左图所示。

Step 06 选中输入的文字内容，执行“文字高度”命令，将文字高度设为8，其结果如下右图所示。

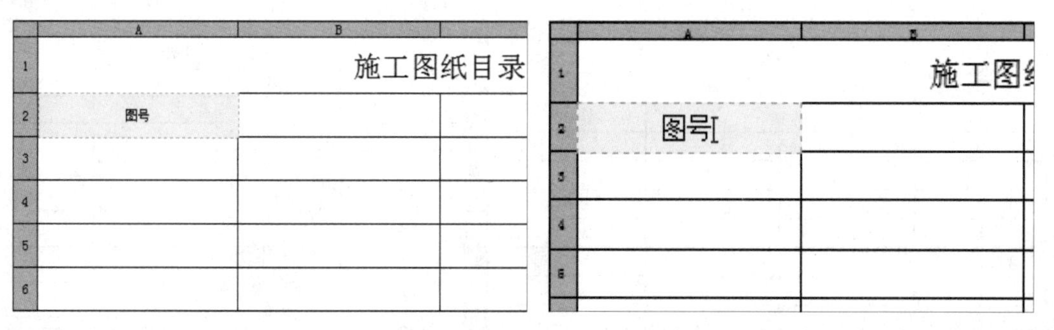

Step 07 再次双击表头第二个单元格，并输入表格内容，然后执行“文字高度”命令，并设置文字大小，其结果如下左图所示。

Step 08 双击第三行第一个单元格，输入图号“1”，并执行“文字高度”命令，将其高度设为10，其结果如下右图所示。

施工图纸目录			
图号	内容	页数	图纸规格

	A	B	C	D
1	施工图纸目录			
2	图号	内容	页数	图纸规格
3	1			
4				
5				
6				
7				
8				
9				
10				
11				
12				

Step 09 单击该单元格，执行“表格单元>单元样式”命令，将该数据设置为“正中”排列方式，如下左图所示。

Step 10 单击该单元格右下角的填充夹点，然后将鼠标向下垂直移动，并捕捉表格底部端点，如下右图所示。完成后，则表格将自动完成填充操作。

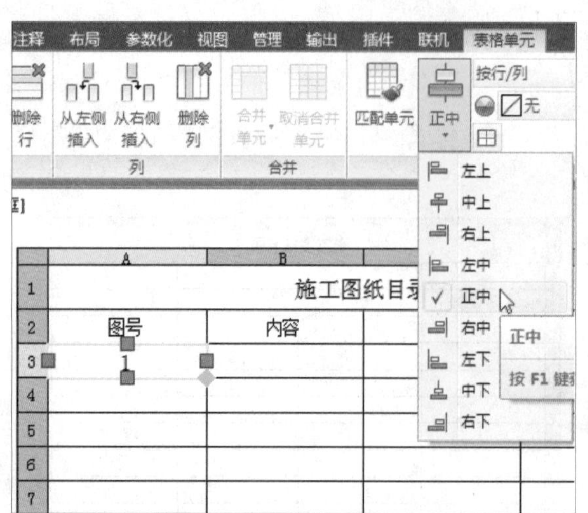

	A	B	C
1	施工图纸目录		
2	图号	内容	页数
3	1		
4			
5			
6			
7			
8			
9			
10			
11			
12			

Step 11 双击第三行第二个单元格，输入图纸内容，并设置好文字大小，如下左图所示。

Step 12 将输入好的文本内容设置为正中排列方式，并按照同样的方法，完成该列剩余内容的输入，如下右图所示。

	A	B	C	D
1	施工图纸目录			
2	图号	内容	页数	图纸规格
3	1	施工总说明		
4	2			
5	3			
6	4			
7	5			
8	6			
9	7			
10	8			
11	9			
12	10			

	A	B	C	D
1	施工图纸目录			
2	图号	内容	页数	图纸规格
3	1	施工总说明		
4	2	工程总体布置图		
5	3	输水管道平面图		
6	4	净水工程原始平面图		
7	5	净水工程改后平面图		
8	6	净水工程厂区绿化平面图		
9	7	应急蓄水池平、剖面图		
10	8	制水车间平面图		
11	9	制水车间剖面图		
12	10	制水车间立面图		

Step 13 单击表格边线，全选表格，捕捉表格右上角夹点，结果如下左图所示。

Step 14 按住鼠标左键，将其夹点向右侧拖动至合适位置，如下右图所示。

单击以更改列宽。
按 CTRL 键并单击以更改列宽并拉伸表格。

	A	B	C	D
1	施工图纸目录			
2	图号	内容	页数	图纸规格
3	1	施工总说明		
4	2	工程总体布置图		
5	3	输水管道平面图		
6	4	净水工程原始平面图		
7	5	净水工程改后平面图		
8	6	净水工程厂区绿化平面图		
9	7	应急蓄水池平、剖面图		
10	8	制水车间平面图		
11	9	制水车间剖面图		
12	10	制水车间立面图		

平行

	A	B	C	D
1	施工图纸目录			
2	图号	内容	页数	图纸规格
3	1	施工总说明		
4	2	工程总体布置图		
5	3	输水管道平面图		
6	4	净水工程原始平面图		
7	5	净水工程改后平面图		
8	6	净水工程厂区绿化平面图		
9	7	应急蓄水池平、剖面图		
10	8	制水车间平面图		
11	9	制水车间剖面图		
12	10	制水车间立面图		

Step 15 放开鼠标，则可调整当前的列宽，如下左图所示。

Step 16 输入表格第三列和第四列的内容，并设为“正中”对齐，如下右图所示。

施工图纸目录			
图号	内容	页数	图纸规格
1	施工总说明		
2	工程总体布置图		
3	输水管道平面图		
4	净水工程原始平面图		
5	净水工程改后平面图		
6	净水工程厂区绿化平面图		
7	应急蓄水池平、剖面图		
8	制水车间平面图		
9	制水车间剖面图		
10	制水车间立面图		

施工图纸目录			
图号	内容	页数	图纸规格
1	施工总说明	1	A4
2	工程总体布置图	1	A4
3	输水管道平面图	1	A4
4	净水工程原始平面图	1	A4
5	净水工程改后平面图	1	A4
6	净水工程厂区绿化平面图	1	A4
7	应急蓄水池平、剖面图	1	A4
8	制水车间平面图	1	A4
9	制水车间剖面图	1	A4
10	制水车间立面图	1	A4

Step 17 双击选中标题栏和表头文字，执行“文字编辑器>格式>加粗”命令，对该字体进行加粗操作，如下左图所示。

Step 18 全选表格，执行“表格单元>单元样式>单元边框”命令，打开“单元边框特性”对话框，如下中图所示。

Step 19 勾选“双线”复选框，并将“间距”值设为10，其次单击“外边框”按钮，将表格边框设为双线，如下右图所示。

施工图纸目录			
图号	**内容**	**页数**	**图纸规格**
1	施工总说明	1	A4
2	工程总体布置图	1	A4
3	输水管道平面图	1	A4
4	净水工程原始平面图	1	A4
5	净水工程改后平面图	1	A4
6	净水工程厂区绿化平面图	1	A4
7	应急蓄水池平、剖面图	1	A4
8	制水车间平面图	1	A4
9	制水车间剖面图	1	A4
10	制水车间立面图	1	A4

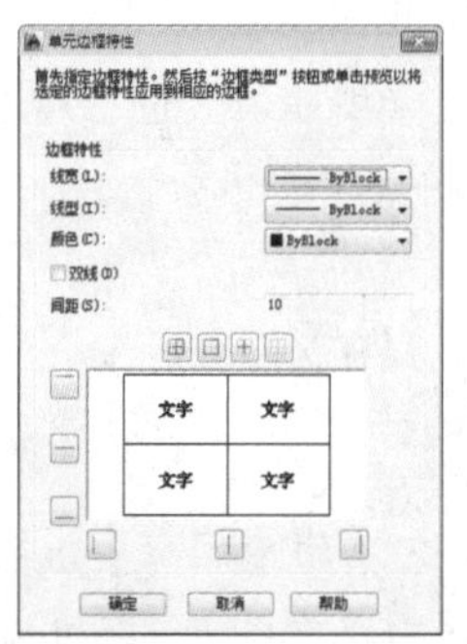

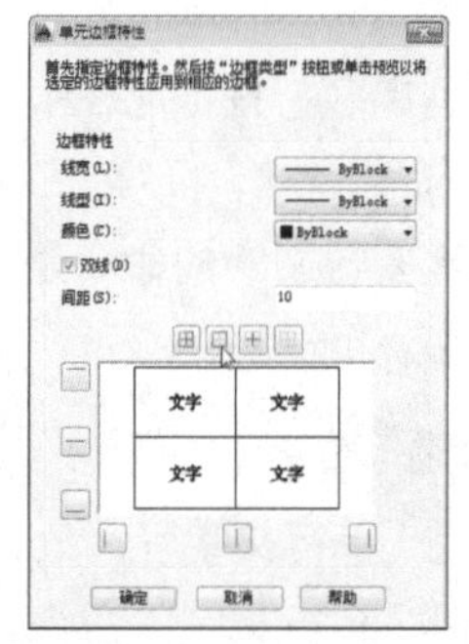

Step 20 设置完成后，单击“确定”按钮，即可完成设置，如下左图所示。

Step 21 单击表格标题栏，执行“单元样式>表格单元背景色”命令，在下拉列表中，选择合适的颜色，完成底纹设置，如下右图所示。

施工图纸目录			
图号	**内容**	**页数**	**图纸规格**
1	施工总说明	1	A4
2	工程总体布置图	1	A4
3	输水管道平面图	1	A4
4	净水工程原始平面图	1	A4
5	净水工程改后平面图	1	A4
6	净水工程厂区绿化平面图	1	A4
7	应急蓄水池平、剖面图	1	A4
8	制水车间平面图	1	A4
9	制水车间剖面图	1	A4
10	制水车间立面图	1	A4

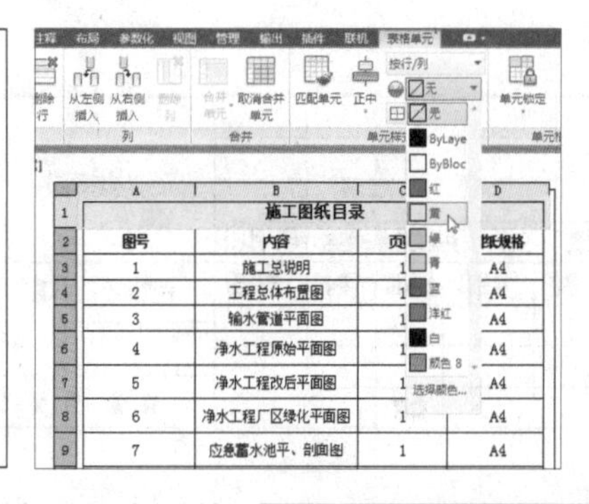

Step 22 同样执行“表格单元背景色”命令，为表头设置合适的底纹颜色，如右图所示。全选表格，单击鼠标右键，在快捷菜单中，选择“均匀调整行大小”命令，即可对表格行间距进行调整，至此图纸目录表已全部绘制完毕。

施工图纸目录			
图号	**内容**	**页数**	**图纸规格**
1	施工总说明	1	A4
2	工程总体布置图	1	A4
3	输水管道平面图	1	A4
4	净水工程原始平面图	1	A4
5	净水工程改后平面图	1	A4
6	净水工程厂区绿化平面图	1	A4
7	应急蓄水池平、剖面图	1	A4
8	制水车间平面图	1	A4
9	制水车间剖面图	1	A4
10	制水车间立面图	1	A4

课后练习

1. 填空题

（1）创建单行文字的命令是 ______，编辑单行文字的命令是 ______。

（2）创建多行文字的命令是 ______，编辑多行文字的命令是 ______。

（3）在文字输入时，以下符号怎样输入：______，______，______。

2. 选择题

（1）定义文字样式时，符合国标“GB”要求的大字体是（　　）。

A. gbcbig.shx　　B. chineset.shx　　C. txt.shx　　D. bigfont.shx

（2）用“单行文字”命令书写直径符号时，应使用（　　）

A. %%d　　B. %%p　　C. %%c　　D. %%u

（3）在 AutoCAD 中可以为文字样式设置很多效果，除了（　　）。

A. 垂直　　B. 水平　　C. 颠倒　　D. 反向

（4）下列文字特性不能在“文字编辑器”面板中的“特性”选项卡下设置的是（　　）。

A. 高度　　B. 宽度　　C. 旋转角度　　D. 样式

（5）创建多行文字的命令是（　　）。

A. TEXT　　B. MTEXT　　C. QTEXT　　D. WTEXT

3. 上机题

（1）使用“单行文字”命令，为表格添加文字说明，如下左图所示。

（2）使用“多行文字”命令，为平面图添加空间说明。其中，字体为宋体，字体高度为400，如下右图所示。

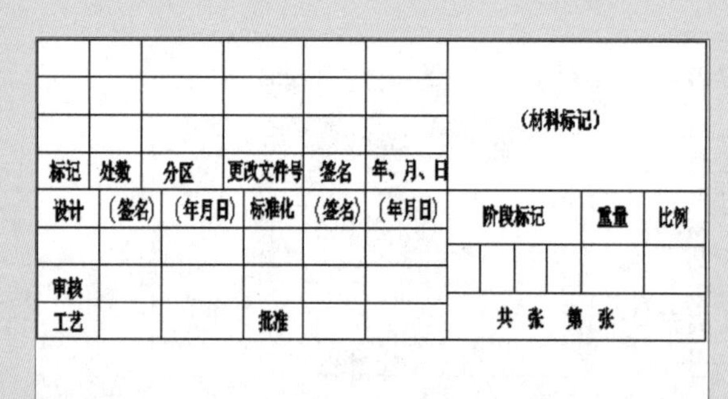

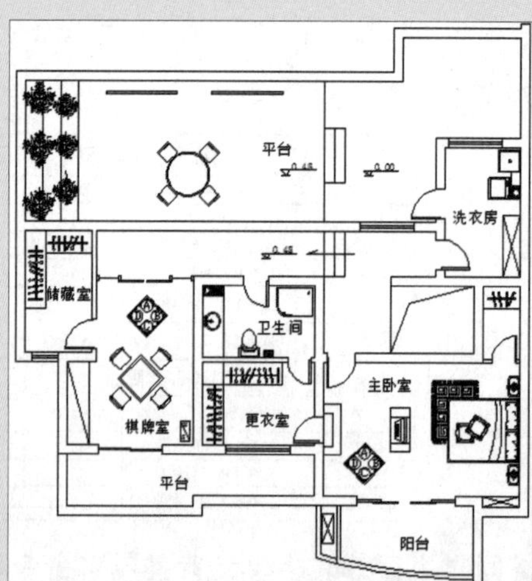

Chapter 08

尺寸标注的应用

尺寸标注是向图纸中添加的测量注释，它是一张设计图纸中不可缺少的组成部分。尺寸标注可精确地反映图形对象各部分的大小及其相互关系，是指导施工的重要依据。本章将介绍尺寸标注样式的设置以及各种尺寸标注命令的使用及操作方法。

重点难点

- 尺寸样式的设置
- 尺寸标注的创建
- 引线标注样式的设置
- 引线标注的创建

尺寸标注的要素

尺寸标注能够直观地反映出图形尺寸。下面将介绍有关尺寸标注的知识点，其中包括尺寸标注的组成和标注原则。

8.1.1 尺寸标注的组成

一个完整的尺寸标注由尺寸界线、尺寸线、尺寸文字、尺寸箭头、中心标记等部分组成。下面将分别对其进行简单介绍。

- **尺寸界线**：用于标注尺寸的界限。从图形的轮廓线、轴线或对称中心线引出，有时也可以利用轮廓线代替，用以表示尺寸的起始位置。一般情况下，尺寸界线应与尺寸线相互垂直。
- **尺寸线**：用于指定标注的方向和范围。对于线性标注，尺寸线显示为一直线段；对于角度标注，尺寸线显示为一段圆弧。
- **尺寸文字**：用于显示测量值的字符串，其中包括前缀、后缀和公差等。在AutoCAD中可对标注的文字进行替换。尺寸文字可放在尺寸线上，也可放在尺寸线之间。
- **尺寸箭头**：位于尺寸线两端，用于表明尺寸线的真实位置。在AutoCAD中可对标注箭头的样式进行设置。
- **中心标记**：用于标记圆或圆弧的中心点位置。

8.1.2 尺寸标注的原则

尺寸标注一般要求对标注的图形对象进行完整、准确、清晰的标注。在进行标注时，不能遗漏尺寸，要全方位反映出标注对象的实际情况。每个行业其标注标准都不太相同。相对于机械行业来说，其尺寸标注要求较为严格。下面将以机械制图为例，来介绍其标注原则。

- 图形按照1:1的比例与零件的真实大小是一样的，零件的真实大小应该以图形标注为准，与图形的大小和绘图的精确度无关。
- 图形应以mm（毫米）为单位，不需要标注计量单位的名称和代号，如果采用其他单位，如60°（度）、cm（厘米）、m（米），则需要注明标注单位。
- 图形中标注的尺寸为零件的最终完成尺寸，否则需要另外说明。
- 零件的每一个尺寸只需标注一次，不能重复标注，并且应该标注在最能清晰反映该结构的地方。
- 尺寸标注应该包含尺寸线、箭头、尺寸界线、尺寸文字。

尺寸标注样式的设置

通常在进行标注之前，应设置好标注的样式，如标注文字大小、箭头大小以及尺寸线样式等。这样在标注操作时才能够统一。下面将介绍尺寸样式的创建、修改和删除操作。

8.2.1 新建尺寸样式

AutoCAD系统默认尺寸样式为STANDARD，若对该样式不满意，用户可通过“标注样式管理器”对话框进行新尺寸样式的创建。

例8-1 下面将对尺寸样式的新建操作进行介绍。

Step 01 在“注释”选项卡的“标注”选项组中单击“标注，标注样式”按钮，打开“标注样式管理器”对话框，单击“新建”按钮，如下左图所示。

Step 02 在“创建新标注样式”对话框中，输入样式新名称，单击“继续”按钮，如下右图所示。

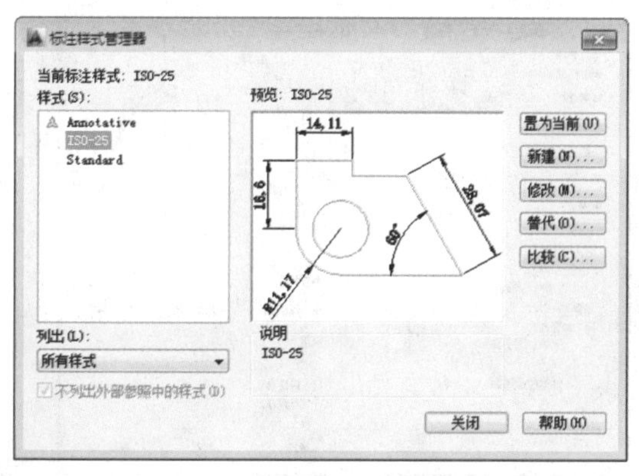

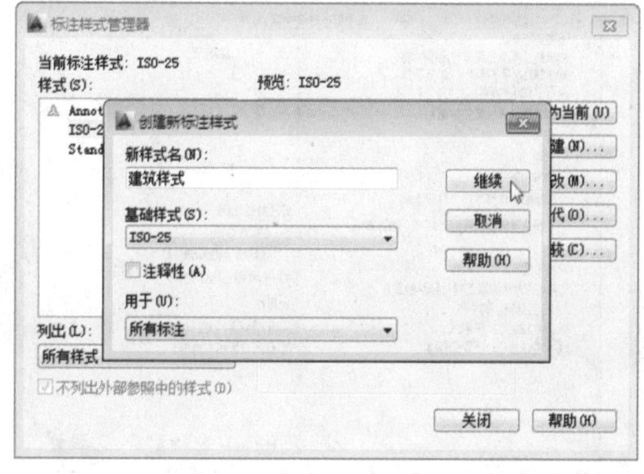

Step 03 打开“新建标注样式”对话框，切换到“符号和箭头”选项卡。在“箭头”选项组中，将箭头样式设为“建筑标记”，如下左图所示。

Step 04 将“箭头大小”设为50，如下右图所示。

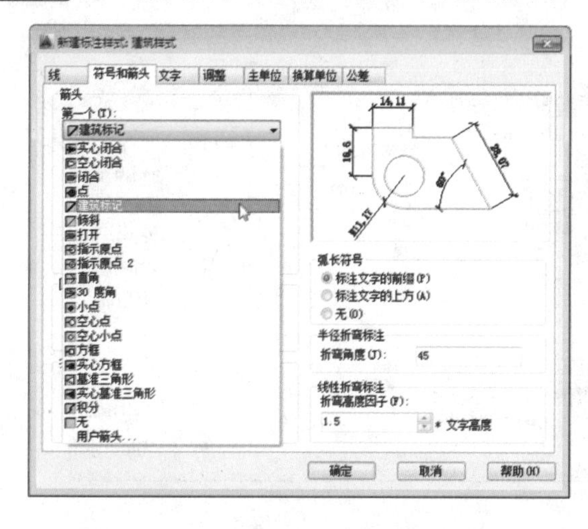

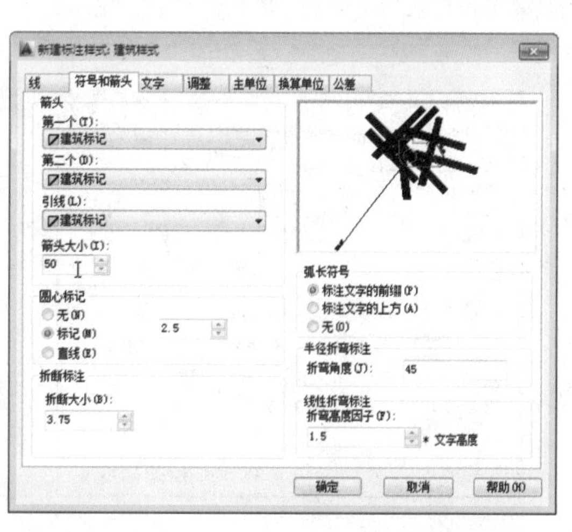

Step 05 切换至“文字”选项卡，将“文字高度”设为200，如下左图所示。

Step 06 在“文字位置”选项组中，将“垂直”设为“上”，将“水平”设为“居中”，如下右图所示。

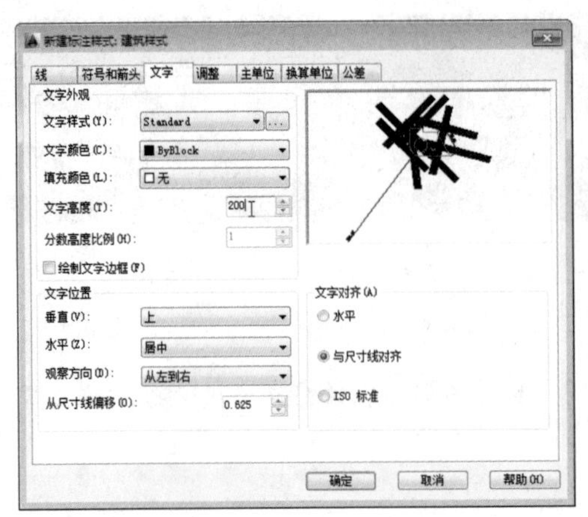

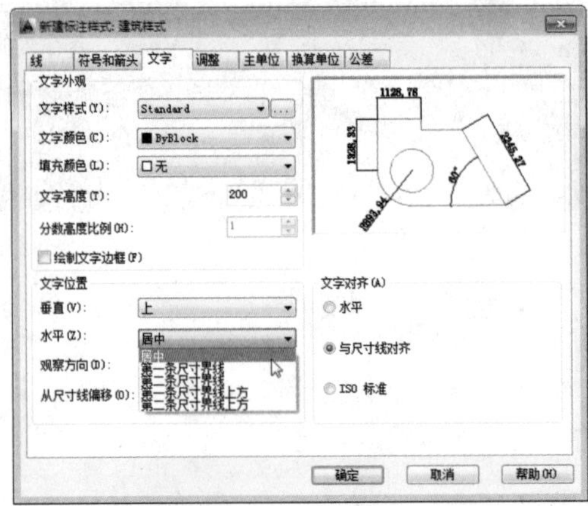

Step 07 切换至“调整”选项卡，在“文字位置”选项组中，将文字设为“尺寸线上方，带引线”，如下左图所示。

Step 08 切换至“主单位”选项卡，在“线性标注”选项组中，将“精度”设为0，如下右图所示。

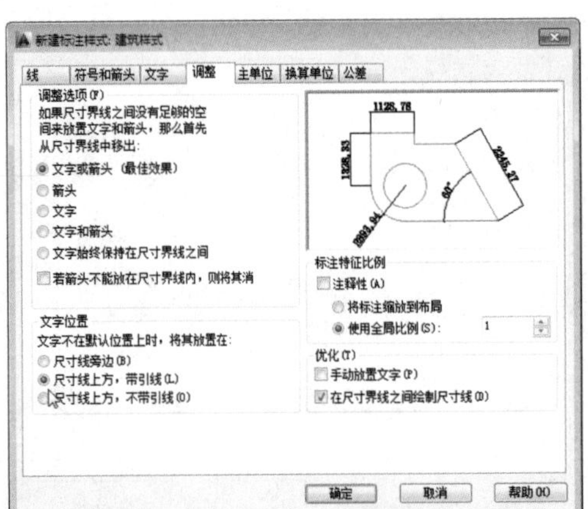

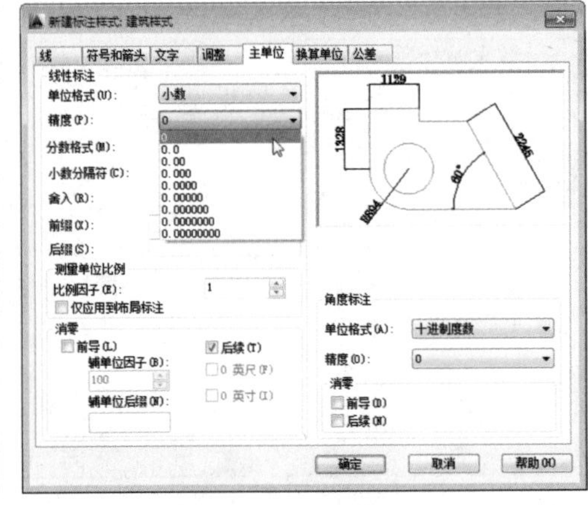

Step 09 切换至“线”选项卡，在“尺寸界限”选项组中，将“超出尺寸线”设为100，将“起点偏移量”设为200，如下左图所示。

Step 10 设置完成后，单击“确定”按钮，返回上一层对话框，单击“置为当前”按钮则可完成操作，如下右图所示。

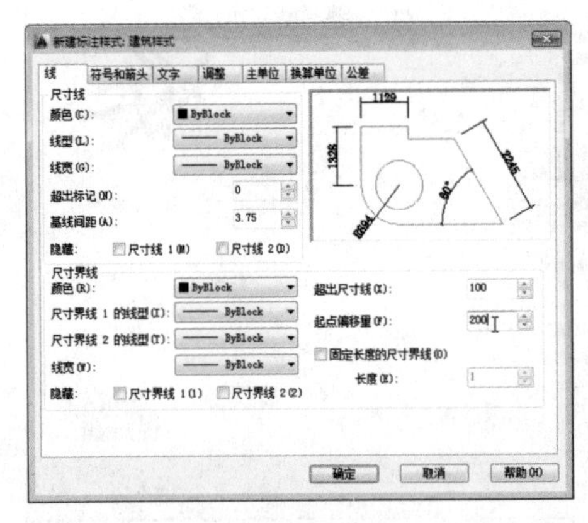

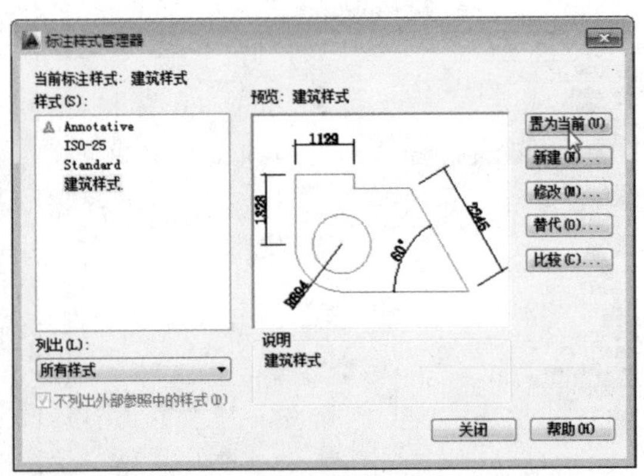

8.2.2 修改尺寸样式

尺寸样式设置完成后，若不满意，用户也可对其进行修改操作。在“标注样式管理器”对话框中，选中所需修改的样式，单击“修改”按钮，并在打开的“修改标注样式”对话框中进行设置即可。

1. 修改标注线

若要对标注线进行修改，可在“修改标注样式”对话框中，切换至“线”选项卡，根据需要对其线的颜色、线型、线宽等参数进行修改，如右图所示。

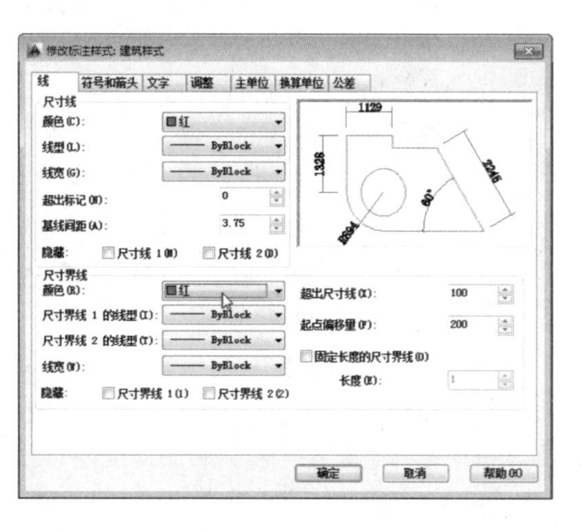

(1) 尺寸线

该选项组主要用于设置尺寸的颜色、线宽、超出标记及基线间距属性。

- **颜色**：用于设置尺寸线的颜色。
- **线型**：用于设置尺寸线的线型。
- **线宽**：用于设置尺寸线的宽度。
- **超出标记**：用于调整尺寸线超出界线的距离。
- **线间距**：用于设置以基线方式标注尺寸时，相邻两尺寸线之间的距离。
- **隐藏**：用于确定是否隐藏尺寸线及相应的箭头。

(2) 尺寸界线

该选项组主要用于设置尺寸界线的颜色、线宽、超出尺寸线的长度和起点偏移量以及隐藏控制等属性。

- **颜色**：用于设置尺寸界线的颜色。
- **线宽**：用于设置尺寸界线的宽度。
- **尺寸界线1的线型/尺寸界线2的线型**：用于设置尺寸界线的线型样式。
- **超出尺寸线**：用于确定界线超出尺寸线的距离。
- **起点偏移量**：用于设置尺寸界线与标注对象之间的距离。
- **固定长度的尺寸界线**：用于将标注尺寸的尺寸界线都设置一样长，尺寸界线的长度可在“长度”文本框中指定。

2. 修改符号和箭头

在“修改标注样式”对话框中，切换至“符号和箭头”选项卡，并根据需要可对箭头样式、箭头大小、圆心标注等参数选项进行修改，如右图所示。

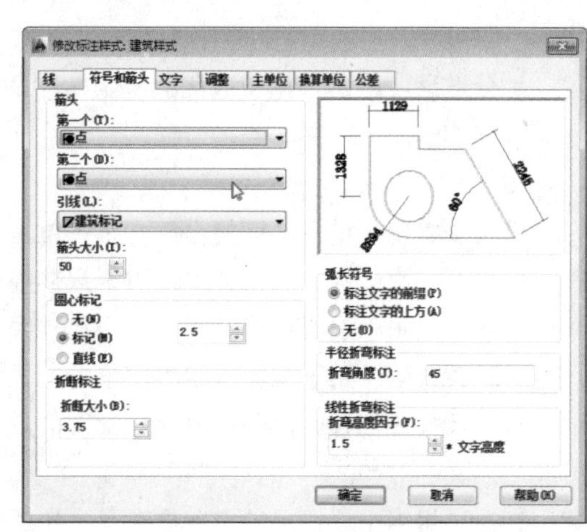

(1) 箭头

该选项组用于设置标注箭头的外观。

- **第一个/第二个**：用于设置尺寸标注中第一个箭头与第二个箭头的外观样式。
- **引线**：用于设定快速引线标注时的箭头类型。
- **箭头大小**：用于设置尺寸标注中箭头的大小。

（2）圆心标记

该选项组用于设置是否显示圆心标记以及标记大小。

- **单击“无”单选按钮**：在标注圆弧类的图形时，取消圆心标记功能。
- **单击“标记”单选按钮**：显示圆心标记。
- **单击“直线”单选按钮**：标注出的圆心标记为中心线。

（3）折断标注

该选项组用于设置折断标注的大小。

（4）弧长符号

该选项组用于设置弧长标注中圆弧符号的显示。

- **标注文字的前缀**：将弧长符号放置在标注文字的前面。
- **标注文字的上方**：将弧长符号放置在标注文字的上方。
- **无**：不显示弧长符号。

（5）半径折弯标注

该选项用于半径标注的显示。半径折弯标注通常在中心点位于页面外部时创建。在“折弯角度”文本框中输入连接半径标注的尺寸界线和尺寸线的角度。

（6）线型折弯标注

该选项可用于设置折弯高度因子的文字高度。

3. 修改尺寸文字

在“修改标注样式”对话框中，切换至“文字”选项卡，可对文字的外观、位置以及对齐方式进行设置，如右图所示。

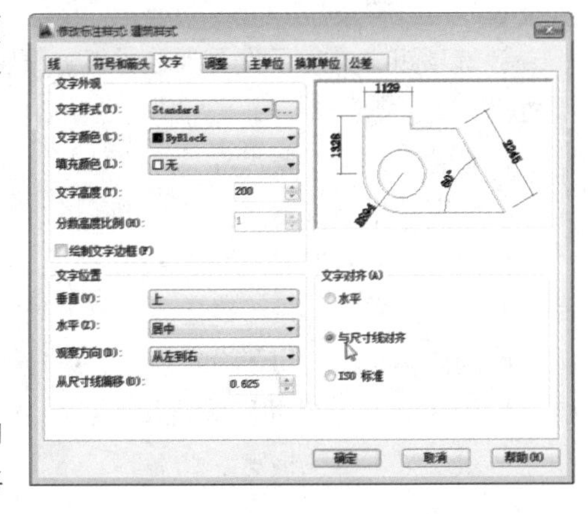

（1）文字外观

该选项组用于设置标注文字的格式和大小。

- **文字样式**：用于选择当前标注的文字样式。
- **文字颜色**：用于选择尺寸文本的颜色。
- **填充颜色**：用于设置尺寸文本的背景颜色。
- **文字高度**：用于设置尺寸文字的高度，如果选用的文字样式中，已经设置了文字高度，此时该选项将不可用。
- **分数高度比例**：用于确定尺寸文本中的分数相对于其他标注文字的比例；“绘制文字边框”选项用于为尺寸文本添加边框。

（2）文字位置

该选项组用于设置文字的垂直、水平位置及距离尺寸线的偏移量。

- **垂直**：用于确定尺寸文本相对于尺寸线在垂直方向上的对齐方式。
- **水平**：用于设置标注文字相对于尺寸线和尺寸界线在水平方向的位置。
- **观察方向**：用于观察文字的位置的方向的选定。
- **从尺寸线偏移**：用于设置尺寸文字与尺寸线之间的距离。

（3）文字对齐

该选项组用于设置尺寸文字放在尺寸界线位置。

- **水平**：用于将尺寸文字水平放置。
- **与尺寸线对齐**：用于设置尺寸文字方向与尺寸方向一致。
- **ISO标准**：用于设置尺寸文字按ISO标准放置，当尺寸文字在尺寸界线之内时，其文字放置方向与尺寸方向一致，而在尺寸界线之外时将水平放置。

4. 调整

在“修改标注样式”对话框中，切换至“调整”选项卡，可对尺寸文字、箭头、引线和尺寸线的位置进行调整，如右图所示。

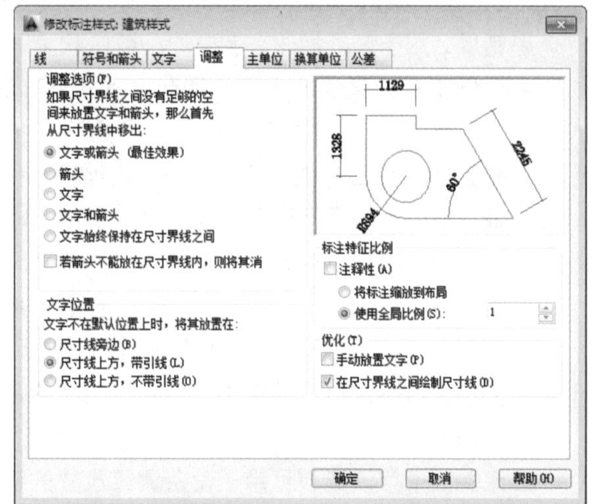

（1）调整选项

该选项组用于调整尺寸界线、文字和箭头之间的位置。

- **文字或箭头**：该选项表示系统将按最佳布局将文字或箭头移动到尺寸界线外部。
- **箭头**：该选项表示AutoCAD尽量将箭头放在尺寸界线内，否则会将文字和箭头都放在尺寸界线外。
- **文字**：该选项表示当尺寸界线间距离仅能容纳文字时，系统会将文字放在尺寸界线内，箭头放在尺寸界线外。
- **文字和箭头**：该选项表示当尺寸界线间距离不足以放下文字和箭头时，文字和箭头都放在尺寸界线外。
- **文字始终保持在尺寸界线之间**：表示系统会始终将文字放在尺寸界限之间。
- **若不能放在尺寸界线内，则消除箭头**：表示当尺寸界线内没有足够的空间时，系统则隐藏箭头。

（2）文字位置

该选项组用于调整尺寸文字的放置位置。

（3）标注特征比例

该选项组用于设置标注尺寸的特征比例，便于通过设置全局比例因子来增加或减少标注的大小。

- **注释性**：将标注特征比例设置为注释性的。
- **将标注缩放到布局**：该选项可根据当前模型空间视口与图纸空间之间的缩放关系设置比例。
- **使用全局比例**：该选项可为所有标注样式设置一个比例，指定大小、距离或间距，此外还包括文字和箭头大小，但并不改变标注的测量值。

（4）优化

该选项组用于对文本的尺寸线进行调整。

- **手动放置文字**：该选项则忽略标注文字的水平设置，在标注时可将标注文字放置在用户指定的位置。
- **在尺寸界线之间绘制尺寸线**：该选项表示始终在测量点之间绘制尺寸线，同时AutoCAD将箭头放在测量点之处。

5. 修改主单位

在“修改标注样式”对话框中，在“主单位”选项卡中可以设置主单位的格式与精度等属性，如右图所示。

（1）线性标注

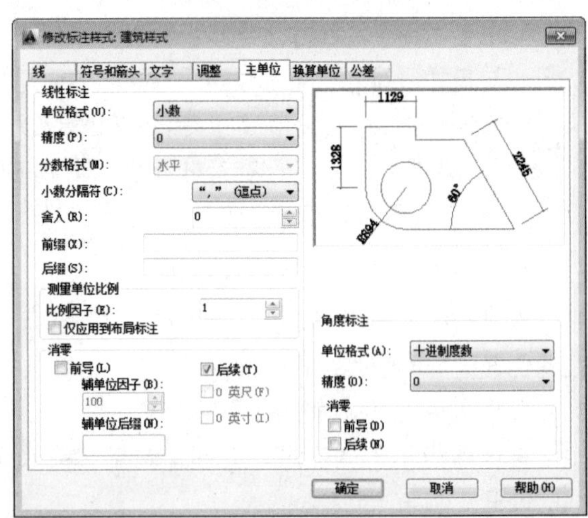

该选项组用于设置线性标注的格式和精度。

- **单位格式**：该选项用来设置除角度标注之外的各标注类型的尺寸单位，包括“科学”、“小数”、“工程”、“建筑”、“分数”以及“Windows桌面”等选项。
- **精度**：用于设置标注文字中的小数位数。
- **分数格式**：该选项用于设置分数的格式，包括“水平”、“对角”和“非堆叠”3种方式。在“单位格式”下拉列表框中选择“小数”时，此选项不可用。
- **小数分隔符**：该选项用于设置小数的分隔符，包括“逗点”、“句点”和“空格”3种方式。
- **舍入**：该选项用于设置除角度标注以外的尺寸测量值的舍入值，类似于数学中的四舍五入。
- **前缀、后缀**：该选项用于设置标注文字的前缀和后缀，用户在相应的文本框中输入适当的文本符即可。
- **比例因子**：该选项可用于设置测量尺寸的缩放比例，AutoCAD的实际标注值为测量值与该比例的积。若勾选“仅应用到布局标注”复选框，可设置该比例关系是否仅适应于布局。
- **消零**：用于设置是否显示尺寸标注中的前导和后续0。

（2）角度标注

该选项组用于设置标注角度时采用的角度单位。

- **单位格式**：设置标注角度时的单位。
- **精度**：设置标注角度的尺寸精度。
- **消零**：设置是否消除角度尺寸的前导和后续0。

6. 修改换算单位

在“修改标注样式”对话框中，在“换算单位”选项卡中可以设置换算单位的格式。如右图所示。

（1）显示换算单位

勾选该选项时，其他选项才可用。在“换算单位”选项区中设置各选项的方法与设置主单位的方法相同。

（2）位置

该选项组可用于设置换算单位的位置，包括“主值后”和“主值下”两种方式。

- **主值后**：该选项将替换单位尺寸标注放置在主单位标注的后方。
- **主值下**：该选项将替换单位尺寸标注放置在主单位标注的下方。

7. 修改公差

在“修改标注样式”对话框中，切换至“公差”选项卡，可设置是否标注公差、公差格式以及输入上、下偏差值，如右图所示。

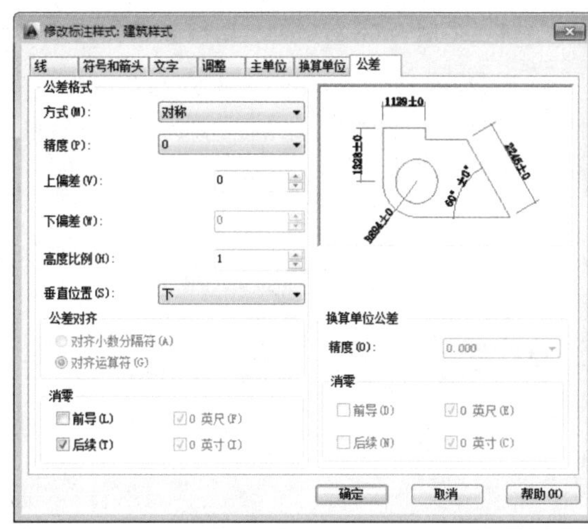

(1) 公差格式

该选项组用于设置公差的标注方式。

- **方式**：用于确定以何种方式标注公差。
- **精度**：该选项用于确定公差标注的精度。
- **上偏差、下偏差**：用于设置尺寸的上偏差和下偏差。
- **高度比例**：该选项用于确定公差文字的高度比例因子。
- **垂直位置**：用于控制公差文字相对于尺寸文字的位置，包括“上”、“中”和“下”3种方式。
- **换算单位公差**：当标注换算单位时，可以设置换单位精度和是否消零。

(2) 公差对齐

该选项组用于设置对齐小数分隔符和对齐运算符。

(3) 消零

该选项组用于设置是否省略公差标注中的0。

(4) 换算单位公差

该选项组用于对齐形位公差标注的替换单位进行设置。

8.2.3 删除尺寸样式

若想删除多余的尺寸样式，用户可在“标注样式管理器”对话框中进行删除操作。

例8-2 下面将对尺寸样式的删除操作进行介绍。

Step 01 打开“标注样式管理器”对话框，在“样式”列表框中，选择要删除的尺寸样式，这里选择“建筑样式”，如下左图所示。

Step 02 单击鼠标右键，在弹出的快捷菜单中选择“删除”命令，如下右图所示。

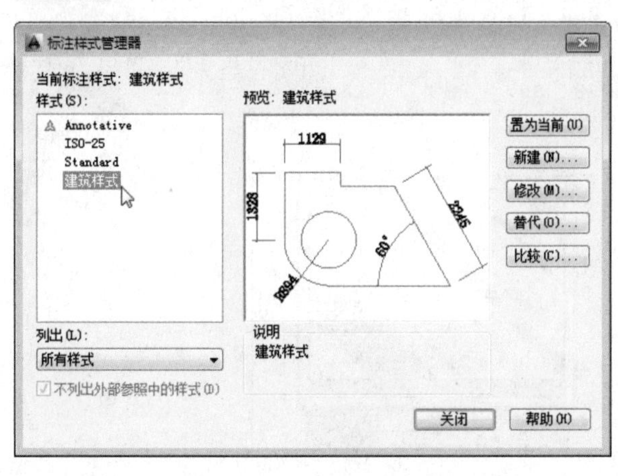

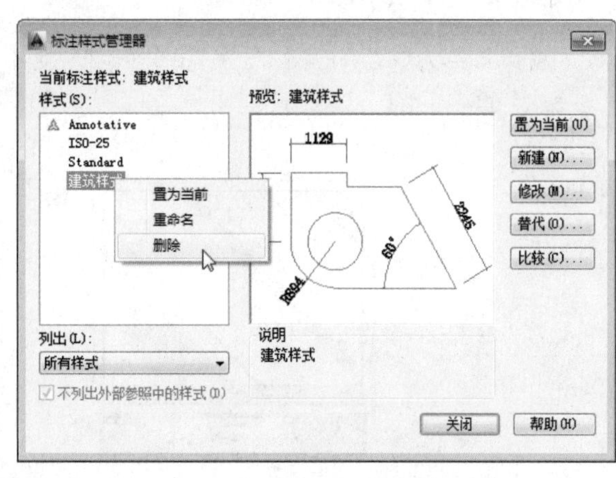

Step 03 在打开的系统提示框中，单击“是”按钮，如下左图所示。

Step 04 返回上一层对话框，此时多余的样式已被删除，如下右图所示。

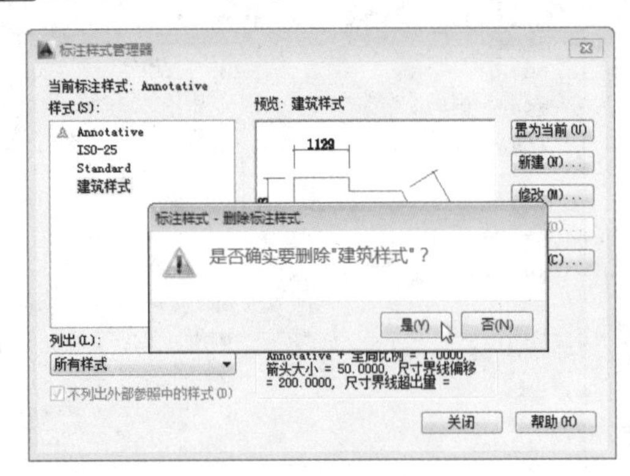

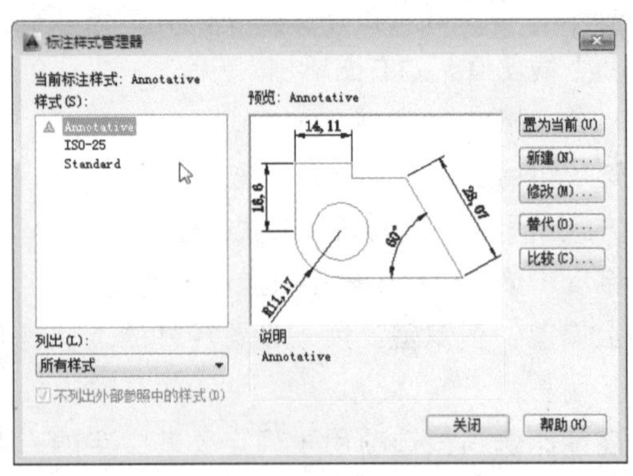

基本尺寸标注

AutoCAD软件提供了多种尺寸标注类型，其中包括标注任意两点间的距离、圆或圆弧的半径和直径、圆心位置、圆弧或相交直线的角度等。下面分别向用户介绍如何为图形创建尺寸标注。

8.3.1 线性标注

线性标注用于标注图形的线性距离或长度。它是最基本的标注类型，可以在图形中创建水平、垂直或倾斜的尺寸标注。执行“注释>标注>线性”命令，根据命令行中的提示，指定图形的两个测量点，并指定好尺寸线的位置即可，如下图所示。

命令行提示如下：

```
命令: _dimlinear
指定第一个尺寸界线原点或 <选择对象>:                    (捕捉第一测量点)
指定第二条尺寸界线原点:                                (捕捉第二测量点)
指定尺寸线位置或
[多行文字(M)/文字(T)/角度(A)/水平(H)/垂直(V)/旋转(R)]:   (指定好尺寸线位置)
标注文字 = 794
```

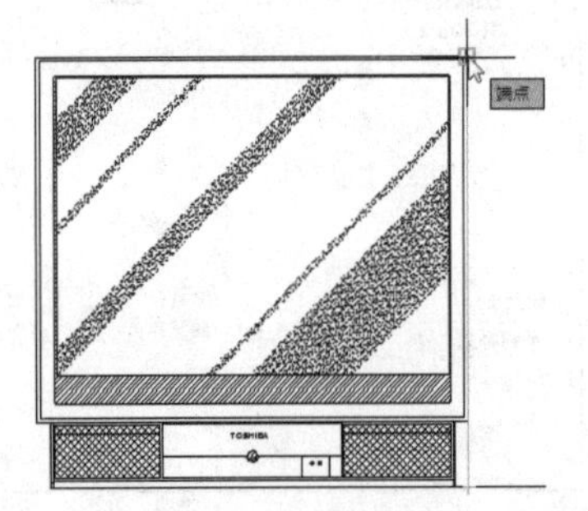

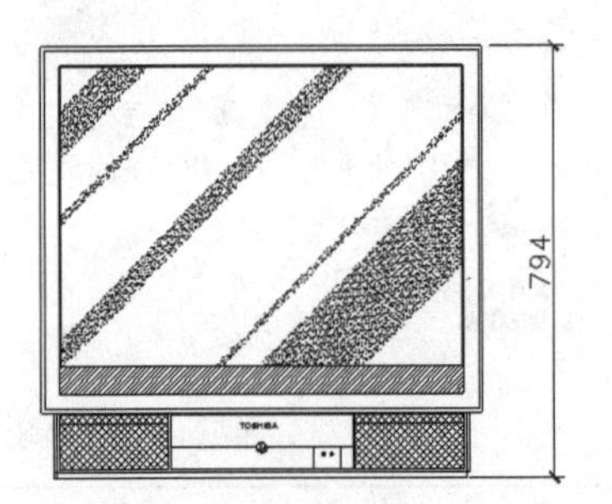

知识链接 命令行中各选项的含义

- **多行文字**：该选项可以通过使用“多行文字”命令来编辑标注的文字内容。
- **文字**：该选项可以单行文字的形式输入标注文字。
- **角度**：该选项用于设置标注文字方向与标注端点连线之间的夹角。默认为0。
- **水平\垂直**：该选项用于标注水平尺寸和垂直尺寸。选择该选项时，可直接确定尺寸线的位置，也可选择其他选项来指定标注的标注文字内容或标注文字的旋转角度。
- **旋转**：该选项用于放置旋转标注对象的尺寸线。

8.3.2 对齐标注

对齐标注用于创建倾斜向上的直线或两点间的距离。用户可执行〝注释>标注>对齐〞命令，根据命令行提示，捕捉图形的两个测量点，指定好尺寸线的位置即可，如下图所示。

命令行提示如下：

命令：_dimaligned	
指定第一个尺寸界线原点或 <选择对象>：	（捕捉第一测量点）
指定第二个尺寸界线原点：	（捕捉第二测量点）
指定尺寸线位置或	
[多行文字(M)/文字(T)/角度(A)]：	（指定好尺寸线位置）
标注文字 = 512	

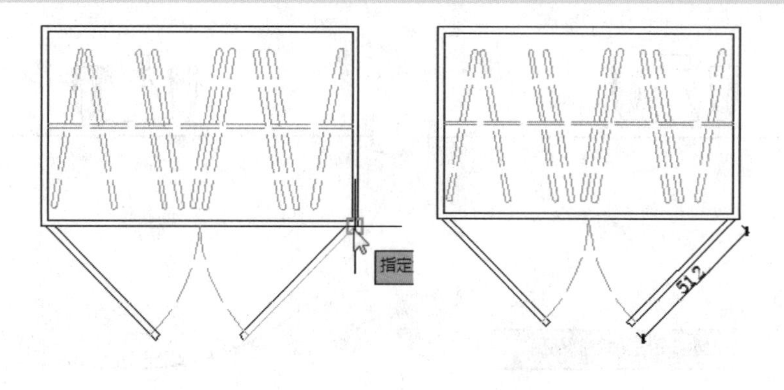

8.3.3 角度标注

角度标注可用于准确测量出两条线段之间的夹角。角度标注默认的方式是选择一个对象，有四种对象可以选择：圆弧、圆、直线和点。执行〝注释>标注>角度〞命令，根据命令行提示信息，选中夹角的两条测量线段，指定好尺寸标注位置，即可完成，如下图所示。

命令行提示如下：

命令：_dimangular	
选择圆弧、圆、直线或 <指定顶点>：	（选择夹角一条测量边）
选择第二条直线：	（选择夹角另一条测量边）
指定标注弧线位置或 [多行文字(M)/文字(T)/角度(A)/象限点(Q)]：	（指定尺寸标注位置）
标注文字 = 142	

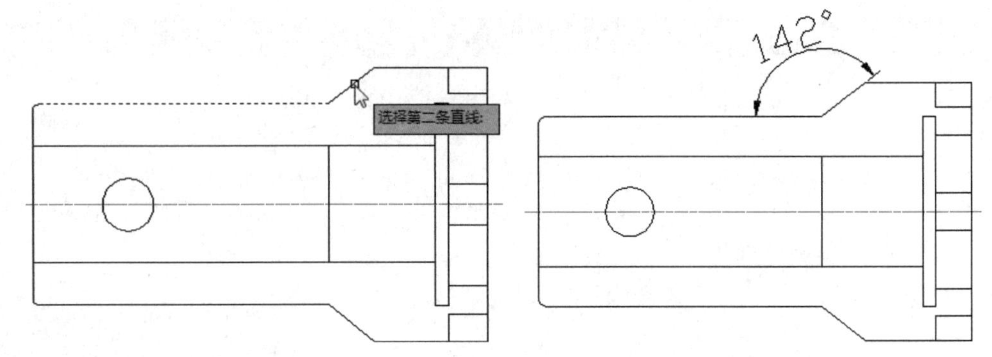

在进行角度标注时，选择尺寸标注的位置很关键，当尺寸标注放置在当前测量角度之外，此时所测量的角度则是当前角度的补角。

8.3.4 弧长标注

弧长标注主要用于测量圆弧或多段线弧线段的距离。执行“注释>标注>弧长”命令，根据命令行中的提示信息，选中所需测量的弧线即可，如下图所示。

命令行提示如下:

命令: _dimarc
选择弧线段或多段线圆弧段: （选择所需测量的弧线）
指定弧长标注位置或 [多行文字(M)/文字(T)/角度(A)/部分(P)/引线(L)]: （指定尺寸标注位置）
标注文字 = 664

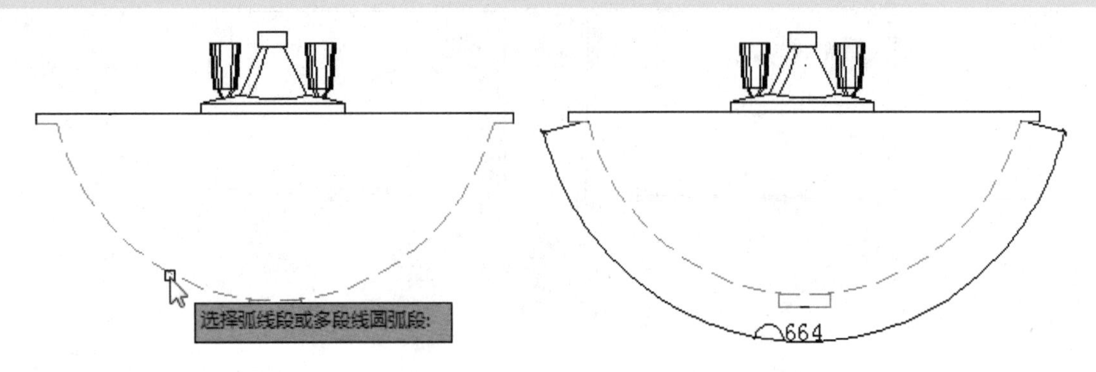

8.3.5 半径/直径标注

半径标注/直径标注主要用于标注圆或圆弧的半径或直径尺寸。执行“注释>标注>半径/直径”命令，根据命令行中的提示信息，选中所需标注的圆的圆弧，并指定好尺寸标注位置点即可，如下图所示。

命令行提示如下:

命令: _dimradius
选择圆弧或圆: （选择圆弧）
标注文字 = 17.5
指定尺寸线位置或 [多行文字(M)/文字(T)/角度(A)]: （指定尺寸线位置）

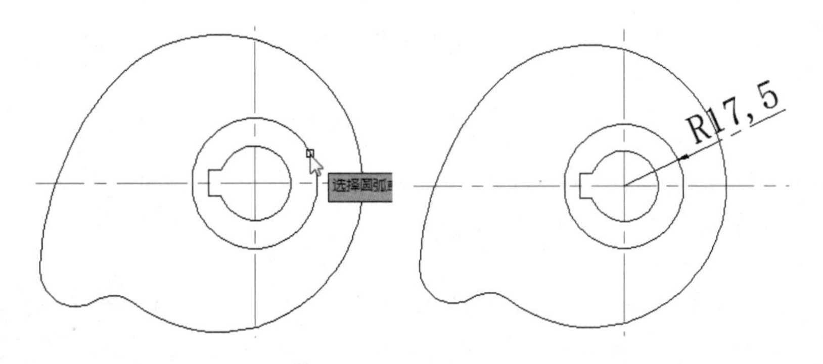

专家技巧 圆弧标注需注意

对圆弧进行标注时，半径或直径标注不需要直接沿圆弧进行设置。如果标注位于圆弧末尾之后，则将沿进行标注的圆弧的路径绘制延伸线。

8.3.6 连续标注

连续标注可以用于标注同一方向上连续的线性标注或角度标注，它是以上一个标注或指定标注的第二条尺寸界线为基准连续创建。执行“注释>标注>连续标注”命令，选择上一个尺寸界线，依次捕捉剩余测量点，按回车键完成操作，如下图所示。

命令行提示如下：

命令: _dimcontinue
选择连续标注: （选择上一个标注界线）
指定第二条尺寸界线原点或 [放弃(U)/选择(S)] <选择>: （依次捕捉下一个测量点）
标注文字 = 600
指定第二条尺寸界线原点或 [放弃(U)/选择(S)] <选择>:
标注文字 = 400
选择连续标注: *取消*

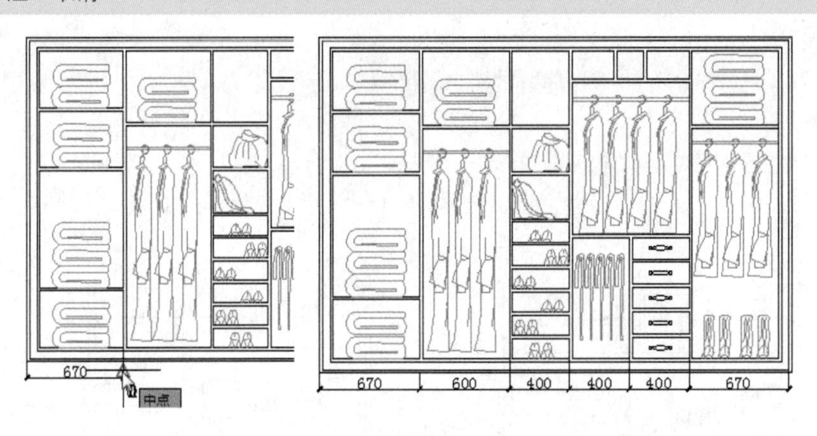

8.3.7 快速标注

快速标注可以在图形中选择多个图形对象，系统将自动查找所选对象的端点或圆心，并根据端点或圆心的位置快速地创建标注尺寸。执行“注释>标注>快速标注”命令，根据命令行中的提示，选择所要测量的线段，移动鼠标，指定好尺寸线位置即可，如下图所示。

命令行提示如下：

命令：QDIM

关联标注优先级 = 端点

选择要标注的几何图形：找到 1 个　　（选择要标注的线段）

选择要标注的几何图形：

指定尺寸线位置或 [连续(C)/并列(S)/基线(B)/坐标(O)/半径(R)/直径(D)/基准点(P)/编辑(E)/设置(T)]

<连续>：　　（指定尺寸线位置）

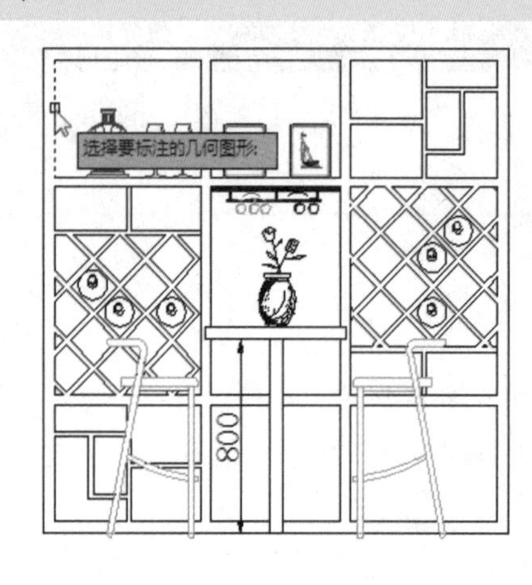

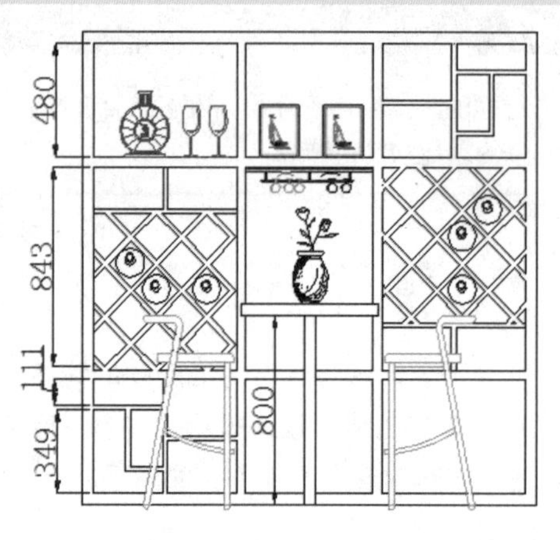

8.3.8 基线标注

基线标注又称平行尺寸标注，用于多个尺寸标注使用同一条尺寸线作为尺寸界线的情况。执行“注释>标注>基线”命令，选择所需指定的基准标注，然后依次捕捉其他延伸线的原点，按回车键即可创建出基线标注，如下图所示。

命令行提示如下：

命令：_dimbaseline

选择基准标注：　　（选择第一个基准标注界线）

指定第二条尺寸界线原点或 [放弃(U)/选择(S)] <选择>：　　（依次捕捉尺寸测量点）

标注文字 = 1900

指定第二条尺寸界线原点或 [放弃(U)/选择(S)] <选择>：

标注文字 = 2460

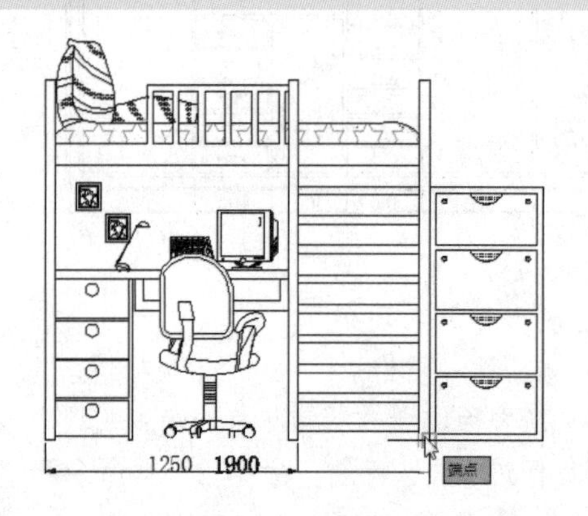

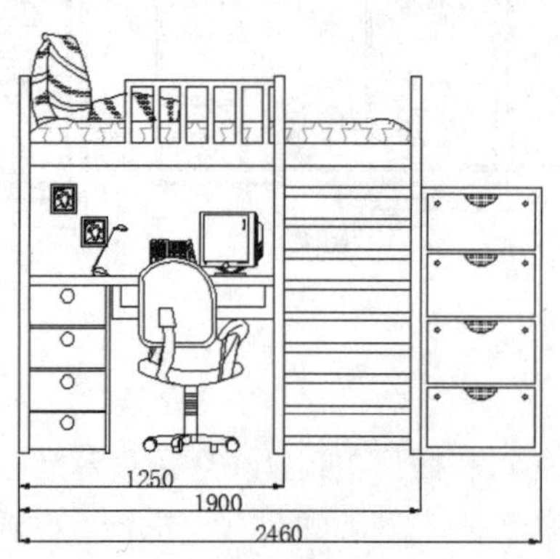

8.3.9 折弯半径标注

折弯半径标注命令主要用于圆弧半径过大，圆心无法在当前布局中进行显示的圆弧。执行"注释>标注>折弯"命令，根据命令行提示，指定所需标注的圆弧，然后指定图示中心位置和尺寸线位置，最后指定折弯位置即可，如下图所示。

命令行提示如下：

```
命令: _dimjogged
选择圆弧或圆:                                    (选择所需标注的圆弧)
指定图示中心位置:                                (选择图示中心位置)
标注文字 = 24
指定尺寸线位置或 [多行文字(M)/文字(T)/角度(A)]:  (指定尺寸线位置)
指定折弯位置:                                    (指定折弯位置)
```

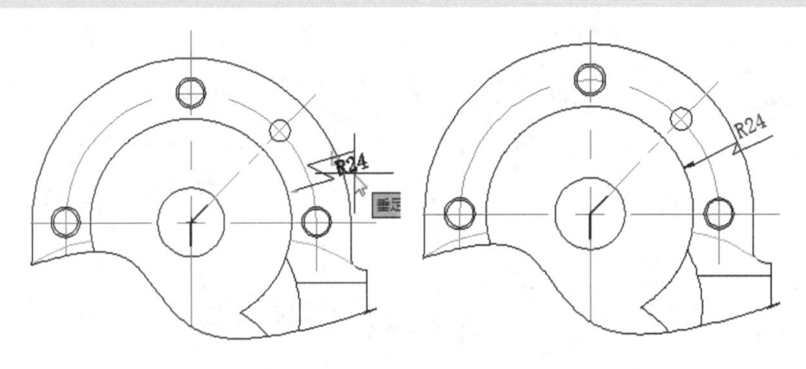

公差标注

对于机械领域来说，公差标注的目的是确定机械零件的几何参数，使其在一定的范围内变动，以便达到互换或配合的要求。公差标注分尺寸公差和形位公差。下面将分别对其进行简单介绍。

8.4.1 尺寸公差的设置

尺寸公差是指最大极限尺寸减最小极限尺寸之差的绝对值，或上偏差减下偏差之差。它是容许尺寸的变动量。在进行尺寸公差标注时，必须在"标注样式管理器"对话框中设置公差值，然后执行所需标注命令，即可进行公差标注操作。

例8-3 下面将对尺寸公差设置的具体操作进行介绍。

Step 01 打开"标注样式管理器"对话框，选中一款标注样式，单击"修改"按钮，如下左图所示。

Step 02 打开"修改标注样式"对话框，并切换至"公差"选项卡，在"公差格式"选项组中，单击"方式"下拉按钮，选择"极限偏差"选项，如下右图所示。

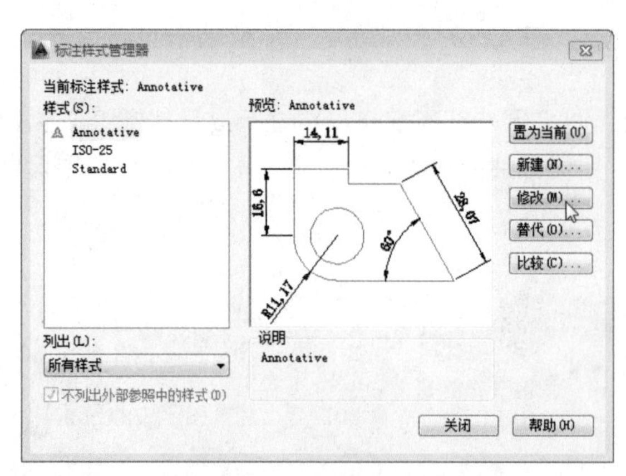

Step 03 此时，根据需要将"上偏差"和"下偏差"都设置为0.2，然后单击"确定"按钮，如下左图所示。

Step 04 在返回的对话框中，单击"关闭"按钮，完成尺寸公差设置，如下右图所示。

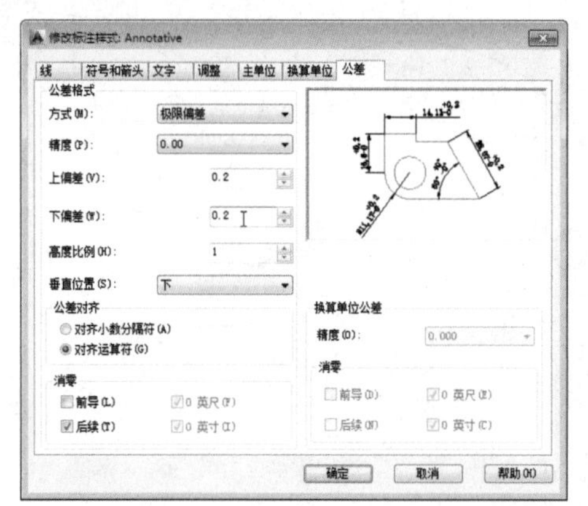

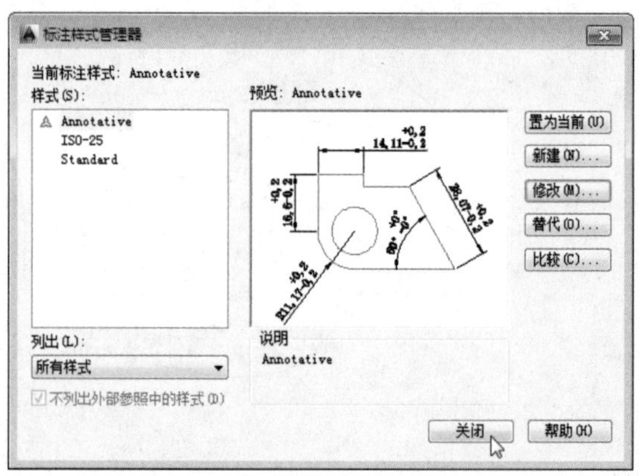

Step 05 执行"线性"标注命令，根据命令行提示，指定好两个测量点和尺寸线的位置即可完成操作，如下图所示。

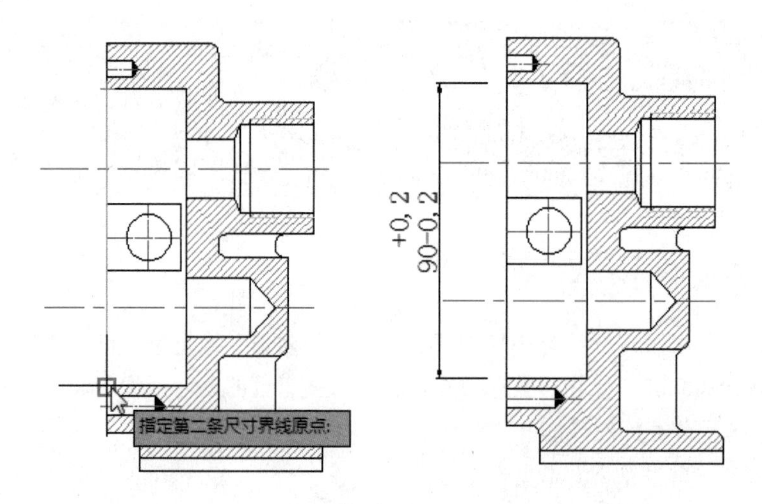

8.4.2 形位公差的设置

形位公差表示特征的形状、轮廓、方向、位置和跳动的允许偏差。它包括形状公差和位置公差两种。下面将介绍几种常用的公差符号，如下表所示。

表　形位公差符号图标

符　号	含　义	符　号	含　义
⌖	定位	▱	平坦度
◎	同心/同轴	○	圆或圆度
⌯	对称	—	直线度
//	平行	⌓	平面轮廓
⊥	垂直	⌒	直线轮廓
∠	角	↗	圆跳动
⌭	柱面性	⌰	全跳动
∅	直径	Ⓛ	最小包容条件（LMC）
Ⓜ	最大包容条件（MMC）	Ⓢ	不考虑特征尺寸（RFS）
Ⓟ	投影公差		

Section 8.5 引线标注

在CAD制图中，引线标注用于注释对象信息。它是从指定的位置绘制出一条引线来对图形进行标注。常用于对图形中某些特定的对象进行注释说明。在创建引线标注的过程中可以控制引线的形式、箭头的外观形式、尺寸文字的对齐方式。

8.5.1 创建多重引线

在创建多重引线前，通常都需要对多重引线的样式进行创建。系统默认引线样式为Standard。

例8-4 下面将对引线样式的创建操作进行具体介绍。

Step 01 在“注释”选项卡的“引线”选项组中单击“多重引线样式管理器”按钮，打开“多重引线样式管理器”对话框，如下左图所示。

Step 02 单击“新建”按钮，在“创建新多重引线样式”对话框中，输入新样式名称，然后单击“继续”按钮，如下右图所示。

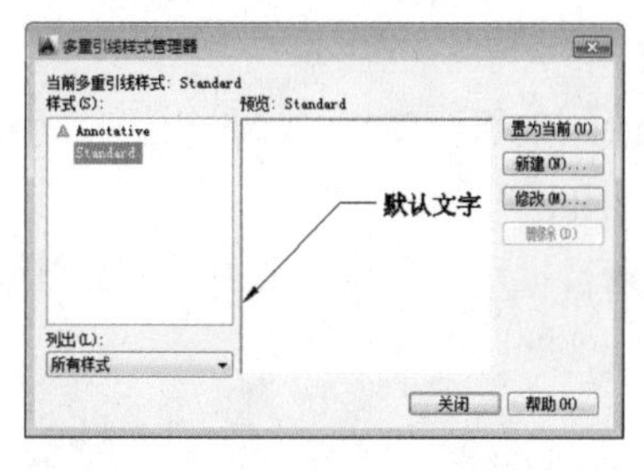

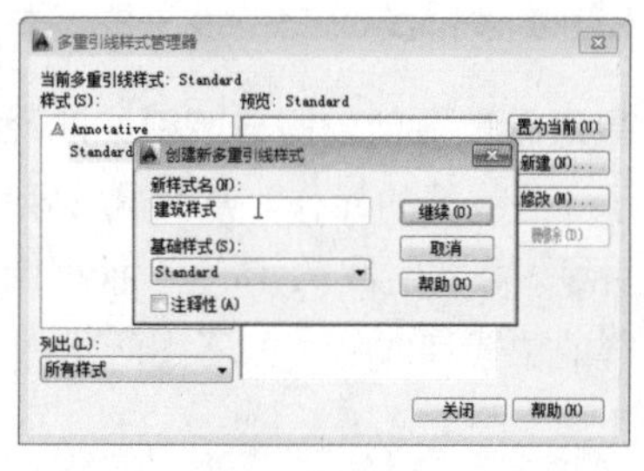

Step 03 在“修改多重引线样式”对话框的“引线格式”选项卡中，将箭头符号设为：实心闭合，将其大小设为50，如下左图所示。

Step 04 切换至“内容”选项卡，将“文字高度”设置为100，单击“确定”按钮，如下右图所示。

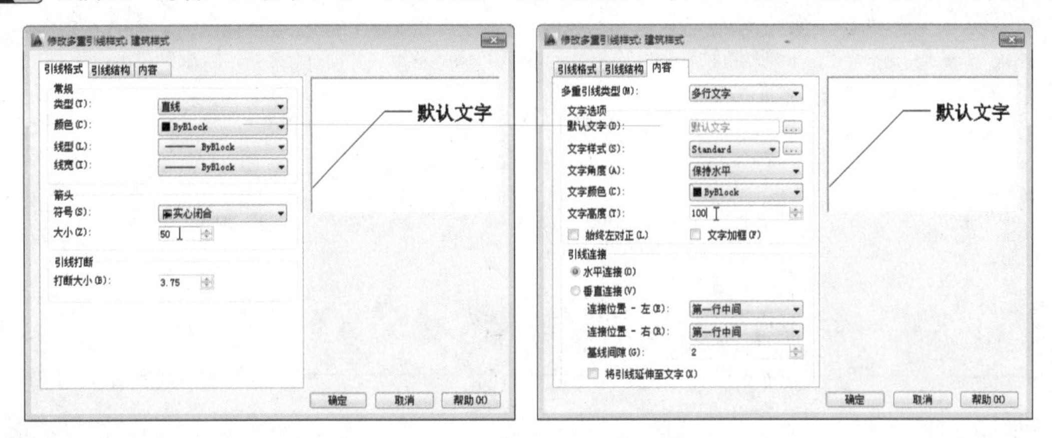

Step 05 返回上一层对话框，单击“置为当前”按钮，完成多线样式的设置。

例8-5 引线样式设置完成后，则可进行多重引线的创建了。下面将举例对引线的创建操作进行介绍。

Step 01 执行“注释>引线>多重引线”命令，根据命令行提示，在绘图区中指定引线的起点，并移动光标，指定好引线端点的位置，如下左图所示。

Step 02 在光标处输入所要注释的内容，然后单击空白区域，即可完成操作，如下右图所示。

命令行提示如下：

```
命令: _mleader
指定引线箭头的位置或 [引线基线优先(L)/内容优先(C)/选项(O)] <选项>:    (指定引线起点位置)
指定引线基线的位置:                                                  (指定引线端点位置)
```

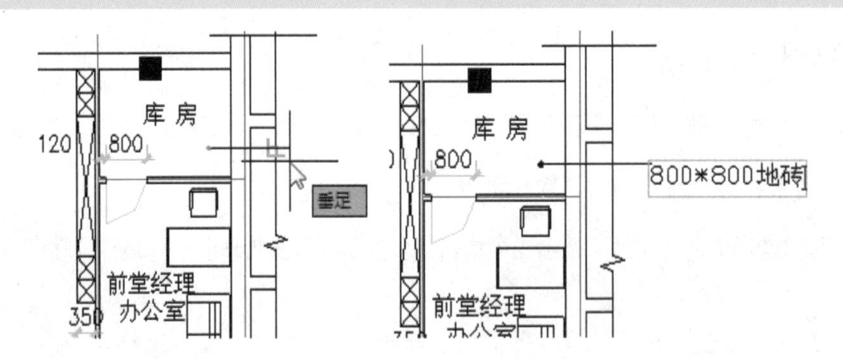

8.5.2 添加\删除引线

在绘图中，如果遇到需要创建同样的引线注释时，只需要使用“添加引线”功能即可轻松完成操作。这样一来避免了一些重复的操作，从而减少了绘图时间。

执行“注释>引线>添加引线”命令，根据命令行提示，选中创建好的引线注释，然后，在绘图区中指定其他需注释的位置点即可，如下图所示。

命令行提示如下：

命令:
选择多重引线: （选择共同的引线注释）
找到 1 个
指定引线箭头位置或 [删除引线(R)]: （指定好引线箭头位置）

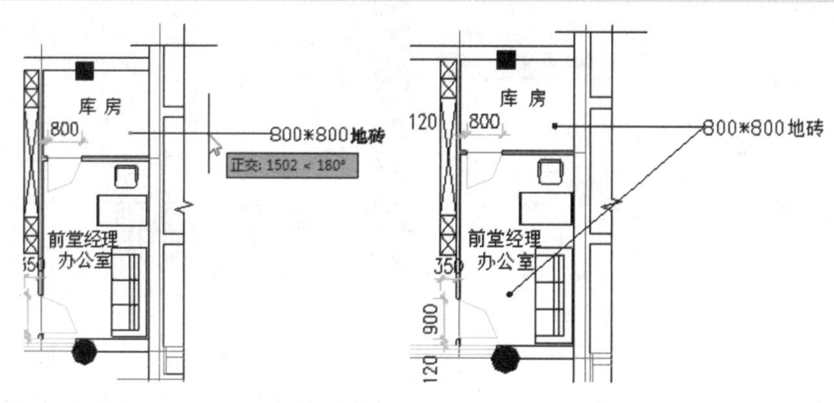

若想删除多余的引线标注，用户可使用“注释>标注>删除引线”命令，根据命令行中的提示，选择需删除的引线，按回车键即可，如下图所示。

命令行提示如下:

命令:
选择多重引线: （选择多重引线）
找到 1 个
指定要删除的引线或 [添加引线(A)]: （选择要删除的引线）

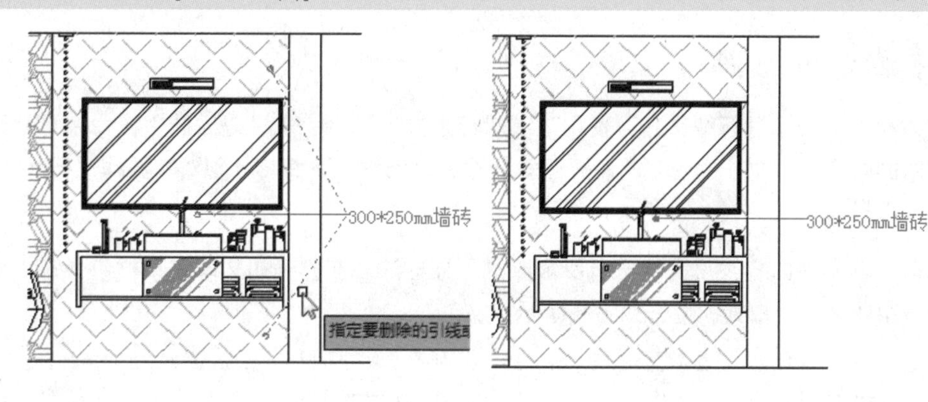

8.5.3 对齐引线

有时创建好的引线长短不一，会使得画面不太美观。此时用户可使用“对齐引线”功能，将这些引线注释进行对齐操作。执行“注释>引线>对齐引线”命令，根据命令行提示，选中所有需对齐的引线标注，然后选择需要对齐到的引线标注，并指定好对齐方向即可，如下图所示。

命令行提示如下:

命令: _mleaderalign
选择多重引线: 指定对角点: 找到 5 个
选择多重引线: （选择所有需对齐的引线，按回车键）
当前模式: 使用当前间距

选择要对齐到的多重引线或 [选项(O)]:	(选择需对齐到的引线)
指定方向:	(指定对齐方向)

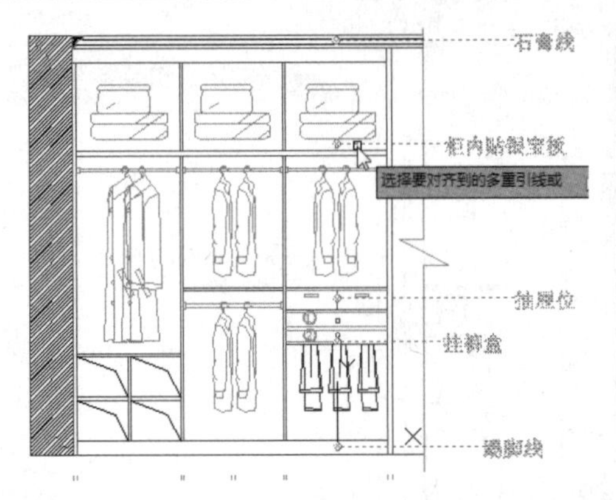

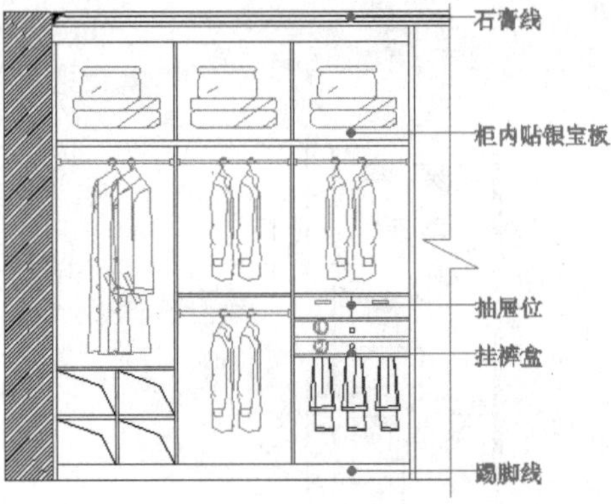

尺寸标注的编辑

尺寸标注创建完毕后，若对该标注不满意，可使用各种编辑功能，对创建好的尺寸标注进行修改编辑。其编辑功能包括修改尺寸标注文本、调整标注文字位置、分解尺寸对象等。下面将分别对其操作进行介绍。

8.6.1 编辑标注文本

如果要对标注的文本进行编辑，可使用“编辑标注文字”命令来设置。利用该命令可修改一个或多个标注文本的内容、方向、位置以及设置倾斜尺寸线等操作。下面将分别对其操作进行介绍。

1. 修改标注内容

若要修改当前标注内容，只需双击所要修改的尺寸标注，在打开的文本编辑框中，输入新标注内容，然后单击绘图区的空白处即可，如下图所示。

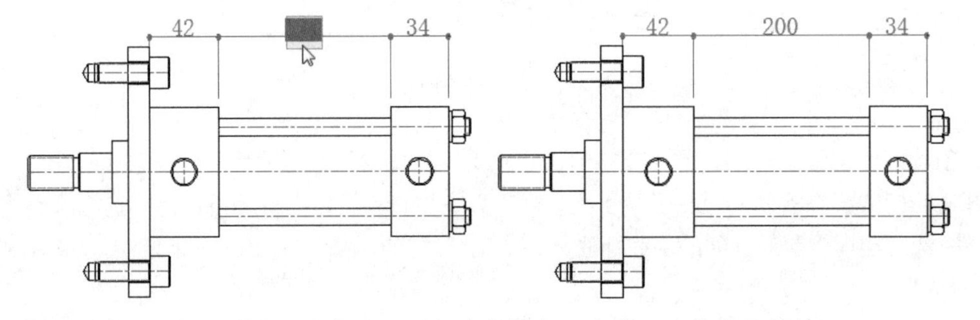

利用“文本编辑器”选项卡，用户也可对文本的颜色、大小、字体进行修改。

2. 修改标注角度

执行“注释>标注>文字角度”命令，根据命令行提示，选中需要修改的标注文本，并输入文字角度即可，如下图所示。

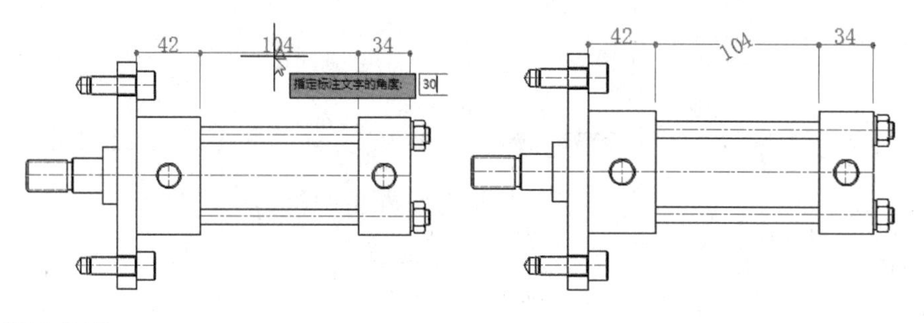

3. 修改标注位置

执行“注释>标注>左对正/居中对正/右对正”命令，根据命令行提示，选中需要编辑的标注文本即可完成相应的设置，其效果分别如下图所示。

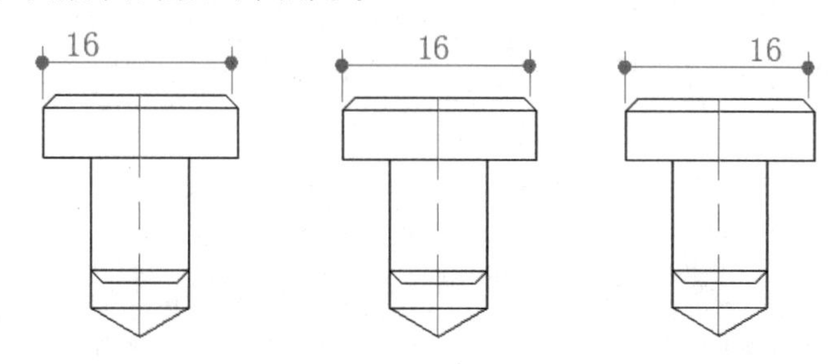

4. 倾斜标注尺寸线

执行“注释>标注>倾斜”命令，根据命令行提示，选中所需设置的标注尺寸线，并输入倾斜角度，按回车键即可完成修改设置，如下图所示。

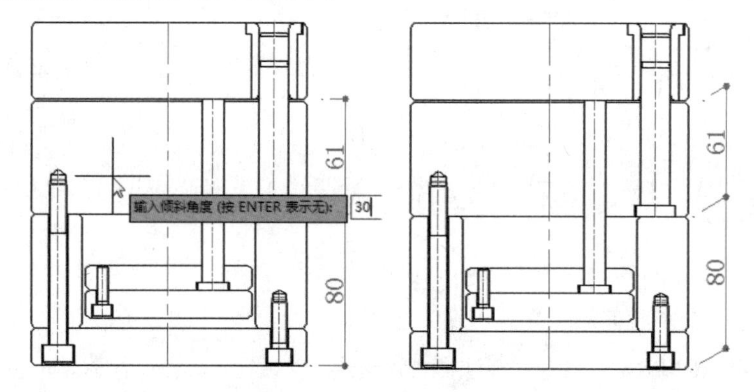

8.6.2 调整标注间距

调整标注间距可调整平行尺寸线之间的距离，使其间距相等或在尺寸线处相互对齐。执行“注释>标注>调整间距”命令，根据命令行中的提示选中基准标注，然后选择要产生间距的尺寸标注，并输入间距值，按回车键即可完成，如下图所示。

命令行提示如下：

```
命令: _DIMSPACE
选择基准标注:                                    (选择基准标注)
选择要产生间距的标注:指定对角点: 找到 3 个        (选择剩余要调整的标注线)
选择要产生间距的标注:                            (按回车键)
输入值或 [自动(A)] <自动>: 10                    (输入调整间距值，按回车键)
```

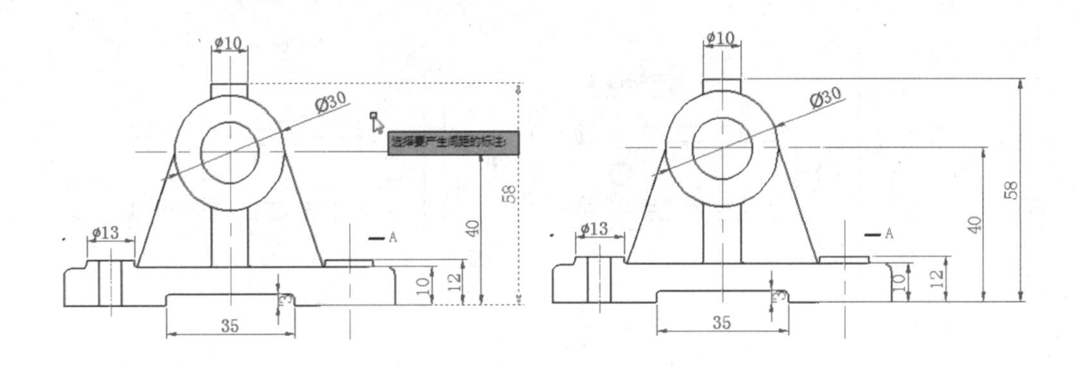

8.6.3 编辑折弯线性标注

折弯线性标注可以向线性标注中添加折弯线，来表示实际测量值与尺寸界线之间的长度不同，如果显示的标注对象小于被标注对象的实际长度，则可使用该标注形式表示。执行“注释>标注>标注，折弯标注”命令，根据命令行提示，选择需要添加折弯符号的线性标注，按回车键即可完成，如下图所示。

命令行提示如下：

命令：_DIMJOGLINE

选择要添加折弯的标注或 [删除(R)]：（选择需折弯的线性标注）

指定折弯位置 (或按 ENTER 键)：（指定折弯点位置）

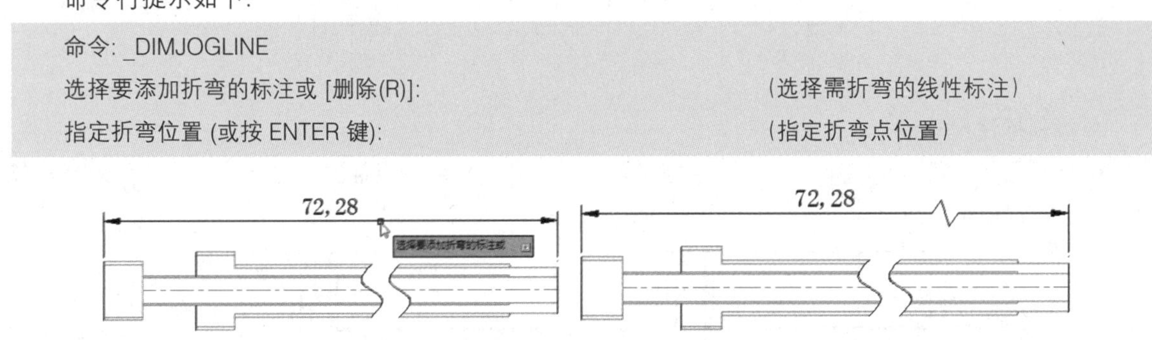

设计师训练营 为立面图添加尺寸注释

下面将结合以上所学的知识，为电梯间立面图添加尺寸标注，而其中涉及到的命令有尺寸的创建、尺寸样式的设置、引线样式的设置和创建等。

Step 01 启动AutoCAD 2014软件，打开“标注样式管理器”对话框，单击“新建”按钮，如下左图所示。

Step 02 在“创建新标注样式”对话框中，输入新标注样式名称，并单击“继续”按钮，如下右图所示。

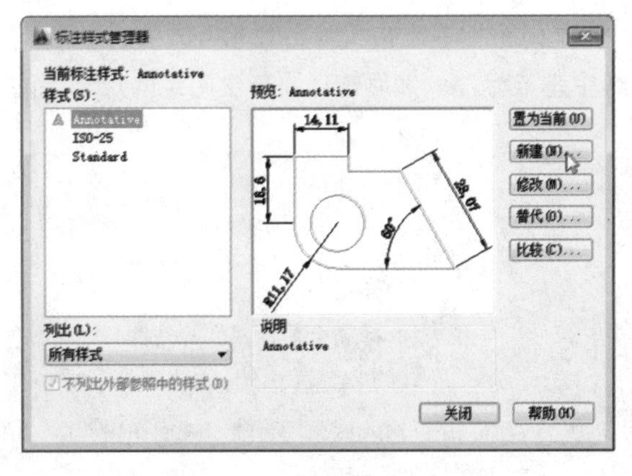

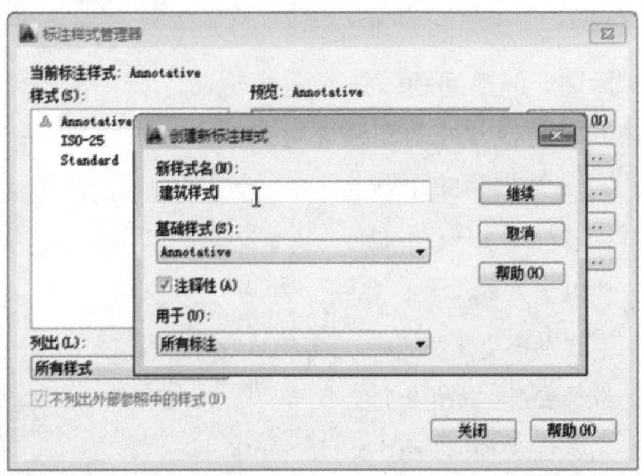

Step 03 在“新建标注样式”对话框中，切换至“线”选项卡，将“尺寸线”和“尺寸界线”的颜色设置为绿色，如下左图所示。

Step 04 将“超出尺寸线”设置为20，将“起点偏移量”设置为100，如下右图所示。

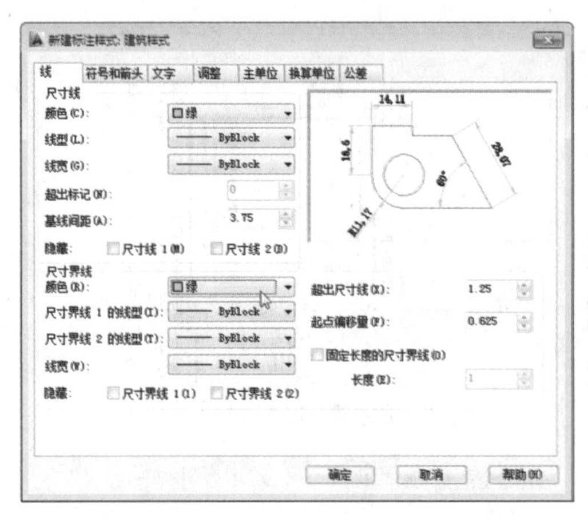

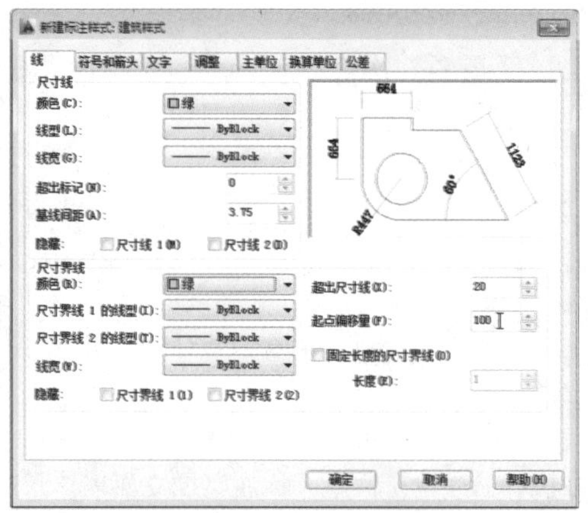

Step 05 切换至“符号和箭头”选项卡，将箭头样式设置为建筑标记，将“箭头大小”设为30，如下左图所示。

Step 06 单击“文字”选项卡，将“文字颜色”设为绿色，将“文字大小”设为100，如下右图所示。

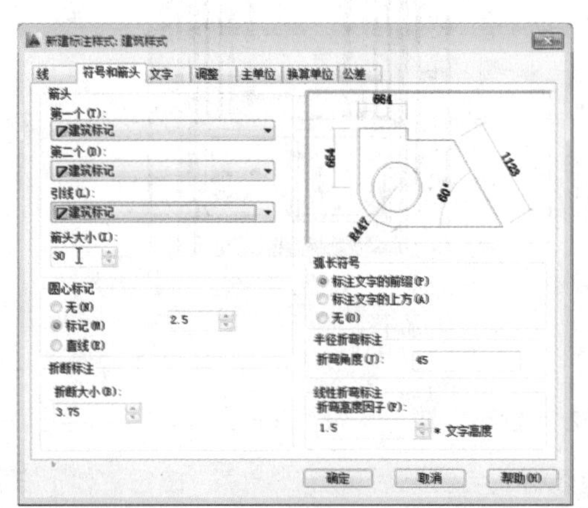

Step 07 切换至“调整”选项卡，将“文字位置”设置为“尺寸线上方，带引线”，如下左图所示。

Step 08 切换至“主单位”选项卡，将“线性标注”的“精度”设置为0，如下右图所示。

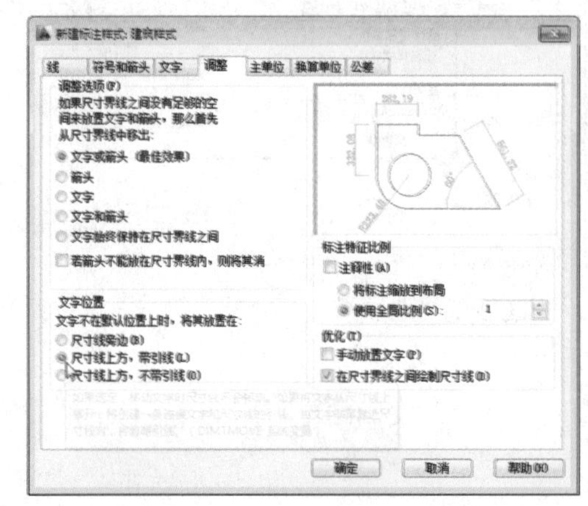

Step 09 设置完成后，单击“确定”按钮，返回上一层对话框，单击“置为当前”按钮，完成尺寸样式的设置，如下左图所示。

Step 10 执行“注释>标注>线性”命令，捕捉电梯上下两个测量端点，并确定好尺寸线的位置，完成标注操作，如下右图所示。

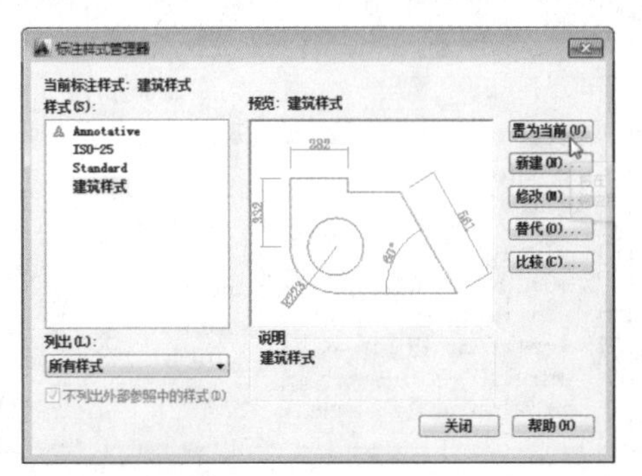

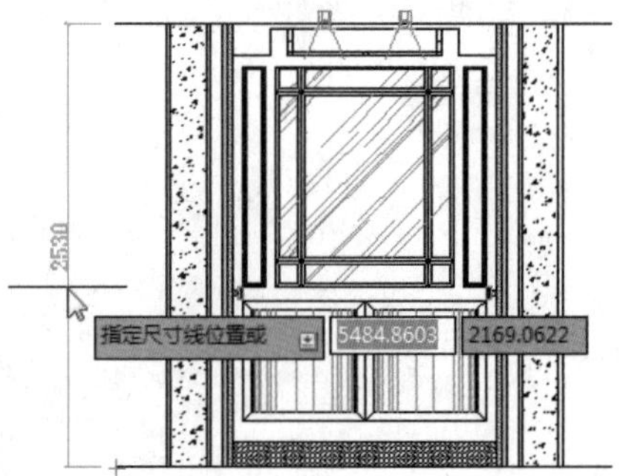

Step 11 执行“线性”命令，标注电梯立面墙体尺寸，如下左图所示。

Step 12 执行“线性”和“连续”命令，捕捉电梯其他测量端点，完成标注操作，如下右图所示。

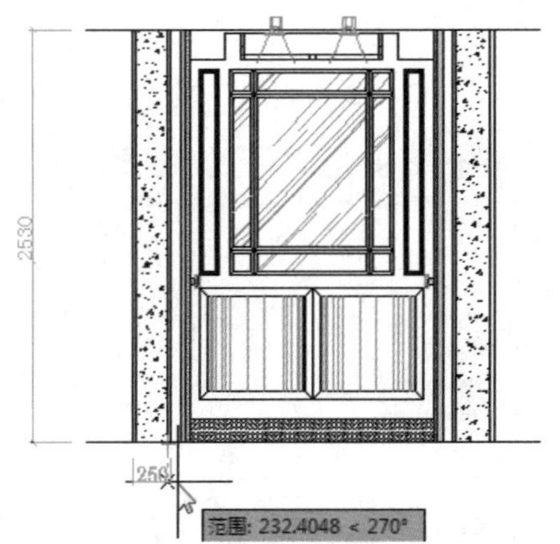

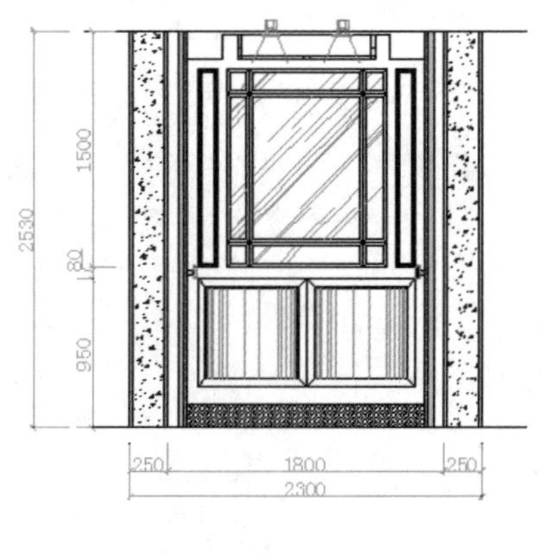

Step 13 打开“多重引线样式管理器”对话框，单击“新建”按钮，如下左图所示。

Step 14 在“创建新多重引线颜色”对话框中，新建样式名，然后单击“继续”按钮，如下右图所示。

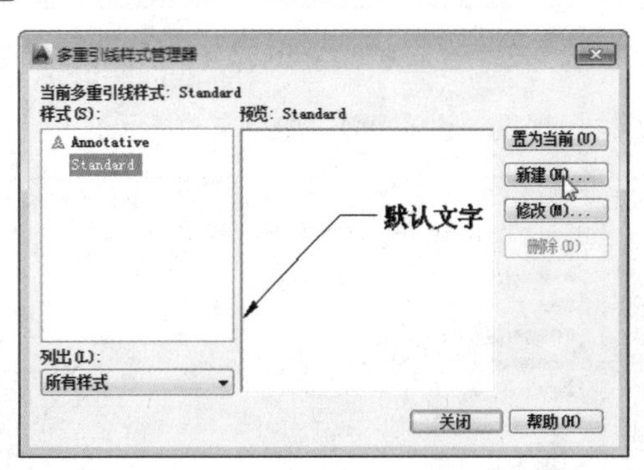

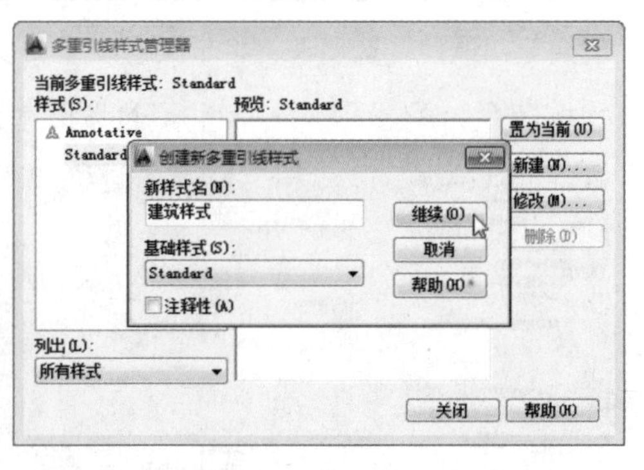

Step 15 在“修改多重引线样式”对话框中，切换至“引线格式”选项卡，将“箭头符号”设置为“点”，如下左图所示。

Step 16 将箭头大小设为30，切换至“内容”选项卡，并将“文字高度”设为100，单击“确定”按钮，如下右图所示。

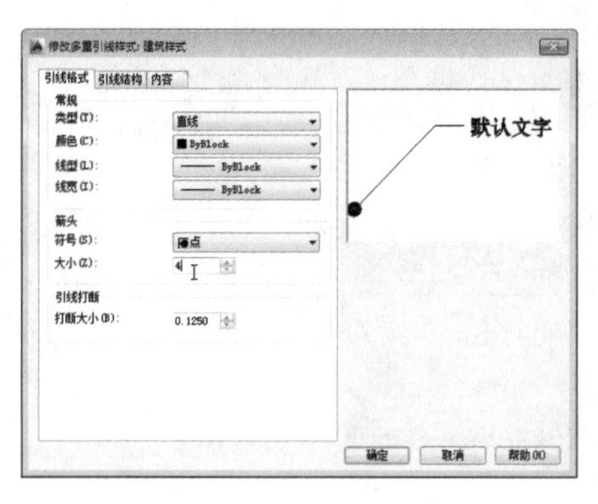

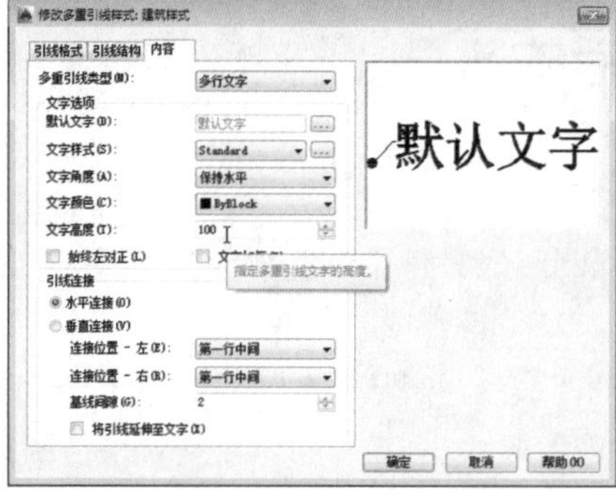

Step 17 在返回的对话框中，单击“置为当前”按钮，完成引线样式的设置，如下左图所示。

Step 18 执行“注释>引线>多重引线”命令，在绘图区中指定好引线起点和端点，如下右图所示。

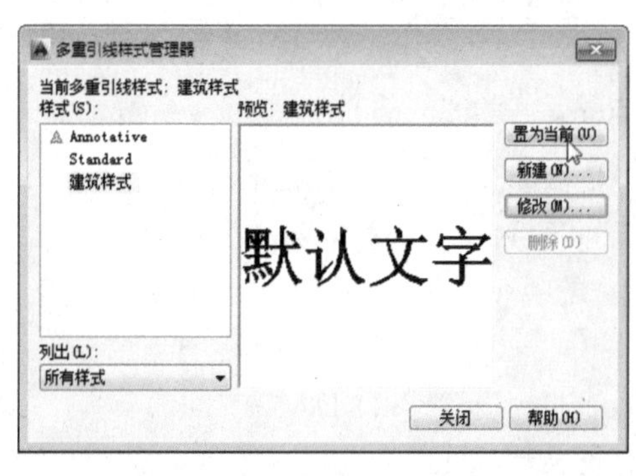

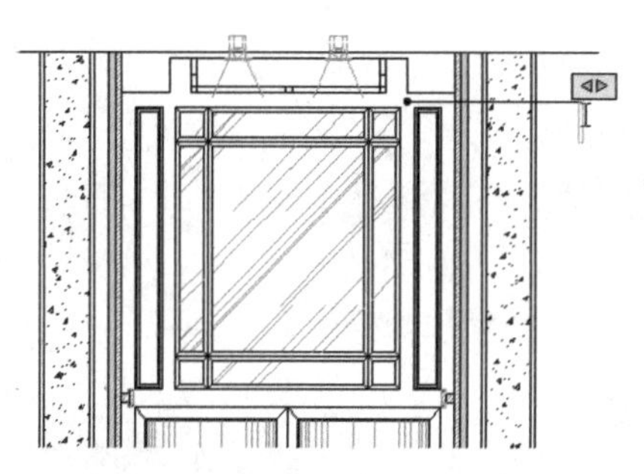

Step 19 在光标位置输入文本注释内容，如下左图所示。

Step 20 执行“复制”命令，对设置好的引线注释进行多次复制操作，如下右图所示。

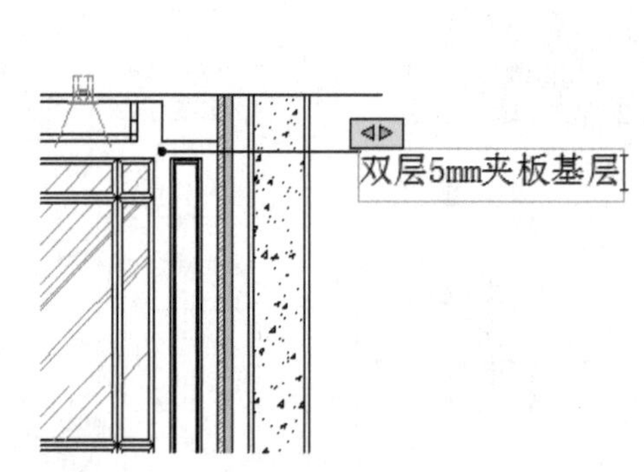

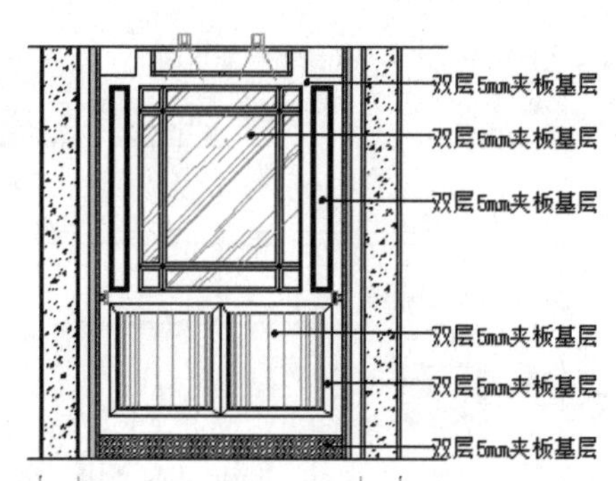

Step 21 双击要修改的文字注释内容，当文字变成可编辑状态时，输入新注释内容即可更改，如下左图所示。

Step 22 按照同样的操作方法，对剩余注释内容进行修改。至此已完成图形所有尺寸标注的添加，如下右图所示。

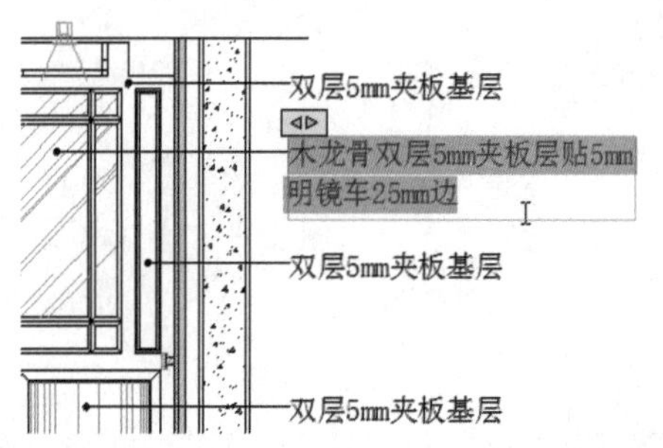

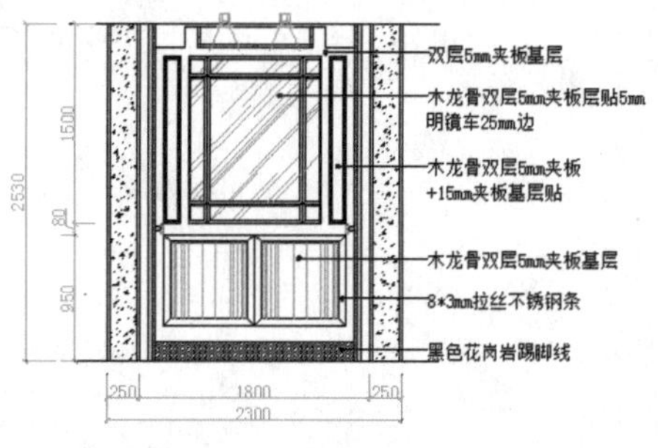

课后练习

1. 填空题

（1）在工程制图时，一个完整的尺寸标注应该由 ________、________、________ 和 ________ 等组成。

（2）________ 命令用来从一条基线绘制尺寸标注。

（3）系统提供了 ________ 系统变量来控制尺寸标注的关联性。

2. 选择题

（1）在“新建标注样式”对话框中，“文字”选项卡下的“分数高度比例”选项只有设置了（　）选项后才可生效。

A. 单位精度　B. 公差　C. 换算单位　D. 使用全局比例

（2）执行哪项命令可打开“标注样式管理器”对话框（　）。

A. DIMRADIUS　B. DIMSTYLE　C. DIMDIAMETER　D. DIMLINEAR

（3）一个完整的尺寸标注由 4 个要素组成，即尺寸界线、（　）、箭头和尺寸文字。

A. 尺寸线　B. 尺寸　C. 尺寸箭头　D. 箭头

（4）尺寸标注的快捷键是（　）。

A. DOC　B. DLI　C. D　D. DIM

（5）使用“快速标注”命令标注圆或圆弧时，不能自动标注哪个选项（　）。

A. 半径　B. 基线　C. 圆心　D. 直径

3. 上机题

使用“多重引线”命令，对如下所示的立面图进行引线标注说明。

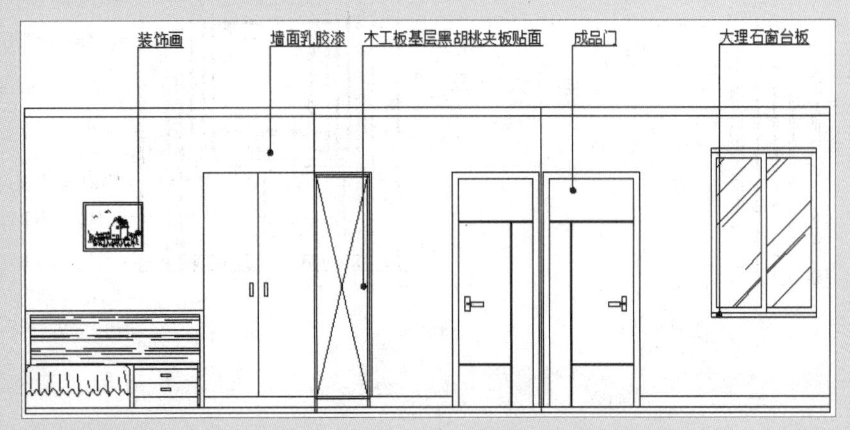

Chapter 09

绘制三维图形

使用AutoCAD 2014创建三维模型需要在三维建模空间中进行，三维实体模型可以通过二维模型来创建，也可以直接使用三维模型命令来创建。通过对本章内容的学习，读者可以掌握三维绘图的基础知识，如三维视图、坐标系、视觉样式的使用，以及三维实体的绘制、二维图形生成三维实体的方法等内容。

重点难点

- 二维图形生成三维图形
- 绘制三维实体
- 布尔运算
- 设置视觉样式

三维绘图基础

使用AutoCAD 2014进行三维模型的绘制时，首先要掌握三维绘图的基础知识，如三维视图、三维坐标系和动态UCS等，然后才能快速、准确地完成三维模型的绘制。

在AutoCAD 2014中绘制三维模型时，首先应将工作空间切换为“三维建模”工作空间，如下图所示。

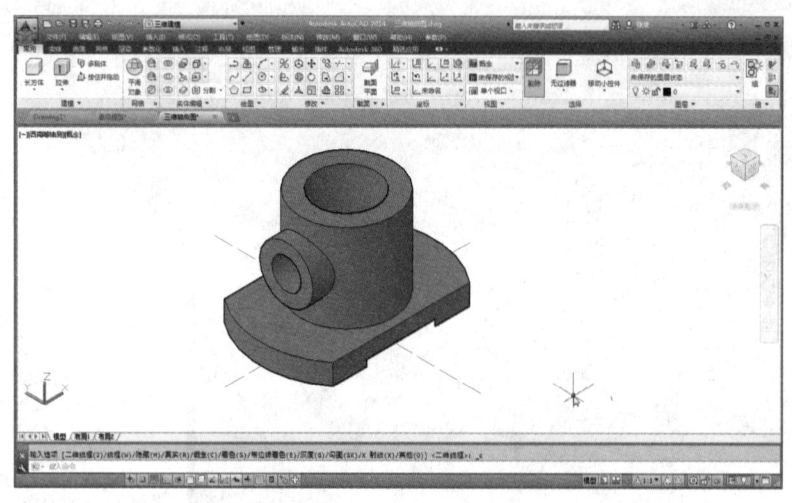

用户可以通过以下方法切换工作空间。

- 执行“工具>工作空间>三维建模”命令，即可切换至“三维建模”工作空间。
- 单击快速访问工具栏中的“工作空间”下拉按钮，在打开的下拉列表中选择“三维建模”选项，即可切换至“三维建模”工作空间。
- 单击状态栏中的“切换工作空间”按钮，在弹出的列表中选择“三维建模”选项，即可切换至“三维建模”工作空间。

9.1.1 设置三维视图

绘制三维模型时，由于模型有多个面，仅从一个角度不能观看到模型的其他面，因此，应根据情况选择相应的观察点。三维视图样式有多种，其中包括俯视、仰视、左视、右视、前视、后视、西南等轴测、东南等轴测、东北等轴测和西北等轴测。

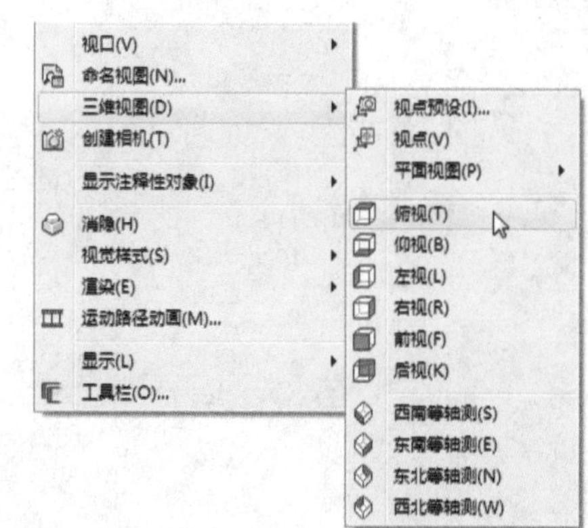

在AutoCAD 2014中，用户可以通过以下几种方法设置三维视图：

- 执行“视图>三维视图”命令中的子命令，如右图所示。
- 在“常用”选项卡的“视图”选项组中单击“三维导航”下拉按钮，在打开的下拉列表中选择相应的视图选项即可，如下左图所示。

- 在“视图”选项卡的“视图”选项组中，选择相应的视图选项即可，如下中图所示。
- 在绘图窗口中单击“视图控件”图标，在打开的快捷菜单中选择相应的视图选项即可，如下右图所示。

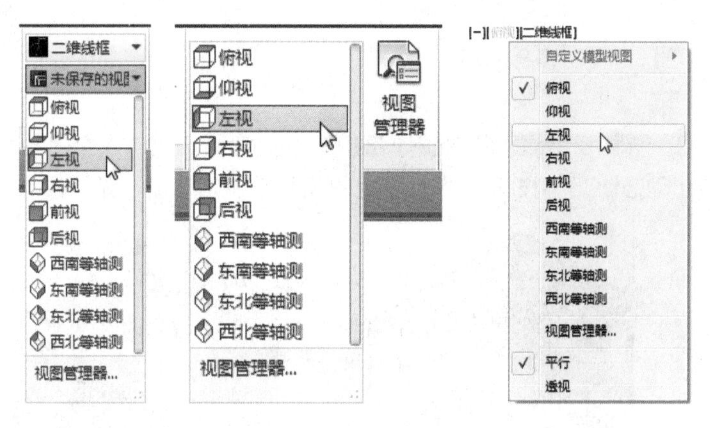

9.1.2 三维坐标系

三维坐标分为世界坐标系和用户坐标系两种。其中世界坐标系则为系统默认坐标系，它的坐标原点和方向为固定不变的。用户坐标系则可根据绘图需求，改变坐标原点和方向，其使用起来较为灵活。

在AutoCAD 2014中，使用UCS命令可创建用户坐标系。用户可以通过以下方法执行“UCS”命令。

- 执行“工具>新建UCS”命令中的子命令。
- 在“常用”选项卡的“坐标”选项组中单击相关新建UCS按钮。
- 在命令行中输入“UCS”，然后按回车键。

执行“UCS”命令后，命令行提示内容如下。

```
命令: UCS
当前 UCS 名称: *世界*
指定 UCS 的原点或 [面(F)/命名(NA)/对象(OB)/上一个(P)/视图(V)/世界(W)/X/Y/Z/Z 轴(ZA)] <世界>:
```

在命令行中，各选项的含义介绍如下。

- **指定UCS的原点**：使用一点、两点或三点定义一个新的UCS。指定单个点后，命令行将提示“指定X轴上的点或<接受>：”，此时，按回车键选择“接受”选项，当前UCS的原点将会移动而不会更改X、Y和Z轴的方向；如果在此提示下指定第二个点，UCS将绕先前指定的原点旋转，以使UCS的X正半轴通过该点；如果指定第三点，UCS将绕X轴旋转，以使UCS的Y的正半轴包含该点。
- **面**：用于将UCS与三维对象的选定面对齐，UCS的X轴将与找到的第一个面上最近的边对齐。
- **命名**：按名称保存并恢复通常使用的UCS坐标系。
- **对象**：根据选定的三维对象定义新的坐标系。新UCS的拉伸方向为选定对象的方向。此选项不能用于三维多段线、三维网格和构造线。
- **上一个**：恢复上一个UCS坐标系。程序会保留在图纸空间中创建的最后10个坐标系和在模型空间中创建的最后10个坐标系。
- **视图**：以平行于屏幕的平面为XY平面建立新的坐标系，UCS原点保持不变。
- **世界**：将当前用户坐标系设置为世界坐标系。UCS是所有用户坐标系的基准，不能被重新定义。

- **X/Y/Z**：绕指定的轴旋转当前UCS坐标系。通过指定原点和正半轴绕X、Y或Z轴旋转。
- **Z轴**：用指定的Z的正半轴定义新的坐标系。选择该选项后，可以指定新原点和位于新建Z轴正半轴上的点；或选择一个对象，将Z轴与离选定对象最近的端点的切线方向对齐。

9.1.3 动态UCS

使用动态UCS功能，可以在创建对象时使UCS的XY平面自动与实体模型上的平面临时对齐。在状态栏中单击“允许/禁止动态UCS”按钮，即打开或关闭动态UCS功能。如下图所示。

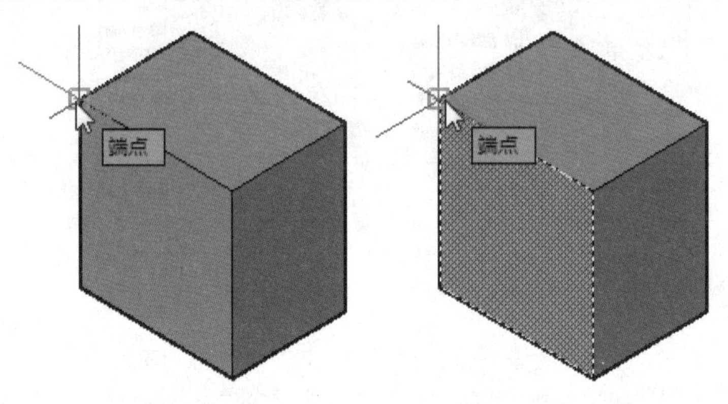

设置视觉样式

在等轴测视图中绘制三维模型时，默认状况下是以线框方式显示的。用户可以使用多种不同的视图样式来观察三维模型，如真实、隐藏等。通过以下方法可执行视觉样式命令。

- 执行“视图>视觉样式”命令中的子命令。
- 在“常用”选项卡的“视图”选项组中单击“视觉样式”下拉按钮，在打开的下拉列表中选择相应的视觉样式选项即可。
- 在“视图”选项卡的“视觉样式”选项组中单击“视觉样式”下拉按钮，在打开的下拉列表中选择相应的视觉样式选项即可。
- 在绘图区中单击“视图样式”图标，在打开的列表中选择相应的视图样式选项即可。

9.2.1 二维线框样式

二维线框视觉样式使用表现实体边界的直线和曲线来显示三维对象。在该模式中光栅和嵌入对象、线型及线宽均是可见的，并且线与线之间都是重复叠加的，如右图所示。

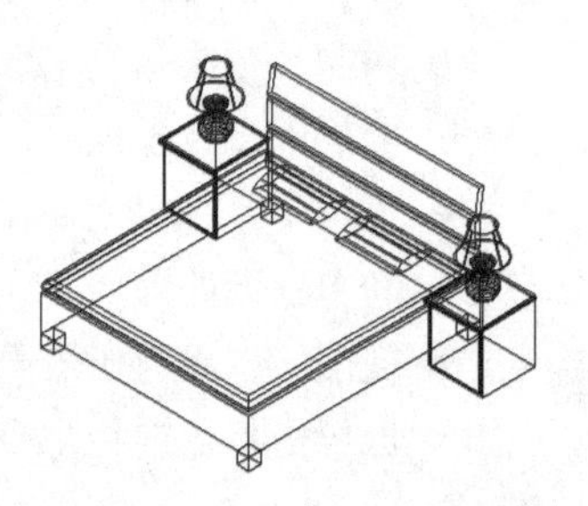

9.2.2 概念样式

概念视觉样式显示着色后的多边形平面间的对象，并使对象的边平滑化。该视觉样式缺乏真实感，但可以方便用户查看模型的细节，如右图所示。

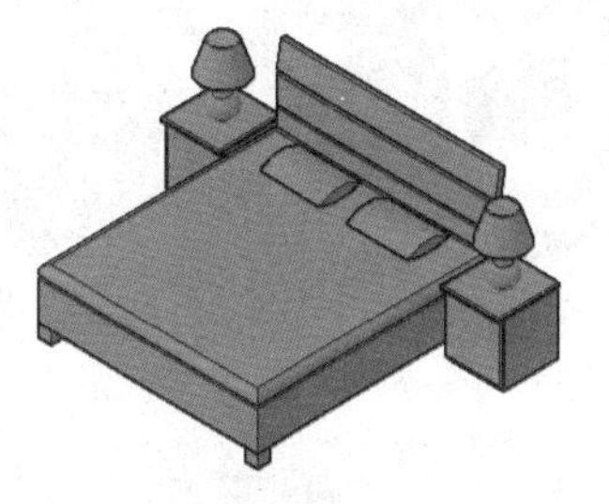

9.2.3 真实样式

真实视觉样式显示着色后的多边形平面间的对象，对可见的表面提供平滑的颜色过渡，其表达效果进一步提高，同时显示已经附着到对象上的材质效果，如右图所示。

9.2.4 其他样式

在AutoCAD 2014中，还包括隐藏、着色、带边框着色、灰度和线框等视觉样式。

（1）隐藏样式

隐藏视觉样式与“概念”视觉样式相似，但是概念样式是以灰度显示，并略带有阴影光线；而隐藏样式则以白色显示，如下左图所示。

（2）着色

着色视觉样式可使实体产生平滑的着色模型，如下中图所示。

（3）带边框着色样式

带边框着色视觉样式可以使用平滑着色和可见边显示对象，如下右图所示。

（4）灰度样式

灰度视觉样式使用平滑着色和单色灰度显示对象，如下左图所示。

（5）勾画样式

勾画视觉样式使用线延伸和抖动边修改器显示手绘效果的对象，如下中图所示。

（6）线框样式

线框视觉样式通过使用直线和曲线表示边界的方式显示对象，如下右图所示。

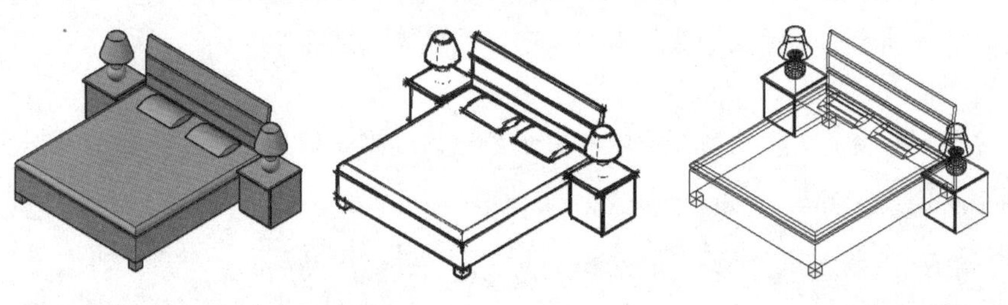

绘制三维实体

基本的三维实体主要包括长方体、球体、圆柱体、圆锥体和圆环体等。下面将介绍这些实体的绘制方法。

9.3.1 长方体的绘制

长方体是最基本的实体对象，用户可以通过以下方法绘制长方体。

- 执行"绘图>建模>长方体"命令。
- 在"常用"选项卡的"建模"选项组中单击"长方体"按钮。
- 在"实体"选项卡的"图元"面板中单击"长方体"按钮。
- 在命令行中输入"BOX"，然后按回车键。

执行"长方体"命令后，根据命令行中的提示创建长方体，如下图所示。命令行提示内容如下。

```
命令: _box
指定第一个角点或 [中心(C)]: 0,0,0                              (指定一点 )
指定其他角点或 [立方体(C)/长度(L)]: @200,300,0                  (输入@200,300,0)
指定高度或 [两点(2P)] <200.0000>: 300                           (输入300)
```

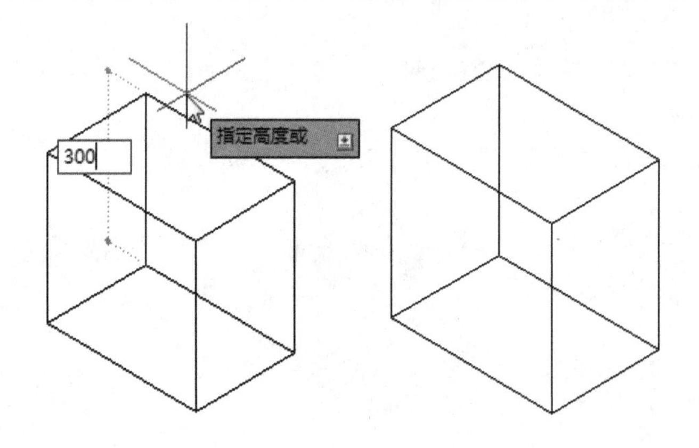

9.3.2 圆柱体的绘制

圆柱体是以圆或椭圆为截面形状，沿该截面法线方向拉伸所形成的实体特征。用户可以通过以下方法绘制圆柱体。

- 执行"绘图>建模>圆柱体"命令。
- 在"常用"选项卡的"建模"选项组中单击"圆柱体"按钮。
- 在"实体"选项卡的"图元"选项组中单击"圆柱体"按钮。
- 在命令行中输入"CYL"，然后按回车键。

执行"圆柱体"命令后，根据命令行中的提示创建圆柱体，如下图所示。命令行提示内容如下。

```
命令: _cylinder
指定底面的中心点或 [三点(3P)/两点(2P)/切点、切点、半径(T)/椭圆(E)]:        (指定一点)
```

指定底面半径或 [直径(D)]: 200 （输入200）
指定高度或 [两点(2P)/轴端点(A)] <300.0000>: 350 （输入350）

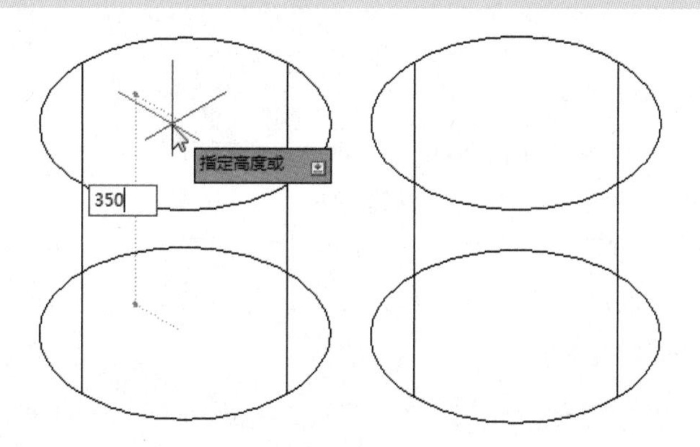

知识链接 命令行中各选项的含义介绍

- **三点**：通过指定三个点来定义圆柱体的底面周长和底面。
- **两点**：通过指定两个点来定义圆柱体的底面直径。
- **相切、相切、半径**：定义具有指定半径，且与两个对象相切的圆柱体底面。
- **椭圆**：定义圆柱体底面形状为椭圆，并生成椭圆柱体。
- **轴端点**：指定圆柱体轴的端点位置。轴端点是圆柱体的顶面中心点。

9.3.3 楔体的绘制

楔体可以看作是以矩形为底面，其一边沿法线方向拉伸所形成的具有楔状特征的实体，也就是1/2长方体。其表面总是平行于当前的UCS，其斜面沿Z轴倾斜。用户可以通过以下方法绘制楔体。

- 执行"绘图>建模>楔体"命令。
- 在"常用"选项卡的"建模"选项组中单击"楔体"按钮。
- 在命令行中输入"WE"，然后按回车键。

执行"楔体"命令后，根据命令行中的提示创建楔体，如下图所示。命令行提示内容如下。

命令: _wedge
指定第一个角点或 [中心(C)]: （指定一点）
指定其他角点或 [立方体(C)/长度(L)]: @-250,300,0 （输入点坐标值）
指定高度或 [两点(2P)] <30.0000>: 300 （输入高度值）

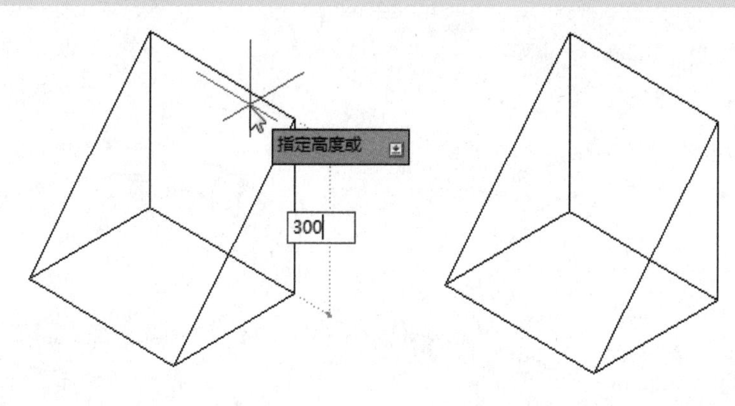

9.3.4 球体的绘制

球体是到一个点即球心的距离相等的所有点的集合所形成的实体。用户可以通过以下方法绘制球体。

- 执行“绘图>建模>球体”命令。
- 在“常用”选项卡的“建模”面板中单击“球体”按钮。
- 在命令行中输入命令SPHERE，然后按回车键。

执行“球体”命令后，根据命令行中的提示创建球体，如下图所示。命令行提示内容如下。

```
命令: _sphere
指定中心点或 [三点(3P)/两点(2P)/切点、切点、半径(T)]:          (指定一点)
指定半径或 [直径(D)] <200.0000>: 200                          (输入半径值)
```

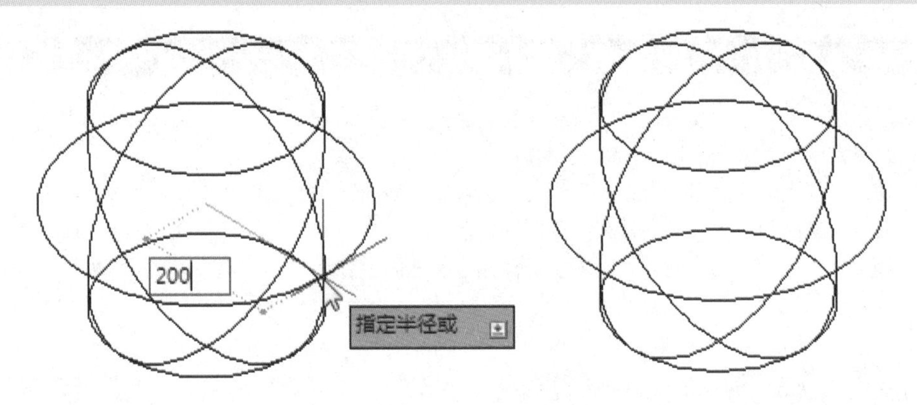

9.3.5 圆环体的绘制

圆环体可以看作是绕圆轮廓线与其共面的直线旋转所形成的实体特征。用户可以通过以下方法绘制圆环体。

- 执行“绘图>建模>圆环体”命令。
- 在“常用”选项卡的“建模”选项组中单击“圆环体”按钮。
- 在“视图”选项卡的“图元”选项组中单击“圆环体”按钮。
- 在命令行中输入“TOR”，然后按回车键。

执行“圆环体”命令后，根据命令行中的提示创建圆环体，如下图所示。命令行提示内容如下。

```
命令: _torus
指定中心点或 [三点(3P)/两点(2P)/切点、切点、半径(T)]:          (指定一点)
指定半径或 [直径(D)] <200.0000>: 300                          (输入半径值)
指定圆管半径或 [两点(2P)/直径(D)]: 40                         (输入圆管半径值)
```

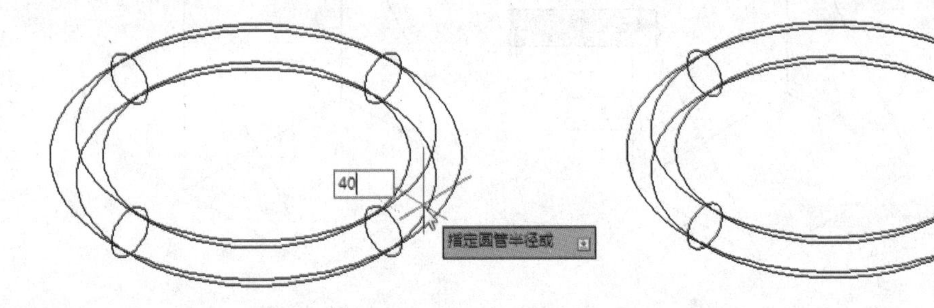

Section 9.4 二维图形生成三维实体

在AutoCAD 2014中，除了使用三维绘图命令绘制实体模型外，还可以对绘制的二维图形进行拉伸、旋转、放样和扫掠等编辑，将其转换为三维实体模型。

9.4.1 拉伸实体

使用“拉伸”命令，可以绘制各种柱体、台形体和沿指定路径拉伸形成的拉伸实体。用户可以通过以下方法执行“拉伸”命令。

- 执行“绘图>建模>拉伸”命令。
- 在“常用”选项卡的“建模”选项组中单击“拉伸”按钮。
- 在“实体”选项卡的“实体”选项组中单击“拉伸”按钮。
- 在命令行中输入“EXT”，然后按回车键。

执行“拉伸”命令后，根据命令行中的提示拉伸实体，如下图所示。命令行提示内容如下。

```
命令: _extrude
当前线框密度: ISOLINES=4，闭合轮廓创建模式 = 实体
选择要拉伸的对象或 [模式(MO)]: _MO 闭合轮廓创建模式 [实体(SO)/曲面(SU)] <实体>: _SO
选择要拉伸的对象或 [模式(MO)]: 找到 1 个                          （选择对象）
选择要拉伸的对象或 [模式(MO)]:                                    （按回车键）
指定拉伸的高度或 [方向(D)/路径(P)/倾斜角(T)/表达式(E)]: 350        （输入高度值）
```

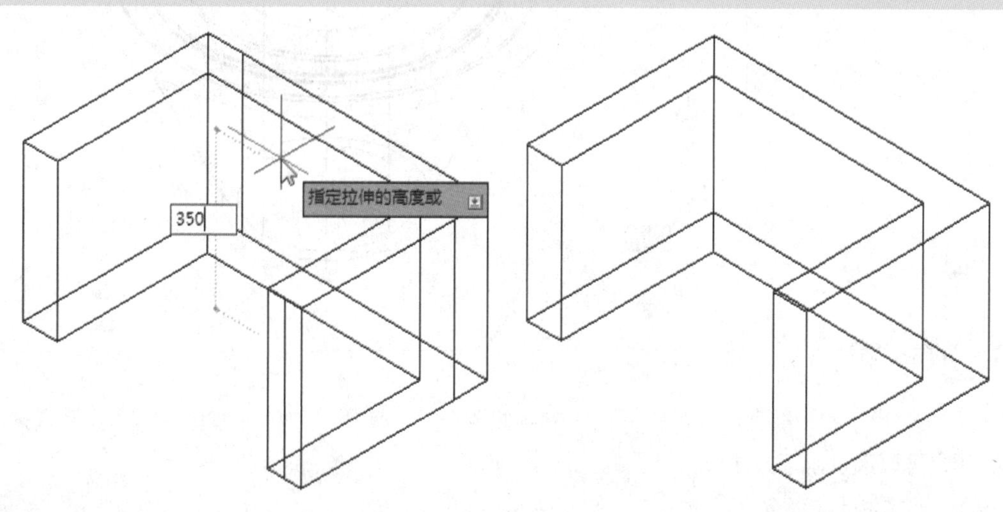

知识链接 命令行中选项的含义

- **拉伸高度**：表示沿正或负Z轴拉伸选定对象。
- **方向**：表示用两个指定点指定拉伸的长度和方向。
- **路径**：表示基于选定对象的拉伸路径。
- **倾斜角**：表示拉伸的倾斜角。

9.4.2 旋转实体

使用“旋转”命令，可将二维闭合的图形以中心轴为旋转中心进行旋转，从而形成三维实体模型。用户可以通过以下方法执行“旋转”命令。

- 执行“绘图>建模>旋转”命令。
- 在“常用”选项卡的“建模”选项组中单击“旋转”按钮。
- 在“实体”选项卡的“实体”选项组中单击“旋转”按钮。
- 在命令行中输入“REV”，然后按回车键。

执行“旋转”命令后，根据命令行中的提示旋转实体，如下图所示。命令行提示内容如下。

```
命令: _revolve
当前线框密度: ISOLINES=4，闭合轮廓创建模式 = 实体
选择要旋转的对象或 [模式(MO)]: _MO 闭合轮廓创建模式 [实体(SO)/曲面(SU)] <实体>: _SO
选择要旋转的对象或 [模式(MO)]: 找到 1 个                                  (选择对象)
选择要旋转的对象或 [模式(MO)]:                                            (按回车键)
指定轴起点或根据以下选项之一定义轴 [对象(O)/X/Y/Z] <对象>:                   (单击直线上端点)
指定轴端点:                                                              (单击直线下端点)
指定旋转角度或 [起点角度(ST)/反转(R)/表达式(EX)] <360>:          (按回车键，指定旋转角度为360°)
```

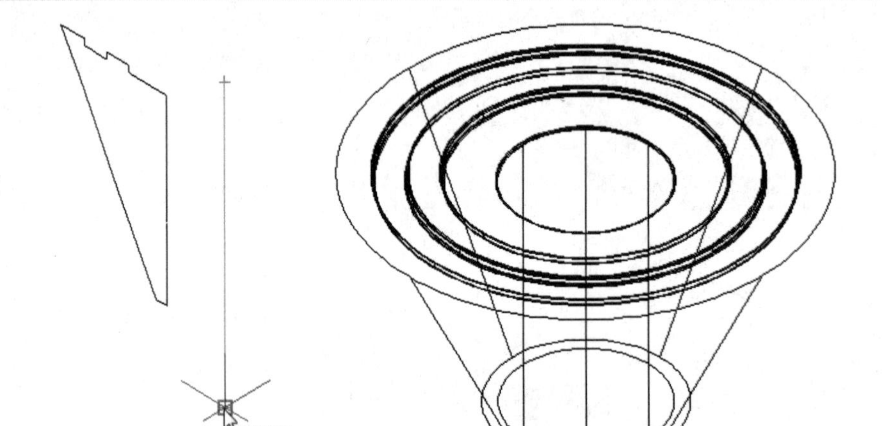

9.4.3 放样实体

“放样”命令用于在横截面之间的空间内绘制实体或曲面。使用“放样”命令时，至少必须指定两个横截面。用户可以通过以下方法执行“放样”命令。

- 执行“绘图>建模>放样”命令。
- 在“常用”选项卡的“建模”选项组中单击“放样”按钮。
- 在命令行中输入“LOFT”，然后按回车键。

执行“放样”命令后，根据命令行的提示，可按放样次序选择横截面，然后选择“仅横截面”选项，即可完成放样实体，如下图所示。

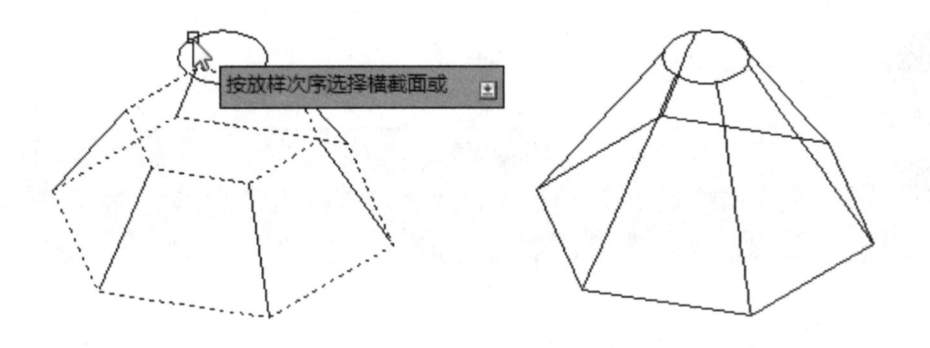

9.4.4 扫掠实体

“扫掠”命令用于沿指定路径以指定轮廓的形状绘制实体或曲面。用户可以通过以下方法执行“扫掠”命令。

- 执行“绘图>建模>扫掠”命令。
- 在“常用”选项卡的“建模”选项组中单击“扫掠”按钮。
- 在“实体”选项卡的“实体”选项组中单击“扫掠”按钮。
- 在命令行中输入“SWEEP”，然后按回车键。

执行“扫掠”命令后，根据命令行的提示信息，选择要扫掠的对象和扫掠路径，按回车键即可创建扫掠实体，如下图所示。

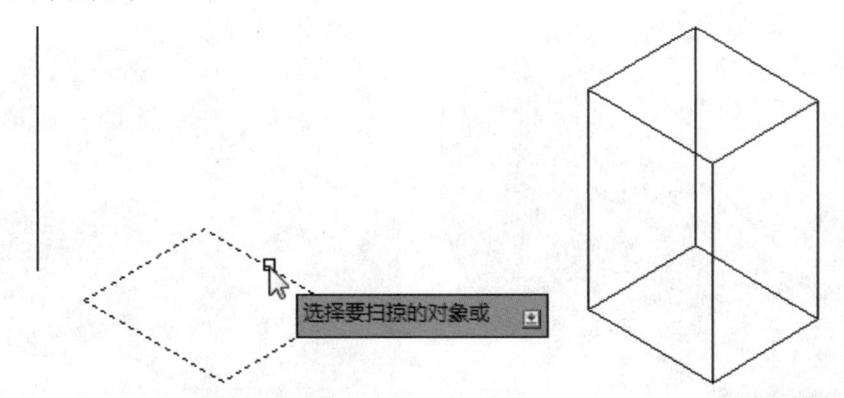

知识链接 “按住并拖动”命令与“拉伸”命令区别

“按住并拖动”命令是通过选中对象的一个面域，对其进行拉伸操作。执行“常用>建模>按住并拖动”命令，选中所需的面域，移动光标，确定拉伸方向，并输入拉伸距离即可，如下图所示。

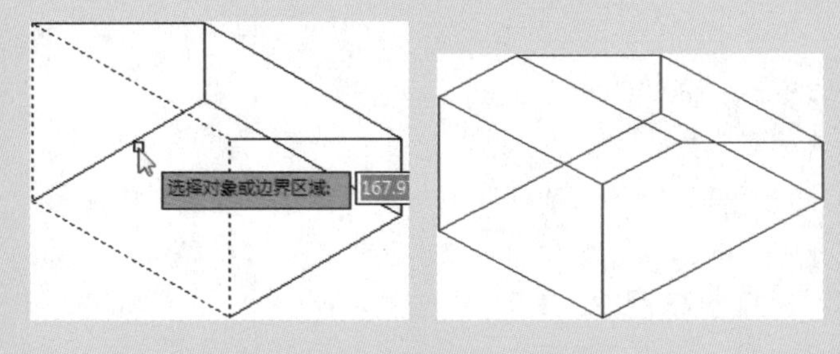

该命令与拉伸操作相似。但“拉伸”命令只能限制在二维图形上操作，而“按住并拖动”命令无论是在二维还是三维图形上都可进行拉伸。

布尔运算

布尔运算在三维建模中是一项较为重要的功能。它是将两个或两个以上的图形，通过加减方式结合生成新实体。

9.5.1 并集操作

“并集”命令就是将两个或多个实体对象合并成一个新的复合实体，新实体由各个组成对象的所有部分组成，没有相重合的部分。用户可以通过以下方法执行“并集”命令。

- 执行“修改>实体编辑>并集”命令。
- 在“常用”选项卡的“实体编辑”选项组中单击“实体，并集”按钮。
- 在“实体”选项卡的“布尔值”选项组中单击“并集”按钮。
- 在命令行中输入“UNI”，然后按回车键。

执行“并集”命令后，选中所有需要合并的实体，然后按回车键即可完成操作。如下图所示为执行并集操作前后的效果对比。

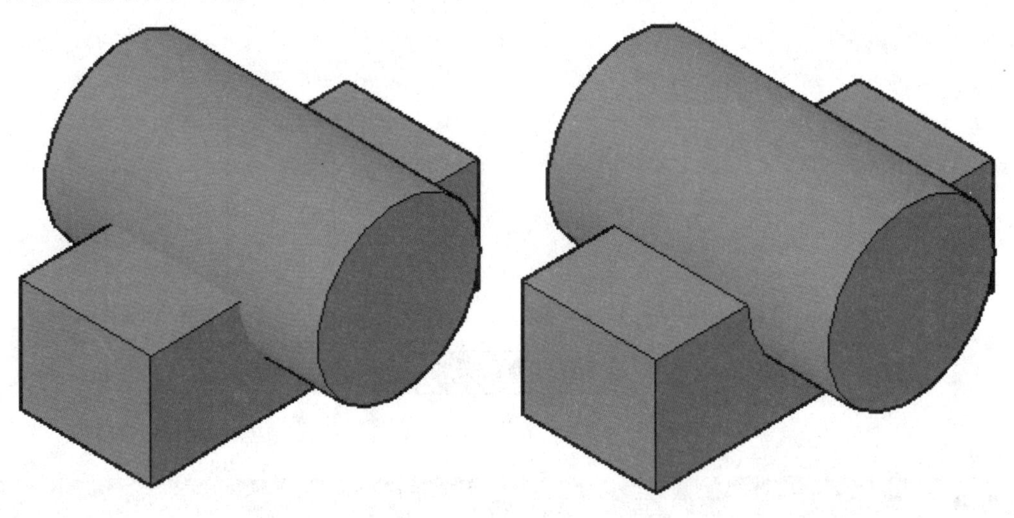

9.5.2 差集操作

“差集”命令是从一个或多个实体中减去其中之一或若干部分，得到一个新的实体。用户可以通过以下方法执行“差集”命令。

- 执行“修改>实体编辑>差集”命令。
- 在“常用”选项卡的“实体编辑”选项组中单击“实体，差集”按钮。
- 在“实体”选项卡的“布尔值”选项组中单击“差集”按钮。
- 在命令行中输入“SU”，然后按回车键。

执行“差集”命令后，选择对象，然后选择要从中减去的实体、曲面和面域，按回车键即可得到差集效果，如下图所示为执行差集操作前后的效果对比。

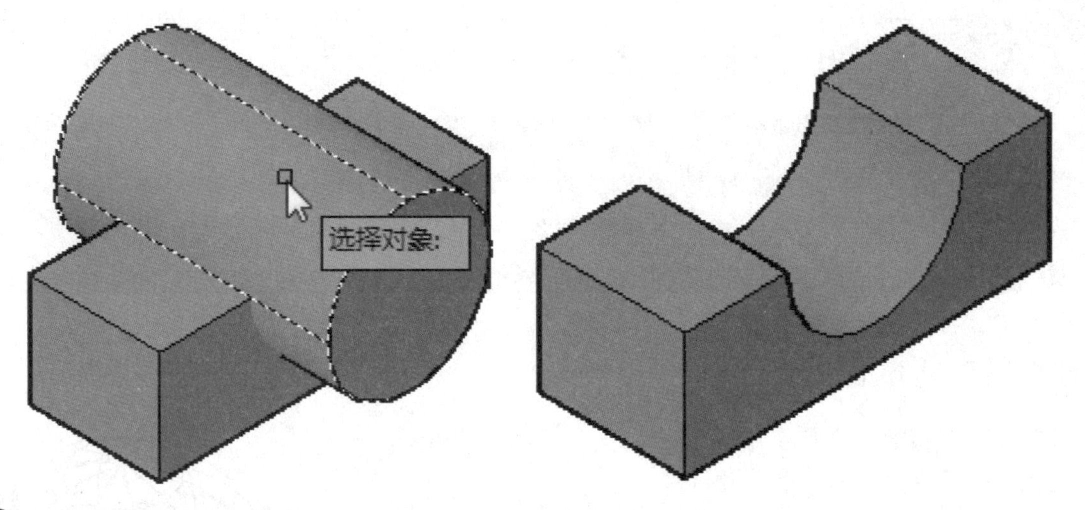

知识链接 执行差集命令的注意事项

在执行“差集”的两个面域必须位于同一个平面上。但是，通过在不同的平面上选择面域集，可同时执行多个差集操作。系统会在每个平面上分别生成减去的面域。如果没有选定的共面面域，则该面域将被拒绝。

9.5.3 交集操作

“交集”命令可以从两个以上重叠实体的公共部分创建复合实体。用户可以通过以下方法执行“交集”命令。

- 执行“修改>实体编辑>交集”命令。
- 在“常用”选项卡的“实体编辑”选项组中单击“实体，交集”按钮。
- 在“实体”选项卡的“布尔值”选项组中单击“交集”按钮。
- 在命令行中输入“IN”，然后按回车键。

执行“交集”命令后，根据命令行的提示，选中所有实体，按回车键即可完成交集操作，如下图所示为执行交集操作前后的效果对比。

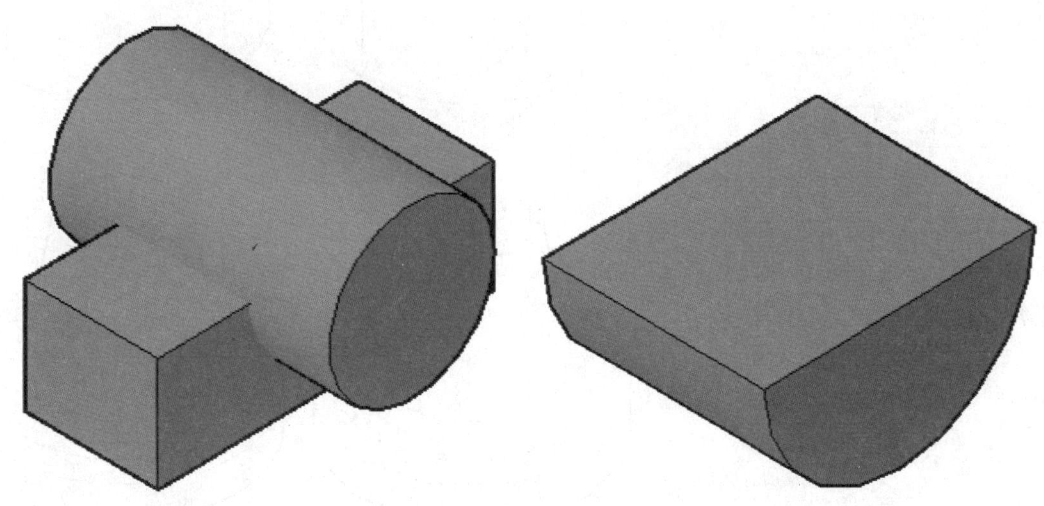

控制实体的显示

在AutoCAD 2014中，控制三维模型显示的系统变量有ISOLINES、DISPSILH和FACETRES，这三个系统变量影响着三维模型显示的效果。用户在绘制三维实体之前首先应设置好这三个变量参数。

9.6.1 ISOLINES

使用ISOLINES系统变量可以控制对象上每个曲面的轮廓线数目，数目越多，模型精度越高，但渲染时间也越长，有效取值范围为0～2047，默认值为4。如右图所示分别为ISOLINES值为4和10的球体效果。

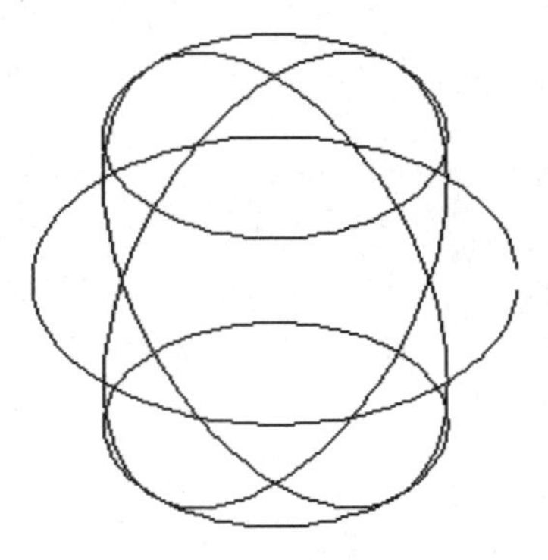

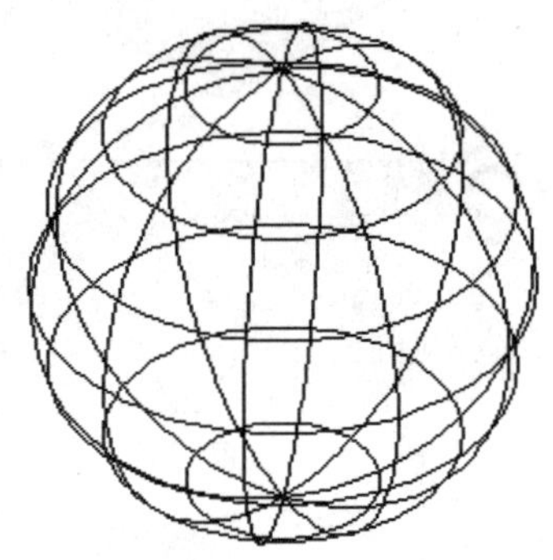

9.6.2 DISPSILH

使用DISPSILH系统变量可以控制实体轮廓边的显示，其取值为0或1，当取值为0时，不显示轮廓边，取值为1时，则显示轮廓边，分别如右图所示。

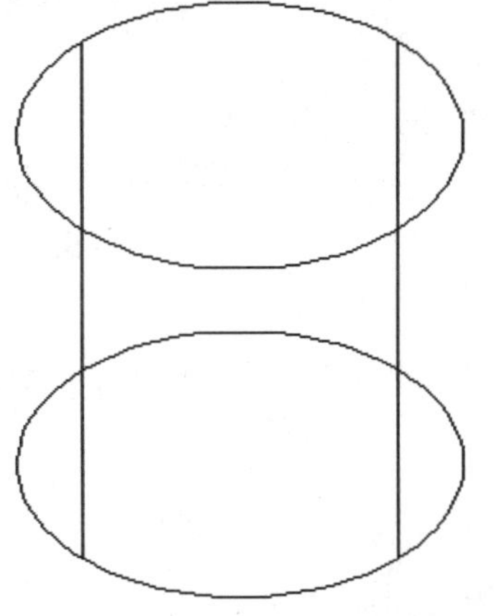

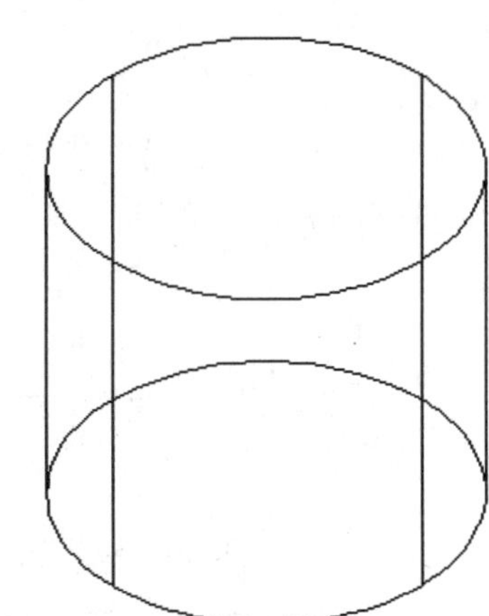

9.6.3 FACETRES

使用FACETRES系统变量可以控制三维实体在消隐、渲染时表面的棱面生成密度，其值越大，生成的图像越光滑，有效的取值范围为0.01～10，默认值为0.5。如右图所示分别为FACETRES值为0.1和6时的模型显示效果。

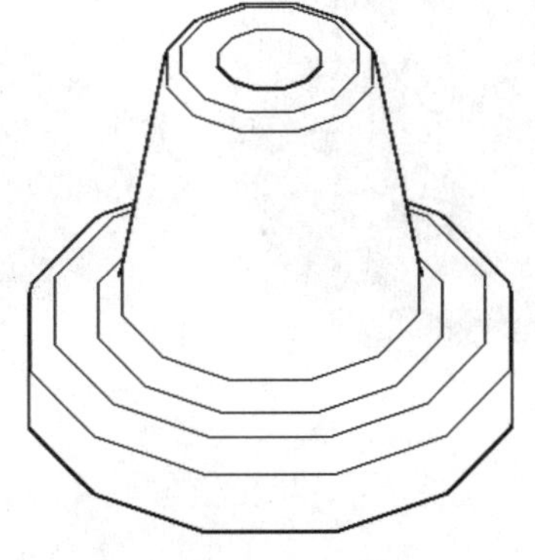

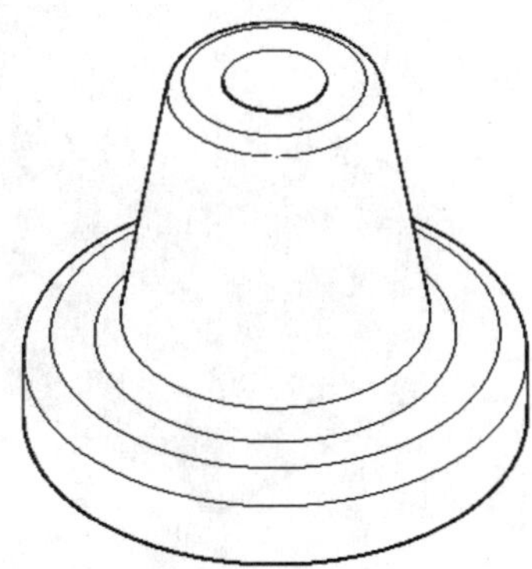

设计师训练营 圆柱齿轮模型的绘制

下面将结合以上所学的知识点，来绘制圆柱齿轮模型，其中涉及到三维命令有拉伸、旋转拉伸、差集以及一些二维绘图命令等。

Step 01 启动AutoCAD 2014软件，执行“俯视图”命令，将当前视图设为俯视图，执行“圆”命令，绘制半径为64.7mm的圆，如下左图所示。

Step 02 同样执行“圆”命令，指定圆心，绘制半径为73.5mm和80.5mm的两个圆，完成一个同心圆的绘制，如下右图所示。

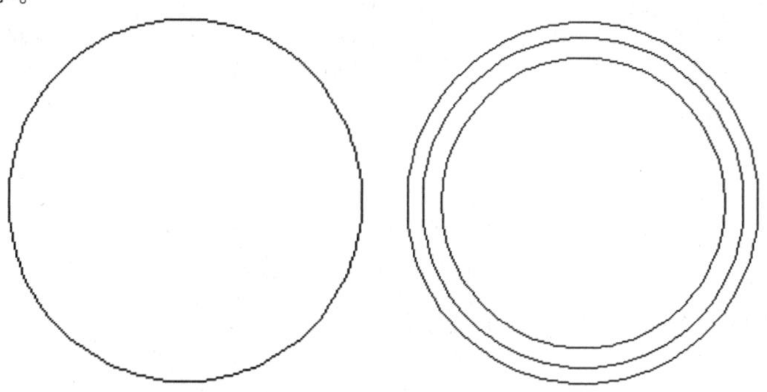

Step 03 执行“偏移”命令，将半径为73.5mm圆向内偏移4mm，如下左图所示。

Step 04 执行“直线”命令，绘制圆半径，作为辅助线，如下右图所示。

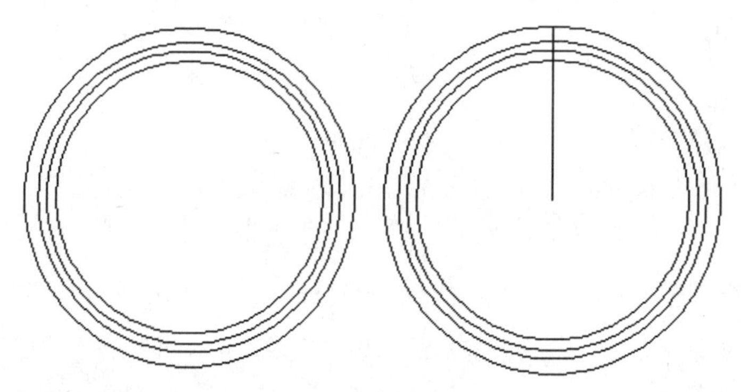

Step 05 执行“偏移”命令，将该垂直线辅助线向左偏移5mm，然后，再将该辅助线向右偏移20mm，如下左图所示。

Step 06 执行“圆”命令，将B点指定为圆心点，然后捕捉A点，完成辅助圆的绘制，如下右图所示。

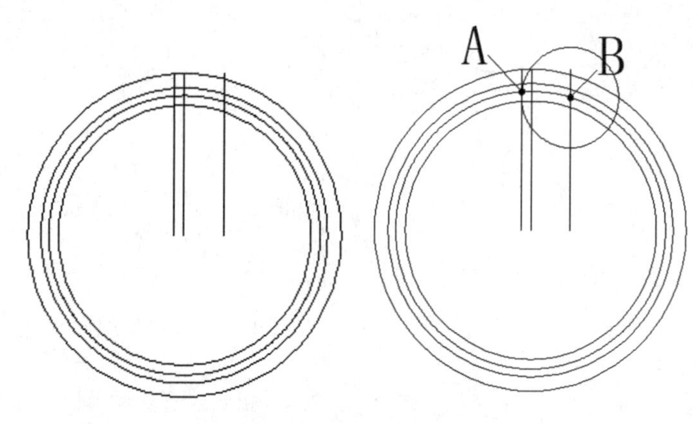

Step 07 执行"镜像"命令，以垂直辅助线为镜像中心，对辅助圆进行镜像操作，结果如下左图所示。

Step 08 执行"修剪"命令，将镜像后的图形进行修剪操作，完成一个齿轮图形的绘制，其结果如下右图所示。

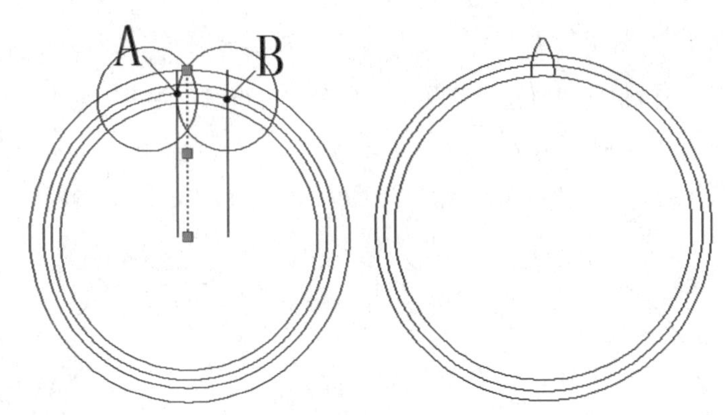

Step 09 执行"环形阵列"命令，以圆心为阵列中心，将圆柱齿轮图形进行阵列，阵列数为25，如下左图所示。

Step 10 将阵列后多余的线删除，其结果如下右图所示。

Step 11 对阵列后的图形进行分解操作，然后执行"修剪"命令，对图形进行修剪，结果如下左图所示。

Step 12 执行"编辑多段线"命令，将修剪后的图形转换成面域，并执行"视图"命令，将视图切换至西南视图，如下右图所示。

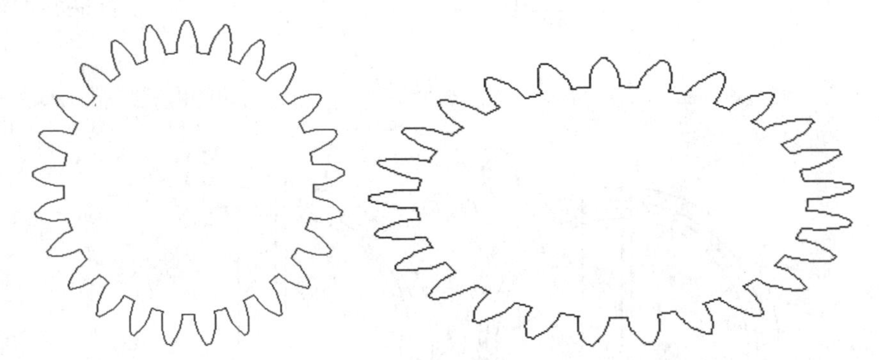

Step 13 执行"拉伸"命令，将生成的面域图形向Z轴正向拉伸15mm，如下左图所示。

Step 14 捕捉齿轮顶面圆心点，执行"圆柱体"命令，向Z轴负方向绘制底面半径为54mm、高为4mm的圆柱体，如下右图所示。

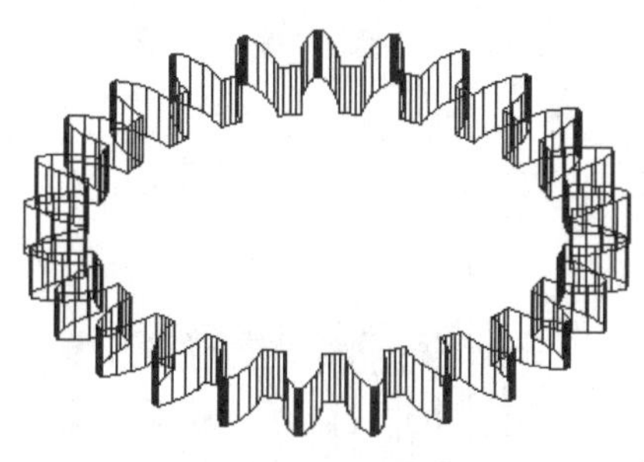 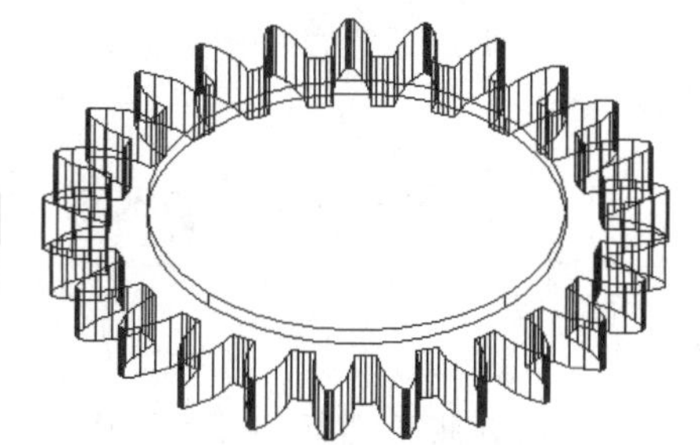

Step 15 执行“差集”命令，将绘制的圆柱从齿轮模型中减去，将视图样式切换至概念样式，结果如下左图所示。

Step 16 执行“圆柱体”命令，捕捉刚减去的圆柱体底面圆心，绘制底面半径为30mm、高为4mm的圆柱体，如下右图所示。

Step 17 将该圆柱体与齿轮模型进行合并，然后执行“圆柱体”命令，捕捉刚绘制的圆柱体顶面圆心，向Z轴负向绘制底面半径为14mm、高为15mm的圆柱体，如下左图所示。

Step 18 执行“差集”命令，将刚绘制的圆柱体从齿轮模型中减去，然后将视图切换至概念样式，观察图形，其结果如下右图所示。

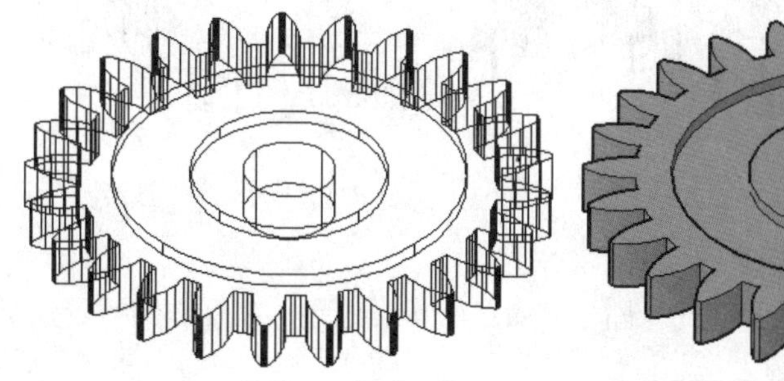 

Step 19 执行“按住并拖动”命令，选中刚减去的圆柱顶面，将该面向Z轴正向拉伸3mm，结果如下左图所示。

Step 20 将当前视图设置“左视图”，其结果如下右图所示。

 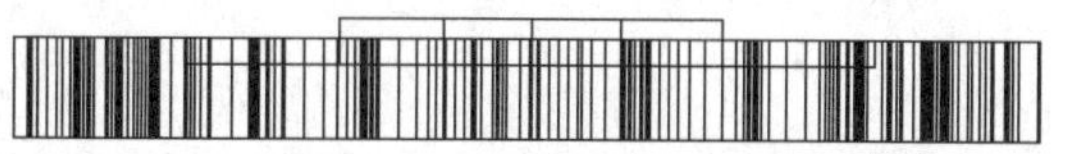

Step 21 执行“多段线”命令，在命令行中输入“FROM”后按回车键，并输入“END”，捕捉齿轮左侧起点，如下左图所示。

Step 22 在命令行中输入“@0，-1”，按回车键，再输入“@3<45”，如下右图所示。

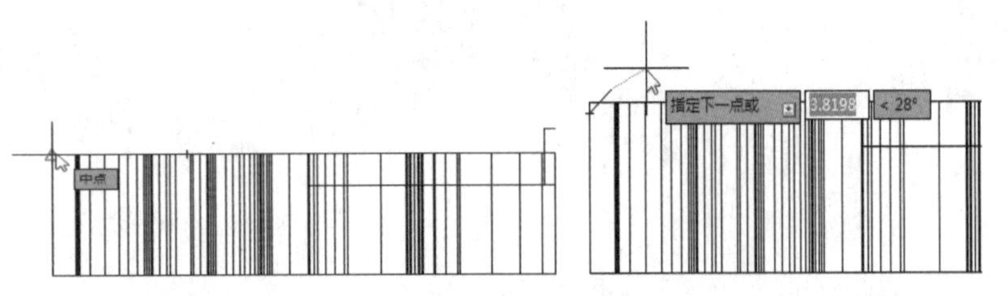

Step 23 输入好后，按回车键，并输入“@-4，0”后按回车键，然后再输入“C”，完成三角形的绘制，如下左图所示。

Step 24 执行“镜像”命令，对绘制好的三角形进行镜像操作，其结果如下右图所示。

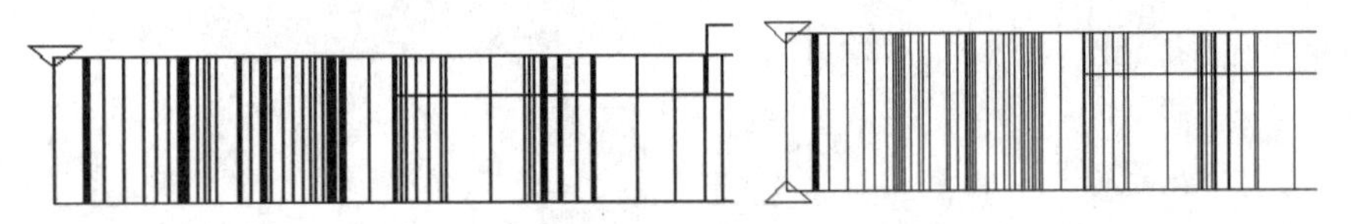

Step 25 将视图设置为西南视图，执行“直线”命令，绘制齿轮模型中心线，如下左图所示。

Step 26 执行“旋转”命令，对刚绘制好的两个三角形以齿轮中心线为旋转中心，进行旋转拉伸，如下右图所示。

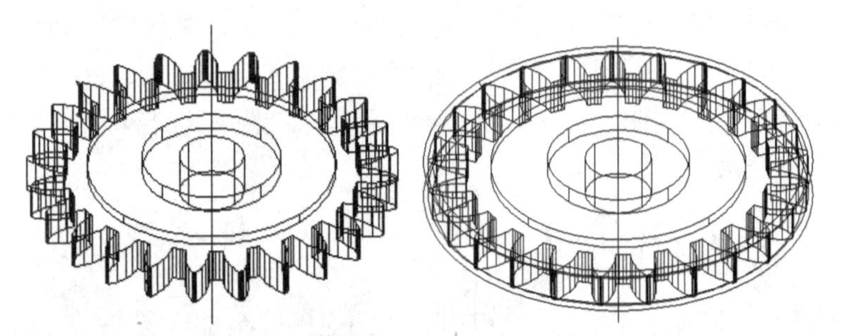

Step 27 执行“差集”命令，将拉伸后的三角形从齿轮模型中减去，完成齿轮倒角操作，其结果如下左图所示。

Step 28 将当前视图样式设为概念视图样式，即可查看齿轮模型效果，如下右图所示。至此，齿轮模型已全部绘制完毕。

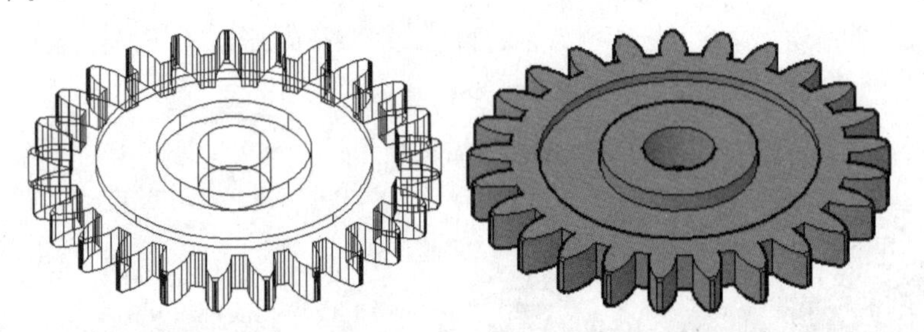

专家技巧 视图切换需注意

在进行三维绘图时，如果对视图进行切换，特别是将二维视图切换至三维视图后，需要对UCS坐标进行恢复操作，否则将会直接影响下一步操作。

课后练习

1. 填空题

（1）AutoCAD中，三维坐标分为 ________ 和用户坐标系两种。

（2）______ 可以看作是以矩形为底面，其一边沿法线方向拉伸所形成的具有楔状特征的实体，也就是1/2长方体。

（3）______ 命令可以从两个以上重叠实体的公共部分创建复合实体。

2. 选择题

（1）在AutoCAD 2014中，使用以下（　）命令可创建用户坐标系。

A. U　　B. UCS　　C. S　　D. W

（2）在 AutoCAD 2014中，使用以下（　）命令，可将二维闭合的图形以中心轴为旋转中心进行旋转，从而形成三维实体模型。

A. 拉伸　　B. 放样　　C. 扫掠　　D. 旋转

（3）从两个或多个实体或面域的交集创建复合实体或面域，并删除交集以外的部分应该选用以下命令（　）。

A. 干涉　　B. 交集　　C. 差集　　D. 并集

（4）以下（　）命令可以将两个或多个实体对象合并成一个新的复合实体，新实体由各个组成对象的所有部分组成，没有相重合的部分。

A. 差集　　B. 交集　　C. 并集　　D. 剖切

3. 上机题

使用"长方体"、"楔体"、"圆柱体"命令绘制机械模型，然后使用"并集"和"差集"命令对其进行编辑，如右图所示。

Chapter

10

编辑三维模型

用户使用三维编辑命令，可以在三维空间中移动、复制、镜像、对齐以及阵列三维对象，剖切实体以获取实体的截面，编辑它们的面、边或体。还可以添加光源、贴图材质，最终对模型进行渲染，达到更加真实的效果。通过对本章内容的学习，读者能快速绘制出复杂的三维实体。

重点难点

- 编辑三维模型
- 更改三维模型形状
- 添加基本光源
- 材质和贴图
- 渲染三维模型

编辑三维对象

创建的三维对象有时不能满足用户的要求，这就需要对三维对象进行编辑操作，例如对三维图形进行移动、旋转、对齐、镜像、阵列等操作。

10.1.1 移动三维对象

移动三维对象可将实体在三维空间中移动，在移动时，指定一个基点，然后指定一个目标空间点即可。用户可以通过以下方法执行“三维移动”命令。

- 执行“修改>三维操作>三维移动”命令。
- 在“常用”选项卡的“修改”选项组中单击“三维移动”按钮。
- 在命令行中输入“3DMOVE”，然后按回车键。

执行“三维移动”命令后，根据命令行的提示，指定基点，然后指定第二点即可移动实体，如下图所示。

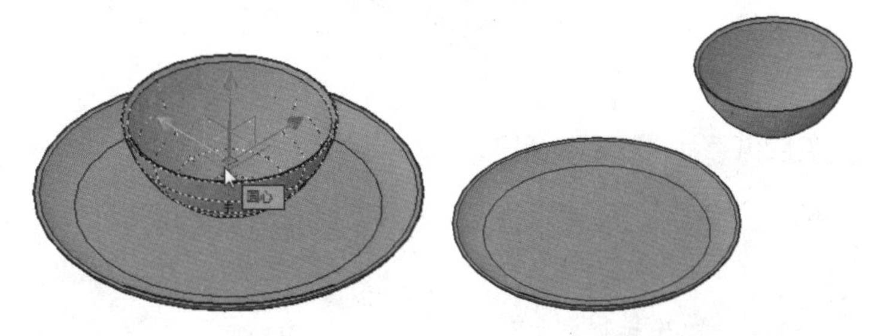

10.1.2 旋转三维对象

“三维旋转”命令可以将选择的对象绕三维空间定义的任何轴（X轴、Y轴、Z轴）按照指定的角度进行旋转。用户可以通过以下方法执行“三维旋转”命令。

- 执行“修改>三维操作>三维旋转”命令。
- 在“常用”选项卡的“修改”选项组中单击“三维旋转”按钮。
- 在命令行中输入“3DROTATE”，然后按回车键。

执行“三维旋转”命令后，根据命令行的提示，指定基点，拾取旋转轴，然后指定角的起点或输入角度值，输入-60后按回车键即可完成旋转操作，如下图所示。

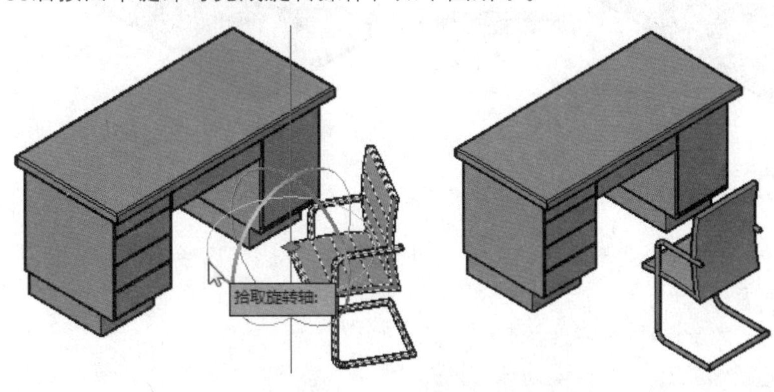

10.1.3 对齐三维对象

“三维对齐”命令可将源对象与目标对象对齐。用户可以通过以下方法执行“三维对齐”命令。

- 执行“修改>三维操作>三维对齐”命令。
- 在“常用”选项卡的“修改”选项组中单击“三维对齐”按钮。
- 在命令行中输入“3DALIGN”，然后按回车键。

执行“三维对齐”命令后，选中棱锥体，依次指定点A、点B、点C，然后再依次指定目标点1、2、3，即可按要求将两实体对齐，如下图所示。

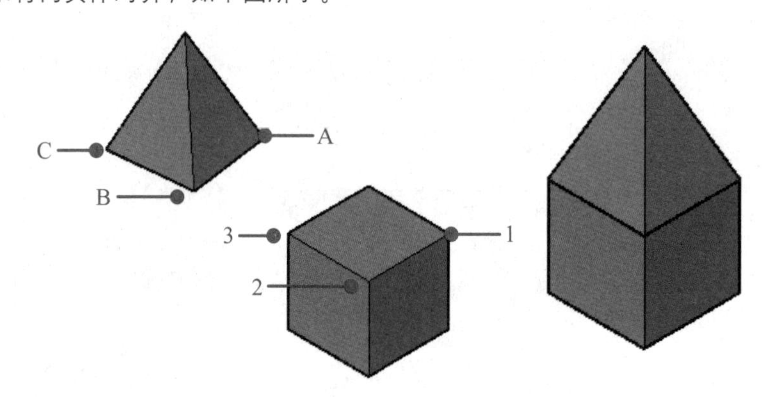

10.1.4 镜像三维对象

“三维镜像”命令可以用于绘制以镜像平面为对称面的三维对象。用户可以通过以下方法执行“三维镜像”命令。

- 执行“修改>三维操作>三维镜像”命令。
- 在“常用”选项卡的“修改”选项组中单击“三维镜像”按钮。
- 在命令行中输入“MIRROR3D”，然后按回车键。

执行“三维镜像”命令后，根据命令行的提示，选取镜像对象并按回车键，然后在实体上指定三个点，将实体镜像，如下图所示。

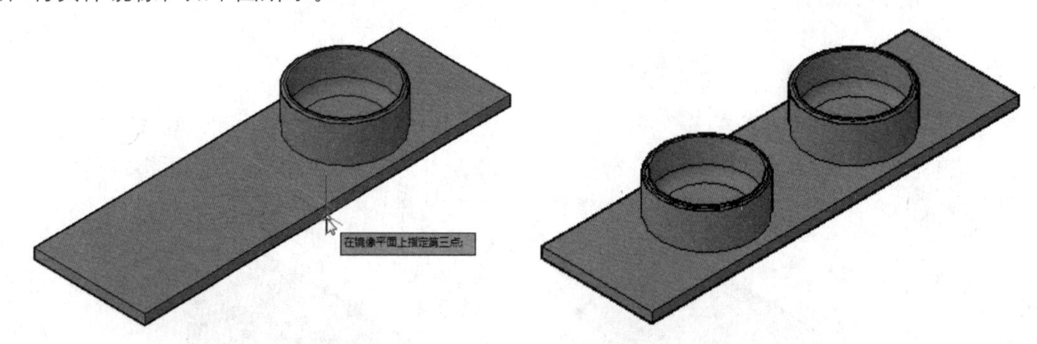

10.1.5 阵列三维对象

“三维阵列”命令可用于在三维空间中绘制对象的矩形阵列或环形阵列。用户可以通过以下方法执行“三维阵列”命令。

- 执行“修改>三维操作>三维阵列”命令。
- 在命令行中输入“3A”，然后按回车键。

1. 矩形阵列

三维矩形阵列是在在行（X轴）、列（Y轴）和层（Z轴）矩形阵列中复制对象。执行“三维阵列”命令后，根据命令行的提示，选择要阵列的对象，按回车键，选择“矩形阵列”类型，然后根据命令行提示，依次指定阵列的行数、列数、层数、行间距、列间距及层间距，效果如下图示。命令行提示内容如下。

命令: 3darray	
选择对象: 指定对角点: 找到 1 个	(选择要阵列的实体对象)
选择对象:	(按回车键)
输入阵列类型 [矩形(R)/环形(P)] <矩形>:	(选择矩形阵列)
输入行数 (---) <1>: 3	(输入阵列的行数)
输入列数 (|||) <1>: 2	(输入阵列的列数)
输入层数 (...) <1>:3	(输入阵列的层数)
指定行间距 (---): 500	(输入行间距值)
指定列间距 (|||): 500	(输入列间距值)
指定层间距 (...): 500	(输入层间距值)

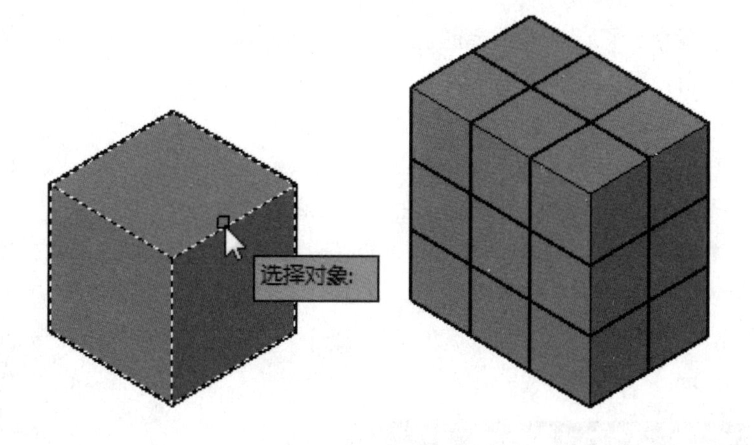

2. 环形阵列

三维环形阵列是围绕旋转轴按逆时针或顺时针方向来阵列复制选择对象。执行“三维阵列”命令，选择要阵列的对象，按回车键，选择“环形阵列”类型，然后根据命令行提示，指定阵列的项目个数和填充角度，确认是否要进行自身旋转后，指定阵列的中心点及旋转轴上的第二点，即可完成环形阵列操作，效果如下图所示。命令行提示内容如下。

命令: _3darray	
选择对象: 指定对角点: 找到 2 个	(选择要阵列的对象)
选择对象:	(按回车键)
输入阵列类型 [矩形(R)/环形(P)] <矩形>:P	(选择环形阵列)
输入阵列中的项目数目: 10	(输入阵列项目数目)
指定要填充的角度 (+=逆时针, -=顺时针) <360>:	(选择默认角度值)
旋转阵列对象? [是(Y)/否(N)] <Y>:	(选择“是”选项)
指定阵列的中心点:	(指定圆心)
指定旋转轴上的第二点:	(指定圆心)

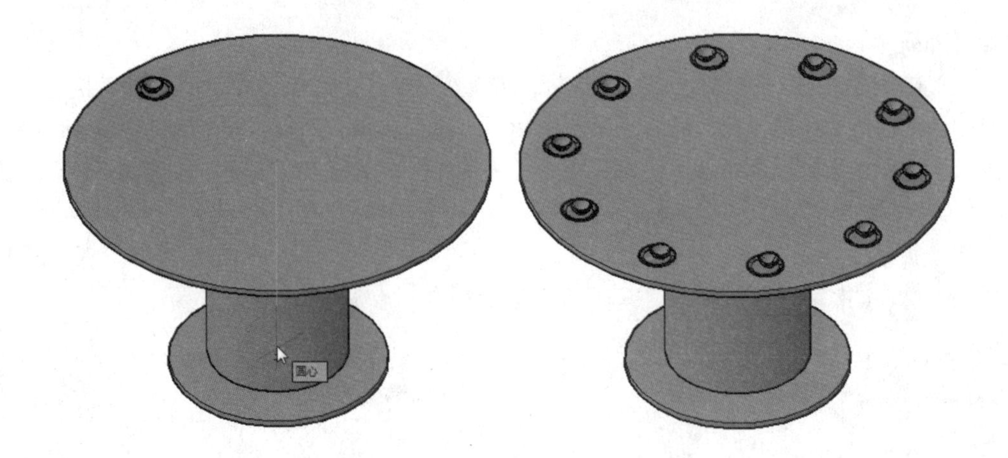

10.1.6 编辑三维实体边

用户可以改变边的颜色或复制三维实体对象的各个边。所有三维实体的边都可复制为直线、圆弧、圆、椭圆或样条曲线对象。

1. 着色边

若要为实体边改变颜色，可以在“选择颜色”对话框中选取颜色。设置边的颜色将替代实体对象所在图层的颜色设置。用户可以通过以下方法执行“着色边”命令。

- 执行“修改>实体编辑>着色边”命令。
- 在“常用”选项卡的“实体编辑”选项组中单击“着色边”按钮。
- 在命令行中输入SOLIDEDIT并按回车键，然后依次选择“边”、“着色”选项。

执行“着色边”命令后，根据命令行的提示，选取需要着色的边并按回车键，然后在打开的如下左图所示的“选择颜色”对话框中选取所需颜色，最后单击“确定”按钮，效果如下右图所示。

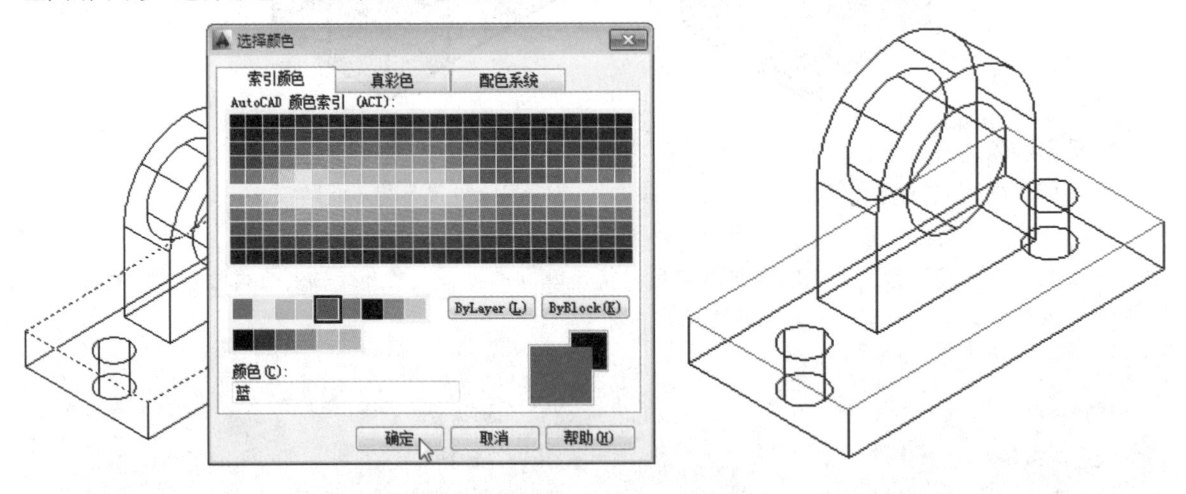

2. 复制边

该命令可将现有的实体模型上的单个或多个边偏移其他位置，从而利用这些边线创建出新的图形对象。用户可以通过以下方法执行“复制边”命令。

- 执行“修改>实体编辑>复制边”命令。
- 在“常用”选项卡的“实体编辑”选项组中单击“复制边”按钮。
- 在命令行中输入“SOLIDEDIT”并按回车键，然后依次选择“边”、“复制”选项。

执行上述命令后，根据命令行的提示，选取边并按回车键，然后指定基点与第二点，即可将复制的边放置在指定的位置，如下图所示。

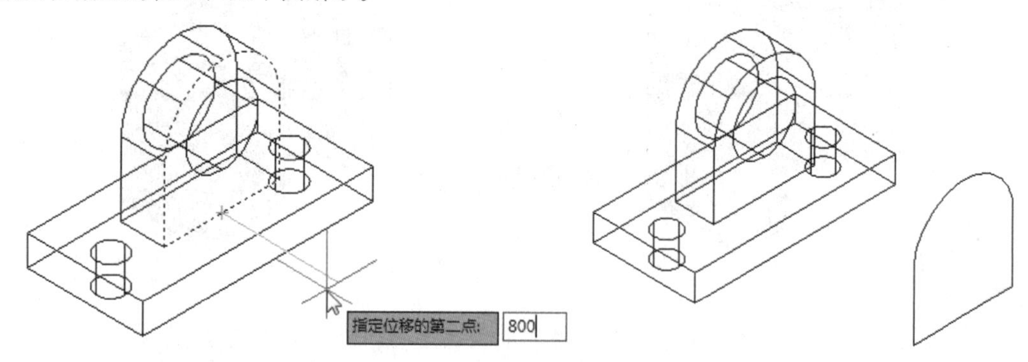

10.1.7 编辑三维实体面

在对三维实体进行编辑时，能够通过表面拉伸、移动、旋转等命令改变实体模型的尺寸和形状等操作。

1. 拉伸面

使用“拉伸面”命令，可以将选定的三维实体对象表面拉伸到指定高度，或沿一条路径进行拉伸。此外，还可以将实体对象面按一定的角度进行拉伸。用户可以通过以下方法执行“拉伸面”命令。

- 执行“修改>实体编辑>拉伸面”命令。
- 在“常用”选项卡的“实体编辑”选项组中单击“拉伸面”按钮。
- 在“实体”选项卡的“实体编辑”选项组中单击“拉伸面”按钮。
- 在命令行中输入“SOLIDEDIT”并按回车键，然后依次选择“面”、“拉伸”选项。

执行“拉伸面”命令后，根据命令行的提示，选择要拉伸的实体面并按回车键，然后指定拉伸高度为100，倾斜角度为40，即可对实体面进行拉伸，如下图所示。

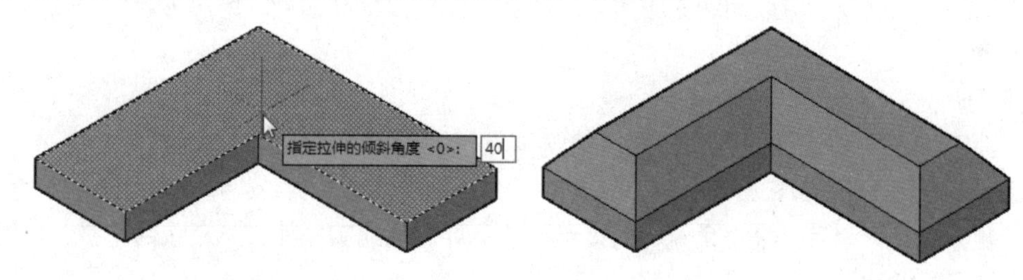

2. 移动面

使用“移动面”命令，可以沿着指定的高度或距离移动三维实体的选定面，用户可一次移动一个或多个面。该操作只是对面的位置进行调整，并不能更改面的方向。用户可以通过以下方法执行“移动面”命令。

- 执行“修改>实体编辑>移动面”命令。
- 在“常用”选项卡的“实体编辑”选项组中单击“移动面”按钮。
- 在命令行中输入“SOLIDEDIT”并按回车键，然后依次选择“面”、“移动”选项。

执行“拉伸面”命令后，根据命令行的提示，选择要移动的实体面并按回车键，然后指定基点和位移的第二点，即可对实体面进行移动，如下图所示。

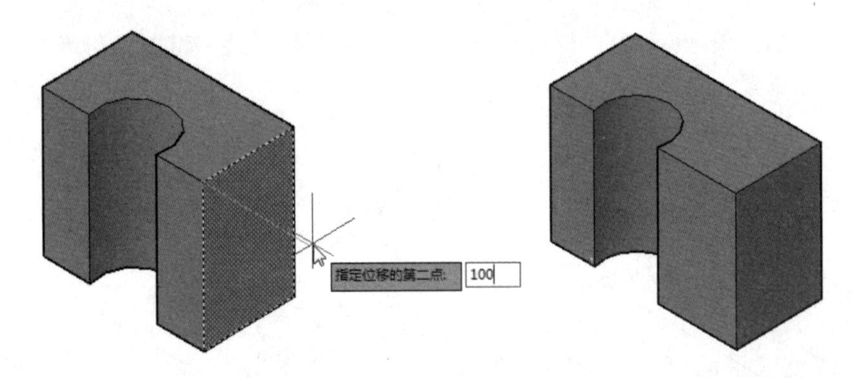

3. 旋转面

使用“旋转面”命令，可以从当前位置起使对象绕选定的轴旋转指定的角度。用户可以通过以下方法执行“旋转面”命令。

- 执行“修改>实体编辑>旋转面”命令。
- 在“常用”选项卡的“实体编辑”选项组中单击“旋转面”按钮。
- 在命令行中输入“SOLIDEDIT”并按回车键，然后依次选择“面”、“旋转”选项。

执行“旋转面”命令后，根据命令行的提示，选择要旋转的实体面并按回车键，然后依次指定旋转轴上的两个点并输入旋转角度，即可对实体面进行旋转，如下图所示。

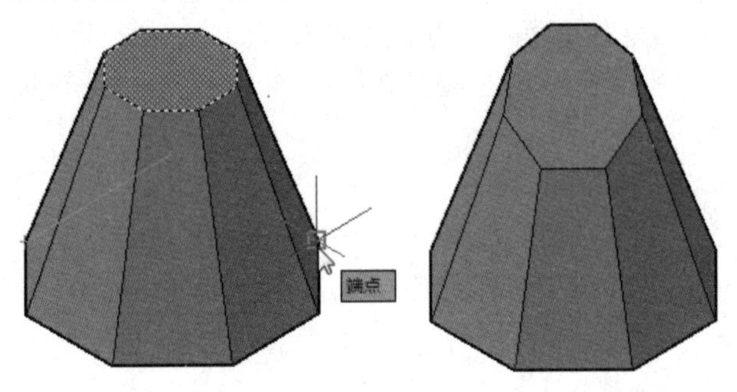

4. 删除面

使用“删除面”命令，可以删除三维实体上的面，包括圆角或倒角。用户可以使用以下方法执行“删除面”命令。

- 执行“修改>实体编辑>删除面”命令。
- 在“常用”选项卡的“实体编辑”选项组中单击“删除面”按钮。
- 在命令行中输入“SOLIDEDIT”并按回车键，然后依次选择“面”、“删除”选项。

执行“删除面”命令后，根据命令行的提示，选择要删除的实体面，然后按回车键，即可将所选的面删除，如下图所示。

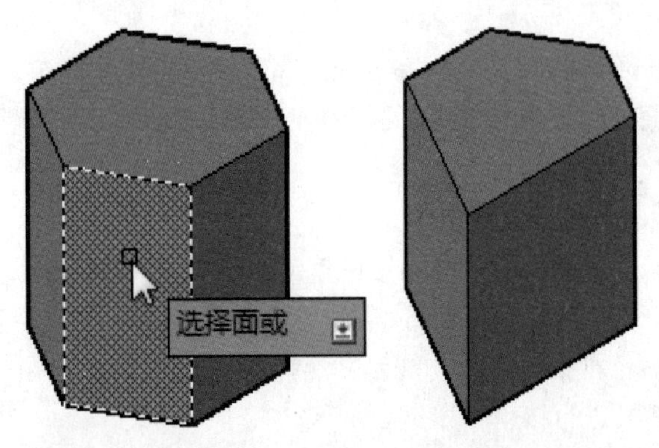

更改三维模型形状

在绘制三维模型时，不仅可以对整个三维实体对象进行编辑，还可以单独对三维实体进行剖切、抽壳、倒直角、倒圆角等操作。

10.2.1 剖切三维对象

该命令通过剖切现有实体可以创建新实体，可以通过多种方式定义剪切平面，包括指定点或者选择曲面或平面对象。用户可以通过以下方法执行“剖切”命令。

- 执行“修改>三维操作>剖切”命令。
- 在“常用”选项卡的“实体编辑”选项组中单击“剖切”按钮。
- 在“实体”选项卡的“实体编辑”选项组中单击“剖切”按钮。
- 在命令行中输入快捷命令“SL”，然后按回车键。

执行“剖切”命令后，根据命令行的提示，选择对象，然后在实体上依次指定A、B两点，即可将模型剖切，如下图所示，命令行提示内容如下。

```
命令: _slice
选择要剖切的对象: 找到 1 个                                  (选择实体对象)
选择要剖切的对象:                                            (按回车键)
指定切面的起点或 [平面对象(O)/曲面(S)/Z 轴(Z)/视图(V)/XY(XY)/YZ(YZ)/ZX(ZX)/三点(3)] <三点>:
                                                             (指定点A)
指定平面上的第二个点:                                        (指定点B)
正在检查 595 个交点...
在所需的侧面上指定点或 [保留两个侧面(B)] <保留两个侧面>:     (在要保留的那一侧实体上单击)
```

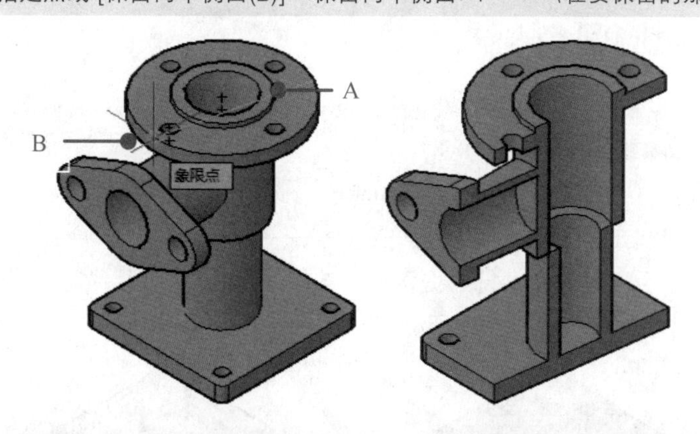

知识链接 命令行中各选项的含义介绍

- **指定剖切平面的起点**：用于定义剖切平面的角度的两个点中的第一点。剖切平面与当前UCS的XY平面垂直。
- **平面对象**：将剪切平面与包含选定的圆、椭圆、圆弧、椭圆弧、二维样条曲线或二维多段线线段的平面对齐。

- **曲面**：将剪切平面与曲面对齐。
- **Z轴**：通过平面上指定一点和在平面的Z轴（法向）上指定另一点来定义剪切平面。
- **视图**：将剪切平面与当前视口的视图平面对齐。指定一点定义剪切平面的位置。
- **XY**：将剪切平面与当前用户坐标系(UCS)的XY平面对齐。指定一点定义剪切平面的位置。
- **YZ**：将剪切平面与当前UCS的YZ平面对齐。指定一点定义剪切平面的位置。
- **ZX**：将剪切平面与当前UCS的ZX平面对齐。指定一点定义剪切平面的位置。

10.2.2 抽壳三维对象

该命令可以将三维实体转换为中空薄壁或壳体。将实体对象转换为壳体时，可以通过将现有面朝其原始位置的内部或外部偏移来创建新面。用户可以通过以下方法执行“抽壳”命令。

- 执行“修改>实体编辑>抽壳”命令。
- 在“常用”选项卡的“实体编辑”选项组中单击“抽壳”按钮。
- 在“实体”选项卡的“实体编辑”选项组中单击“抽壳”按钮。

执行“抽壳”命令后，根据命令行的提示，选择抽壳对象，然后选择删除面并按回车键，输入偏移距离50，即可对实体抽壳，如下图所示。

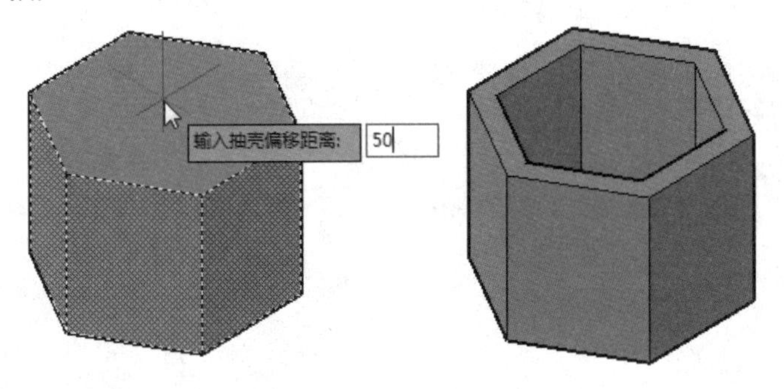

10.2.3 三维对象倒圆角

“圆角边”命令是为实体对象边建立圆角。用户可以通过以下方法执行“圆角边”命令。

- 执行“修改>实体编辑>圆角边”命令。
- 在“实体”选项卡的“实体编辑”选项组中单击“圆角边”按钮。
- 在命令行中输入FILLETEDGE，然后按回车键。

执行“圆角边”命令后，根据命令行的提示，可选择“半径”选项，输入半径值30后按回车键，然后选择边，即可对实体倒圆角，如下图所示。

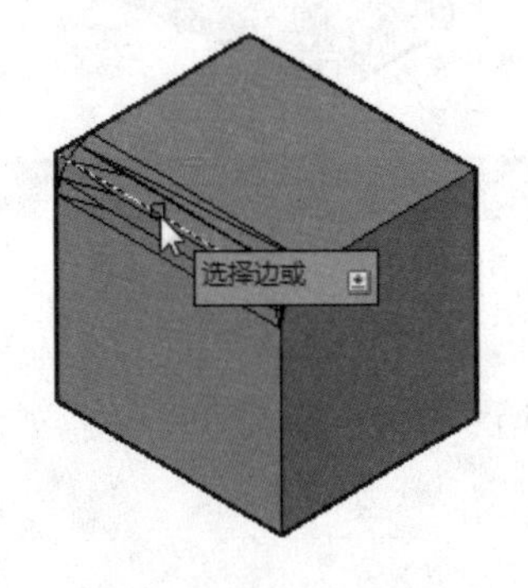

10.2.4 三维对象倒直角

使用“倒角边”命令，可以对三维实体以一定距离进行倒角，即在一条边中再创建一个面。用户可以通过以下方法执行“倒角边”命令。

- 执行“修改>实体编辑>倒角边”命令。
- 在“实体”选项卡的“实体编辑”选项组中单击“倒角边”按钮。
- 在命令行中输入CHAMFEREDGE，然后按回车键。

执行“倒角边”命令后，根据命令行的提示，选择“距离”选项，指定两个距离均为30，选择边，即可对实体倒直角。如下图所示。

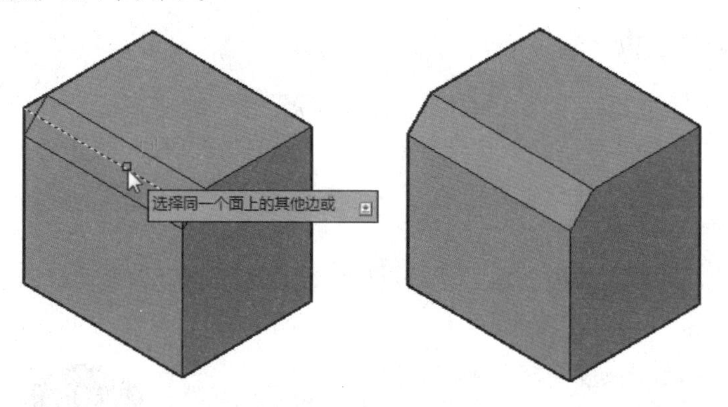

设置材质和贴图

在AutoCAD中，向三维模型添加材质会显著增强模型的真实感。利用贴图可以模拟纹理、凹凸、反射或折射效果。

10.3.1 材质浏览器

使用“材质浏览器”可导航和管理用户的材质，可以组织、分类、搜索和选择要在图形中使用的材质。用户可以通过以下方法打开“材质游览器”选项板，如右图所示。

- 执行“视图>渲染>材质浏览器”命令。
- 在“渲染”选项卡的“材质”选项组中单击“材质浏览器”按钮。
- 在命令行中输入快捷命令MAT，然后按回车键。

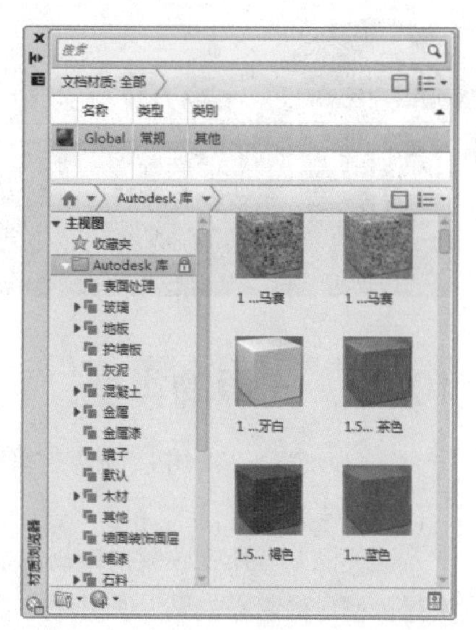

10.3.2 材质编辑器

在“材质编辑器”中可以创建新材质，设置材质的颜色、反射率、透明度、凹凸等属性。用户可以通过以下方法打开“材质编辑器”选项板，如右图所示。

- 执行“视图>渲染>材质编辑器”命令。
- 在“渲染”选项卡的“材质”选项组中的“材质编辑器”按钮。
- 在命令行中输入MATEDITOROPEN，然后按回车键。

10.3.3 创建新材质

若要创建新材质，可执行“渲染>材质>材质浏览器”命令，在打开的“材质浏览器”选项板中，单击“创建材质”按钮，然后选择材质，如下左图所示。打开“材质编辑器”选项板，可输入名称，指定材质颜色选项，并设置反光度、不透明度、折射、半透明度等特性，如下中图所示。

返回至“材质浏览器”选项板，在“文档材质”面板中，拖曳创建好的材质，赋予到实体模型上，如下右图所示。

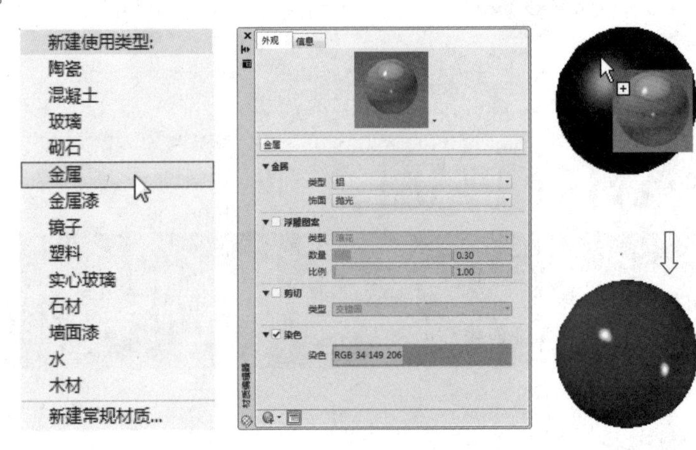

添加基本光源

在默认情况下场景中是没有光源的，用户可以通过向场景中添加灯光创建真实的立体场景效果。

10.4.1 光源的类型

在AutoCAD 2014中，光源的类型有4种，其中包括点光源、聚光灯、平行光以及光域网灯光。

(1) 点光源

该光源从其所在位置向四周发射光线，它与灯泡发出的光源类似。根据点光源的位置，模型将产生较为明显的阴影效果，使用点光源以达到基本的照明效果。

（2）聚光灯

该光源分布投射一个聚焦光束。聚光灯发射定向锥形光，可以控制光源的方向和圆锥体的尺寸。聚光灯的衰减由聚光灯的聚光角角度和照射角角度控制。

（3）平行光

该光源仅向一个方向发射统一的平行光光线。它需要指定光源的起始位置和发射方向，从而以定义光线的方向。平行光的强度并不随着距离的增加而衰减。

（4）光域网灯光

该光源是具有现实中的自定义光分布的光度控制光源。它同样也需指定光源的起始位置和发射方向任何给定方向中的照度与光域网和光度控制中心之间的距离成比例，沿离开中心的特定方向的直线进行测量。

10.4.2 创建光源

添加光源可为场景提供真实外观，光源可增强场景的清晰度和三维性。为图形添加光源主要有以下几种方法。

- 执行“视图>渲染>光源”命令中的子命令。
- 单击“渲染>光源”选项组中相应的命令按钮。

选择“聚光灯”命令，在绘图区中指定聚光灯的源位置和目标位置，再根据命令行的提示选择相关选项。命令行提示内容如下。

```
命令: _spotlight
指定源位置 <0,0,0>:
指定目标位置 <0,0,-10>:
输入要更改的选项 [名称(N)/强度(I)/状态(S)/聚光角(H)/照射角(F)/阴影(W)/衰减(A)/颜色(C)/退出(X)] <退出>:
```

10.4.3 设置光源

当创建完光源后，若不能满足用户的需求，可对刚创建的光源进行设置。下面将分别对其设置进行介绍。

（1）设置光源参数

若当前光源强度感觉太弱，用户可适当增加光源强度值。选中所需光源，在绘图区右击鼠标，在快捷菜单中选择“特性”命令，在打开的“特性”选项板中，选择“强度因子”选项，并在其后的文本框中，输入合适的参数，如右1图所示。

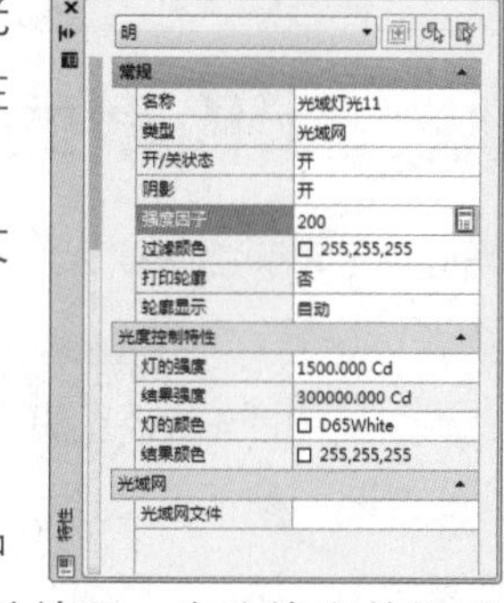

（2）设置阳光状态

阳光与天光是AutoCAD中自然照明的主要来源。用户若在“渲染”选项卡的“阳光和位置”面板中的单击“阳光状态”按钮☼，系统会模拟太阳照射的效果，来渲染当前模型，如上右图所示，为阳光状态效果。

渲染三维模型

对材质、贴图等进行设置，并将其应用到实体中后，可通过渲染查看即将生产的产品的真实效果，渲染是运用几何图形、光源和材质将三维实体渲染为最具真实感的图像。

10.5.1 全屏渲染

在“渲染”选项卡的“渲染”选项组中单击“渲染”按钮，即可对当前模型进行渲染。如下左图所示。在“渲染”窗口中，用户可以读取到当前渲染模型的一些相关信息，例如材质参数、阴影参数、光源参数、渲染时间以及占用的内存等。

10.5.2 区域渲染

在“渲染”选项卡的“渲染”选项组中单击“渲染面域”按钮，在绘图区中，单击并按住鼠标左键，框选出所需的渲染区域，放开鼠标，即可进行创建，如下右图所示。

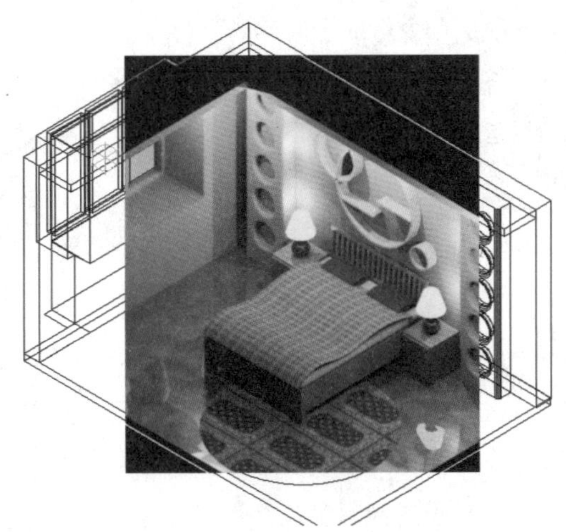

设计师训练营 双人床模型的创建

下面将结合以上所学的知识点来绘制双人床实体模型，其中涉及到三维命令有长方体、三维镜像、拉伸、差集、材质贴图及渲染等。

Step 01 启动AutoCAD 2014软件，将当前视图设为“俯视图”，执行“矩形”命令，绘制出一个长为2000mm、宽为1500mm的长方形，如下左图所示。

Step 02 将视图设为“西南视图”，执行“拉伸”命令，选中长方形，将其向Z轴正方向拉伸“300”，如下右图所示。

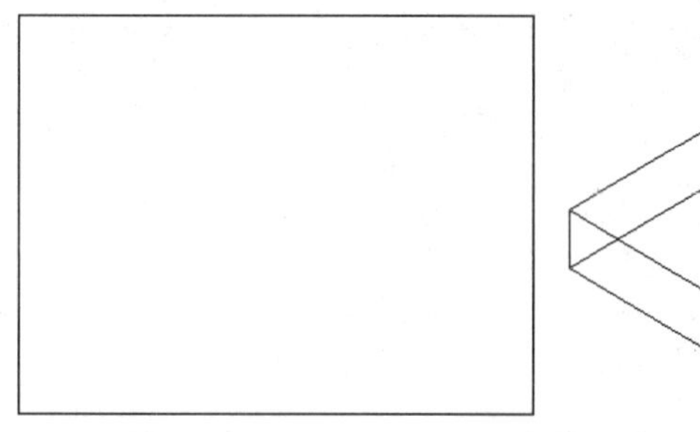
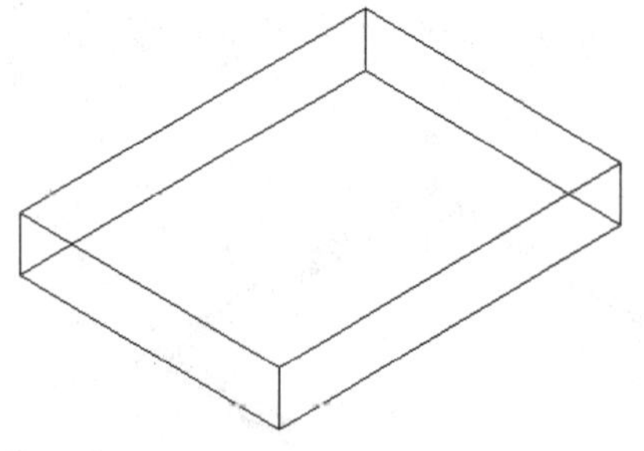

Step 03 执行“长方体”命令，绘制出一个长为100mm、宽为100mm、高为150mm的长方体作为床腿，并移至床板适当位置，如下左图所示。

Step 04 执行“三维镜像”命令，根据命令行提示，选中床腿，然后选中长方体三个镜像中点位置，如下右图所示。

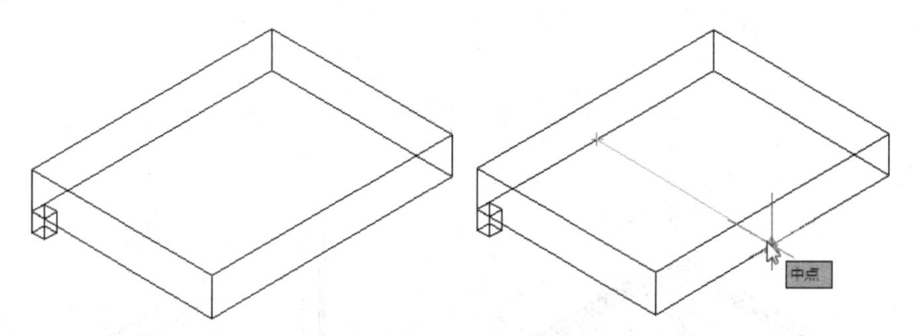

Step 05 按回车键，即可对床腿实体进行镜像复制，如下左图所示。

Step 06 按照同样的方法，执行“三维镜像”命令，选中两个床腿，并对其进行镜像操作，其结果如下右图所示。

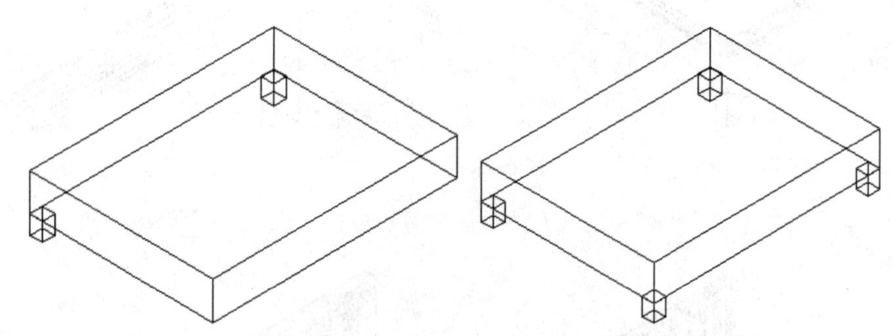

Step 07 执行“并集”命令，将床板模型与床腿模型进行合并，如下左图所示。

Step 08 执行“长方体”命令，绘制长为1950mm、宽为1500mm、高为100mm的长方体，作为床垫，放置在图形合适位置，如下右图所示。

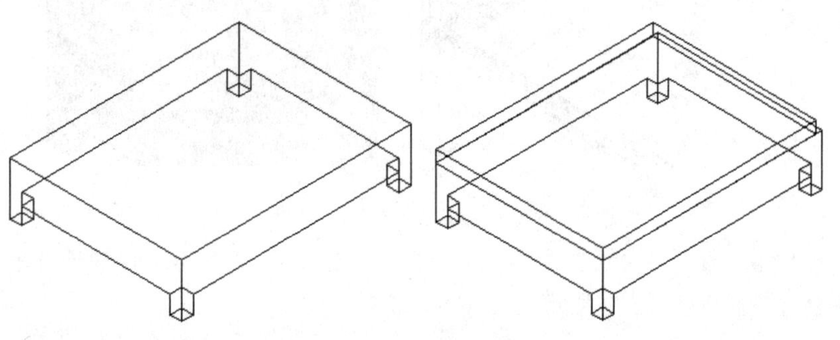

Step 09 执行“倒圆角”命令，对床垫倒圆角，圆角半径为30mm，结果如下左图所示。

Step 10 将视图设为“后视图”，执行“矩形”命令，绘制床靠背横截面，如下右图所示。

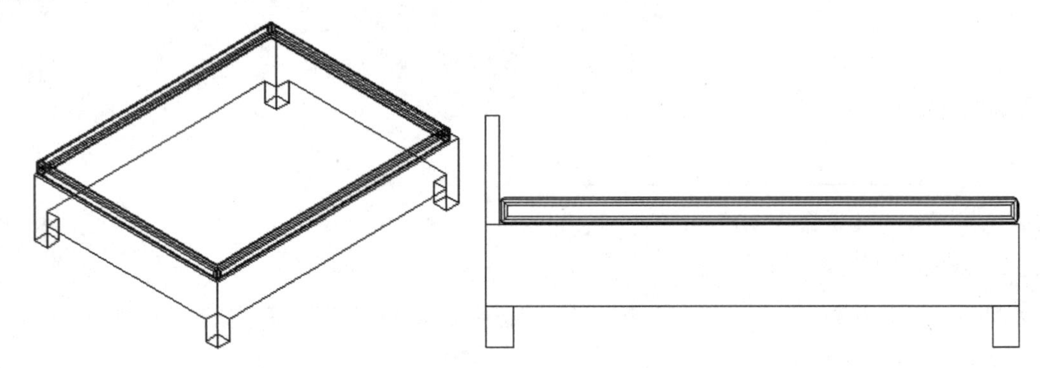

Step 11 将视图设为“西南视图”，并设置好坐标方向，执行“拉伸”命令，拉伸床靠背横截面，如下左图所示。

Step 12 执行“长方体”命令，绘制长为90mm、宽为50mm、高为300mm的长方体，放置在床靠板中，如下右图所示。

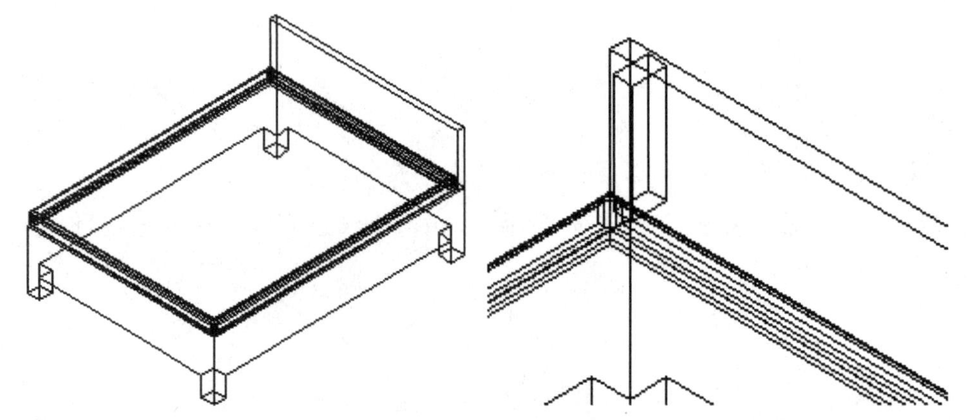

Step 13 执行“矩形阵列”命令，对长方体进行阵列操作，如下左图所示。

Step 14 执行“差集”命令，将阵列后的长方体从床靠背中剪去，如下右图所示。

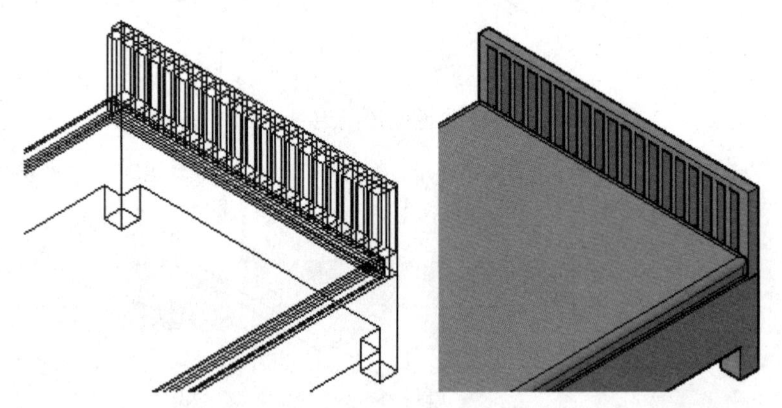

Step 15 执行“并集”命令，将床靠背模型与床板模型进行合并，如下左图所示。

Step 16 执行“长方体”命令，绘制长为450mm、宽为450mm、高为500mm的长方体，作为床头柜轮廓，放置在图形合适位置，如下右图所示。

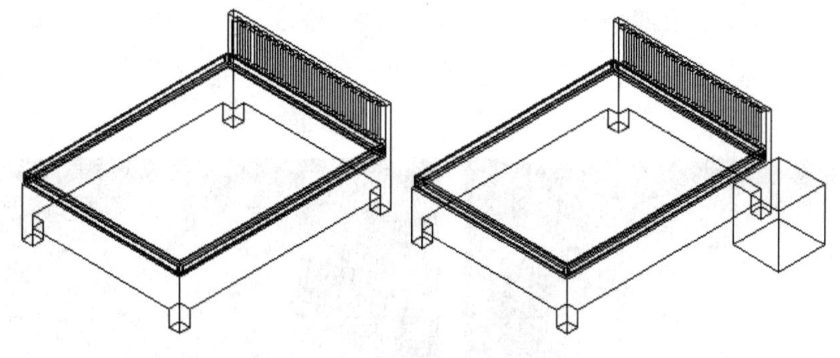

Step 17 同样执行“长方体”命令，绘制抽屉面板轮廓，并放置在柜体适合位置，如下左图所示。

Step 18 对抽屉面板进行复制，然后执行“三维镜像”命令，对床头柜进行镜像复制，如下右图所示。

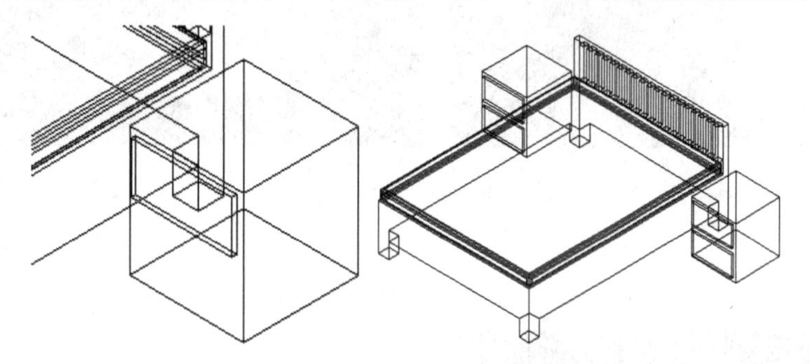

Step 19 执行“长方体”命令，绘制长为600mm、宽为300mm、高为50mm的长方体，并对其进行倒圆角，圆角半径为30mm，完成枕头模型的绘制操作，如下左图所示。

Step 20 对绘制的枕头模型进行复制操作，并将其放置在床垫合适位置，结果如下右图所示。

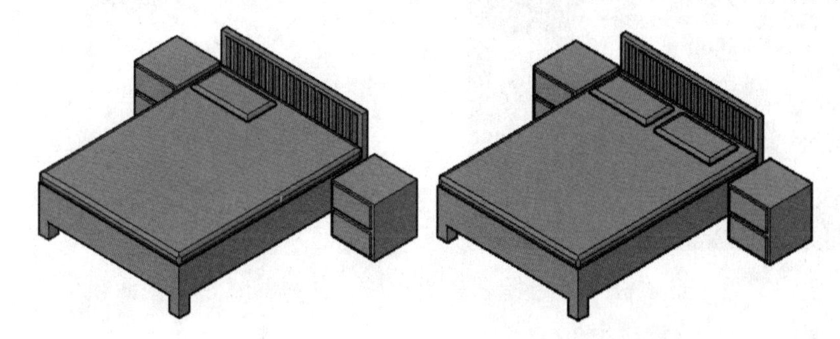

Step 21 执行“渲染>材质>材质浏览器”命令，在“材质浏览器”选项板中，选中满意的木材贴图，如下左图所示。

Step 22 将该材质拖曳至床模型上，如下右图所示。

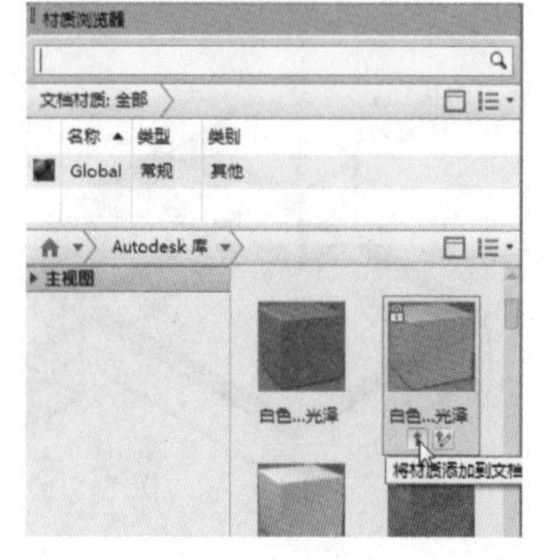

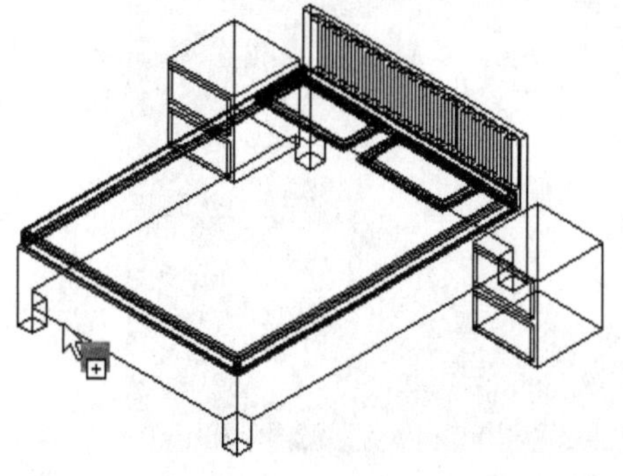

Step 23 将该材质赋予至床头柜模型上，单击“渲染面域”按钮，将其渲染，结果如下左图所示。

Step 24 在“材质浏览器”面板中，选择合适的材质图形，将其赋予至床垫模型上，执行“渲染面域”命令，将其渲染，如下右图所示。

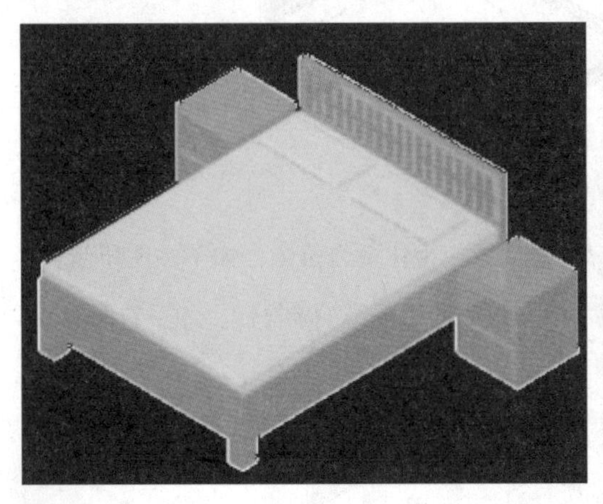

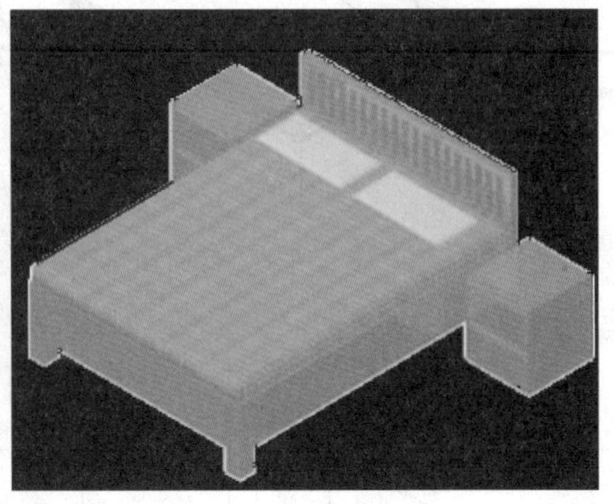

Step 25 按照以上相同的操作，为枕头图块赋予合适的材质，执行“渲染面域”命令，将其渲染，如下左图所示。

Step 26 执行“长方体”命令，绘制地面，并将其放置在图形合适位置，如下右图所示。

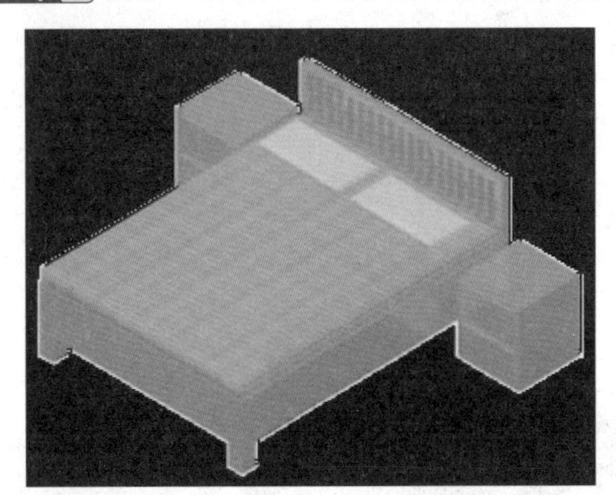

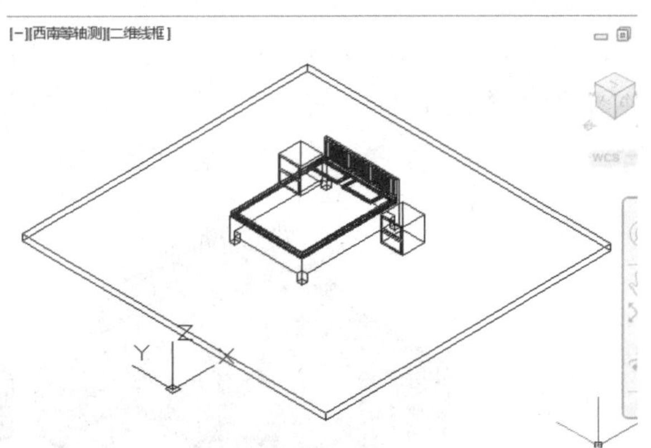

Step 27 在“材质浏览器”选项板中，选择满意的材质，并将其赋予至地面模型上，执行“渲染面域”命令，将其渲染，如下左图所示。

Step 28 执行“渲染>创建光源>点”命令，在绘图区中，指定好光源位置，其结果如下右图所示。

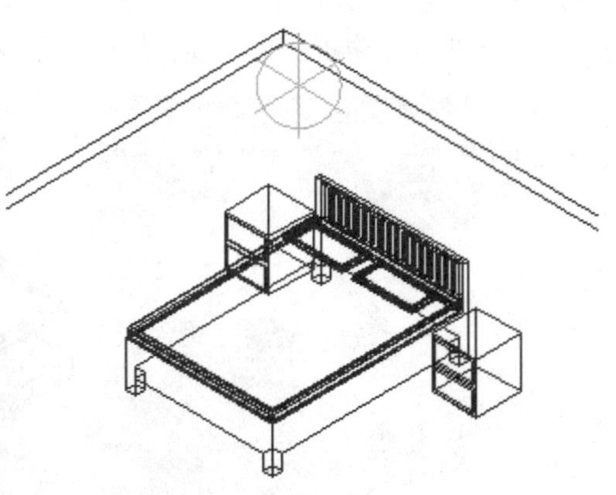

Step 29 单击“光源”选项组的启动器按钮，打开“模型中的光源”选项板，选择“点光源”选项，单击鼠标右键，在其快捷菜单中，选择“特性”命令，如下左图所示。

Step 30 在“特性”选项板中，将“强度因子”设为“10”，并设置好“过滤颜色”，其结果如下右图所示。

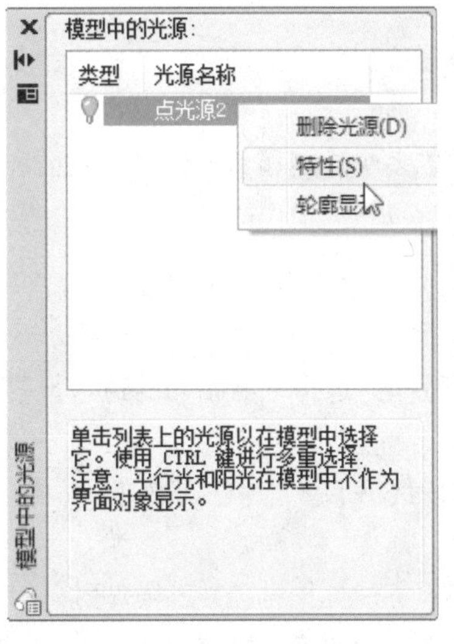

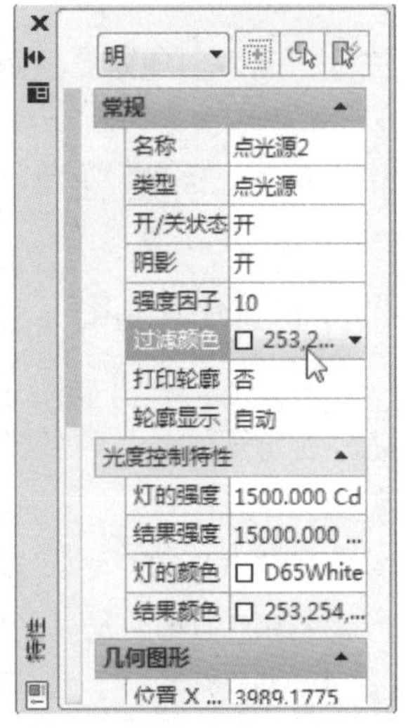

Step 31 执行“渲染面域”命令，对床模块进行渲染操作，如下左图所示。

Step 32 打开“材质浏览器”选项板，单击鼠标右键，选择床材质选项，在打开的“材质编辑器”选项板中，将“饰面”设为“未装饰”选项，如下右图所示。

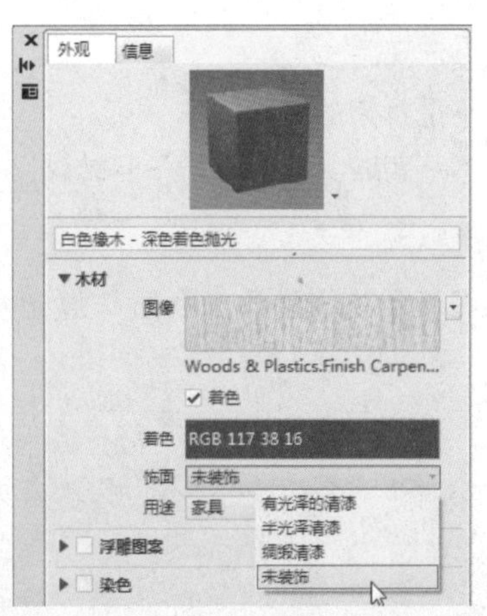

Step 33 执行“点光源”命令，再次创建一个点光源，并设置好光源参数，然后执行“渲染面域”命令，将床模型渲染出图，结果如右图所示。

课后练习

1. 填空题

（1）______ 可以在三维空间中创建对象的矩形阵列和环形阵列。使用该命令时用户除了需要指定列数和行数外，还要指定阵列的 ______。

（2）______ 命令可将现有的实体模型上单个或多个边偏移其他位置，从而利用这些边线创建出新的图形对象。

（3）在AutoCAD软件中，有两种渲染方式，分别为渲染和 ______。

2. 选择题

（1）在对三维实体进行圆角操作时，如果希望同时选择一组相切的边进行圆角，应该选择以下哪个选项（　）。

A. 半径（R）　　B. 链（C）　　C. 多段线（P）　　D. 修剪（T）

（2）下列命令不属于三维实体编辑的是（　）。

A. 三维镜像　　B. 抽壳　　C. 切割　　D. 三维阵列

（3）使用以下（　）命令，可以将三维实体转换为中空薄壁或壳体。

A. 抽壳　　B. 剖切　　C. 倒角边　　D. 圆角边

（4）实体旋转时选定了图形后，显示无法旋转的原因有可能是（　）。（多选题）

A. 不是封闭的一条线

B. 显示问题

C. 不是封闭的线段

D. 不是面域，且不平行于回转轴

3. 上机题

对如右图所示的模型添加材质与灯光，并对其进行渲染。

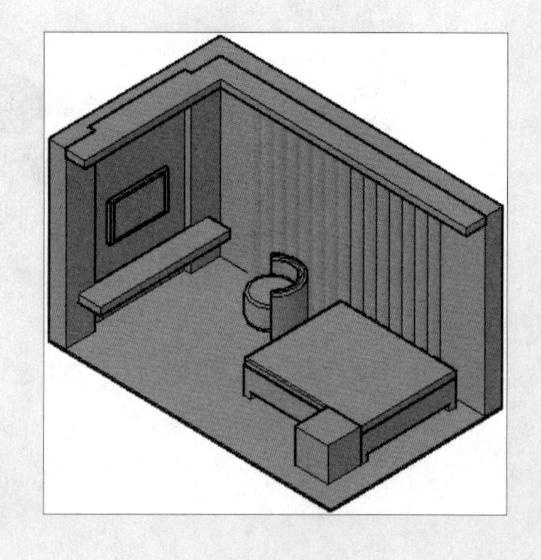

Chapter

11

输出与打印图形

图形的输出是整个设计过程的最后一步，将图纸打印后，图纸内容可清晰地呈现在用户面前，便于查看。本章将主要介绍在AutoCAD中图形的输入与输出以及在打印图纸时的布局设置操作。

重点难点

- 打印页面的设置
- 布局的创建与管理
- 图形的输入与输出
- 图形的打印

图形的输入/输出

下面将为用户介绍图形的输入与输出方法，包括导入图形、输出图形等内容。

11.1.1 导入图形

在AutoCAD 2014中，用户可以将各种格式的文件输入到当前图形中。在“插入”选项卡的“输入”选项组中单击“输入”按钮，打开“输入文件”对话框，如右图所示。从中选择相应的文件，然后单击“打开”按钮，即可将文件插入。

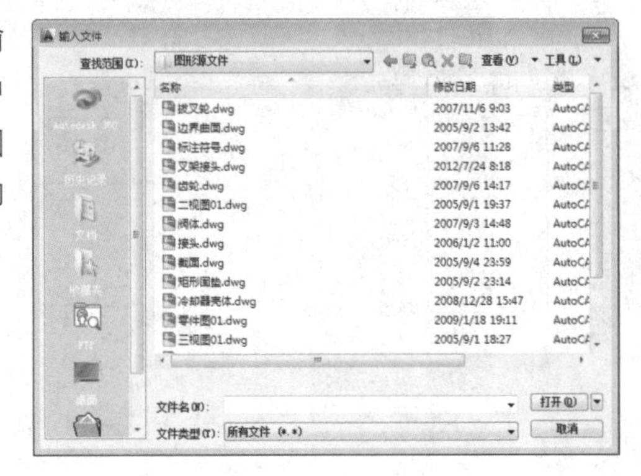

11.1.2 输出图形

用户要将AutoCAD图形对象保存为其他需要的文件格式以供其他软件调用，只需将对象以指定的文件格式输出即可。执行“文件>输出”命令，打开“输出数据”对话框，如右图所示。在“文件类型”下拉列表中，可以选择需要导出文件的类型。

利用AutoCAD 2014软件可以导出下列类型的文件。

- **DWF文件**：这是一种图形Web格式文件，属于二维矢量文件。可以通过这种文件格式在因特网或局域网上发布自己的图形。
- **DXF文件**：这是一种包含图形信息的文本文件，能被其他CAD系统或应用程序读取。
- **3D Studio文件**：创建可以用于3ds Max的3D Studio文件，输出的文件保留了三维几何图形、视图、光源和材质。
- **ASIC文件**：可以将代表修剪过的NURB表面、面域和三维实体的AutoCAD对象输出到ASC II 格式的ACIS文件中。
- **PostScript文件**：用于创建包含所有或部分图形的PostScript文件。
- **Windows WMF文件**：即Windows图元文件格式（WMF），文件包括屏幕矢量几何图形和光栅几何图形格式。
- **BMP文件**：这是一种位图格式文件，在图像处理行业中应用相当广泛。
- **平板印刷格式**：用平板印刷（SLA）兼容的文件格式输出AutoCAD实体对象。实体数据以三角形网格面的形式转换为SLA。SLA工作站使用这个数据定义代表部件的一系列层面。

11.1.3 输入SKP文件

AutoCAD 2014版本增加了输入SKP文件的新功能，可方便调用SKP类型的图形。在“插件”选项卡的“输入SKP”选项板中单击“输入SKP文件”按钮，打开“选择SKP文件”对话框，如下左图所示。从中浏览并选择本地或共享文件夹中的SketchUp文件，单击“打开”按钮，即可将文件作为块输入，然后根据命令行提示指定插入点，或在绘图区中单击以将块放置在图形中，如下右图所示。

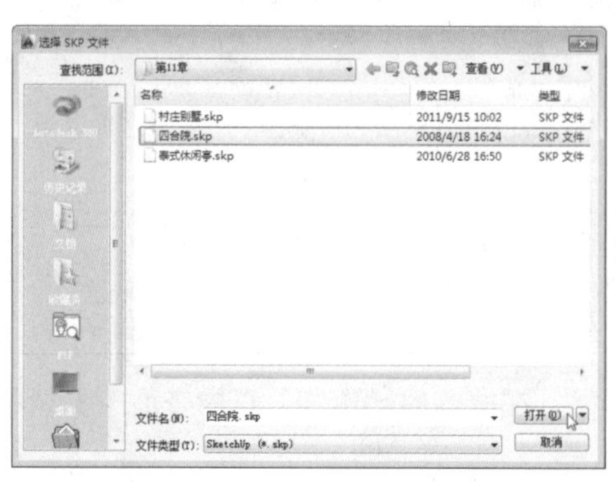

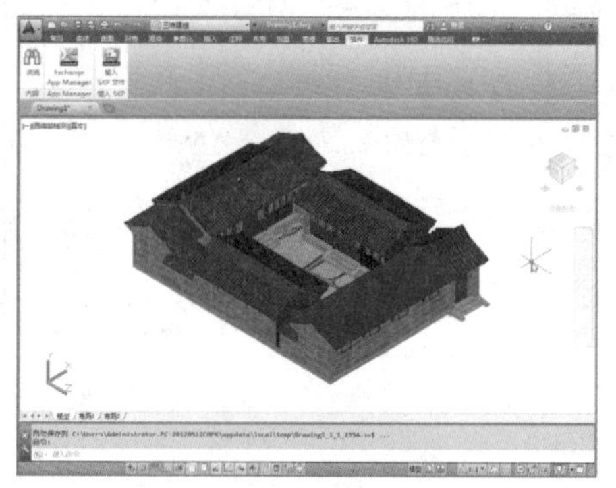

Section 11.2 创建和管理布局

布局空间用于设置在模型空间中绘制图形的不同视图，主要是为了在输出图形时进行布置。通过布局空间可以同时输出该图形的不同视口，满足各种不同出图的要求。

11.2.1 使用布局向导创建布局

图纸空间中的布局主要是为图形的打印输出做准备，在布局的设置中包含很多打印选项的设置，例如纸张的大小和幅面、打印区域、打印比例和打印方法等。下面将对利用布局向导创建布局的具体操作进行介绍。

Step 01 执行“工具>向导>创建布局”命令，打开“创建布局-开始”对话框，从中输入新布局的名称，在此默认为“布局3”，单击“下一步”按钮，如下左图所示。

Step 02 在打开的“创建布局-打印机”对话框中选择打印机的类型，然后单击“下一步”按钮，如下右图所示。

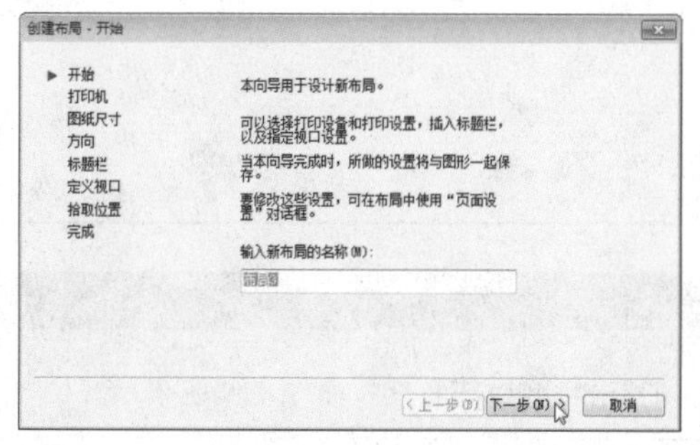

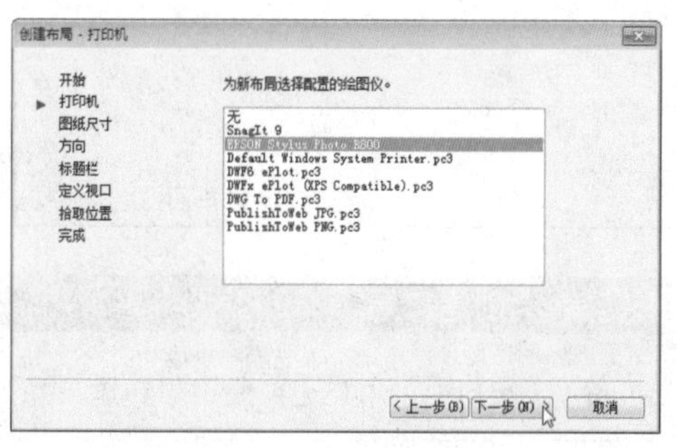

Step 03 在“创建布局-图纸尺寸”对话框中选择图纸的尺寸为A4纸张，然后单击“下一步”按钮，如下左图所示。

Step 04 在“创建布局-方向”对话框中单击“纵向”单选按钮，然后单击“下一步”按钮，如下右图所示。

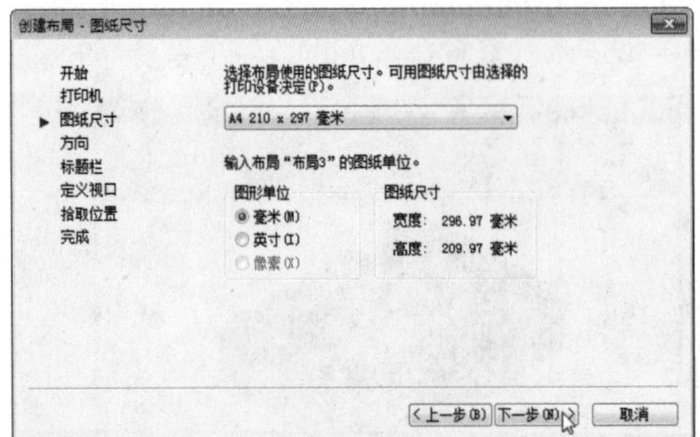

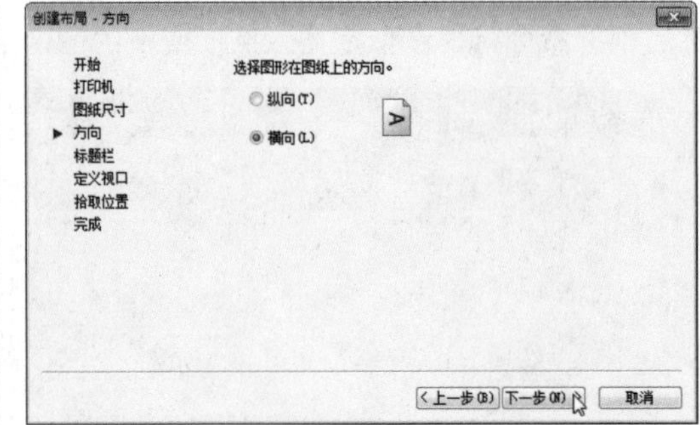

Step 05 在“创建布局-标题栏”对话框中选择标题栏，在右侧的“预览”框中查看改标题栏的图示，然后单击“下一步”按钮，如下左图所示。

Step 06 在“创建布局-定义视口”对话框中，单击“单个”单选按钮，并设置视口比例，单击“下一步”按钮，如下右图所示。

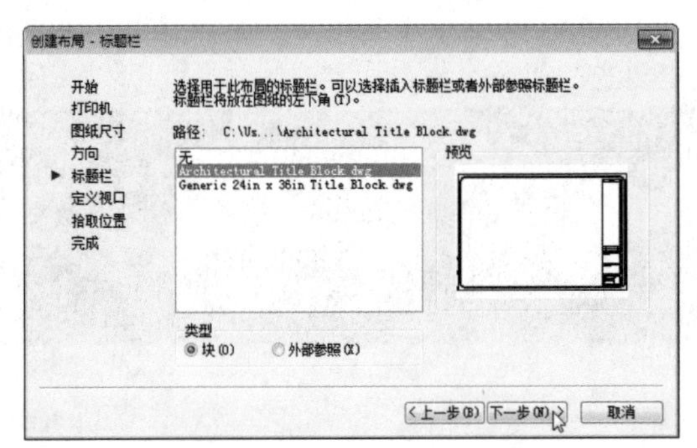

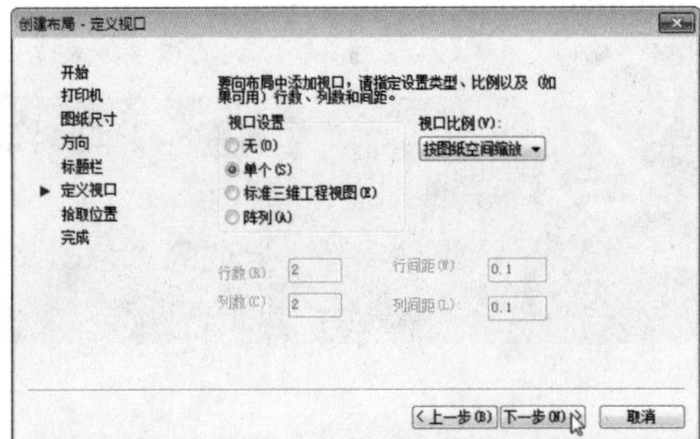

Step 07 在“创建布局-拾取位置”对话框中，单击“选择位置”按钮，可以在视口中框选位置，如下左图所示。

Step 08 确定视口的大小和位置后，系统自动弹出“创建布局-完成”对话框，单击“完成”按钮结束布局的创建，如下右图所示。

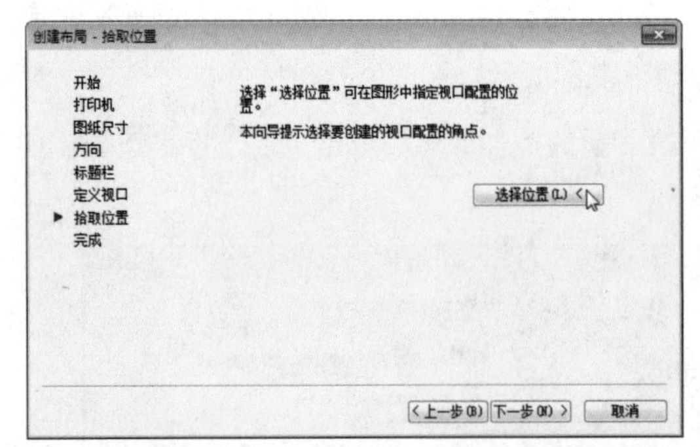

知识链接 创建布局

在AutoCAD 2014中，用户还可使用“新建布局”和“来自样板的布局”命令来创建布局。

11.2.2 管理布局

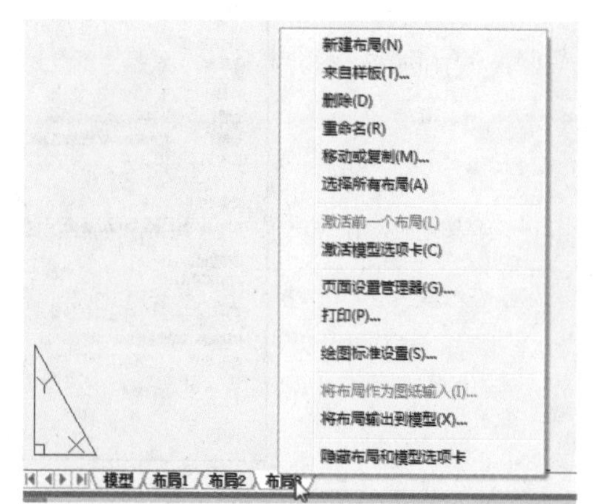

布局是用来排版出图的，选择布局可以看到虚线框，其为打印范围，模型图在视口内。

在AutoCAD 2014中，要删除、新建、重命名、移动或复制布局，可将鼠标指针放置在布局标签上，然后单击鼠标右键，在弹出的快捷菜单中选择相应的命令即可实现，如右图所示。

除上述方法外，用户也可在命令行中输入“LAYOUT”并按回车键，根据命令行提示选择相应的选项对布局进行管理。命令行提示内容如下。

```
命令: LAYOUT
输入布局选项 [复制(C)/删除(D)/新建(N)/样板(T)/重命名(R)/另存为(SA)/设置(S)/?] <设置>:
```

其中，命令行中各选项含义介绍如下。

- **复制**：复制布局。
- **新建**：创建一个新的布局选项卡。
- **样板**：基于样板（DWT）或图形文件（DWG）中现有的布局，创建新样板。
- **设置**：设置当前布局。
- **?**：列出图形中定义的所有布局。

Section 11.3 布局的页面设置

页面设置可以对新建布局或已建好的布局的图纸大小和绘图设备进行设置。页面设置是打印设备和其他影响最终输出外观和格式的设置集合，用户可以修改这些设置并将其应用到其他布局中。

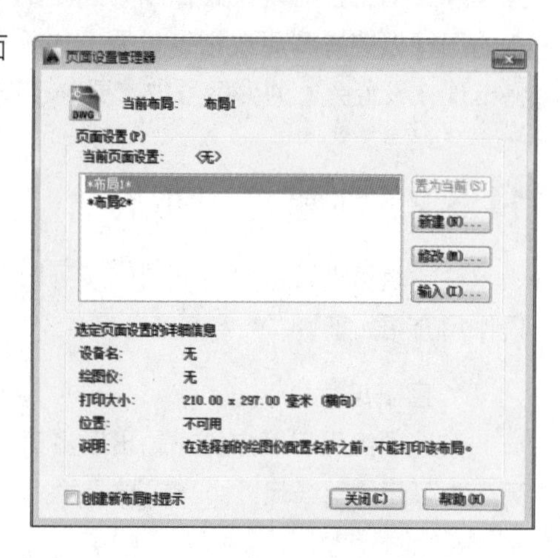

在AutoCAD 2014中，用户可以通过以下方法打开“页面设置管理器”对话框，如右图所示。

- 执行“文件>页面设置管理器”命令。
- 在“布局”选项卡的“布局”选项组中单击“页面设置”按钮。
- 在命令行中输入“PAGESETUP”，然后按回车键。

在“页面设置管理器”对话框中，单击“修改”按钮，即可打开“页面设置”对话框，如下图所示。

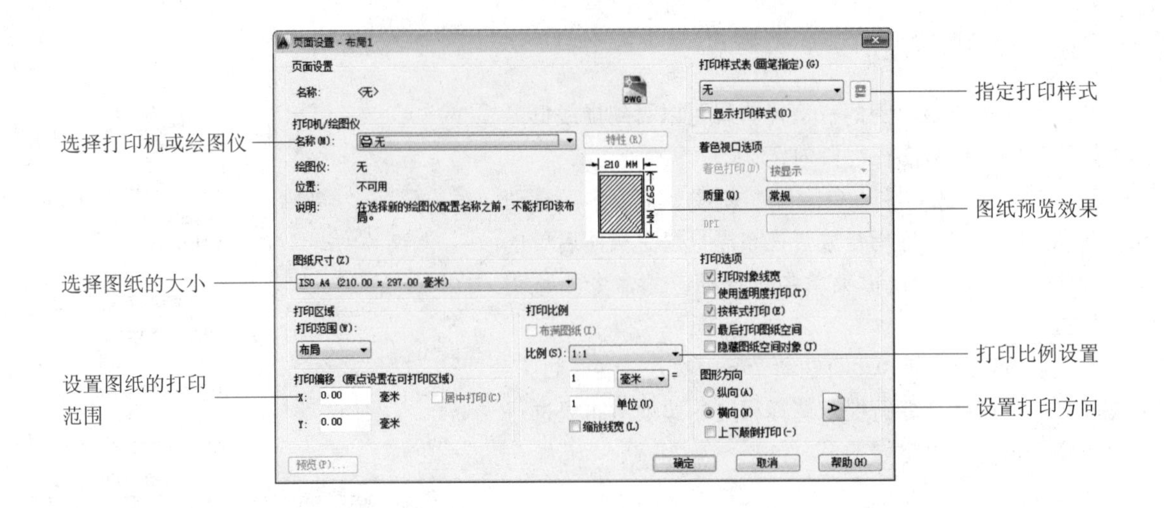

11.3.1 修改打印环境

在“页面设置”对话框的“打印机/绘图仪”选项组中，用户可以修改和配置打印设备；在右侧的“打印样式表”选项组中，可以设置图形使用的打印样式。

单击“打印机/绘图仪”选项组右侧的“特性”按钮，系统会弹出“绘图仪配置编辑器”对话框。从中可以更改PC3文件的打印机端口和输出设置，包括介质、图形、物理笔配置、自定义属性等。此外，还可以将这些配置选项从一个PC3文件拖到另一个PC3文件。

“绘图仪配置编辑器”对话框中有“常规”、“端口”和“设备和文件设置”选项卡，如右图所示。

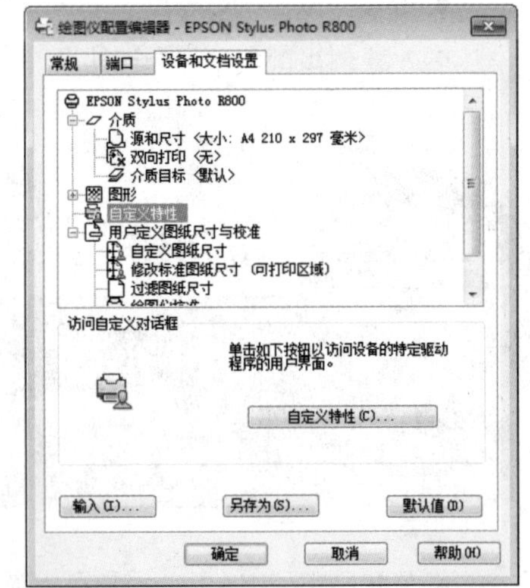

(1)“常规”选项卡

包含有关打印机配置（PC3）文件的基本信息。可在说明区域添加或更改信息。该选项卡中的其余内容是只读的。

(2)“端口”选项卡

更改配置的打印机与用户计算机或网络系统之间的通信设置。可以指定通过端口打印、打印到文件或使用后台打印。

(3)“设备和文档设置”选项卡

控制PC3文件中的许多设置，如指定纸张的来源、尺寸、类型和去向，控制笔式绘图仪中指定的绘图笔等。单击任意节点的图标以查看和更改指定设置。如果更改了设置，所作更改将出现在设置旁边的尖括号中。更改了值的节点图标上方也将显示检查标记。

11.3.2 创建打印布局

在“页面设置”对话框中，还可以设置打印图形时的打印区域、打印比例等内容。其中各主要选项作用介绍如下。

1. 图纸尺寸

该选项组用于确定打印输出图形时的图纸尺寸，用户可以在“图纸尺寸”列表中选择图纸尺寸。列表中可用的图纸尺寸由当前配置的打印设备确定。

2. 图形方向

该选项组中，可以通过单击“横向”或“纵向”单选按钮设置图形在图纸上的打印方向。单击“横向”单选按钮时，图纸的长边是水平的；单击“纵向”单选按钮时，图纸的短边是水平的。可以勾选“上下颠倒打印”复选框，控制首先打印图形的顶部还是底部。

3. 打印区域

进行打印之前，可以指定打印区域，确定打印内容。在创建新布局时，默认的打印区域为“布局”，及打印图纸尺寸边界内的所有对象；选择“显示”选项，将在打印图形区域中显示所有对象；选择“范围”选项，将打印图形中所有可见对象。选择“视图”选项，可打印保存的视图；选择“窗口”选项，可以定义要打印的区域。

4. 打印比例

该选项组用于确定图形的打印比例。用户可通过“比例”下拉列表确定图形的打印比例，也可以通过文本框自定义图形的打印比例。在布局打印时，模型空间的对象将以其布局视口的比例显示。

5. 打印偏移

该选项组用于确定图纸上的实际打印区域相对于图纸左下角点的偏移量。在布局中，可打印区域的左下角点位于由虚线框确定的页边距的左下角点，即（0,0）。

打印图形

在模型空间中将图形绘制完毕后，并在布局中设置了打印设备、打印样式、图样尺寸等打印内容后，便可以打印出图。

11.4.1 打印预览

打印之前，按照当前设置，在“布局”模式下进行打印预览是有必要的。执行“文件>打印预览”命令，系统将会打开如下左图所示的图形预览。利用顶部工具栏中的相应按钮，可对图形执行打印、平移、缩放、窗口缩放、关闭等操作。

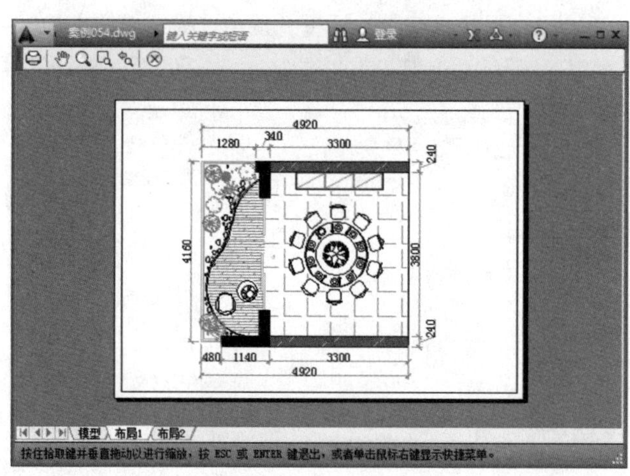

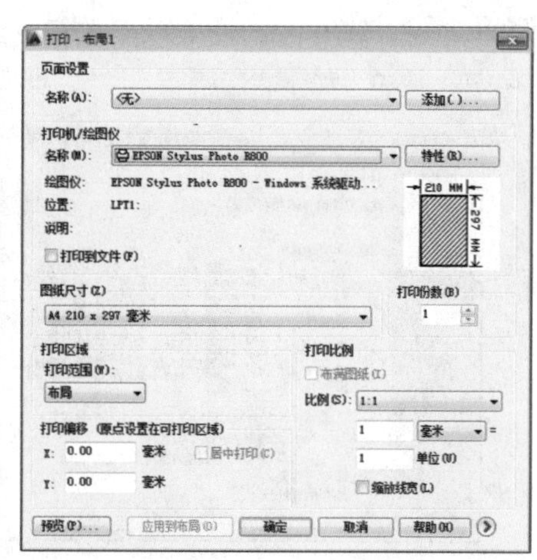

11.4.2 图形的输出

执行"文件>打印"命令，将打开"打印-布局1"对话框，如上右图所示。"打印"对话框和"页面设置"对话框中的同名选项功能完全相同。它们均用于设置打印设备、打印样式、图纸尺寸以及打印比例等内容。

1."打印区域"选项组

该选项组用于打印区域。用户可以在下拉列表中选择相应按钮确定打印哪些选项卡中的内容，通过"打印份数"文本框可以确定打印的分数。

2."预览"选项组

单击"预览"按钮，系统会按当前的打印设置显示图形的真实打印效果，与"打印预览"具有相同的效果。

设计师训练营 客厅平面图的打印

下面将结合以上所学的知识，对客厅平面图纸进行打印并进行超链接操作。其中涉及到的命令有打印样式的设置和超链接设置。

Step 01 启动AutoCAD 2014软件，打开"客厅平面图"素材文件，如下左图所示。

Step 02 执行"插入>数据>超链接"命令，在绘图区中选中沙发图块，如下右图所示。

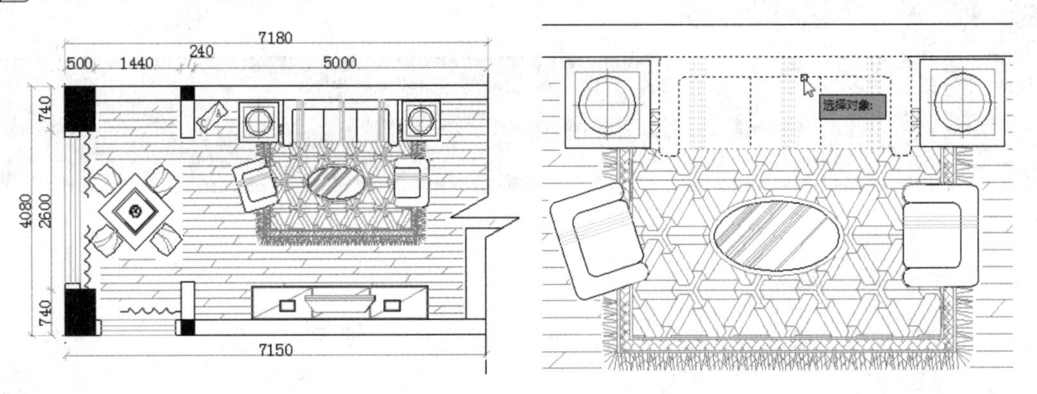

Step 03 选择完成后，按空格键，打开"插入超链接"对话框，如下左图所示。

Step 04 单击右侧的"文件"按钮，打开"浏览Web-选择超链接"对话框。从中选择链接的文件，并单击"打开"按钮，如下右图所示。

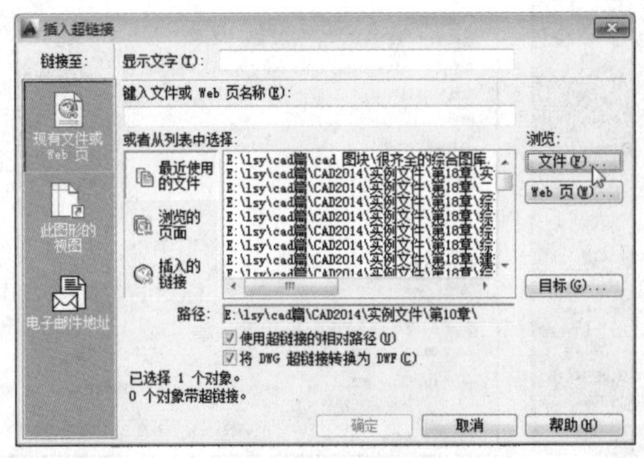

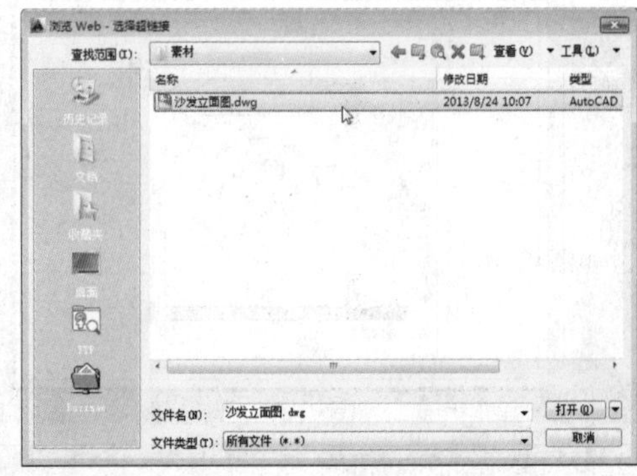

Step 05 返回上一层对话框，单击“确定”按钮完成超链接操作。接着将光标移至沙发图块上，此时在光标右侧会显示该图块链接的相关信息，如下左图所示。

Step 06 按住Ctrl键单击该沙发图块，则可切换至相关超链接的界面，结果如下右图所示。

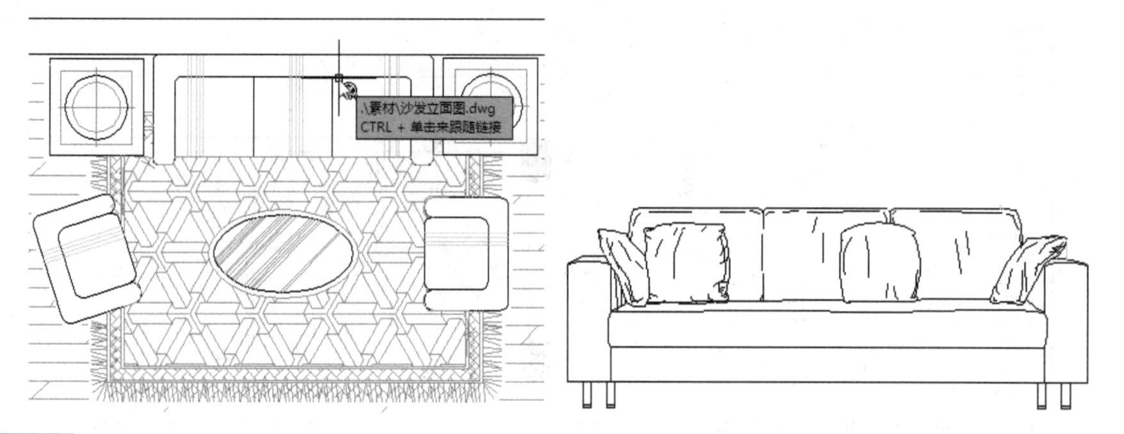

Step 07 返回到客厅平面图界面，执行“应用程序菜单>打印”命令，打开“打印-模型”对话框，如下左图所示。

Step 08 在“打印机/绘图仪”选项组中，设置好打印机的型号，如下右图所示。

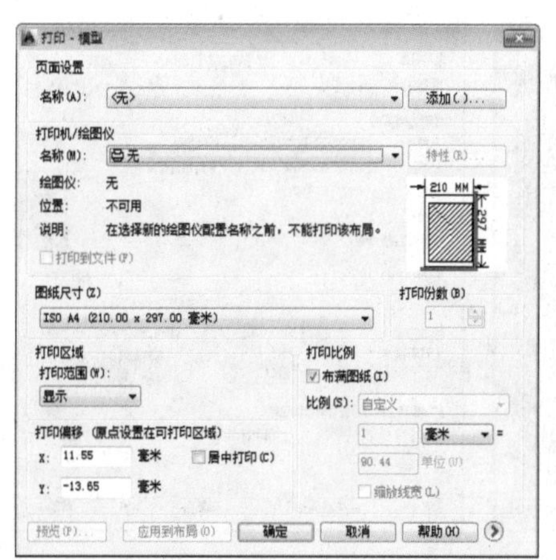

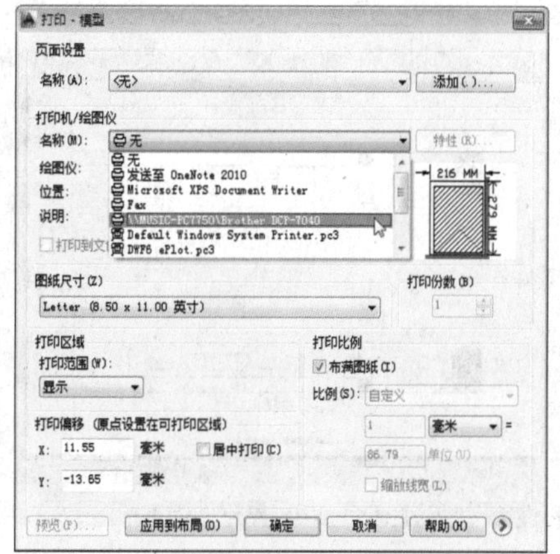

Step 09 将图纸尺寸设置为“A4”，如下左图所示。

Step 10 将打印份数设置为“1”，如下右图所示。

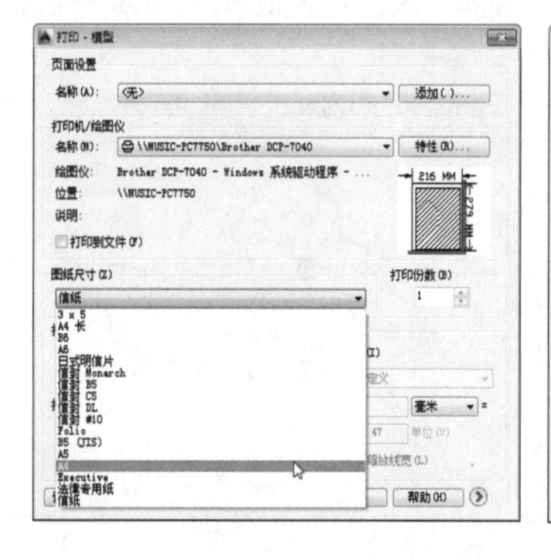

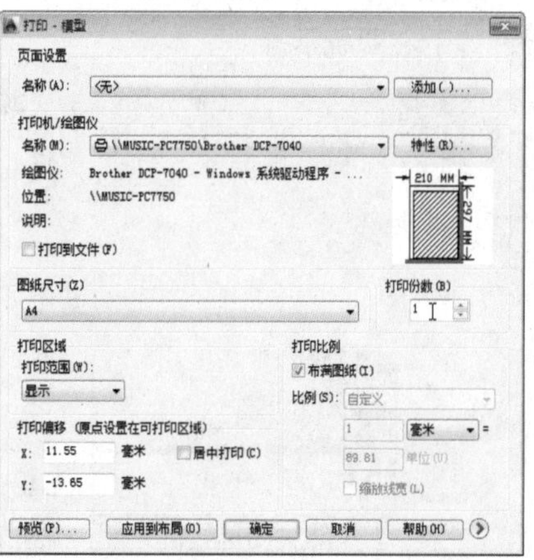

Step 11 将打印范围设置为“窗口”，如下左图所示。

Step 12 单击右侧“窗口”按钮，在绘图区中框选所要打印的图纸区域，如下右图所示。然后勾选“居中打印”复选框。

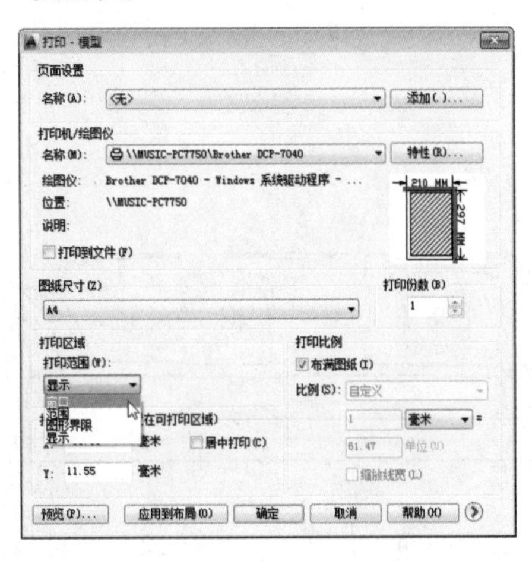

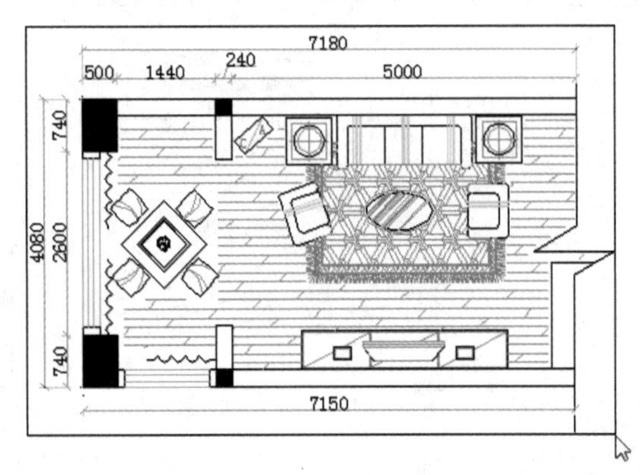

Step 13 单击“预览”按钮，在打印预览界面中浏览打印效果，如下左图所示。

Step 14 浏览完成后，按Esc键返回“打印-模型”对话框，单击“确定”按钮进行打印，如下右图所示。

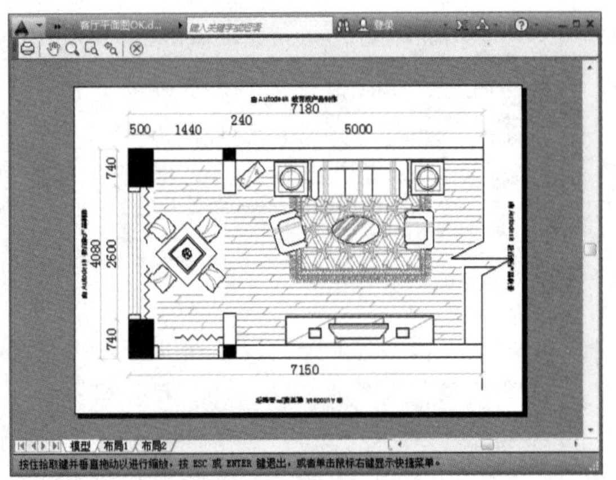

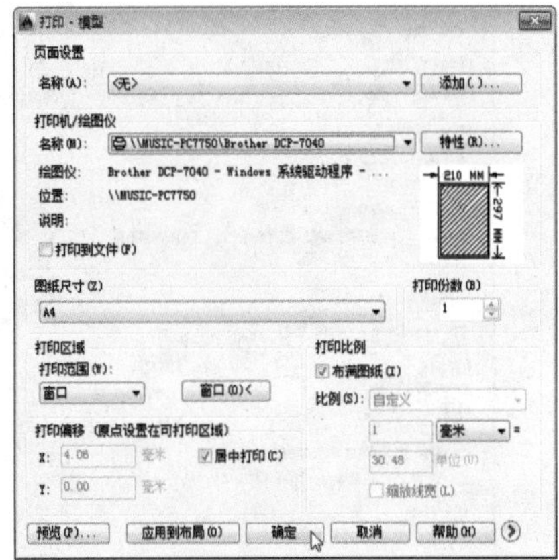

Step 15 执行“应用程序菜单>输出”命令，在级联菜单中选择“其他格式”命令，打开“输出数据”对话框，如下左图所示。

Step 16 将文件类型设为“位图（*.bmp）”格式，单击“保存”按钮。在绘图区中框选图形，以完成图形的输出，如下右图所示。

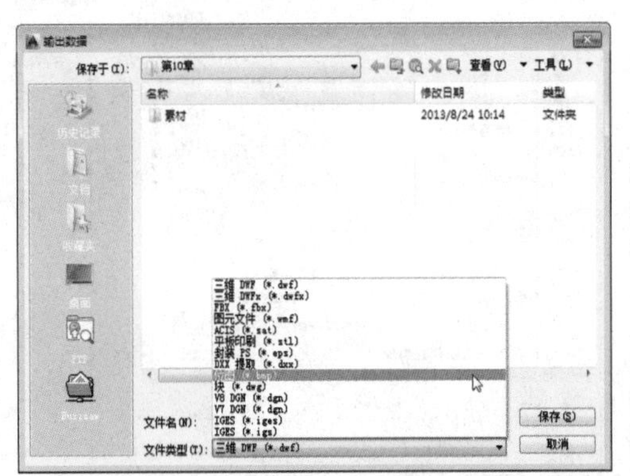

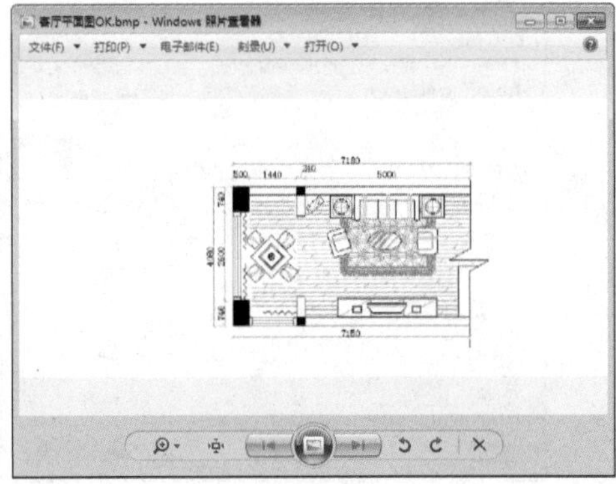

课后练习

1. 填空题

（1）AutoCAD窗口中提供了两个并行的工作环境，即 ______ 和 ______。

（2）使用 ______ 命令，可以将AutoCAD图形对象保存为其他需要的文件格式以供其他软件调用。

（3）使用 ______ 命令，可以将各种格式的文件输入到当前图形中。

2. 选择题

（1）下列哪个选项不属于图纸方向设置的内容（　　）。

A. 纵向　　B. 反向　　C. 横向　　D. 逆向

（2）执行（　　）命令时在图纸上打印的方式显示图形。

A. Previev　　B. Erase　　C. Zoom　　D. Pan

（3）在“打印-模型”对话框的（　　）选项组中，用户可以选择打印设备。

A. 打印区域　　B. 图纸尺寸

C. 打印比例　　D. 打印机/绘图仪

（4）根据图形打印的设置，下列哪个选项不正确（　　）。

A. 可以打印图形的一部分

B. 可以根据不同的要求用不同的比例打印图形

C. 可以先输出一个打印文件，把文件放到别的计算机上打印

D. 打印时不可以设置纸张的方向

3. 上机题

（1）利用“打印-模型”对话框进行打印配置并预览，如下左图所示。

（2）运用多种方法新建布局，如下右图所示。

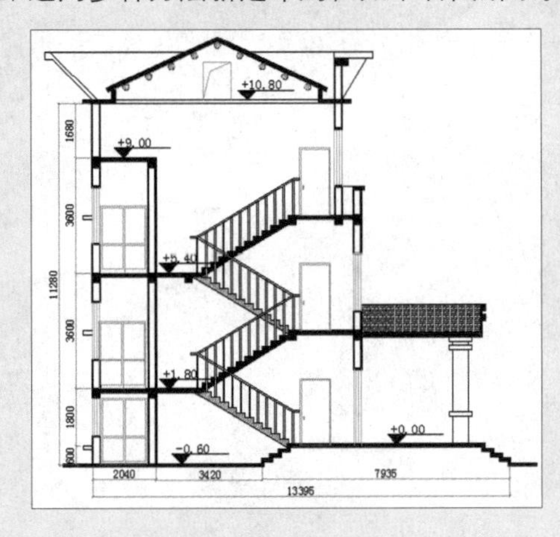

Chapter 12

住宅空间设计方案

本章将对住宅空间的设计进行介绍，也就是绘制常说的室内施工图，它结合环境艺术设计的要求，更详细地表达了建筑空间的装饰做法及整体效果。通过对本章内容的学习，可以使读者掌握三居室户型的平面图、立面图、剖面图的绘制方法与技巧。

重点难点

- 室内施工图基本要求
- 室内平面布置图的绘制
- 室内立面图的绘制
- 室内节点图的绘制

系统设计说明

在设计这类大户型空间时，需要注重每个单一装饰点的细节设计，通常这类户型的视点较杂，每块装饰细节都要适应从不同角度观察，既要远观有型，又要近看细部，只有做好每一个细节，才能使整个作品看上去更为饱满。

此户型为三口之家，原有建筑结构较为规整，根据户主要求在原有的建筑结构上并未进行改动，主要目的是在现有的建筑结构条件下进行更加合理的布局安排，如下图所示。

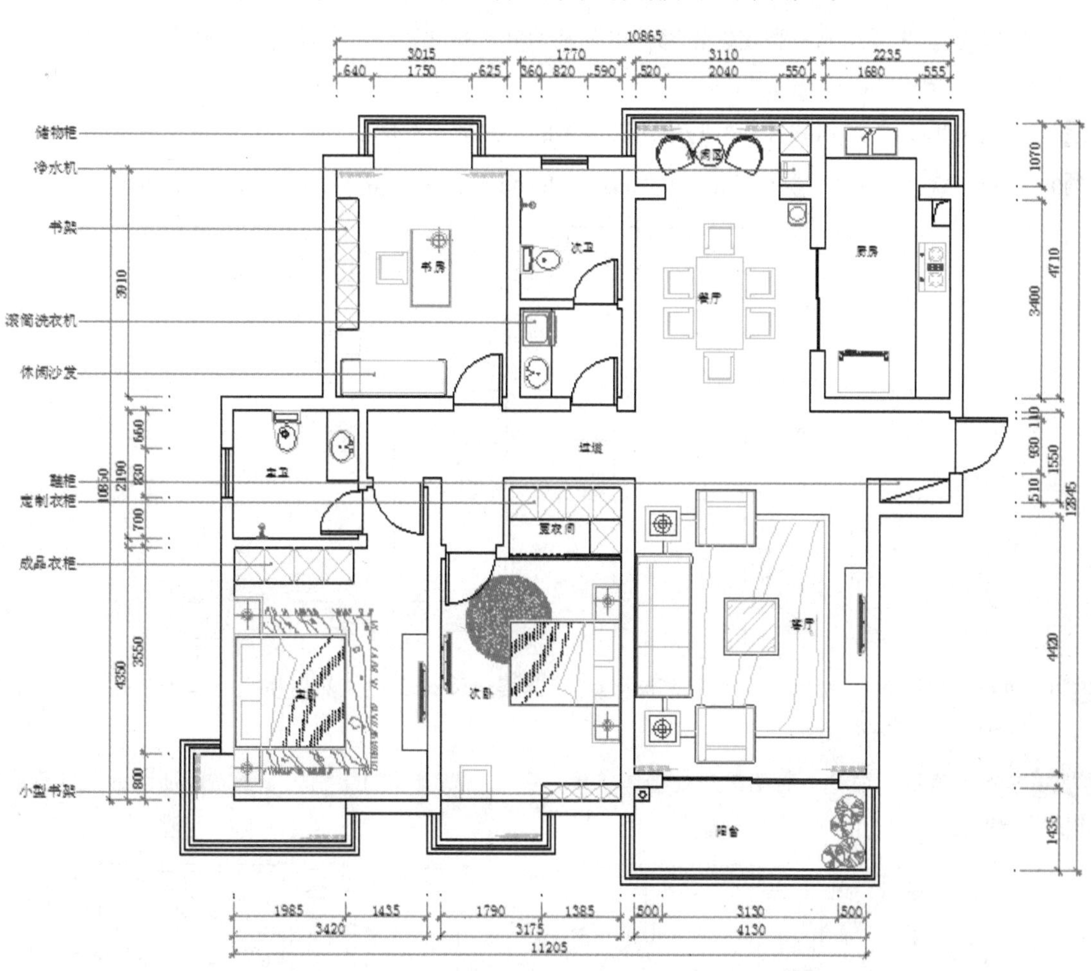

本套方案整体采用简洁现代的装修风格，整体的色调把握上以白色和米黄为主色调，家具的选择在搭配主体的基础上主要选择了较为柔软的材质，电视背景墙处理采用了不同的装饰材质，如石材、镜面等，增加了空间的延伸感，餐厅背景墙采用了镜面与白色软包的搭配处理，整体上继续了简洁现代的感觉，但又给人较强的设计感与空间的延伸感。其他墙面主要采用壁纸处理。在顶面处理上与墙面相互呼应，部分采用了镜面装饰，布局造型则和地面装饰相互照应，在满足功能分区的要求上增加了顶面的丰富程度，配合装饰大灯、筒灯及射灯等，营造出温馨舒适的家庭气氛。

三居室户型图

户型图的绘制是进行室内设计之前的重要步骤，也是一切设计的前提。它所体现出的主要是建筑中门窗尺寸的定形定位，下水、地漏等基础设施的定位以及房屋的走向布局。

12.2.1 绘制三居室墙体

绘制户型图首先要绘制户型墙体轮廓，主要利用到“直线”、“偏移”、“圆角”等命令，下面将介绍一下三居室墙体的绘制过程。

Step 01 启动AutoCAD 2014软件，打开原始文件中的“户型内轮廓图.dwg”，如下左图所示。

Step 02 执行“偏移”命令，将内轮廓线向外偏移240mm，偏移出墙体厚度，如下右图所示。

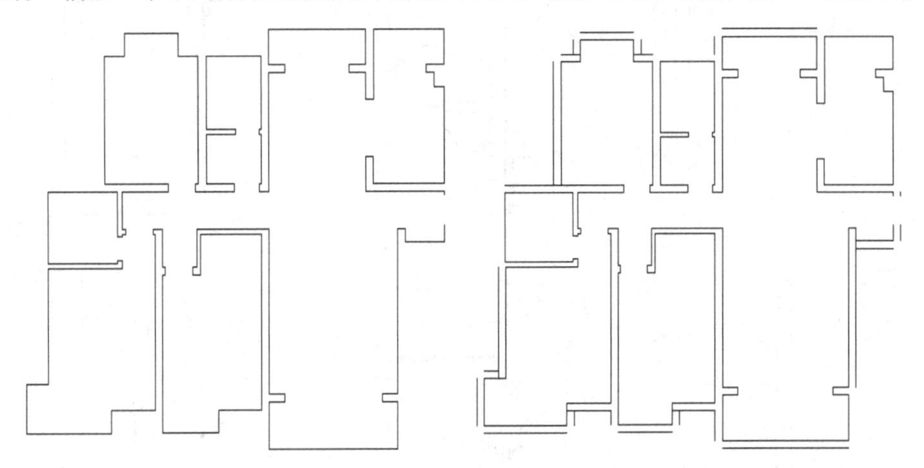

Step 03 执行“倒圆角”命令，默认圆角半径为0，连接墙体轮廓线，然后执行“延伸”命令，区分墙体和窗户轮廓，如下左图所示。

Step 04 执行“直线”命令，封闭入户处墙体轮廓，完成户型墙体的绘制，如下右图所示。至此三居室墙体图已绘制完毕。

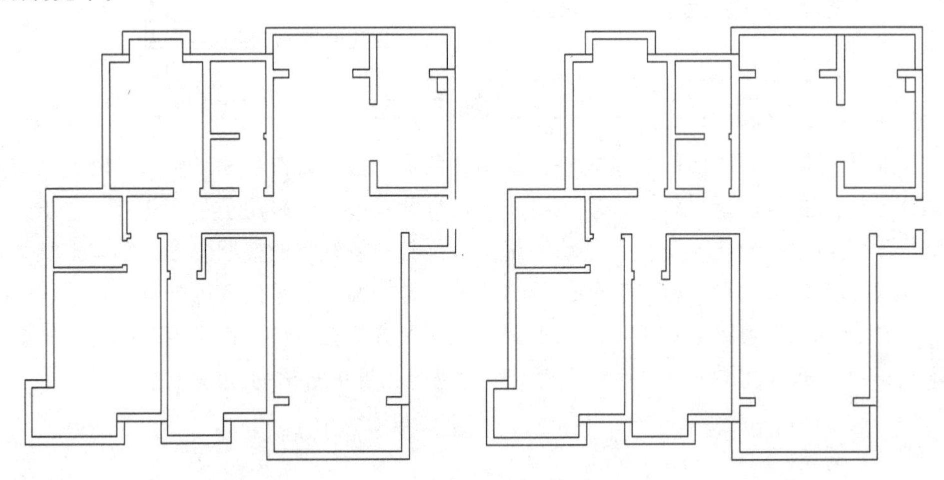

12.2.2 绘制三居室窗户及其他设施

户型图中除墙体外还需要绘制窗户及其他一些设施，如梁、下水、地漏、烟道等位置，为下一步更好的设计做好准备。下面来介绍窗户、梁以及各种设施的绘制过程。

Step 01 执行“直线”命令，根据内轮廓线上留出的基点绘制窗户宽度轮廓，如下左图所示。

Step 02 执行“偏移”命令，将窗户处的墙体线偏移120mm，偏移出窗户的中心线，如下右图所示。

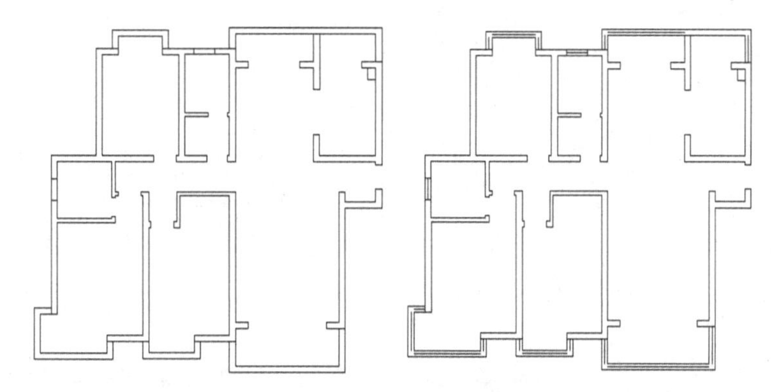

Step 03 执行“偏移”命令，将窗户中心线向两侧各偏移30mm，再删除中心线，绘制出窗户扇厚度，如下左图所示。

Step 04 执行“圆角”命令，默认圆角半径为0，完成窗户扇的绘制。执行“直线”命令，绘制飘窗的轮廓线，如下右图所示。

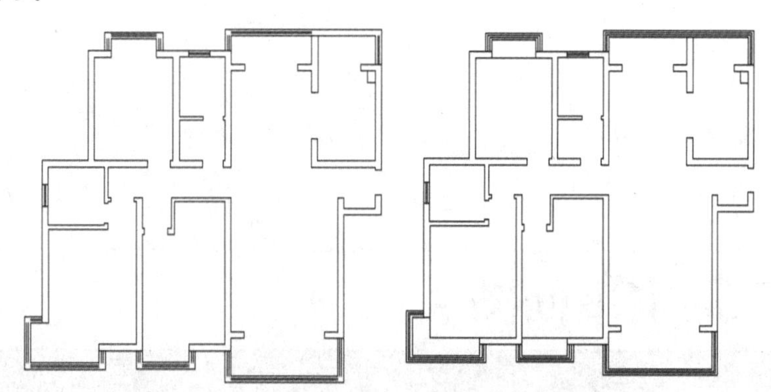

Step 05 执行“圆”命令，输入半径为50mm，绘制下水管以及地漏轮廓，并将其放置在实际位置，如下左图所示。

Step 06 执行“直线”命令，绘制地漏内部饰线，如下右图所示。

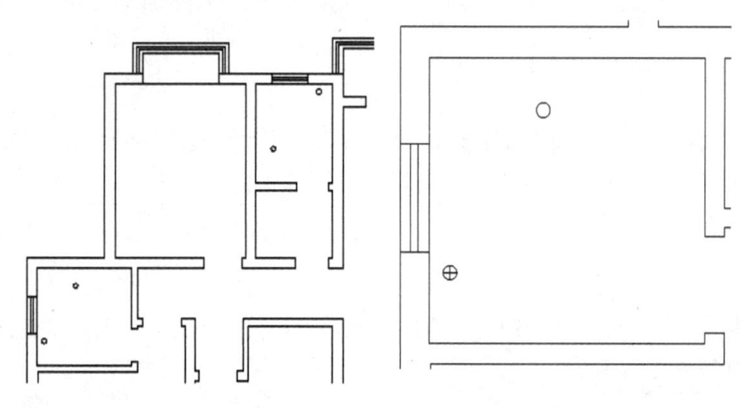

Step 07 执行“直线”命令，绘制烟道轮廓，如下左图所示。

Step 08 执行“直线”命令，绘制梁的一条轮廓线，如下右图所示。

Step 09 执行“偏移”命令，设置偏移距离为240mm，偏移出梁的宽度，如下左图所示。

Step 10 选择所有梁轮廓线，执行“特性”命令，设置梁的轮廓线线型为虚线，其线型比例为5。至此已完成三居室户型图的绘制，如下右图所示。

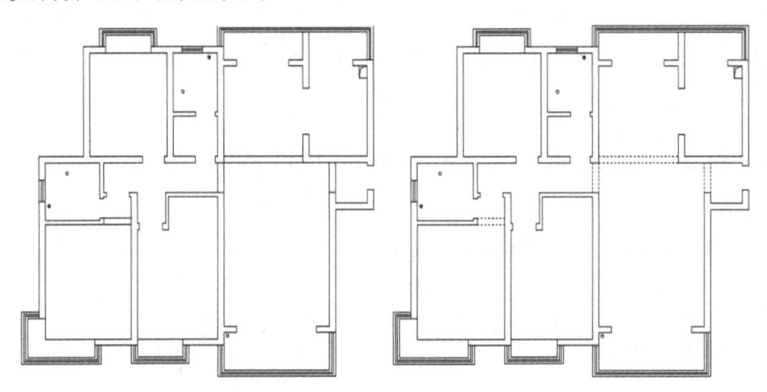

Section 12.3 三居室平面图

平面布置图是设计过程中首先触及的内容，空间划分、功能分区是否合理都关系着设计效果。它所表达的内容主要是建筑主体结构、各区域的家具、家电、装饰绿化的造型和位置。

12.3.1 绘制客厅平面图

本户型中，客厅面积最大，乃是户型整体设计的重点，客厅平面的绘制主要利用到“矩形”、“插入块”命令，下面将介绍一下客厅平面图的绘制过程。

Step 01 启动AutoCAD 2014软件，打开原始文件中的“三居室户型图.dwg”，删除梁轮廓线和地漏轮廓，如下左图所示。

Step 02 执行“直线”命令，绘制入户门的中心线，然后执行“圆”命令，以直线上端为圆心，绘制半径为950mm的圆，如下右图所示。

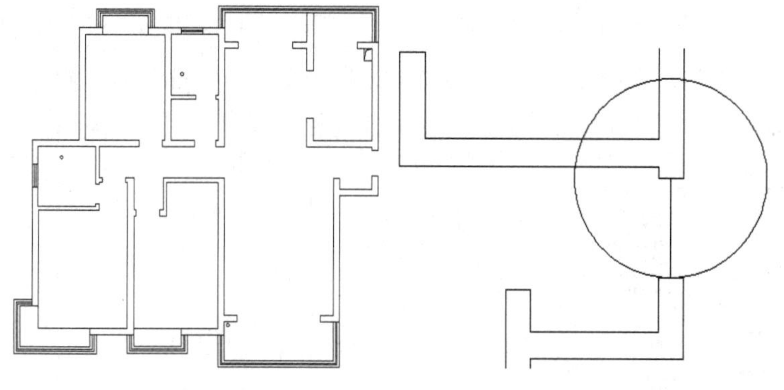

Step 03 执行“矩形”命令，绘制长为930mm、宽为40mm的长方形，并将其放置在入户位置，如下左图所示。

Step 04 执行“修剪”命令，完成门的绘制，如下右图所示。

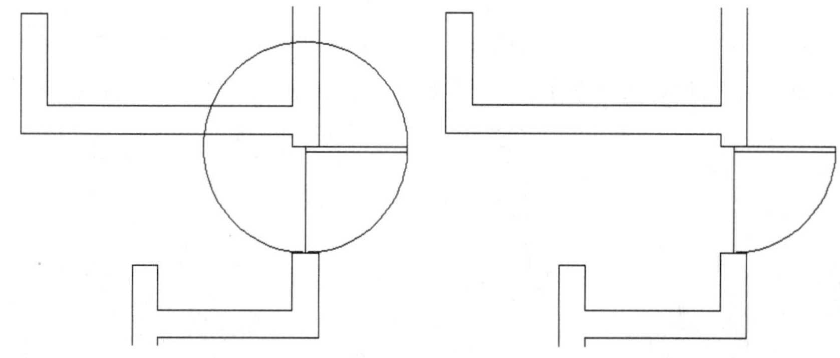

Step 05 执行“直线”命令，绘制鞋柜造型，如下左图所示。

Step 06 执行“矩形”命令，绘制长为250mm、宽为250mm的长方形包水管，如下右图所示。

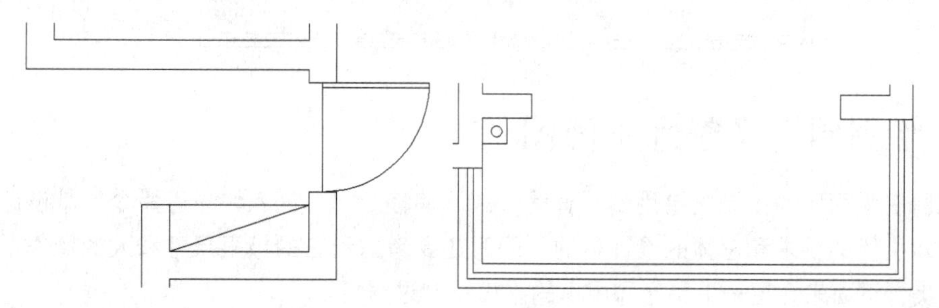

Step 07 执行“矩形”命令，绘制两个长为1565mm、宽为40mm的长方形，并将其放置在阳台门洞位置，如下左图所示。

Step 08 执行“插入块”命令，打开“插入”对话框，如下右图所示。

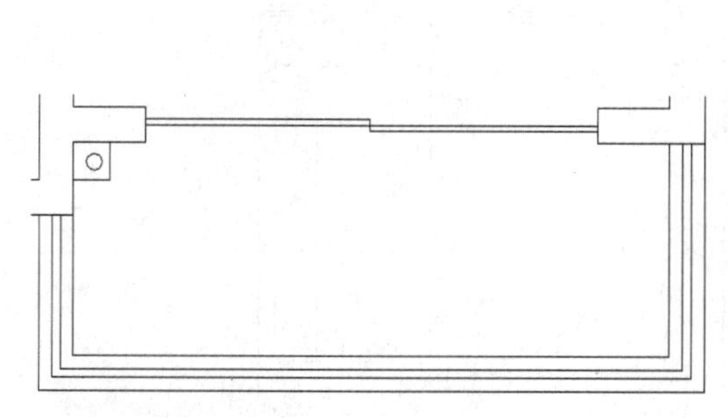

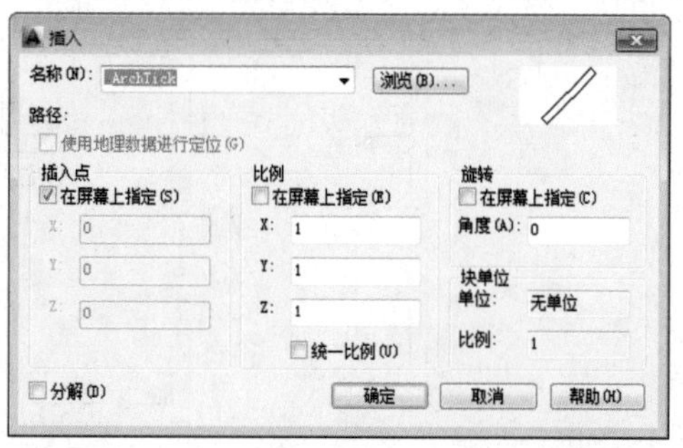

Step 09 单击“浏览”按钮，打开“选择图形文件”对话框，如下左图所示。

Step 10 选择家具图块中的沙发图形，在绘图区中指定插入点，即可完成插入操作，如下右图所示。

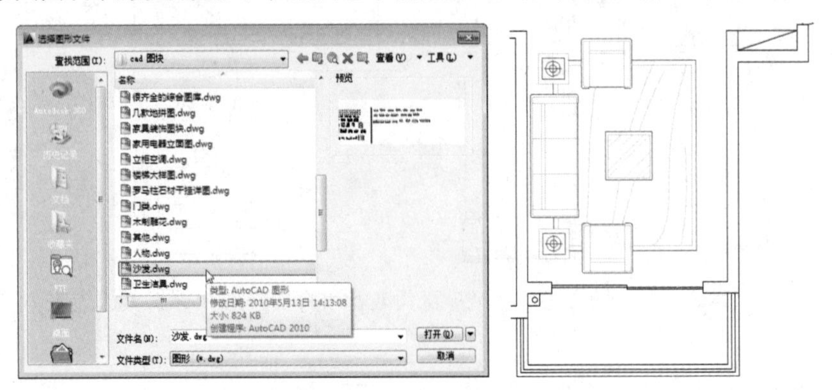

Step 11 重复上述操作方法，继续添加电器图块中的电视机图形和植物图形，如下左图所示。

Step 12 执行“矩形”命令，绘制长为2000mm、宽为400mm的长方形，并将其放置在电视机处，作为电视柜，如下右图所示。至此已完成客厅区域的布置。

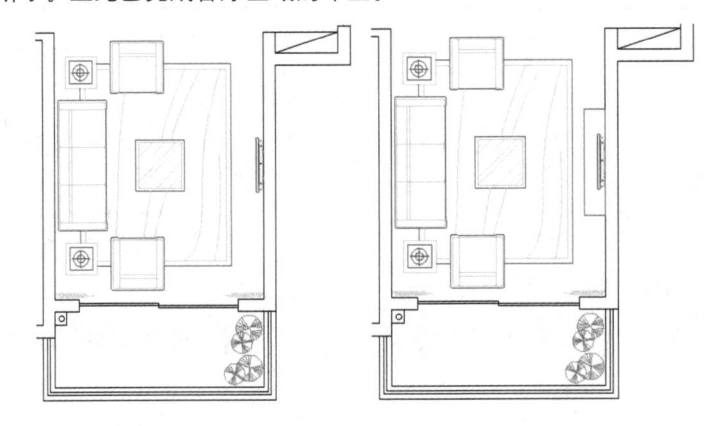

12.3.2 绘制厨房及餐厅平面图

餐厅和厨房平面图的绘制主要用到“直线”、“偏移”、“插入块”等命令，其设计及绘制主要取决于空间对机能的要求和总体的设计目的，同时还要考虑到它的极限尺寸和人的操作范围，才能使布局尽善尽美，下面来介绍一下餐厅和厨房的平面绘制过程。

Step 01 执行“矩形”命令，绘制两个长为880mm、宽为40mm的长方形，放置在厨房门洞位置，如下左图所示。

Step 02 执行“偏移”命令，设置偏移距离为600mm，从墙体线偏移，绘制橱柜轮廓线，如下右图所示。

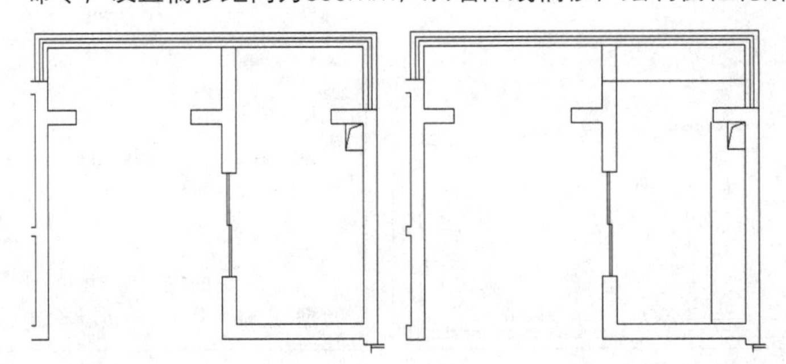

Step 03 执行"圆角"命令，圆角半径为0，将两条橱柜线连接，然后执行"修剪"命令，修剪橱柜线，如下左图所示。

Step 04 执行"直线"命令，绘制餐厅阳台区域储物柜，如下右图所示。

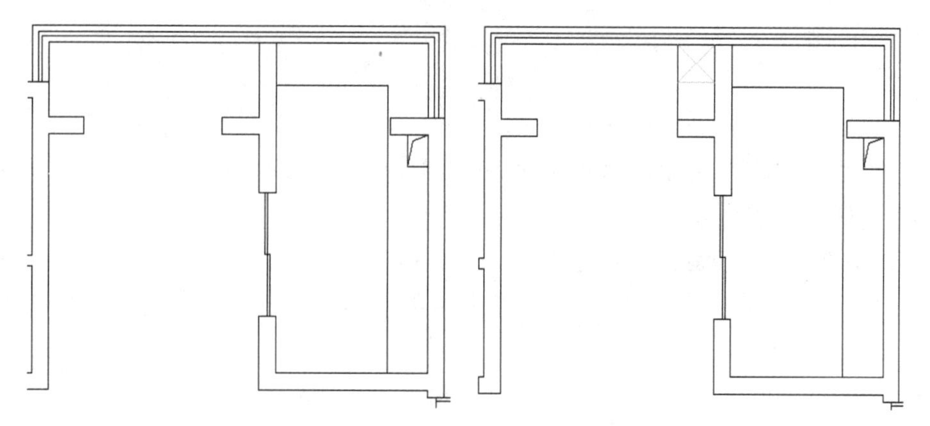

Step 05 执行"插入块"命令，将洗菜盆和煤气灶图块插入至橱柜合适位置，如下左图所示。

Step 06 再次执行"插入块"命令，将餐桌椅、电器等图块插入至餐厅合适位置，完成厨房餐厅区域的布置，如下右图所示。

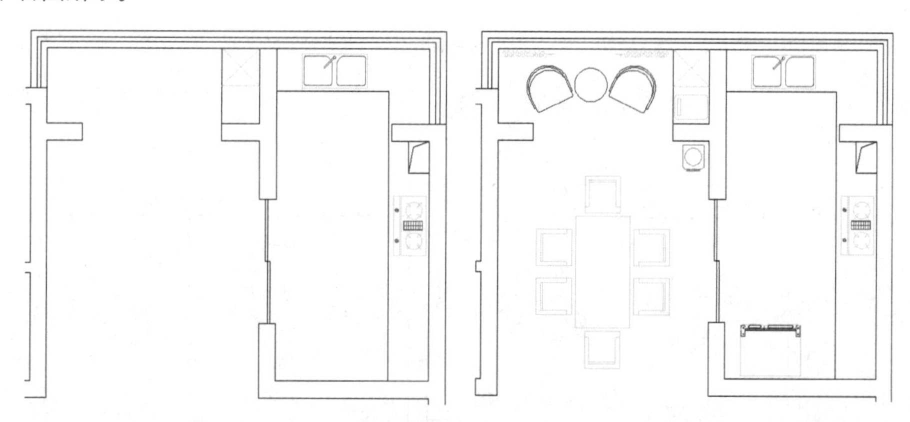

专家技巧 厨房布置技巧

在布置厨房电器时，需注意摆放顺序。当业主进入厨房后，一般先洗菜，后切菜，最后再炒菜，所以在布置洗菜盆、煤气灶等用具时，需考虑做菜的先后顺序，否则会给住户带来不便，还有，就是抽油烟机的位置离烟道越近越好。

12.3.3 绘制卧室及主卫平面图

卧室主要是分为睡眠区、贮存区和休闲区三大部分，本户型的设计比较合理地利用了卧室空间，卫生间的布局就是根据空间大小和下水道等设施位置来进行布局，本图的绘制主要利用到"直线"、"圆"、"矩形"、"插入块"等命令，下面将介绍一下卧室和卫生间平面布局的绘制过程。

Step 01 执行"直线"命令，绘制卧室和卫生间门的中心线，如下左图所示。

Step 02 执行"圆"命令，分别以中心线端点为圆心绘制半径为890mm和740mm的圆，如下右图所示。

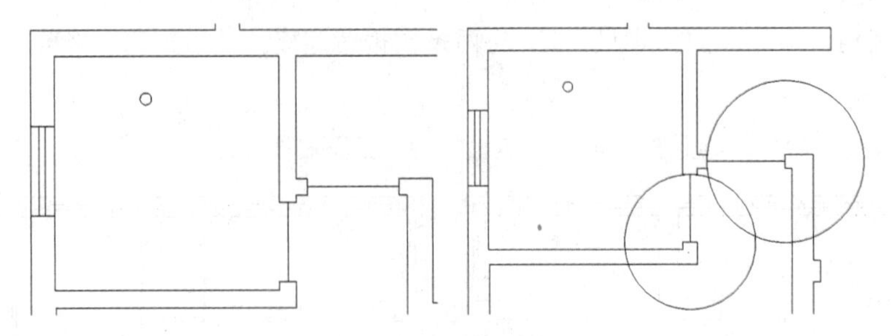

Step 03 执行“矩形”命令，绘制长为890mm、宽为40mm和长为740mm、宽为40mm的长方形，放置到门洞位置，如下左图所示。

Step 04 执行“修剪”命令，修剪出门的造型，如下右图所示。

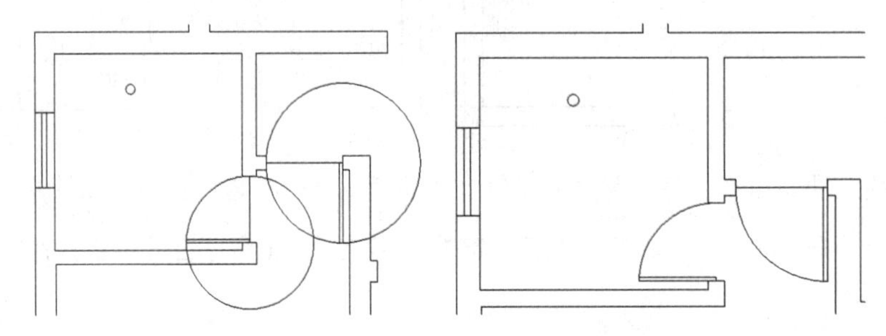

Step 05 执行“插入块”命令，将马桶、洗手池、淋喷图块插入至主卫合适位置，如下左图所示。

Step 06 执行“矩形”命令，绘制长为1200mm、宽为550mm的长方形，并将其放置在洗手台位置，如下右图所示。

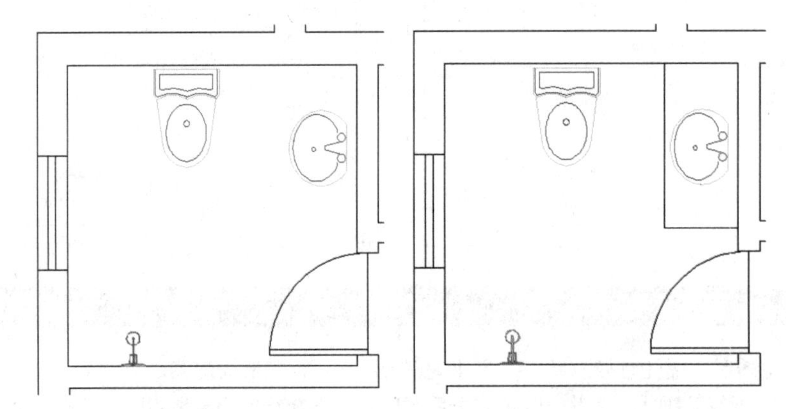

Step 07 执行“矩形”命令，绘制长为2100mm、宽为600mm的长方形，作为衣柜轮廓，如下左图所示。

Step 08 执行“直线”命令，绘制衣柜的内部饰线，如下右图所示。

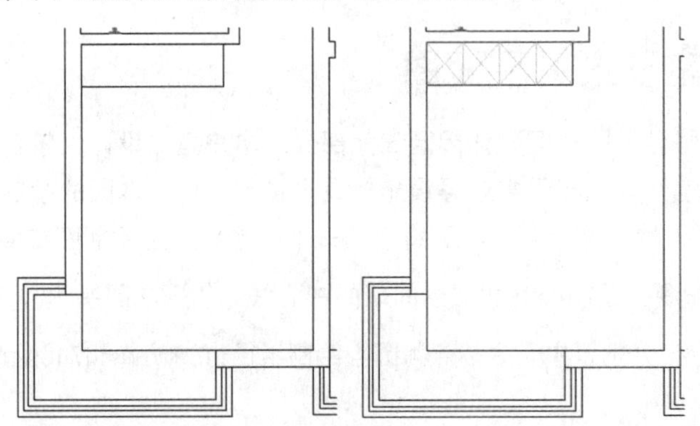

Step 09 再次执行“插入块”命令，添加家具图块中床图形和电器图块中电视机图形，如下左图所示。

Step 10 执行“矩形”命令，绘制长为2000mm、宽为450mm的长方形，放置在电视机处，作为电视柜，如下右图所示。至此完成卧室及主卫平面的绘制。

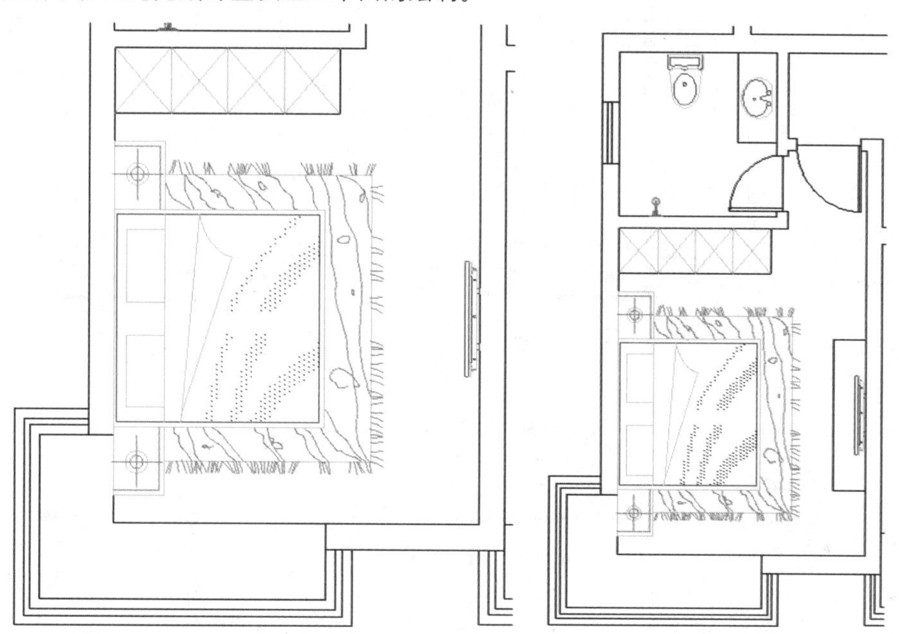

专家技巧 绘制衣柜门需注意

衣柜门大致分为两种形式，双开门和推拉门，在绘制衣柜平面图时，最好也要将其反映出来，常规双开门的门板宽度400mm~600mm为最佳，推拉门的门板宽度600mm~800mm为最佳。

Section 12.4 地面铺设图及天花平面图

地面铺设图主要是表示地面的造型、材料名称、造型尺寸和工艺要求等。天花平面图主要是表示天花造型，各类设施的定形定位以及各部位的饰面材料和涂料的规格、名称。

12.4.1 绘制地面铺设图

绘制地面铺设图所使用的主要命令是“直线”、“填充”，使用直线划分区域，再利用不同的图案来表示不同的地面材料，下面将介绍一下三居室地面铺设图的绘制过程。

Step 01 复制一份“三居室平面布置图”，删除其中所有门、家具造型等，执行“直线”命令，封闭门洞，划分地面区域，如下左图所示。

Step 02 执行“多段线”命令，描绘客厅、餐厅及过道区域，再执行“偏移”命令，向内偏移出150mm的多段线，如下右图所示。

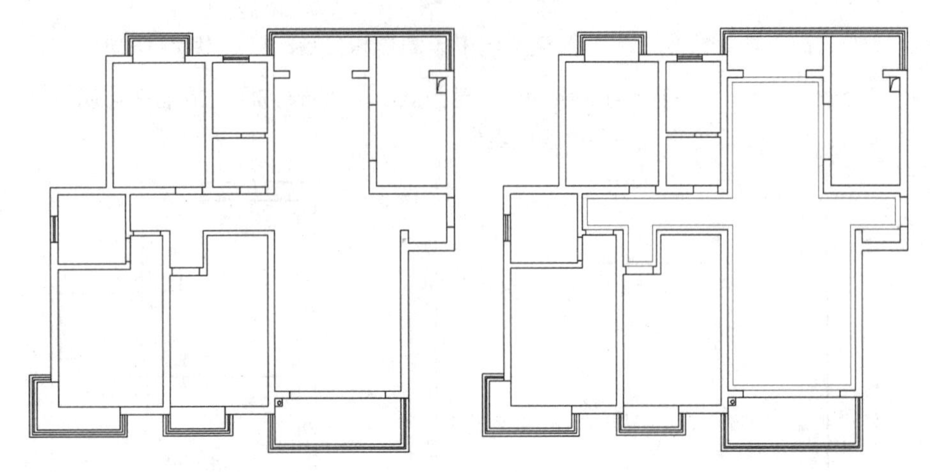

Step 03 执行“填充”命令，选择“NET”图案，设置角度为0°，比例为95，选择厨房、卫生间区域进行填充，如下左图所示。

Step 04 再次执行“填充”命令，选择同样的图案，将比例设为250，选择客厅、餐厅、过道、阳台区域进行填充，如下右图所示。

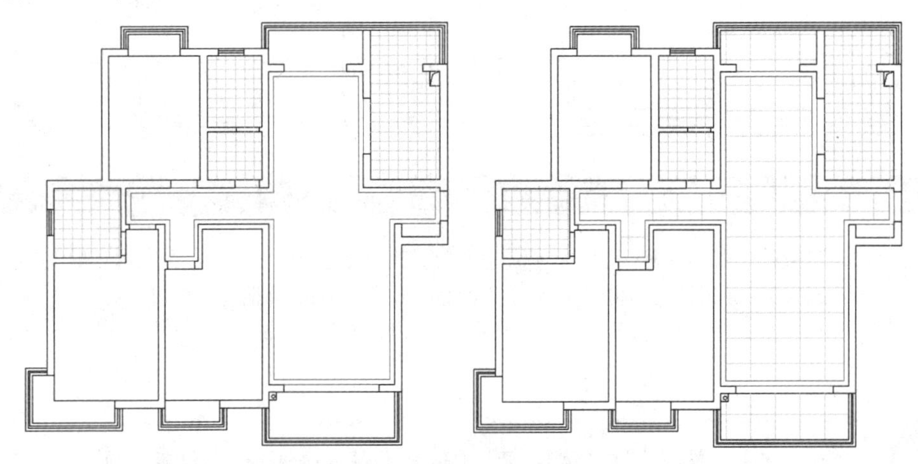

Step 05 执行“填充”命令，选择“DLM-IT”图案，设置角度为90°，比例为20，选择卧室、书房区域进行填充，如下左图所示。

Step 06 执行“填充”命令，选择“AR-CONC”图案，设置比例为1.5，选择过门石、飘窗区域进行填充，如下右图所示。

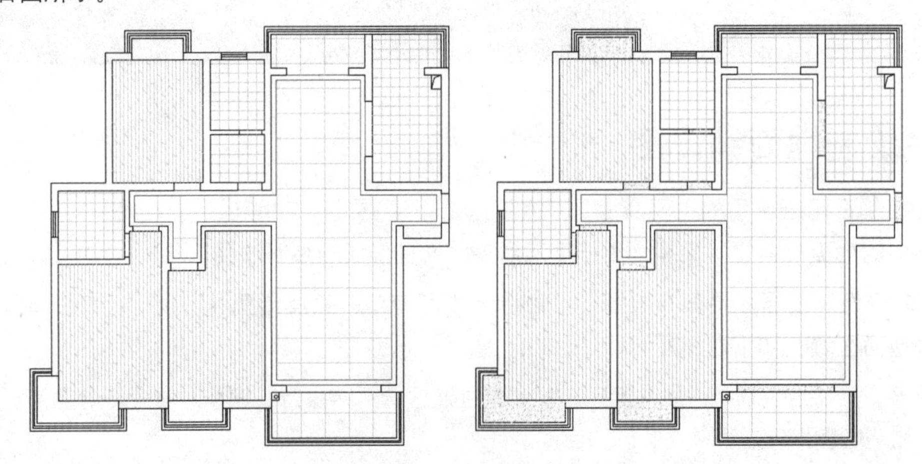

Step 07 执行“填充”命令，选择“ANSI-38”图案，比例设为20，选择多段线区域进行填充，如下左图所示。

Step 08 执行“文字”命令，对地面材料进行文字标注，完成地面铺设图，其结果如下右图所示。

知识链接 地面砖类型介绍

地砖是地面材料的一种，它有多种规格。质坚、耐压耐磨，能防潮。有的经上釉处理，具有装饰作用，按种类分可分为3种，釉面砖、瓷质砖和拼花砖，而本案所绘制的就是拼花砖。

12.4.2 绘制天花平面图

本户型中的天花布局也是设计中的亮点，和墙面装饰造型及材料相互呼应，绘制本图主要利用“直线”、“矩形”、“偏移”、“插入块”等命令，下面将介绍天花平面图的绘制过程。

Step 01 复制一份“三居室平面布置图”，删除三居室平面布置图中所有门、家具造型等，然后执行“直线”命令，封闭门洞，划分天花区域，如下左图所示。

Step 02 执行“填充”命令，选择预定义中的“NET”图案，设置角度为0°，比例为95，选择卫生间、厨房区域进行填充，如下右图所示。

Step 03 执行“矩形”命令，绘制矩形。执行“偏移”命令，向内分别偏移300mm、200mm，如下左图所示。

Step 04 执行“偏移”命令，将轮廓线向内偏移150mm，如下右图所示。

Step 05 执行“圆角”命令，默认圆角尺寸，绘制窗帘盒轮廓，如下左图所示。

Step 06 执行“矩形”命令，捕捉过道区域对角点，绘制矩形。执行“偏移”命令，向内偏移250mm，如下右图所示。

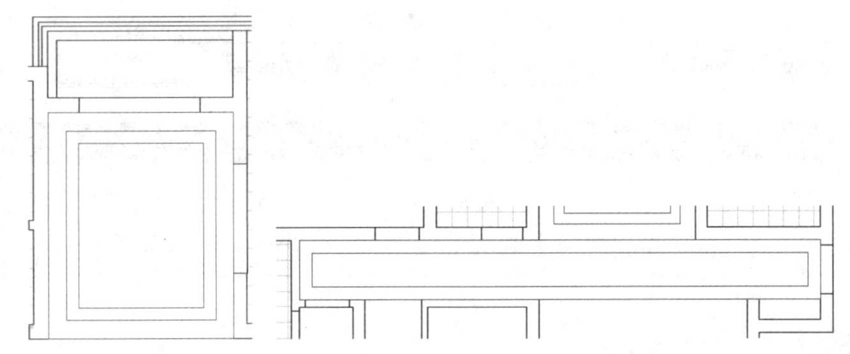

Step 07 执行“分解”命令，将矩形分解。执行“偏移”命令，向右分别偏移1195mm、400mm、1195mm、400mm、1195mm、400mm、2510mm、400mm、865mm、400mm，如下左图所示。

Step 08 执行“修剪”命令，对偏移后的图形进行修剪，如下右图所示。

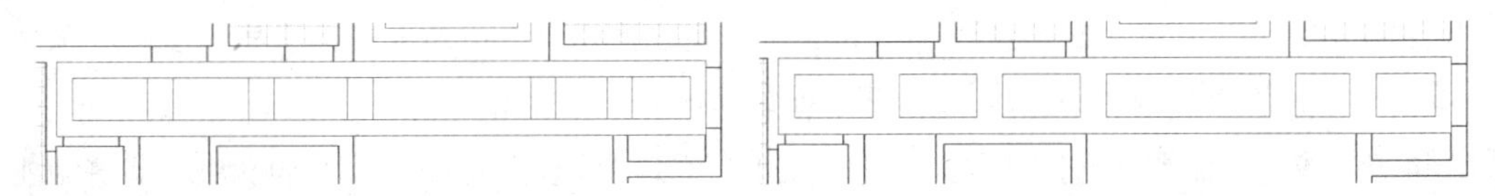

Step 09 执行“直线”命令，沿墙体绘制一条直线。执行“偏移”命令，将直线偏移150mm，如下左图所示。

Step 10 执行“矩形”命令，捕捉客厅区域对角点，绘制矩形。执行“偏移”命令，向内分别偏移300mm、150mm，如下右图所示。

Step 11 执行“偏移”命令，将墙体线向下偏移600mm，如下左图所示。

Step 12 执行“矩形”命令，捕捉主卧端点绘制矩形。执行“偏移”命令，将矩形向内偏移200mm，如下右图所示。

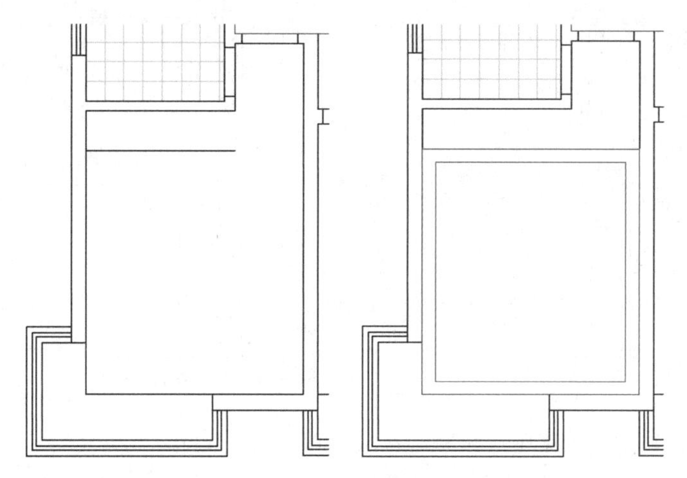

Step 13 执行“矩形”命令，捕捉次卧端点绘制矩形。执行“偏移”命令，将矩形向内偏移200mm，如下左图所示。

Step 14 执行“偏移”命令，将书房墙面轮廓向上偏移600mm，如下右图所示。

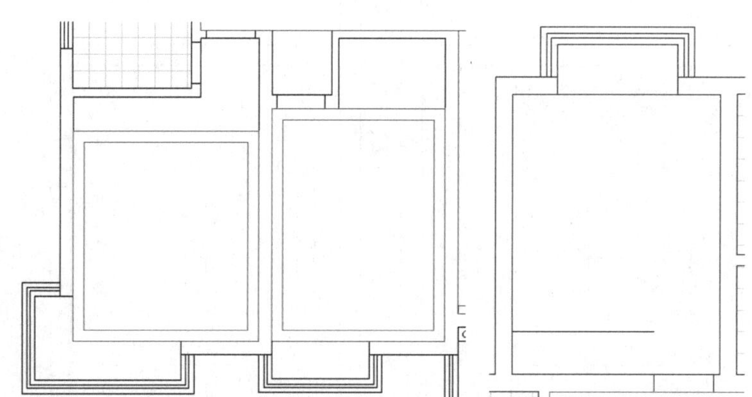

Step 15 执行“矩形”命令，捕捉书房端点绘制矩形。执行“偏移”命令，将矩形向内偏移100mm，如下左图所示。

Step 16 删除多余轮廓线，执行“填充”命令，选择合适的图案，对吊顶区域填充，如下右图所示。

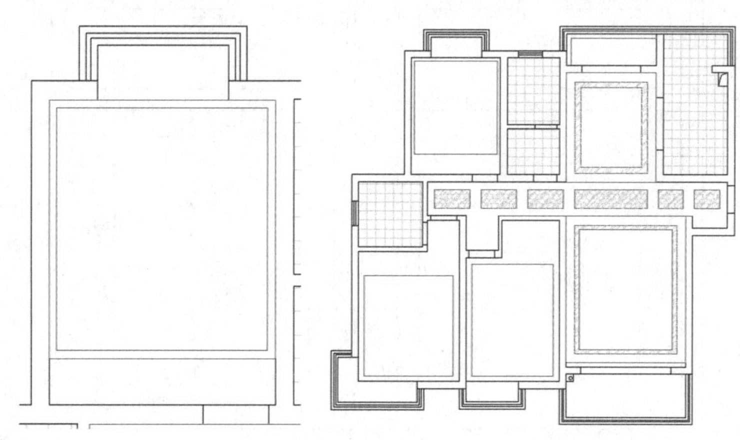

Step 17 执行“直线”命令，绘制对角线，如下左图所示。

Step 18 执行“插入块”命令，将吊灯和吸顶灯图块插入至吊灯合适位置，并删除对角线，如下右图所示。

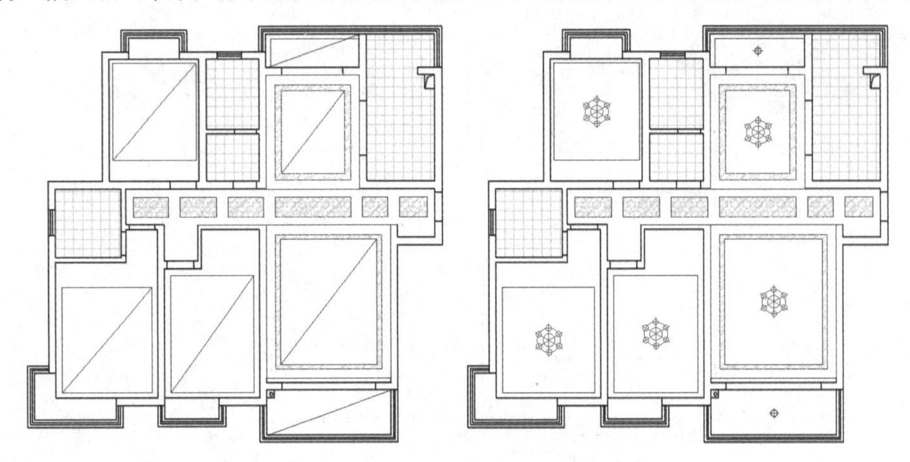

Step 19 执行“直线”命令，捕捉中心点绘制直线，如下左图所示。

Step 20 再次执行“插入块”命令，将灯具图块中的射灯图形插入，如下右图所示。

Step 21 执行“复制”命令，输入复制距离为600mm，如下左图所示。

Step 22 删除中心线和中间灯具，执行“镜像”命令，镜像出另一侧的射灯，如下右图所示。

Step 23 再次执行"镜像"命令，绘制客厅区域的射灯，射灯间距为1000mm，如下左图所示。

Step 24 执行"插入块"命令，将灯具图块中的格栅灯、浴霸图形插入，如下右图所示。

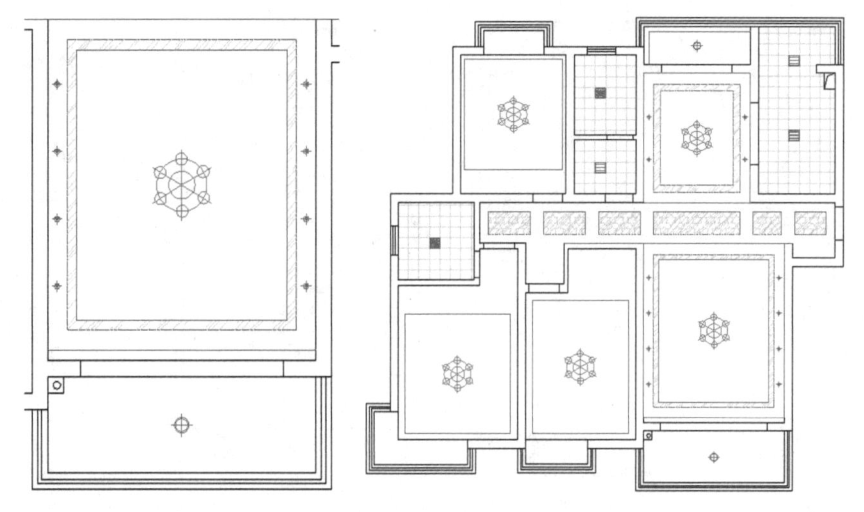

Step 25 执行"直线"命令，绘制卧室和书房区域内的直线，如下左图所示。

Step 26 执行"插入块"命令，将灯具图块中的筒灯图形插入，如下右图所示。

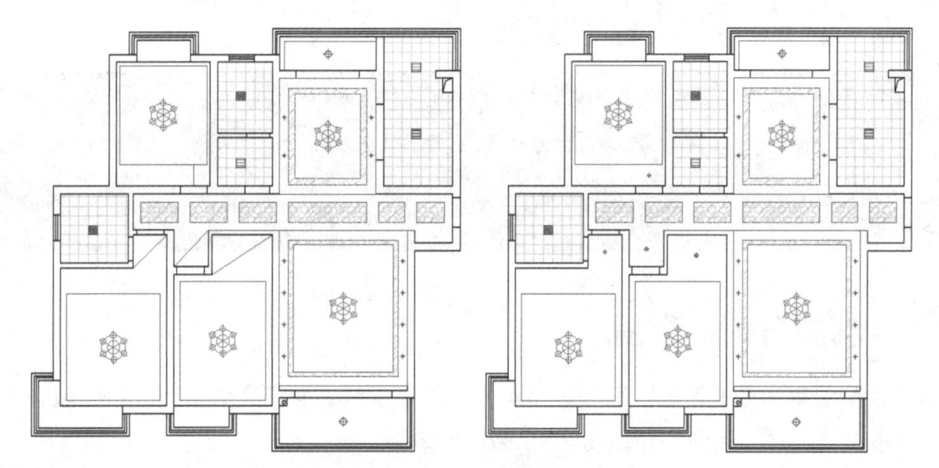

Step 27 执行"复制"命令，复制书房区域的筒灯，输入复制距离为1000mm，如下左图所示。

Step 28 执行"插入块"命令，将灯具图块中的中央空调图形插入，其结果如下右图所示。

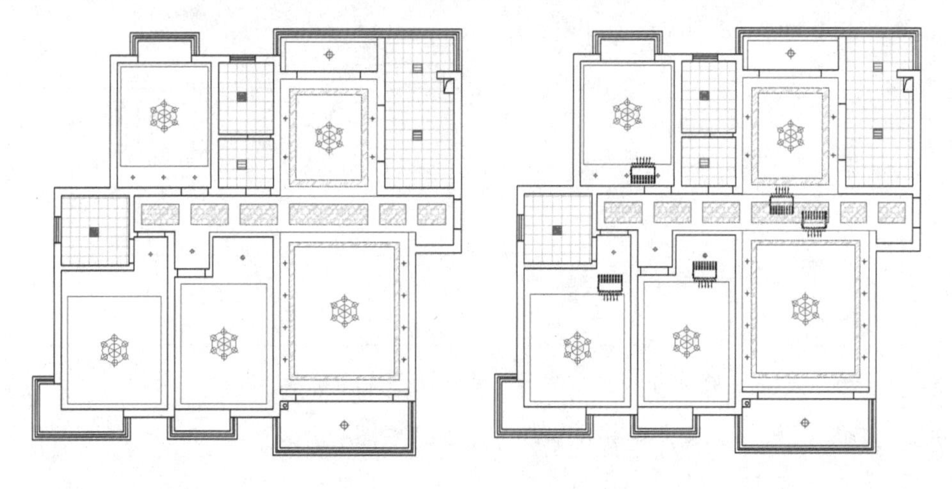

Step 29 复制标高符号，对图形进行标高，如下左图所示。

Step 30 执行"快速引线"命令，对图形进行文字标注，完成天花平面图的绘制，其结果如下右图所示。

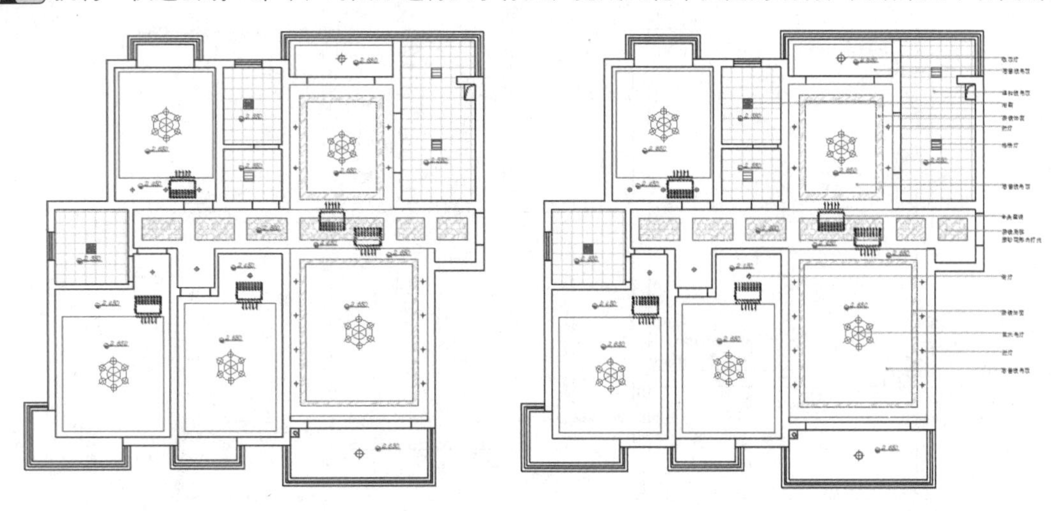

Section 12.5 室内主要立面图

居室立面图主要是表示建筑主体结构中铅垂立面的装修方法，包括墙面造型的轮廓线、装饰件等，墙面尺寸及造型尺寸的定形定位，墙面饰面材料、涂料的名称、规格等工艺说明。

12.5.1 绘制餐厅A立面图

用餐区是比较温馨和谐的区域，部分采用柔软的白色皮纹饰面，又为了和客厅区域协调，所以采用石材、茶镜等装饰墙面，下面将介绍餐厅A立面图的绘制。

Step 01 执行"直线"命令，绘制长为4960mm、宽为3050mm的长方形，如下左图所示。

Step 02 执行"偏移"命令，将轮廓线向下分别偏移250mm、150mm、1670mm，再向左分别偏移150mm、420mm、500mm、240mm，如下右图所示。

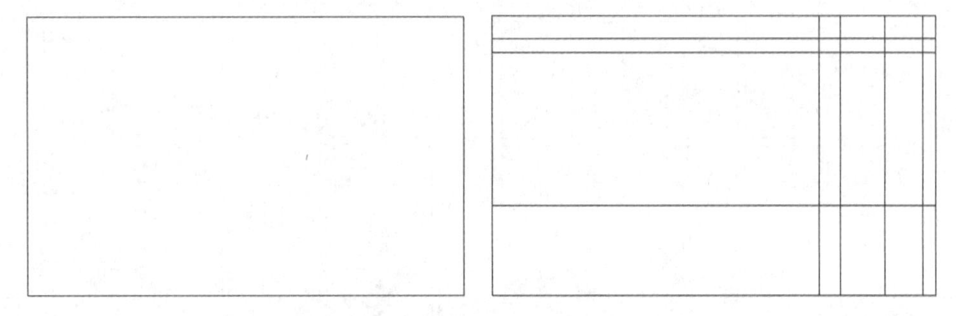

Step 03 执行"修剪"命令，将偏移的图形进行修剪，如下左图所示。

Step 04 执行"偏移"命令，将窗户轮廓偏移60mm，如下右图所示。

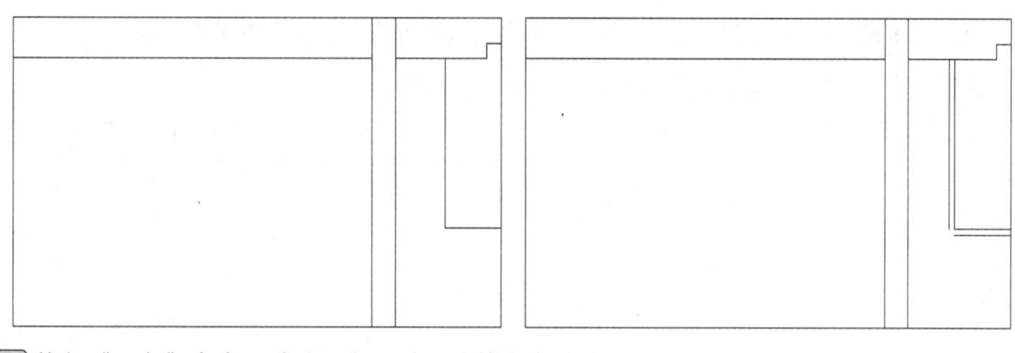

Step 05 执行“圆角”命令，默认圆角尺寸，连接窗户轮廓，如下左图所示。

Step 06 执行“偏移”命令，将轮廓线向右分别偏移1200mm、900mm、900mm，再向下分别偏移1100mm、300mm、700mm、850mm，如下右图所示。

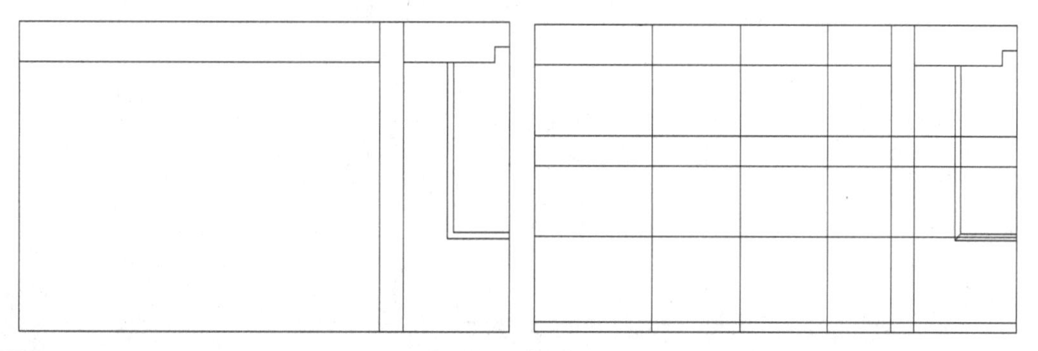

Step 07 执行“修剪”命令，对偏移后的图形进行修剪，如下左图所示。

Step 08 执行“偏移”命令，将左边吊顶轮廓线向下偏移638mm，共偏移4次，如下右图所示。

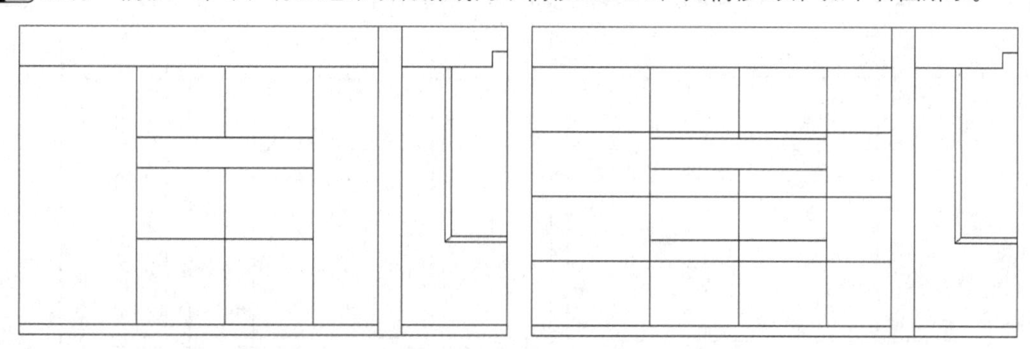

Step 09 执行“修剪”命令，对偏移后的图形进行修剪，如下左图所示。

Step 10 执行“直线”命令，绘制墙体饰线，如下右图所示。

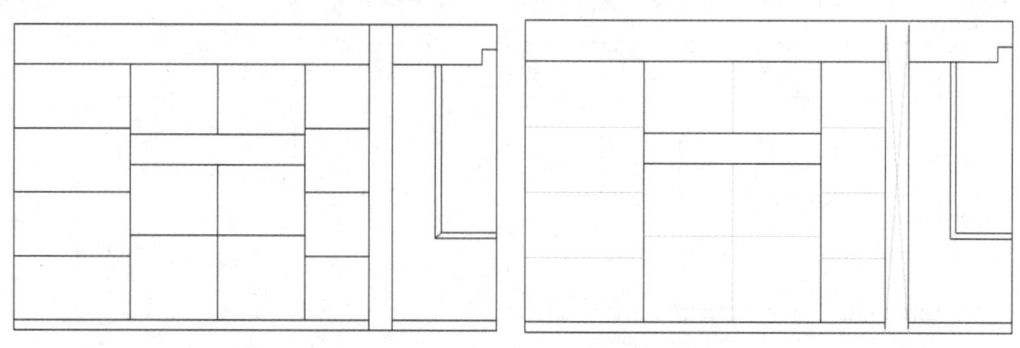

Step 11 执行"填充"命令，选择合适图形，将吊顶区域进行填充，如下左图所示。

Step 12 执行"填充"命令，选择合适的图形，对窗户进行填充，如下右图所示。

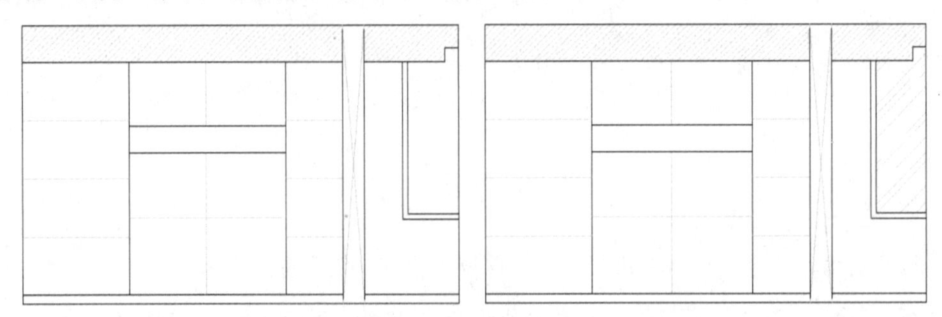

Step 13 执行"填充"命令，选择合适的图形，对墙面区域进行填充，如下左图所示。

Step 14 执行"填充"命令，选择合适的图形，对墙面其他区域进行填充，如下右图所示。

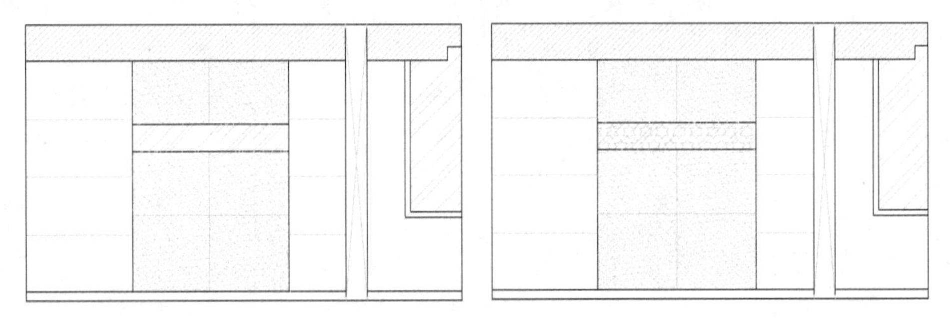

Step 15 执行"线性"命令，对图形进行尺寸标注，如下左图所示。

Step 16 执行"连续"命令，对图形进行连续尺寸标注，如下右图所示。

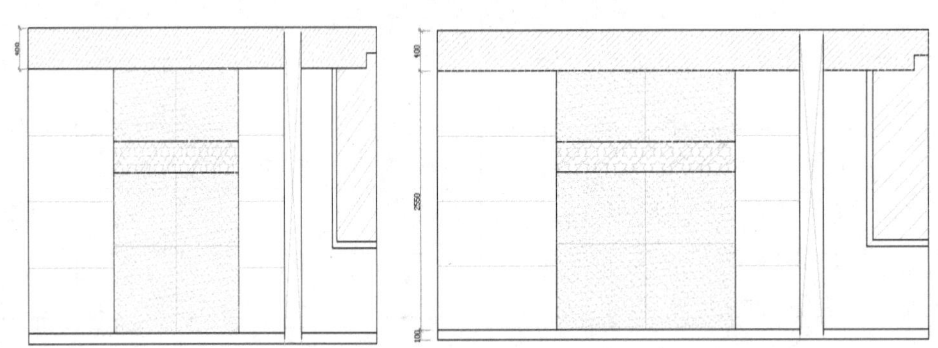

Step 17 按照以上操作方法，完成所有的尺寸标注，如下左图所示。

Step 18 执行"快速标注"命令，对图形进行文字标注，如下右图所示。

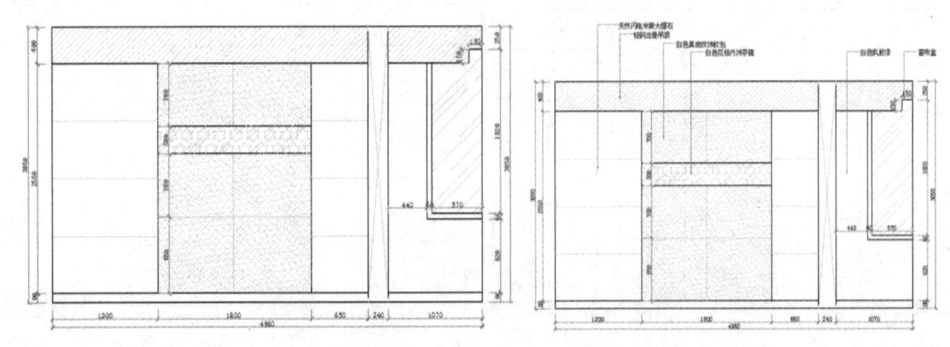

12.5.2 绘制客厅C立面图

客厅电视背景墙是整个居室设计的点睛之处，本户型中的电视背景墙立面图中，采用了石材、茶镜等材料，造型简单大方，下面将介绍客厅C立面图的绘制。

Step 01 执行"直线"命令，绘制长为5060mm、宽为3050mm的长方形，如下左图所示。

Step 02 执行"偏移"命令，将轮廓线向下分别偏移250mm、150mm、200mm、300mm，如下右图所示。

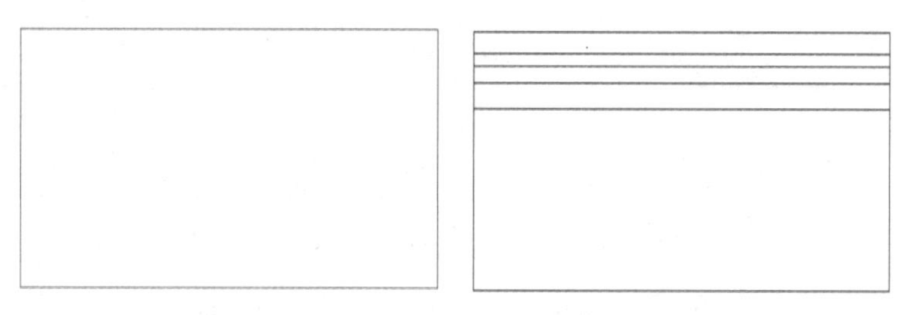

Step 03 执行"偏移"命令，将轮廓线向右分别偏移430mm、200mm、300mm、3200mm、300mm、200mm、280mm，如下左图所示。

Step 04 执行"修剪"命令，适当修剪图形，如下右图所示。

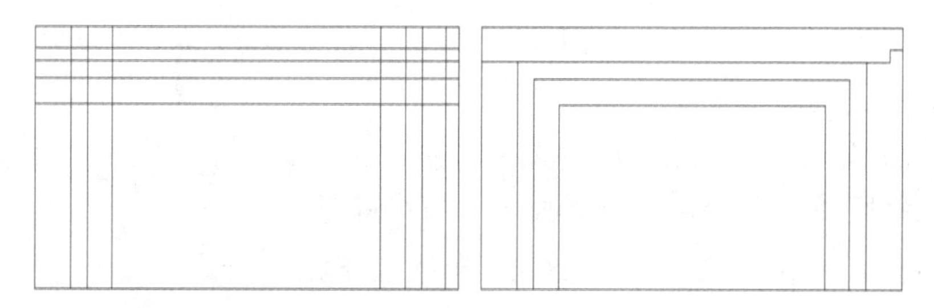

Step 05 执行"偏移"命令，将轮廓线向下分别偏移1038mm、638mm、638mm、638mm，如下左图所示。

Step 06 执行"修剪"命令，对偏移后的图形进行修剪，如下右图所示。

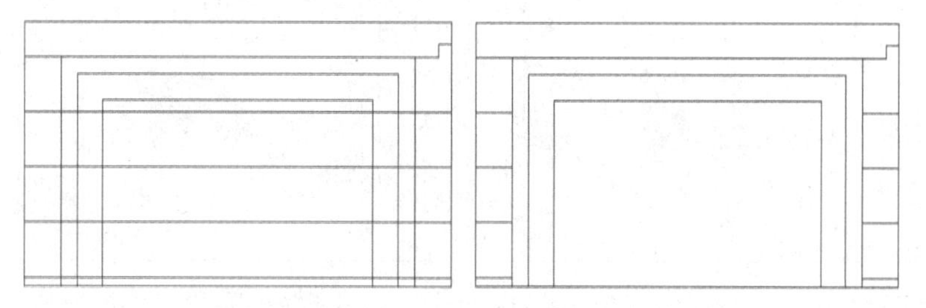

Step 07 执行"直线"命令，绘制两条中心线，如下左图所示。

Step 08 执行"填充"命令，选择合适的图形，设置角度为90°，比例为10，选择墙面区域进行填充，如下右图所示。

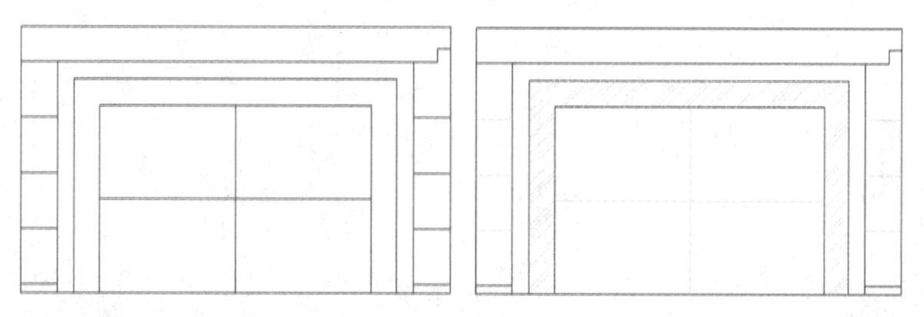

Step 09 执行“直线”命令，绘制长150mm十字花，设置线型为“ACAD-ISO03W100”，线型比例为3，如下左图所示。

Step 10 执行“复制”命令，复制一个十字花，并将其放置到合适的位置，如下右图所示。

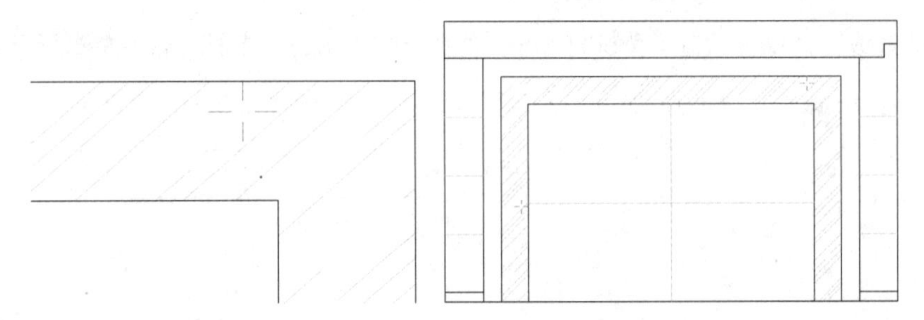

Step 11 执行“填充”命令，选择合适的图案，对墙面吊顶区域进行填充，如下左图所示。

Step 12 执行“插入块”命令，将电视机图块插入至图形合适位置，如下右图所示。

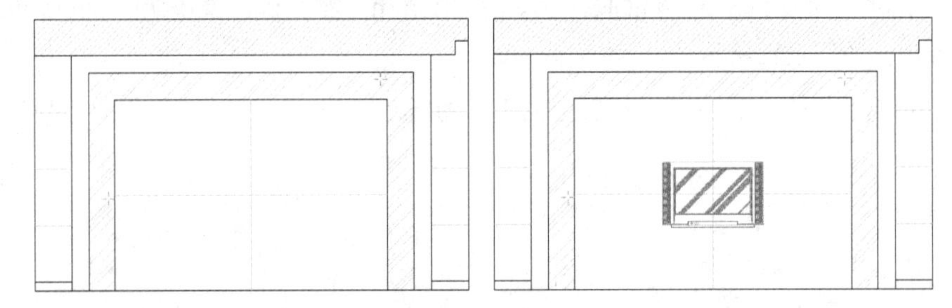

Step 13 执行“线性”命令，对图形进行尺寸标注，如下左图所示。

Step 14 执行“连续”命令，对图形进行连续尺寸标注，如下右图所示。

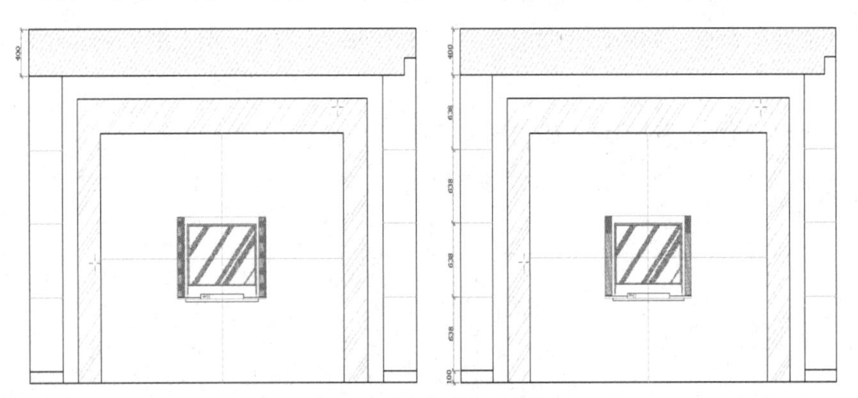

Step 15 按照以上操作方法，完成所有的尺寸标注。如下左图所示。

Step 16 执行“快速标注”命令，对图形进行文字标注，如下右图所示。至此客厅C立面图已绘制完毕。

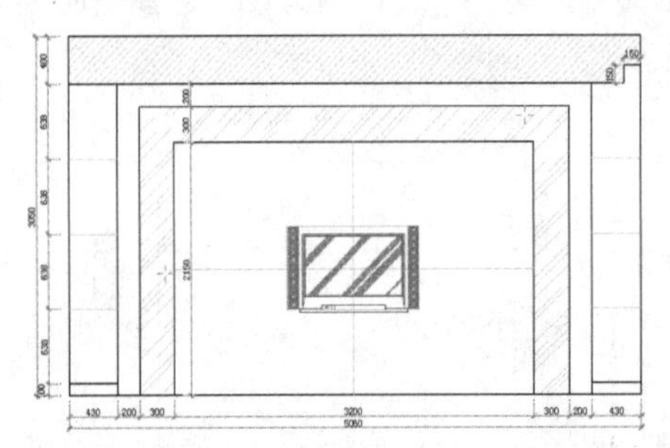

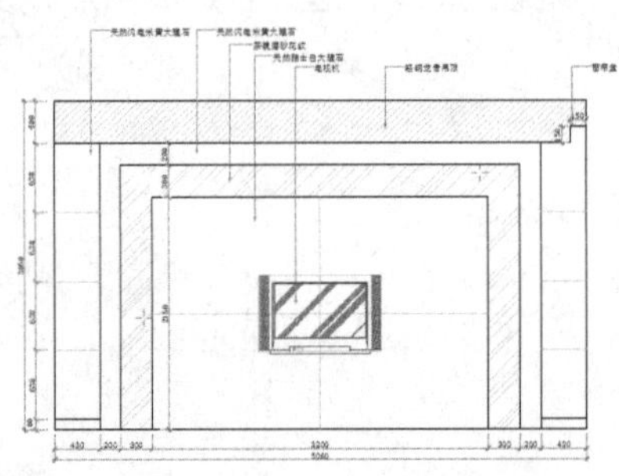

Chapter

13

办公空间设计方案

本章将详细介绍办公空间的绘制方法，其中包括平面布置图、地面材质图、顶棚图、立面图和剖面图等。通过对本章内容的学习，可以让读者进一步掌握AutoCAD在室内设计制图中的应用，同时也让读者熟悉不同建筑类型的室内设计。

重点难点

- 办公空间平面图
- 办公空间立面图
- 办公空间剖面图

办公空间设计概述

办公室的设计主要包括办公用房的规划、装修、室内色彩与灯光音响的设计、办公用品以及装饰品的配备与摆设等内容。

13.1.1 办公空间设计要求

办公空间是为办公而设的场所，首要任务应是使办公效率达到最高，即办公空间的布局必须合理，职能部门之间、办公桌之间的通道与空间不宜窄小，也不适合过长过大。设计时也应考虑到办公的实际要求，以不影响办事效率为宜。

办公空间中各种设备设施须配备齐全合理，并在摆设、安装和供电等方面做到安全可靠、方便实用并便于保养，以使其发挥最佳功能。所有的办公家具都应符合人体工程学的要求，办公桌的摆放应该使人具有充分的工作空间，如右图所示。

办公室设计既要考虑到塑造和宣传公司形象，也要彰显出公司的性质和个性。在造型和色彩、材料和工艺方面要有相当的考究。办公空间必须具有高度的安全系数，诸如防火、防盗及防震等安全功能。

13.1.2 办公空间设计流程

室内设计流程分为3个阶段，包括策划阶段、方案阶段和施工图阶段。

1. 策划阶段包括任务书、收集资料、设计概念草图。

- **任务书**：由甲方或业主提出，包括确定面积、经营理念、风格样式、投资情况等。
- **收集资料**：包括原始土建图纸和现场勘测。
- **设计概念草图**：由设计师与业主共同完成，包括反映功能方面的草图、空间方面的草图、形式方面的草图和技术方面的草图等。

2. 方案阶段包括概念草图深入设计、与土建和装修前后的衔接、协调相关的工种和方案成果。

- **概念草图深入设计**：指功能分析、空间分析、装修材料的比较和选择等。
- **与土建和装修的前后衔接**：指承重结构和设施管道等。
- **相关工种协调**：包括各种设备之间的协调和设备与装修的协调。
- **方案成果**：指作为施工图设计、施工方式、概算的依据，包括图册、模型、动画。

3. 施工图阶段包括装修施工图和设备施工图。

- **装修施工图**：包括设计说明、工程材料做法表、饰面材料分类表、装修门窗表、隔墙定位平面图、平面布置图、铺地平面图、天花布置图、放大平面图。
- **设备施工图**：其中给排水包括系统、给排水布置、消防喷淋；电气设备包括强电系统、灯具走线、开关插座、弱电系统、消防照明、消防监控；暖通包括系统、空调布置。

办公室平面图

了解了办公空间设计的相关知识后，接下来学习办公空间平面图的绘制方法，如平面布置图、顶棚图和地面图。

13.2.1 办公室平面布置图

下面将为用户介绍办公室平面布置图的绘制步骤。

Step 01 启动AutoCAD 2014软件，先将文件保存，然后执行“默认>图层>图层特性”命令，打开“图层特性管理器”，新建图层，并设置图层参数，如下左图所示。

Step 02 将“轴线”层置为当前层，然后执行“直线”和“偏移”命令，绘制办公室平面图轴线，如下右图所示。

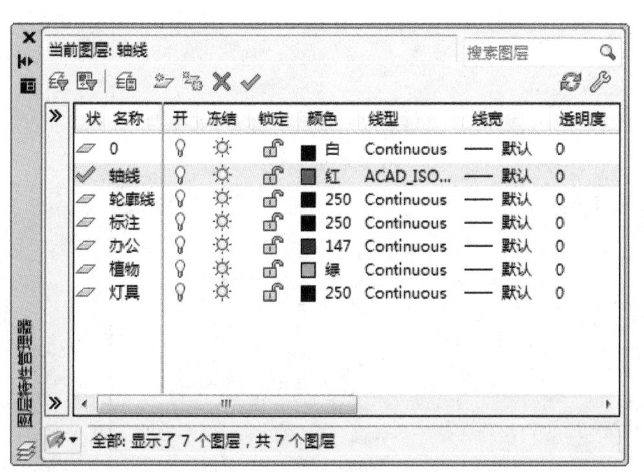

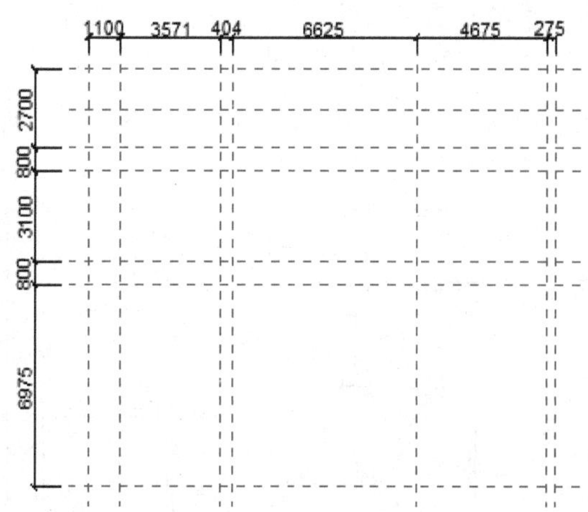

Step 03 将“轮廓线”层置为当前层，执行“格式>多线样式”菜单命令，打开“多线样式”话框，单击“新建”按钮，打开相应的对话框，输入新样式名，单击“继续”按钮，如下左图所示。

Step 04 打开“新建多线样式”对话框，从中设置多线的属性，单击“确定”按钮，返回上一对话框，依次单击“置为当前”和“确定”按钮，完成创建，如下右图所示。

Step 05 在命令行中输入“ML”，根据命令行的提示，选择“对正”选项，然后选择“无”子选项。接着选择“比例”选项，设置比例值为1，进行多线的绘制，如下左图所示。

Step 06 执行“修改>对象>多线”菜单命令，打开“多线编辑工具”对话框，单击“T形合并”按钮，对多线进行修改，如下右图所示。

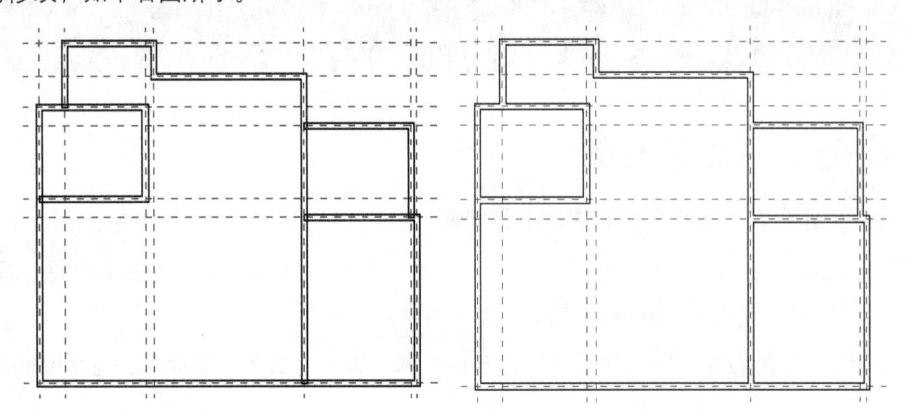

Step 07 单击“轴线”图层上的“开/关闭”按钮，关闭该图层。执行“直线”和“修剪”命令，绘制“门洞”，如下左图所示。

Step 08 执行“格式>多线样式”菜单命令，新建“win”窗户多线样式，并设置该多线属性，单击“确定”按钮返回上一对话框，依次单击“置为当前”和“确定”按钮，如下右图所示。

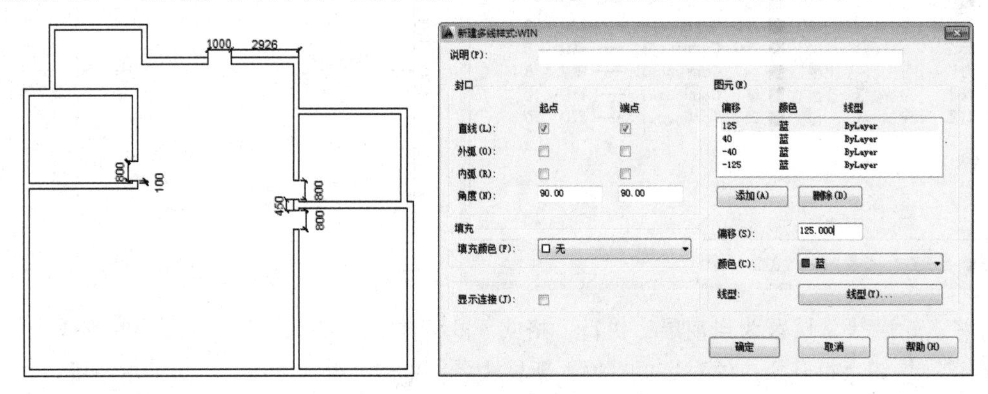

Step 09 在命令行中输入“ML”，在合适的位置添加窗户，如下左图所示。

Step 10 执行“工具>选项板>工具选项板”菜单命令，打开选项板，单击“建筑”标签，从中选择“门-公制”选项，如下右图所示。

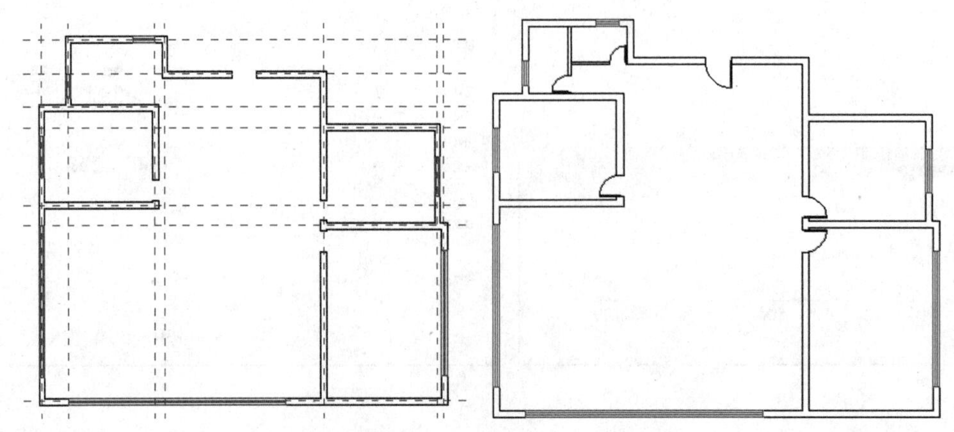

Step 11 将“办公”层置为当前层，然后执行“默认>块>插入”命令，打开“插入”对话框，单击“浏览”按钮，在打开的对话框中选择要插入的图块，返回上一对话框，设置旋转角度为180，单击“确定”按钮即可，如下左图所示。

Step 12 在绘图区中，将插入的图块放置在合适的位置，如下右图所示。

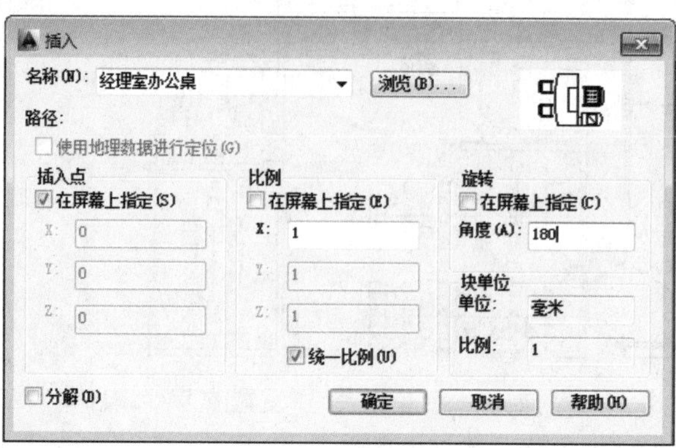

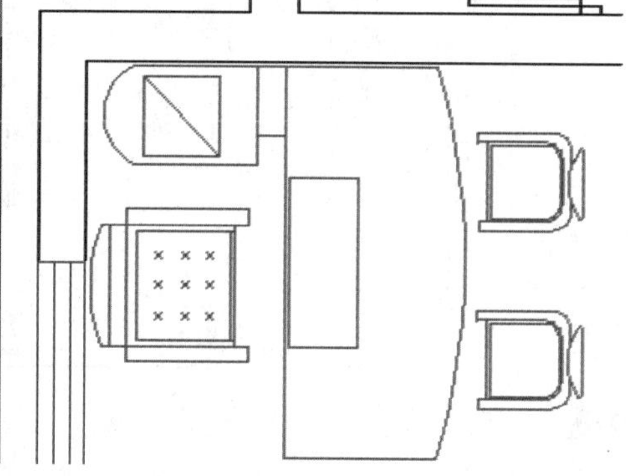

Step 13 执行“插入”命令，按照以上操作步骤，将经理室的办公沙发放置在合适的位置，如下左图所示。

Step 14 执行“插入”和“复制”命令，将公共空间的办公桌插入至图形中，并进行复制，如下右图所示。

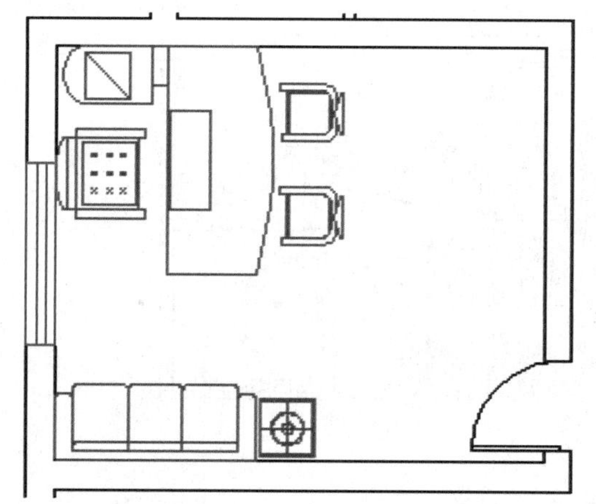

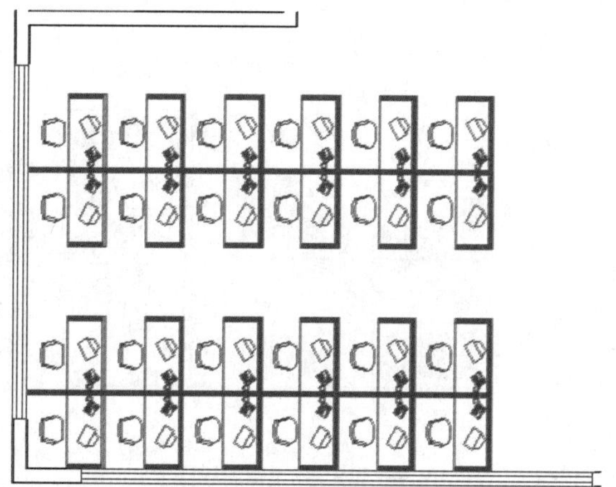

Step 15 继续执行“插入”命令，将其他办公用品图块插入至图形当中，如下左图所示。

Step 16 将洁具和植物等图块插入到图形中，并放置在合适的位置，如下右图所示。

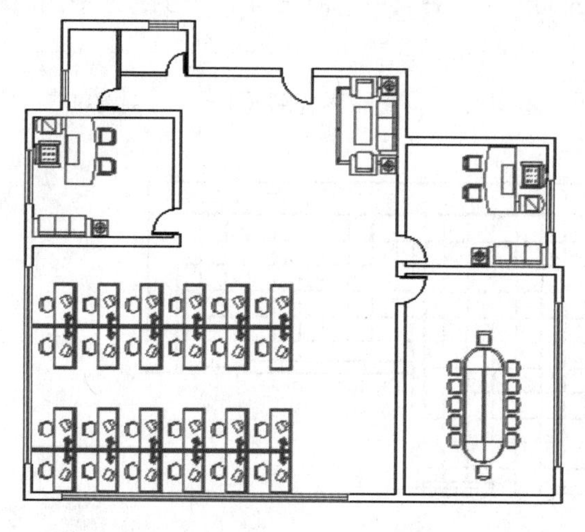

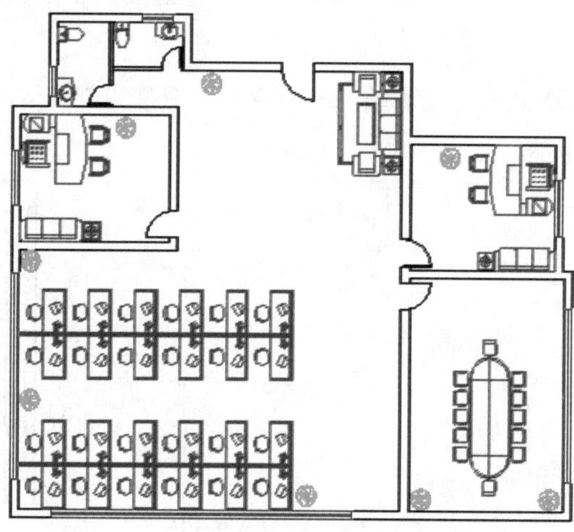

Step 17 执行“矩形”、“直线”和“偏移”等命令，绘制档案柜，偏移距离为50，如下左图所示。

Step 18 执行“圆弧”和“直线”等命令，绘制前台背景墙，然后将前台办公桌插入至图形中，如下右图所示。

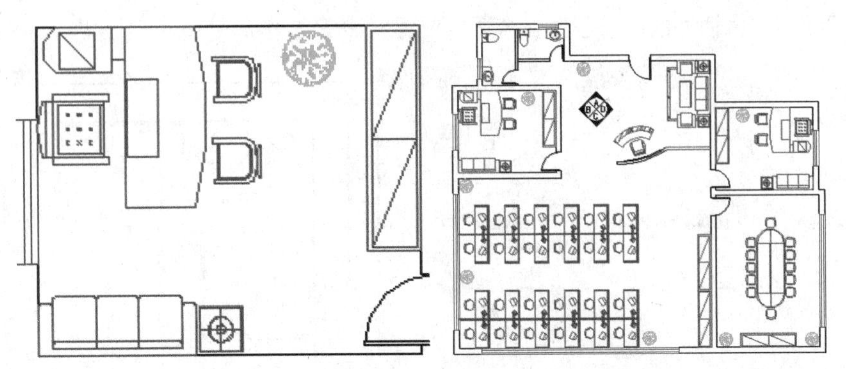

Step 19 将“标注”层置为当前层，执行“格式>文字样式”菜单命令，设置文字为宋体，高度为300。然后执行“多行文字”命令，对平面图添加文字注释，如下左图所示。

Step 20 执行“线性标注”、“连续标注”和“基线标注”命令，对平面图添加尺寸标注，最终效果如下右图所示。

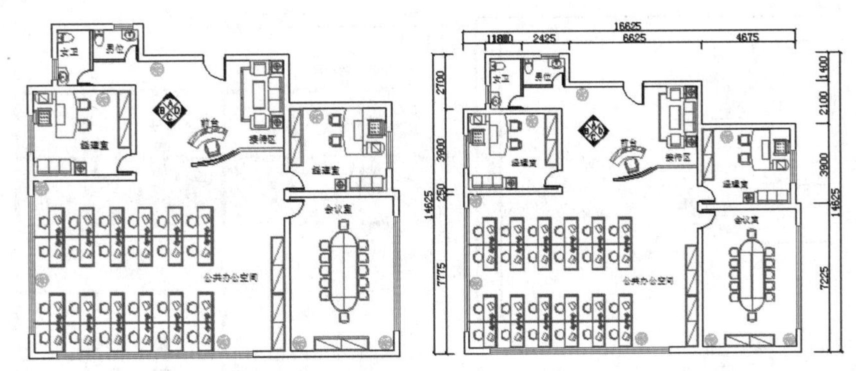

13.2.2 办公室地面材质图

下面将为用户介绍办公室地面材质图的绘制步骤。

Step 01 执行“复制”命令，将办公室平面布置图复制一份，将其中的图块文字等内容删除掉，如下左图所示。

Step 02 执行“图案填充”命令，对卫生间部分进行图案填充，设置图案为ANGLE、比例为800，如下右图所示。

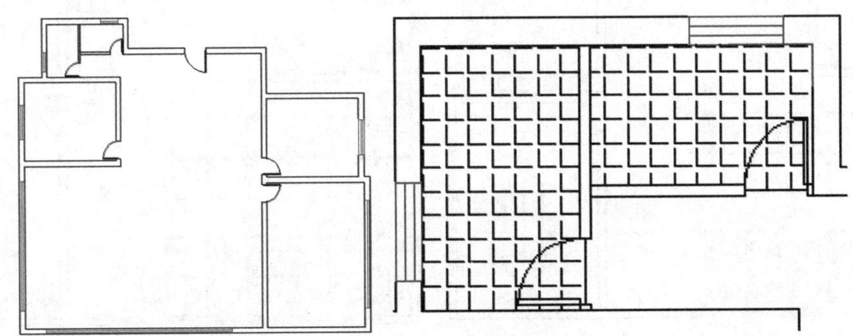

Step 03 执行“图案填充”命令，选择图案DOMIT，设置填充比例为900、角度为90，对经理室地面进行图案填充，如下左图所示。

Step 04 继续执行“图案填充”命令，对公共空间的地面进行图案填充，设置图案为ANIS37、比例为600，如下右图所示。

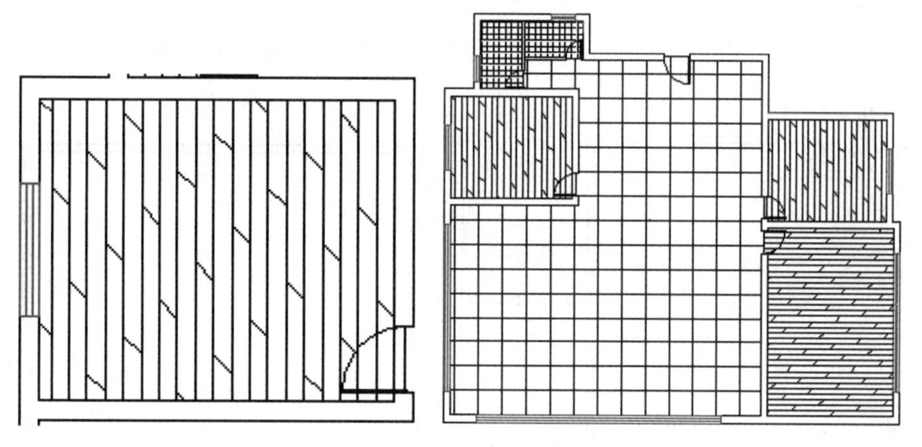

Step 05 执行“多行文字”命令，单击“背景遮罩”按钮，打开对话框，设置边界偏移量为1，填充颜色为白色，如下左图所示。

Step 06 设置完成后单击“确定”按钮，对地面材质进行文字说明，如下右图所示。

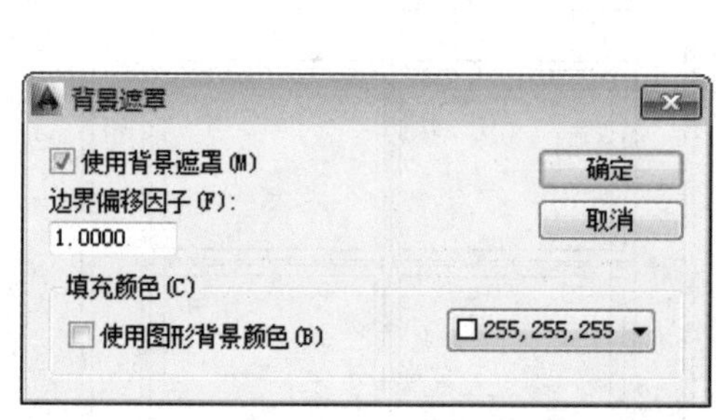

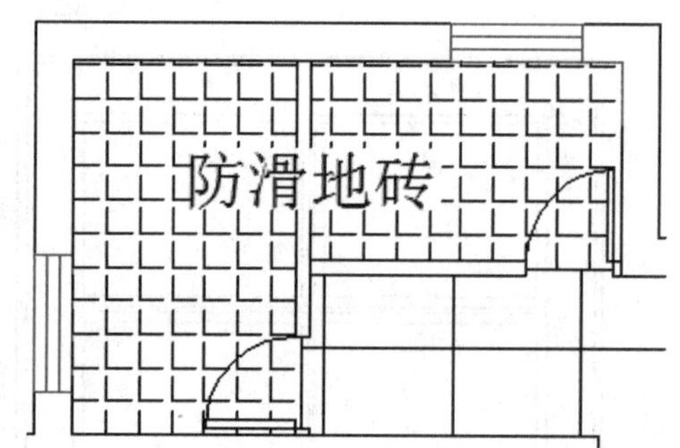

Step 07 执行“复制”命令，将文字注释复制到其他合适的位置，双击文字，对文字内容进行修改，如下左图所示。

Step 08 继续为地面材质添加文字说明，最终效果如下右图所示。

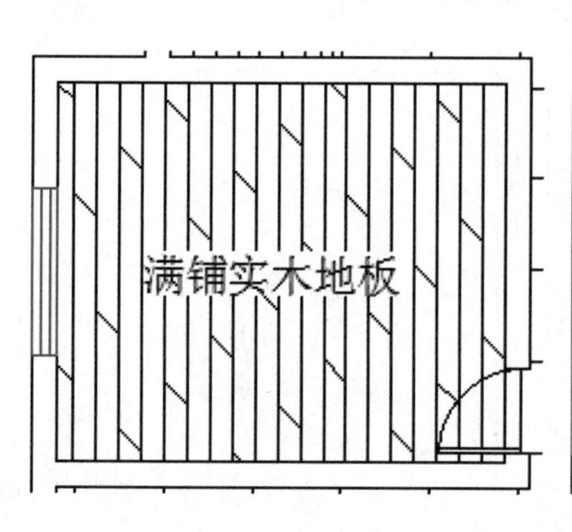

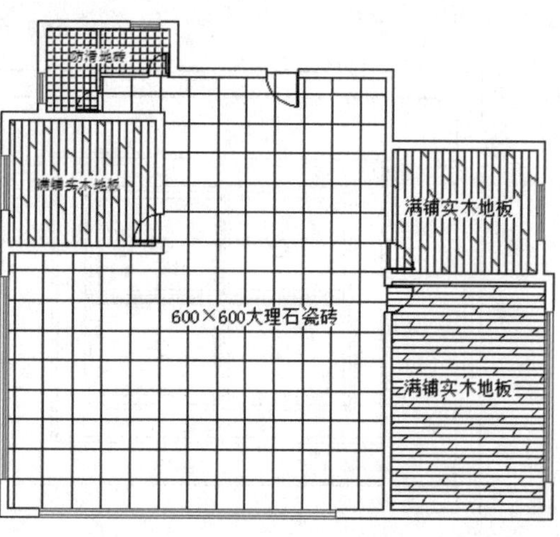

13.2.3 办公室顶棚布置图

下面将为用户介绍办公室顶棚布置图的绘制步骤。

Step 01 执行“复制”命令，将地面材质图复制一份，并删除掉图案填充与文字部分，然后执行“矩形”命令，将图案绘制完整，如下左图所示。

Step 02 执行“矩形”和“偏移”命令，绘制经理室顶棚，矩形向内偏移50，如下右图所示。

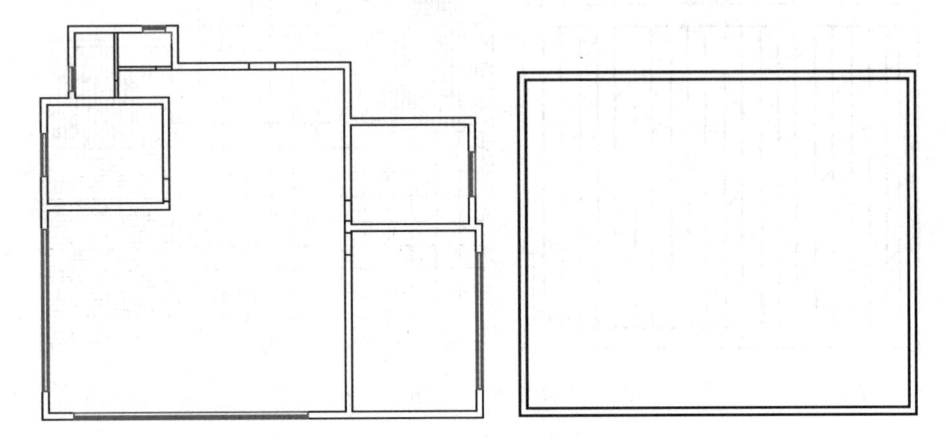

Step 03 执行“矩形”、“偏移”和“复制”命令，绘制灯具造型，如下左图所示。

Step 04 执行“矩形”命令，绘制灯槽，并更改矩形的线型，如下右图所示。

Step 05 执行“插入”和“复制”命令，将筒灯插入至图形中的合适位置，并进行复制，如下左图所示。

Step 06 依次执行“椭圆”、“偏移”命令，绘制会议室顶棚图案，并插入吊灯，如下右图所示。

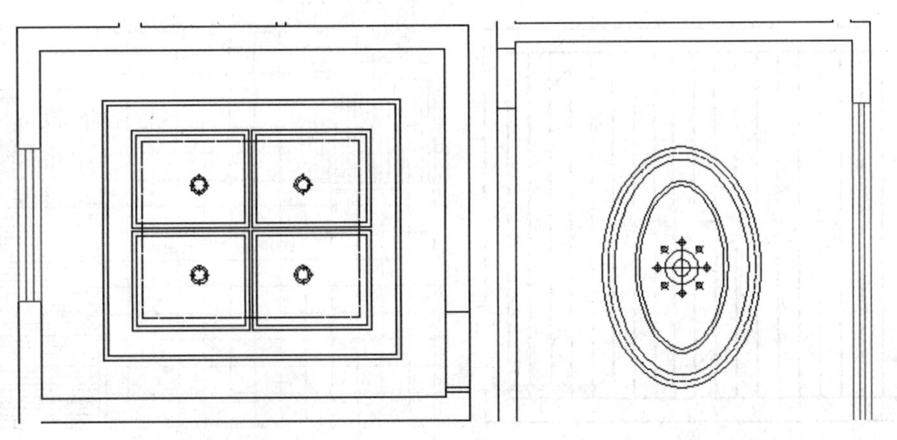

Step 07 执行“插入”和“复制”等命令，插入灯具并复制后放置在合适位置，如下左图所示。

Step 08 执行“图案填充”、“插入”等命令，绘制前台和卫生间的吊顶，如下右图所示。

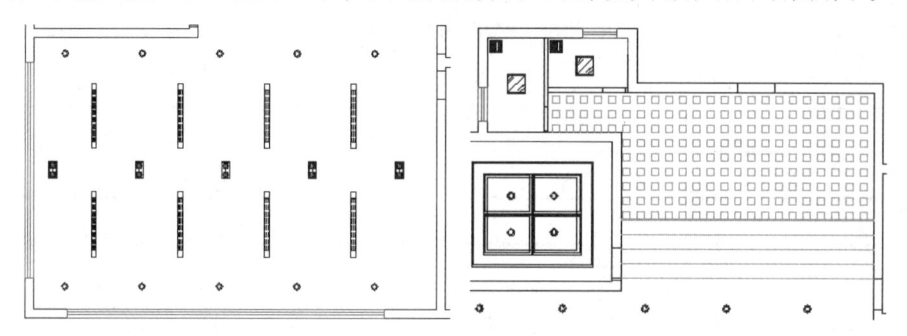

Step 09 执行“复制”和“阵列”命令，对前台部分添加灯具，如下左图所示。

Step 10 执行“多重引线”命令，为顶棚添加文字说明，最终效果如下右图所示。

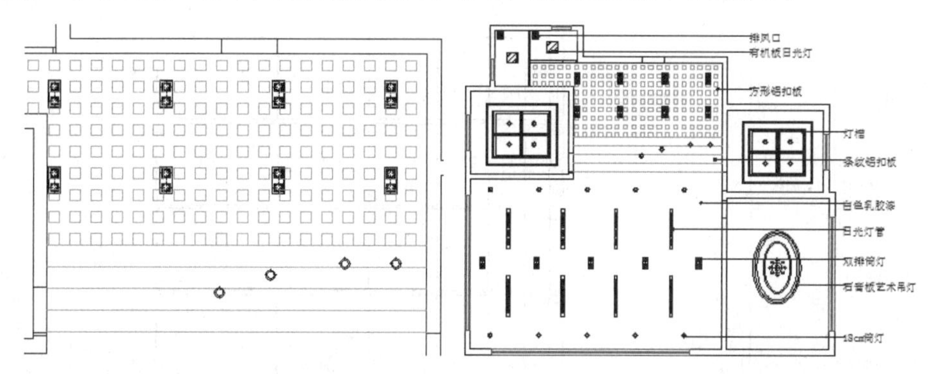

Section 13.3 办公室主要立面图

下面将为用户介绍装饰办公室立面图的绘制步骤，主要有办公前台背景墙立面图、办公前台B立面图和会议室C立面图。

13.3.1 办公前台背景墙立面图

下面将介绍办公前台背景墙立面图的绘制步骤。

Step 01 根据前台平面图的绘制，执行“直线”命令，绘制前台轮廓线，如下左图所示。

Step 02 执行“矩形”命令，在右边矩形内，距底边向上60处绘制955×187.5的矩形，如下右图所示。

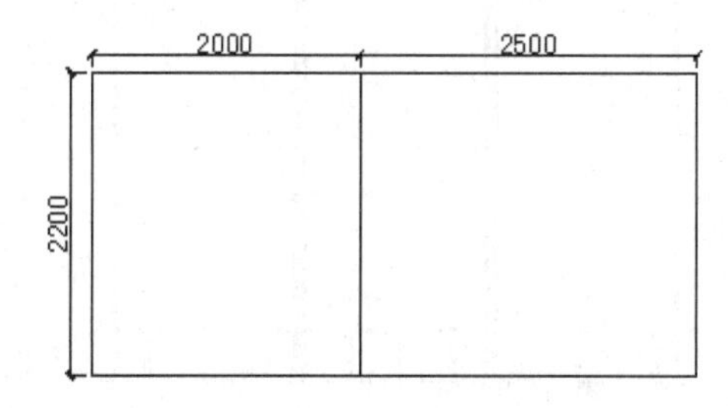

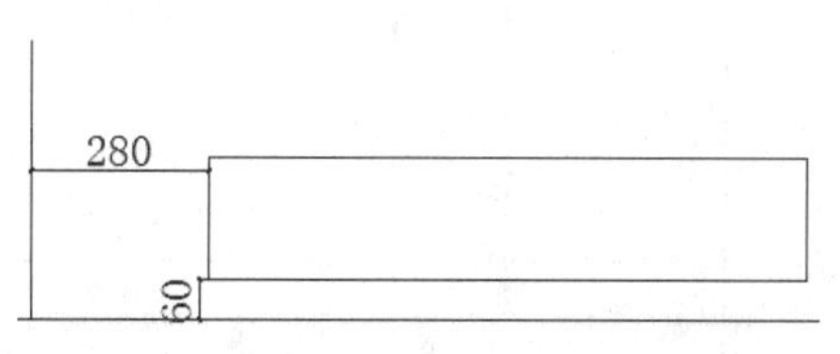

Step 03 执行“矩形阵列”命令，将刚绘制的矩形进行矩形阵列，行数为4，列数为2，行间距为197.5，列间距为985，如下左图所示。

Step 04 执行“圆”命令，绘制半径为5的圆，然后执行“镜像”、“复制”命令，对圆进行复制操作，如下右图所示。

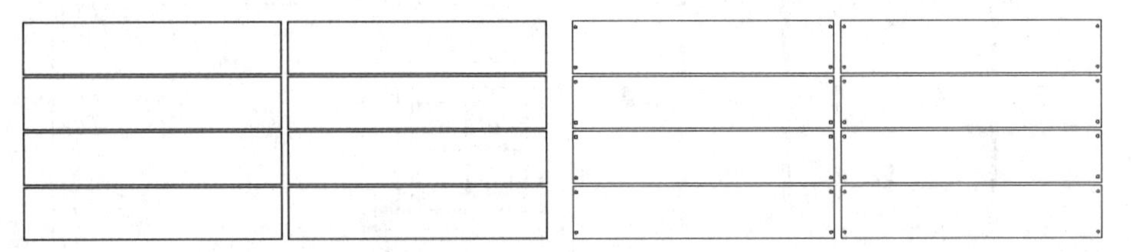

Step 05 执行“多段线”命令，绘制多段线，如下左图所示。

Step 06 执行“移动”和“复制”命令，将多段线放置在台面合适位置，然后向右依次复制，如下右图所示。

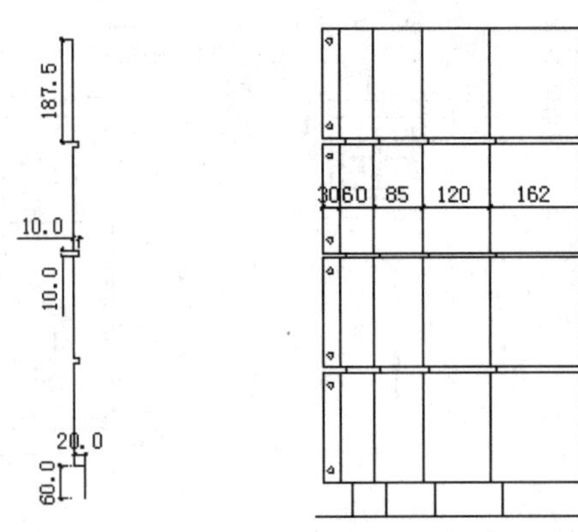

Step 07 执行“镜像”命令，对多段线进行镜像复制，如下左图所示。

Step 08 依次执行“矩形”、“修剪”和“镜像”命令，绘制平台面，如下右图所示。

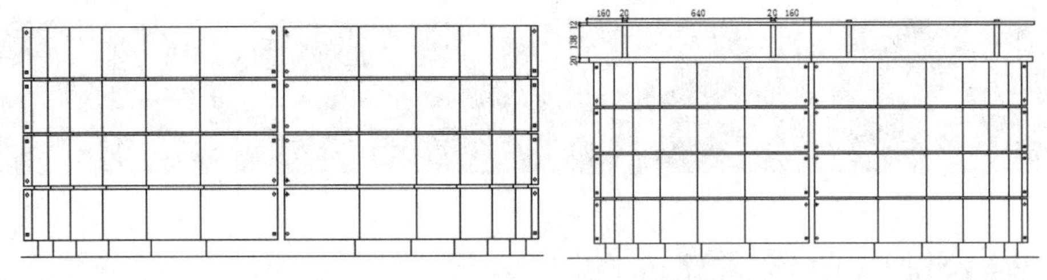

Step 09 执行“多段线”和“偏移”命令，绘制600×1300的矩形的三个边，然后向内偏移10，如下左图所示。

Step 10 执行“镜像”命令，将多段线向右复制，如下右图所示。

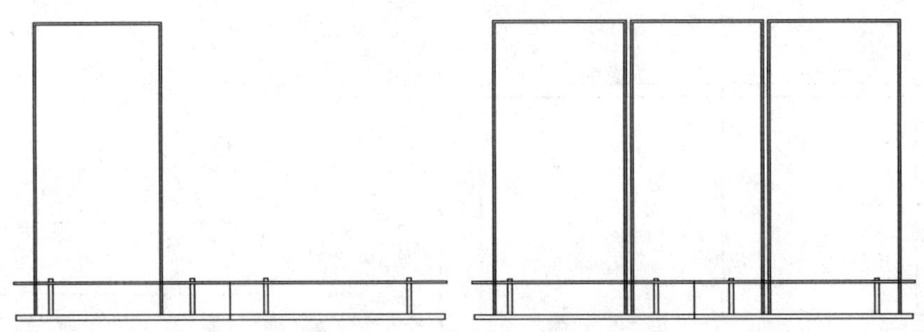

Step 11 执行“修剪”和“图案填充”命令，修剪多余部分，并对前台背景墙进行图案填充，如下左图所示。

Step 12 执行“插入”命令，将装饰品插入图形中并放置在合适的位置，如下右图所示。

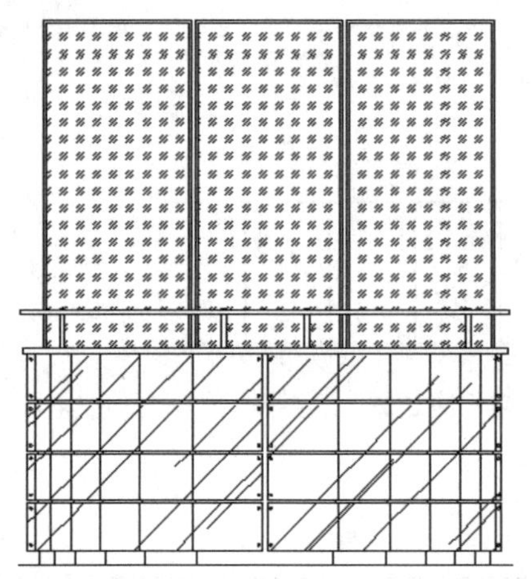

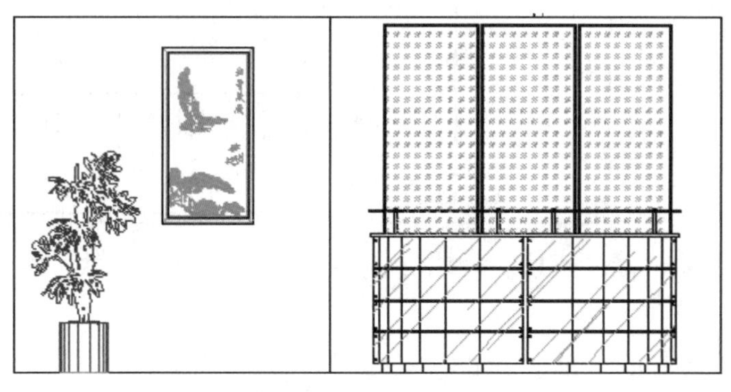

Step 13 执行“线性标注”等命令，对立面图进行尺寸标注，如下左图所示。

Step 14 执行“多重引线”命令，对立面图添加文字说明，最终效果如下右图所示。

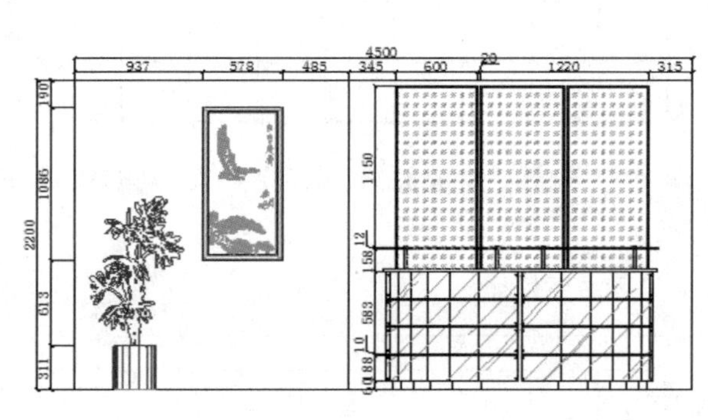

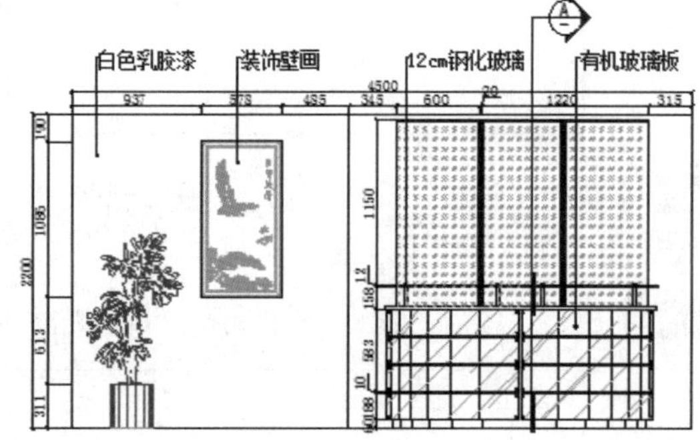

13.3.2 会议室C立面图

下面将介绍会议室C立面图的绘制步骤。

Step 01 根据会议室尺寸，执行“矩形”和“直线”命令，绘制会议室C立面图的轮廓线，如下左图所示。

Step 02 执行“矩形”和“矩形阵列”命令，绘制400 × 650的矩形，然后进行阵列，列数为8，间距为405，如下右图所示。

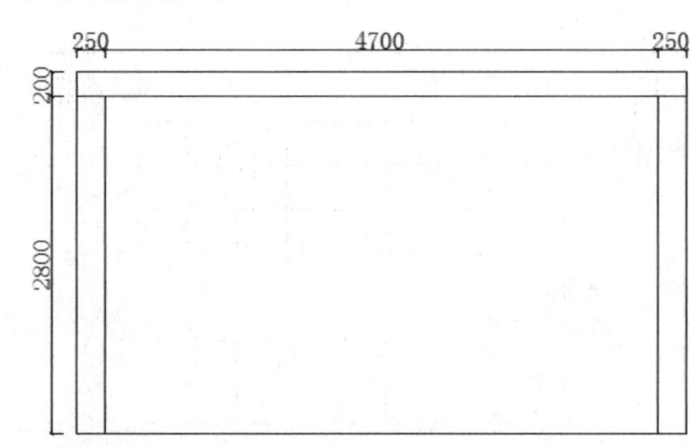

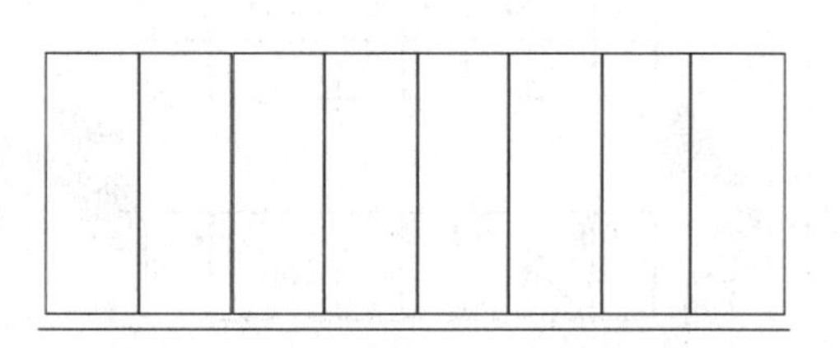

Step 03 执行“矩形”和“直线”命令，继续绘制档案柜，并更改线型，如下左图所示。

Step 04 单击“复制”命令，对虚线部分进行复制操作，然后执行“插入”命令，将把手插入至合适位置，并进行复制操作，如下右图所示。

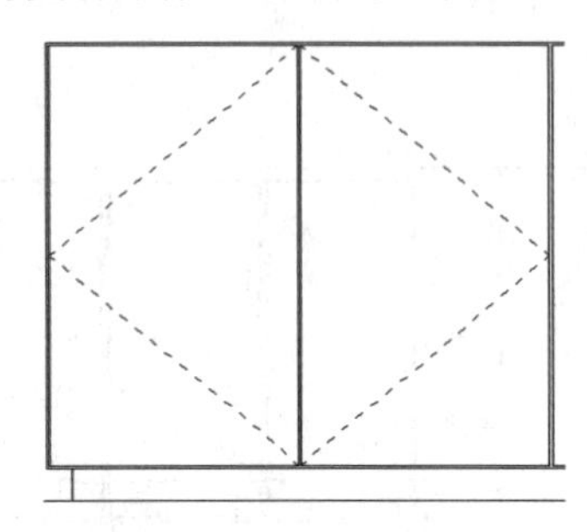
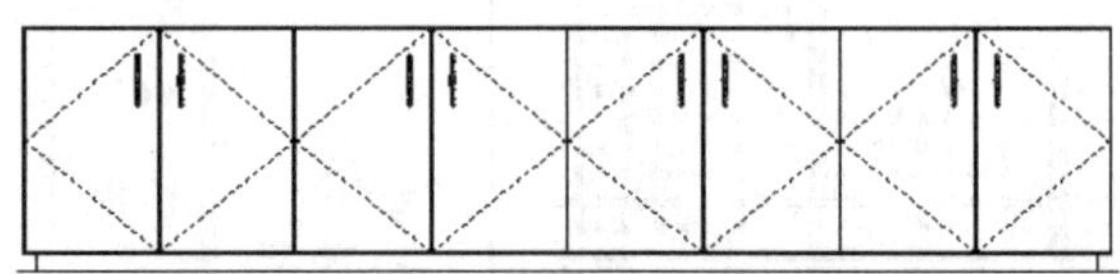

Step 05 执行“直线”命令，绘制1390×3240的矩形，然后将左边和底边进行定数等分，分别为4块和8块，如下左图所示。

Step 06 执行“直线”命令，连接节点，如下右图所示。

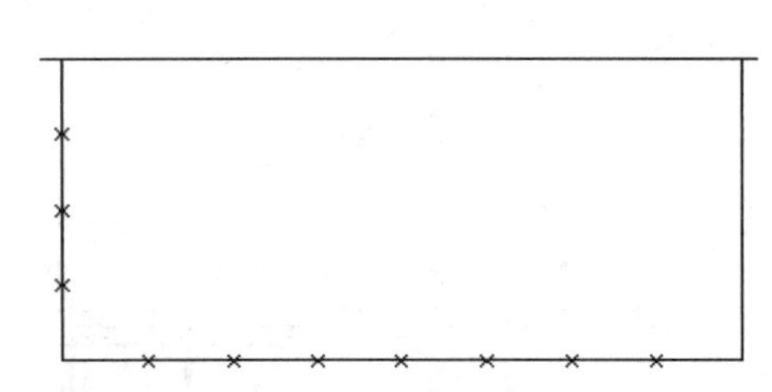
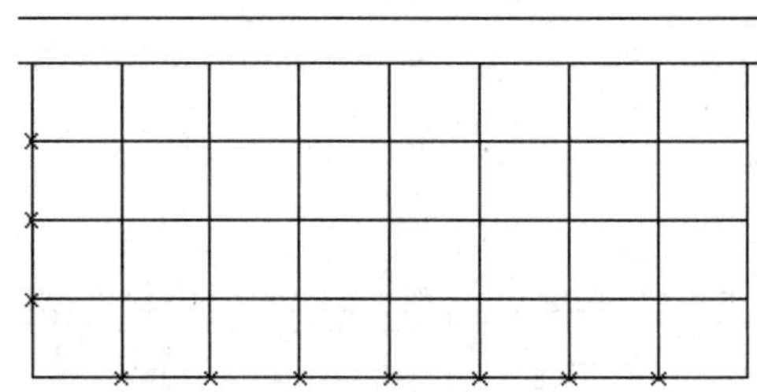

Step 07 执行“偏移”命令，将水平直线向上和向下分别偏移5，竖直直线向左和向右分别偏移5，并删除节点和直线，如下左图所示。

Step 08 执行“修剪”命令，将相交的部分删除掉，如下右图所示。

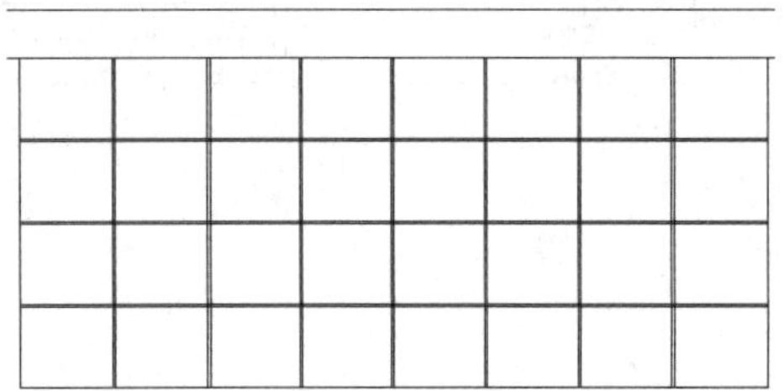
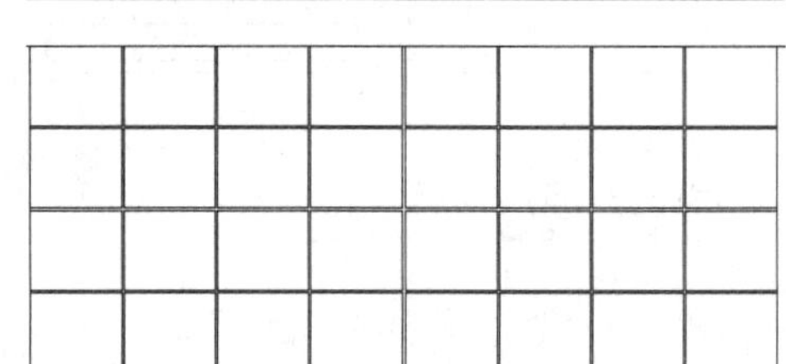

Step 09 执行“插入”命令，将装饰品和植物放置在合适的位置，如下左图所示。

Step 10 执行“图案填充”命令，对墙面进行图案填充，图案为AR-RROF，填充比例为200，角度为90°，线型为PHANTOM2，如下右图所示。

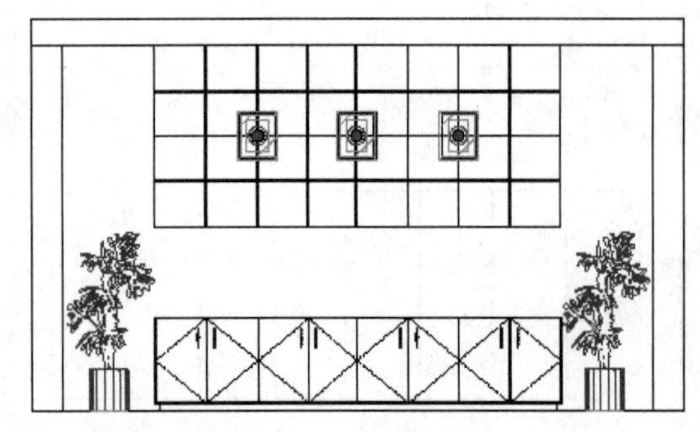
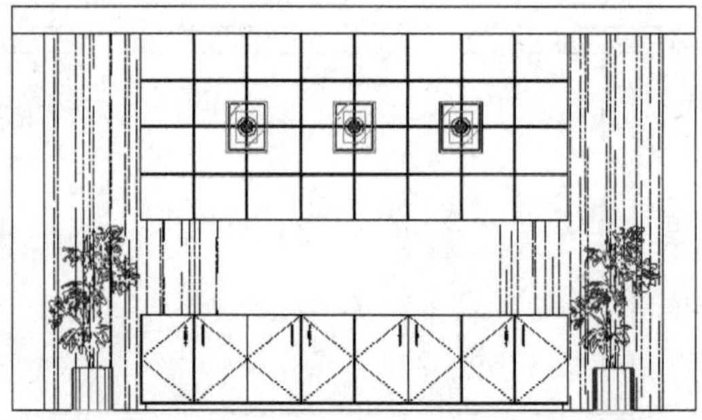

Step 11 执行“图案填充”命令，对装饰面和墙体剖切的部分进行填充图案，如下左图所示。

Step 12 执行“修剪”命令，将墙面多余的部分删除，如下右图所示。

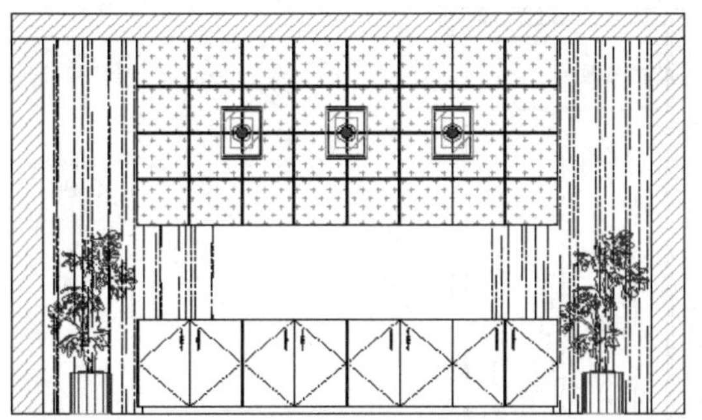

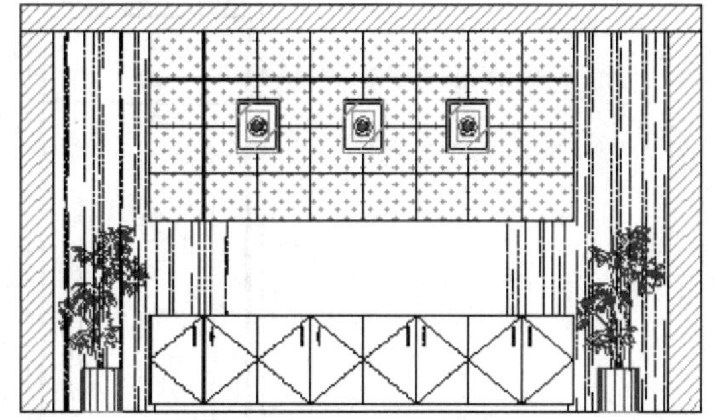

Step 13 执行“线性标注”命令，对图形进行线性标注，如下左图所示。

Step 14 执行“多重引线”等命令，对图形进行引线标注，如下右图所示。

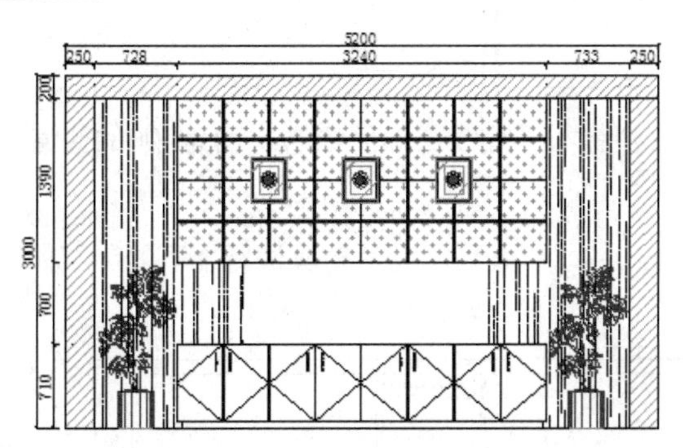

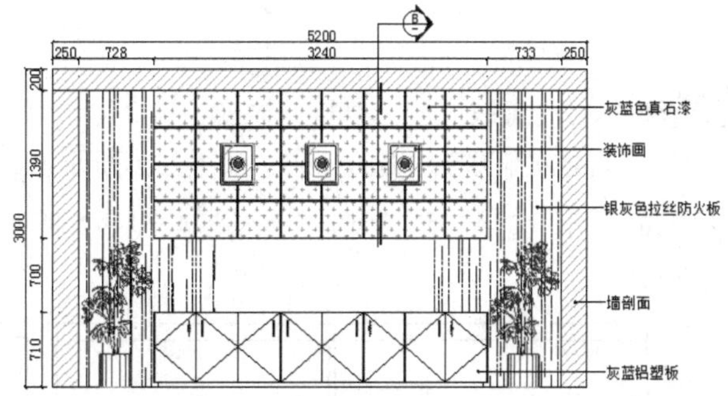

13.3.3 前台走廊B立面图

下面将介绍前台走廊B立面图的绘制步骤。

Step 01 根据前台走廊平面图的尺寸，执行“矩形”和“直线”命令，绘制B立面图的轮廓线，如下左图所示。

Step 02 执行“多段线”和“偏移”命令，绘制门框，并向内依次偏移40、10和5，如下右图所示。

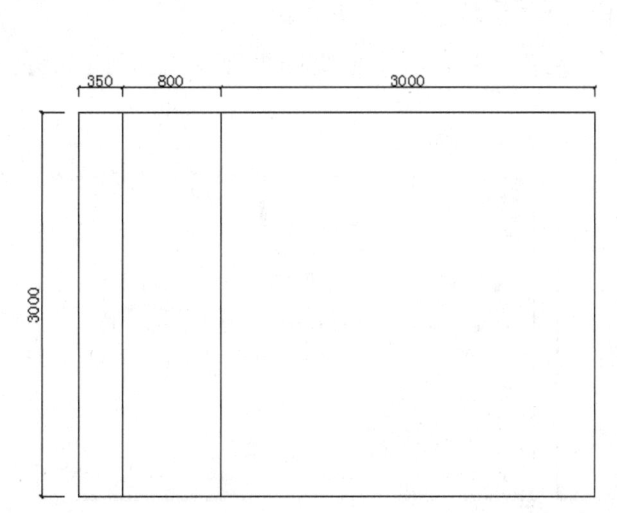

Step 03 执行“直线”和“矩形”等命令，绘制门内部装饰，如下左图所示。

Step 04 执行“圆角”和“图案填充”命令，对把手添加圆角，然后对门进行图案填充，如下右图所示。

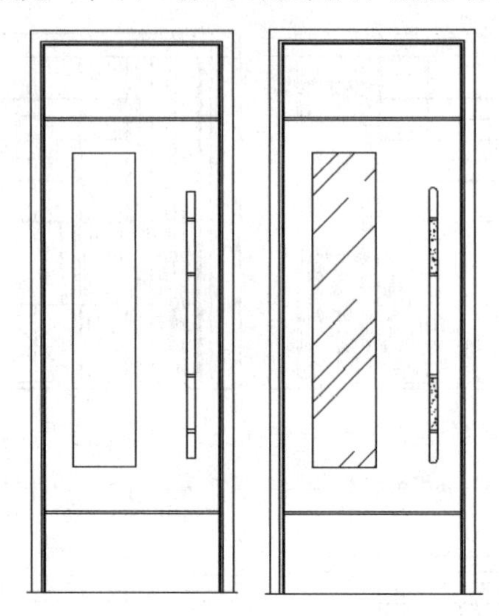

Step 05 执行“直线”和“偏移”命令，在距顶边100处绘制水平直线，然后绘制长度为900的竖直直线，并向右依次偏移50、600和50，如下左图所示。

Step 06 执行“直线”和“复制”命令，绘制两条距离为20的水平直线，然后对其进行上下复制，如下右图所示。

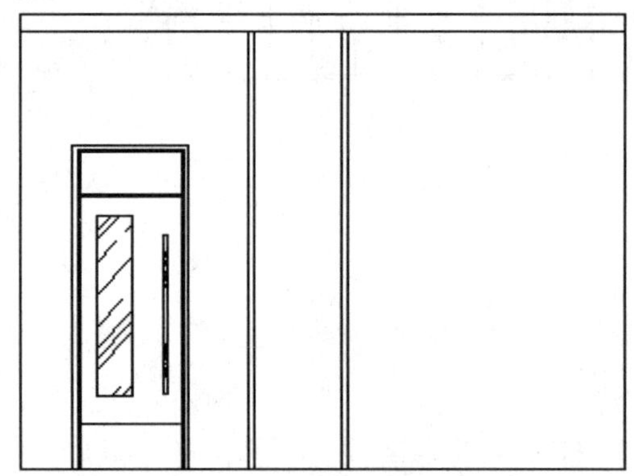

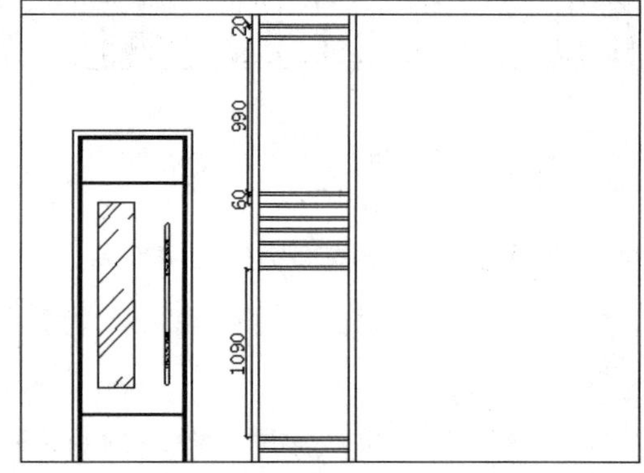

Step 07 执行“图案填充”命令，对刚绘制的图案进行填充，如下左图所示。

Step 08 执行“默认>块>创建”命令，打开“块定义”对话框，将刚绘制的墙面装饰品创建成块，如下右图所示。

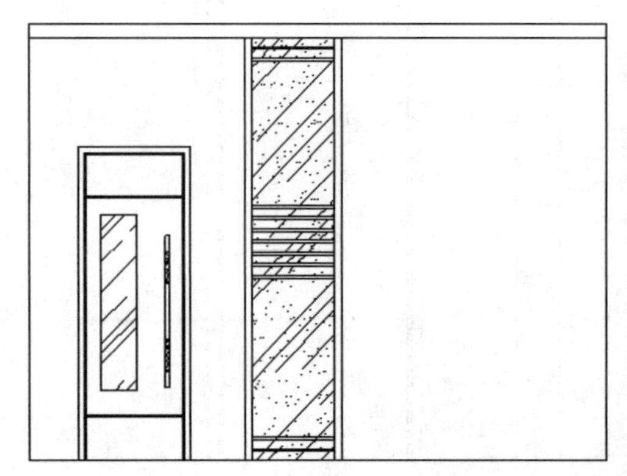

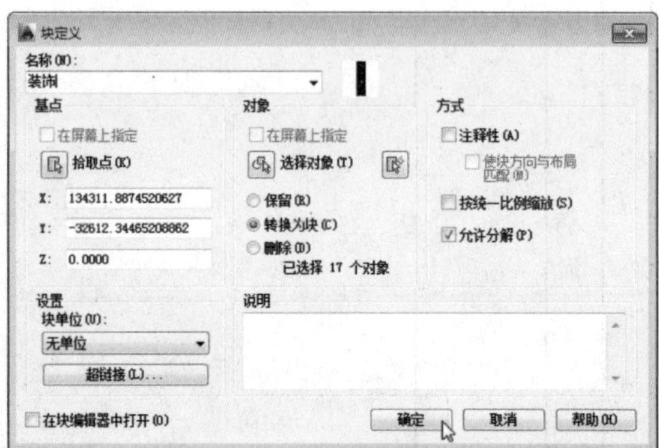

Step 09 执行“复制”命令，将创建好的图形向右复制，如下左图所示。

Step 10 执行“插入”命令，将装饰画放置到墙面上，如下右图所示。

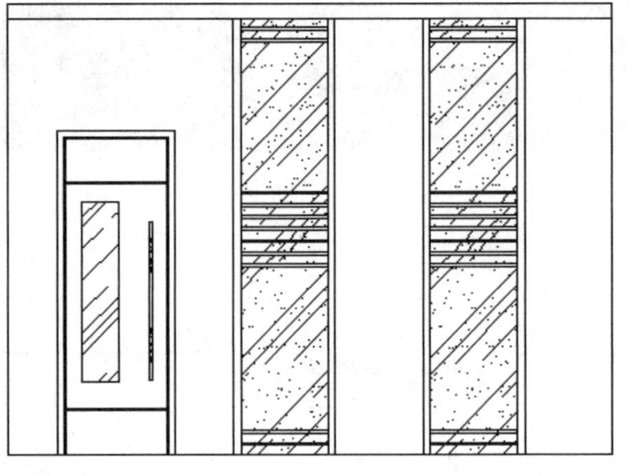

Step 11 执行“直线”和“修剪”命令，绘制踢脚线，如下左图所示。

Step 12 执行“线性”标注命令，对图形进行尺寸标注，如下右图所示。

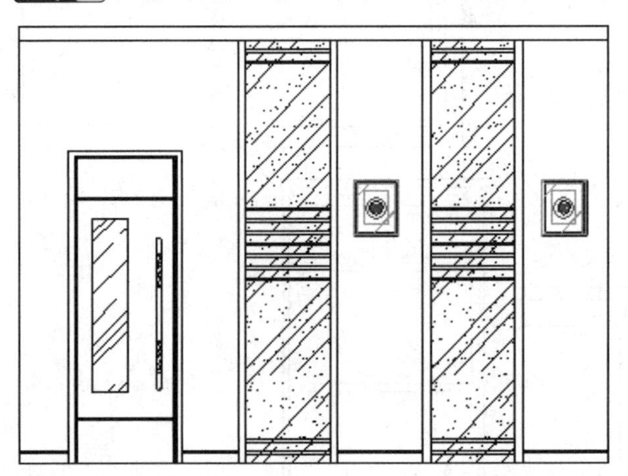

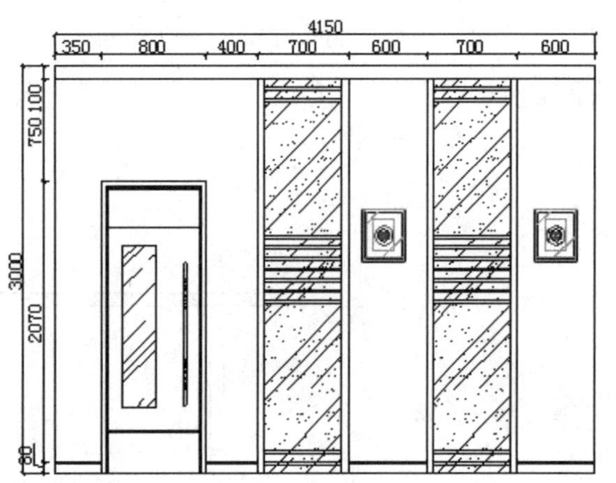

Step 13 执行“多重引线”命令，对图形进行引线标注，如下图所示。

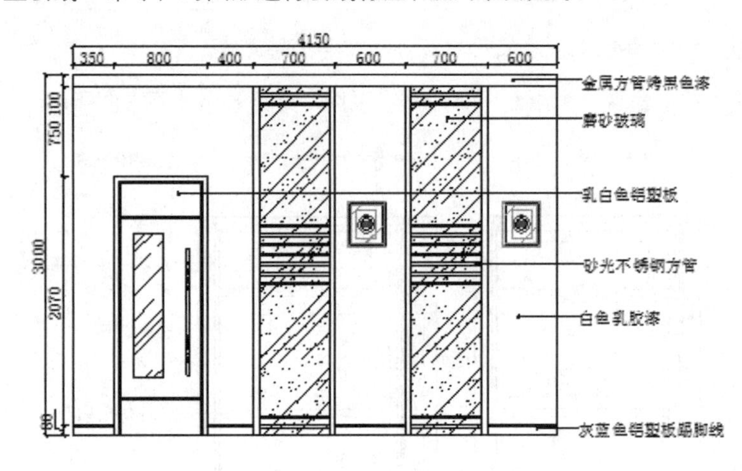

办公室主要剖面图

下面将介绍办公室剖面图的绘制步骤，包括绘制前台办公桌剖面图、会议装室饰墙剖面图。

13.4.1 前台办公桌剖面图

下面将介绍前台办公桌剖面图的绘制。

Step 01 执行“矩形”、“偏移”等命令，绘制办公桌剖面造型，如右1图所示。

Step 02 执行“矩形”、“直线”、“复制”等命令，绘制内部造型，如右2图所示。

Step 03 执行“矩形”、“修剪”和“图案填充”命令，绘制上部台面，具体绘制尺寸如下左图所示。

Step 04 执行“插入”命令，将把手和零件等图块插入至合适的位置，如下右图所示。

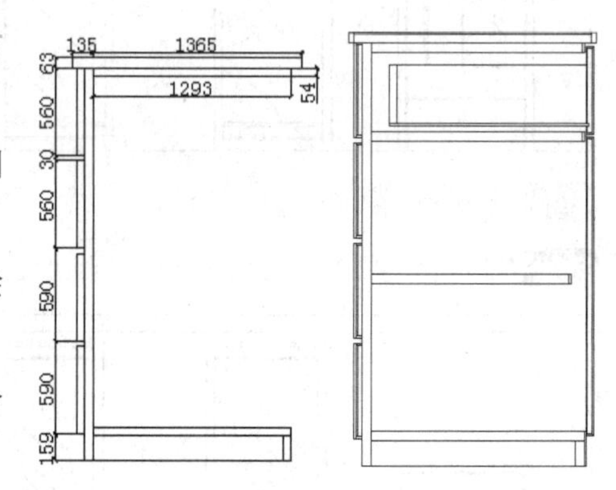

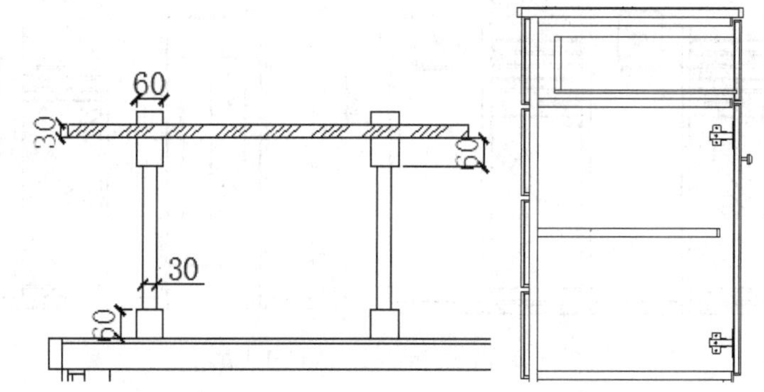

Step 05 执行“线性”标注等命令，添加尺寸标注，如下左图所示。

Step 06 执行“多重引线”命令，为剖面图添加文字说明，最终效果如下右图所示。

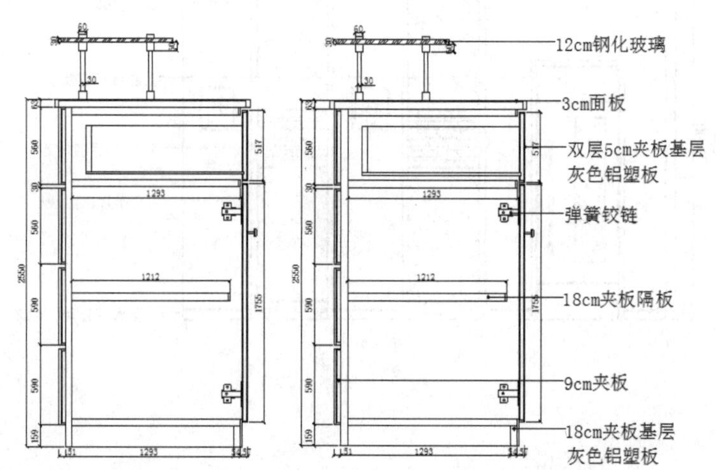

知识链接 现代办公环境设计趋势

- **颜色**：现代办公场所，可选择设计的颜色越来越多样化，当然这些颜色的选择基于各个空间预期的视觉和其他感觉而定，颜色影响着人的情绪和注意力。
- **灯光**：自然光源节能而且能提高工作效率，对于其他的光源，推荐向上照射灯和LED照明，因为它们更节能，而且比标准的荧光灯更耐久。
- **环保**：使用绿色材料，室内环境中污染物急剧减少，这对地毯和系统家具表面同样适用。

13.4.2 会议室装饰墙剖面图

下面将介绍会议室装饰墙剖面图的绘制步骤。

Step 01 执行“矩形”命令，绘制335×1390的矩形，如下左图所示。

Step 02 执行“矩形”命令，绘制外部构造，如下右图所示。

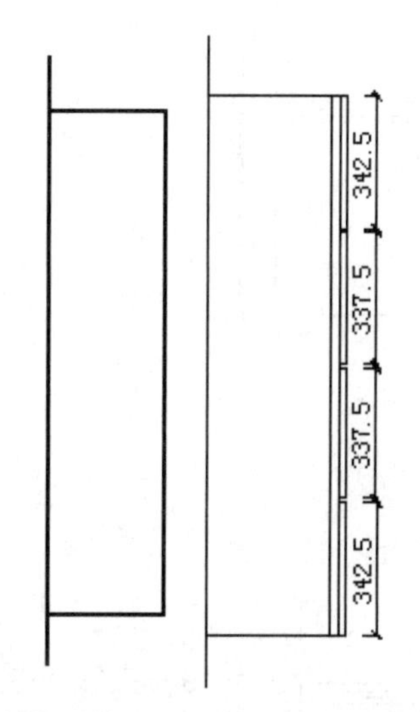

Step 03 执行“矩形”和“直线”命令，绘制内部构造，如下左图所示。

Step 04 执行“插入”命令，将灯立面插入到图形的合适位置，如下右图所示。

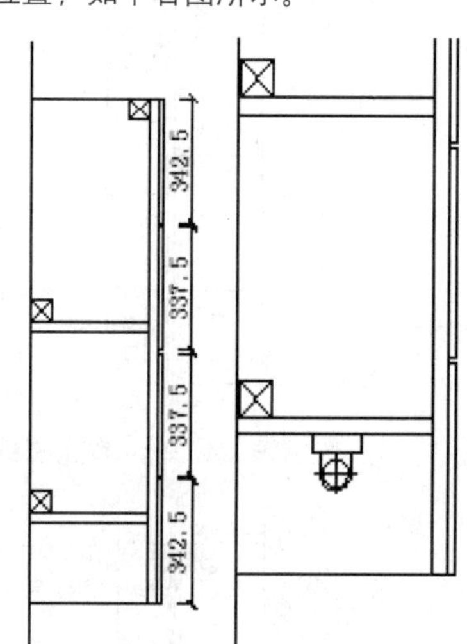

Step 05 执行“复制”和“缩放”命令，复制剖面的底部，并放大3倍，如下左图所示。

Step 06 执行“直线”命令，绘制内部构造，如下右图所示。

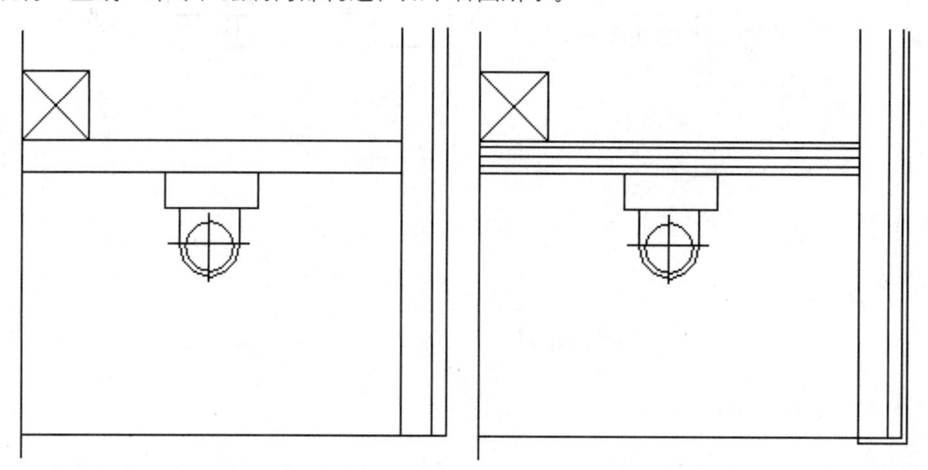

Step 07 执行“图案填充”命令，对图形进行填充操作，然后执行“圆”和“圆弧”命令，连接图形，如下左图所示。

Step 08 选取圆与圆弧，更改线型为DASHED，如下右图所示。

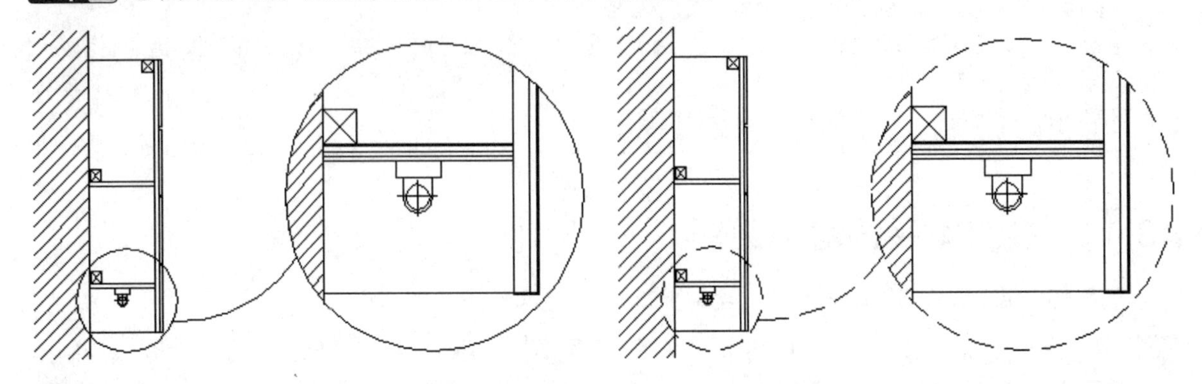

Step 09 执行“线性”标注命令，对图形进行尺寸标注，如下图所示。

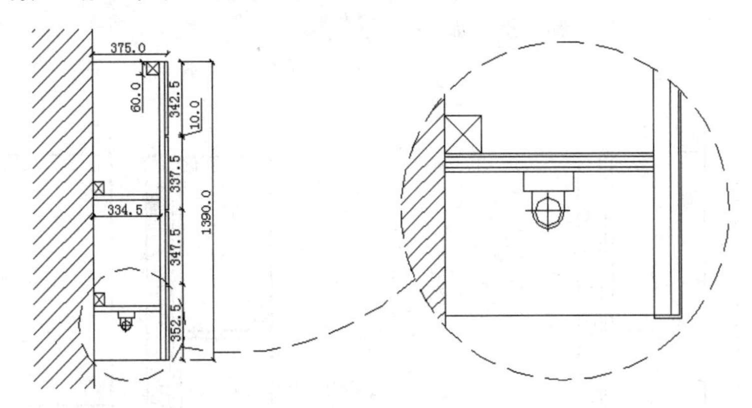

Step 10 执行“多重引线”命令，添加引线标注，如下图所示。

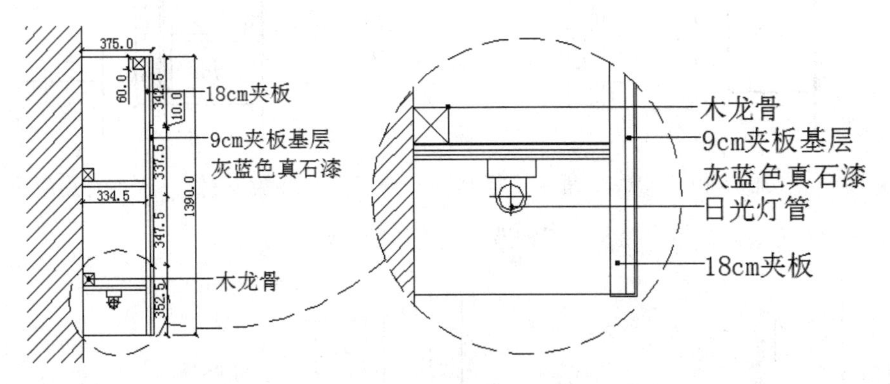

专卖店空间设计方案

本章将详细介绍专卖店空间的绘制方法和技巧，其中包括平面布置图、地面铺装图、顶棚布置图、立面图和剖面图等。通过对本章内容的学习，读者可以充分掌握有关店面陈设设计的方法与技巧。

重点难点

- 专卖店平面图的绘制
- 专卖店立面图的绘制
- 专卖店剖面图的绘制

专卖店空间设计概述

专卖店空间设计含义可以简要地理解为：运用一定的物质技术手段和经济能力，以科学为功能基础，以艺术为表现形式，创造出符合顾客心理行为，充分体现舒适感、安全感和品位感的专业性卖场。

14.1.1 专卖店空间设计要素

专卖店空间设计结合顶面、墙面、地面及氛围等因素来看，有以下几点基本要素。

1. 墙壁设计

主要有墙面装饰材料及其颜色的选择。店铺的墙壁设计应与所陈列商品的色彩内容相协调，与店铺的环境、形象相适应。一般可以在壁面上架设陈列柜，安置陈列台，装置一些简单设备，用来作为商品的展示台或装饰用，如下左图所示。

2. 地面设计

主要有地板装饰材料及其颜色的选择。要根据不同的店铺类型来选择。一般情况下，为了干净便于清理，都使用瓷砖、大理石等材料进行铺设，如下右图所示。

3. 货柜、货架设计

主要是货柜、货架的材料和形状选择。一般的货柜、货架为方形，便于摆设与摆放商品，如下左图所示。但异形的货柜、货架会改变其呆板、单调的形象，为空间增添活泼的线条变化，使店铺呈现出曲线的意味。异形货架有三角形、梯形、半圆形、多边形等，如下右图所示。

14.1.2 专卖店空间设计准则

专卖店空间的设计与展示的成功与否，不仅影响到品牌的现实利益，而且也关系到品牌的发展和延伸。专卖店空间设计应遵守以下原则和要求。

1. 专卖店空间设计原则

- 按合理性、规律性、方便性以及营销策略进行总体布局设计。
- 入口、空间动线和橱窗、招牌，形成整体统一的视觉传递系统。
- 在空间处理上做到宽敞通畅。
- 设备、设施完善，符合人体工程学原理，满足设计规范要求。
- 创新意识突出，在整体设计中展现个性化的特点。

2. 专卖店空间设计要求

- 空间环境设计必须强调品牌体验。
- 设计必须做整体化考虑，个别化设计。
- 专卖店空间设计应强调展示性。

14.1.3 专卖店空间的照明设计

专卖店空间中照明最重要的作用就是吸引视线，如右图所示。专卖店的人工照明分为基本照明、特殊照明和装饰照明。

1. 基本照明

指专卖店为保持店堂内的能见度，方便顾客选购商品而设计的照明灯组。目前专卖店多采用吊灯、吸顶灯和壁灯的组合来创造一个整洁宁静、光线适宜的购物环境。

2. 特殊照明

也叫商品照明，是为突出商品特质，吸引顾客注意而设置的灯具。如在出售珠宝金银饰品部位，采用定向集束灯光照射，使商品显得晶莹耀眼、名贵华丽。

3. 装饰照明

这是专卖店现场广告的组成部分，用霓虹灯、电子显示屏或旋转灯吸引顾客注意。一般而言，设计专卖店灯光照明时应在不同位置配以不同的亮度，纵深处高于门厅、陈列商品处高于通道，这样可以吸引顾客注意。

服装专卖店平面图

对专卖店空间设计进行概述后，下面将为用户介绍布置服装专卖店平面图的步骤，包括平面布置图、顶棚图和地面图。

14.2.1 服装专卖店平面布置图

下面将为用户介绍服装专卖店平面布置图的绘制步骤。

Step 01 执行“打开”命令，打开“服装专卖店原始结构图.dwg”素材文件，然后执行“另存为”命令，将其保存为“专卖店空间设计方案”文件，如下左图所示。

Step 02 将“墙体线”图层设置为当前层。执行“偏移”、“修剪”等命令，绘制内墙体轮廓线，如下右图所示。

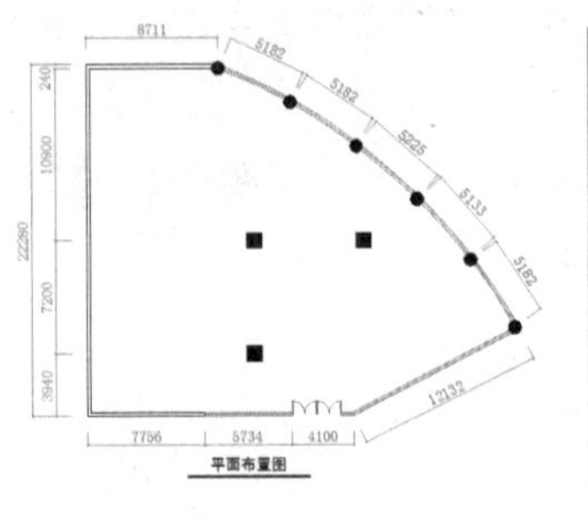

Step 03 执行“直线”、“偏移”、“修剪”等命令，绘制出门洞，如右1图所示。

Step 04 执行“直线”、“偏移”、“圆弧>三点”等命令，绘制台阶图形，如右2图所示。

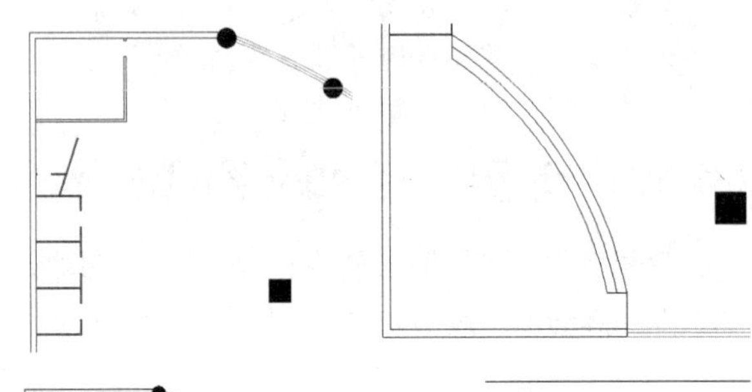

Step 05 执行“偏移”、“修剪”、“圆角”等命令，绘制全封闭橱窗和半封闭橱窗区域，如右1图所示。

Step 06 将“门窗”图层设置为当前层。执行“矩形”、“圆心，半径”、“修剪”等命令，绘制储藏室门图形，如右2图所示。

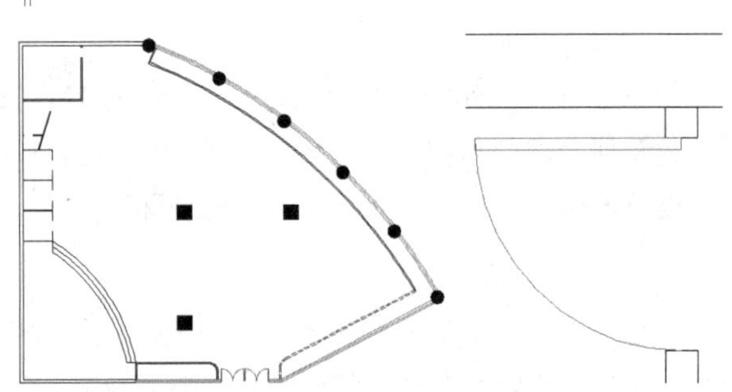

Step 07 执行“复制”命令，对绘制好的门图形进行复制，完成试衣间门图形的绘制，如右1图所示。

Step 08 执行“矩形”、“圆心，半径”、“偏移”等命令，绘制员工休息室推拉门及其卫生间门，如右2图所示。

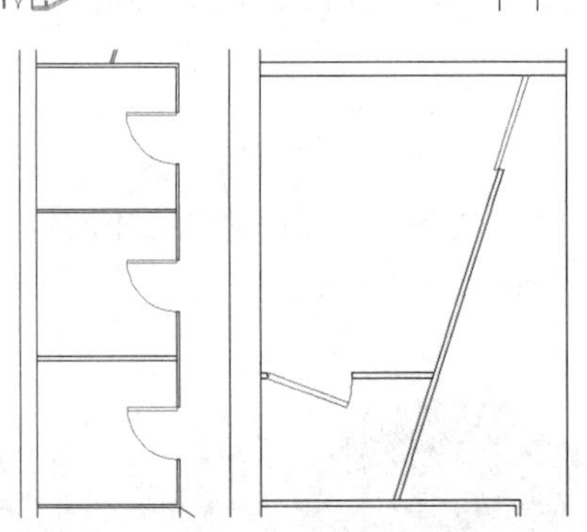

Step 09 执行“图层特性”命令，新建“家具”图层，设置其图层属性，并将其设置为当前工作图层，如下左图所示。

Step 10 执行“矩形”和“直线”命令，在储藏室内绘制出储藏柜图形，如下右图所示。

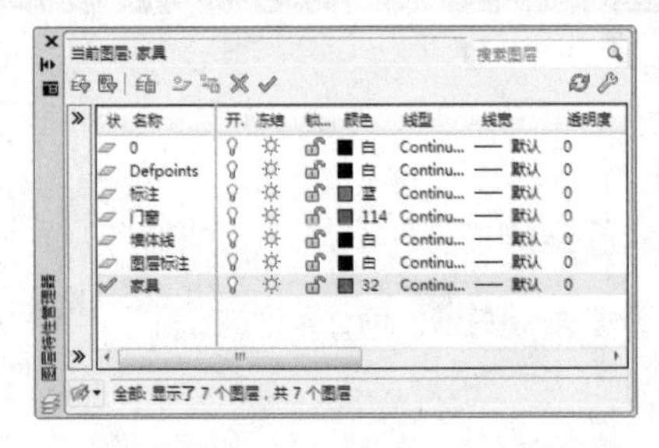

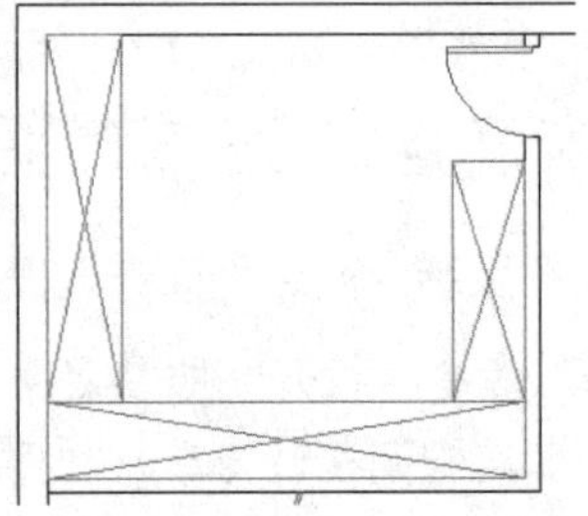

Step 11 执行“矩形”和“旋转”命令，绘制600×1900的矩形作为收银台，并将其旋转340°，如右1图所示。

Step 12 执行“插入”命令，将“沙发”、“蹲坑器”、“模特”模型插入到图形中的合适位置，如右2图所示。

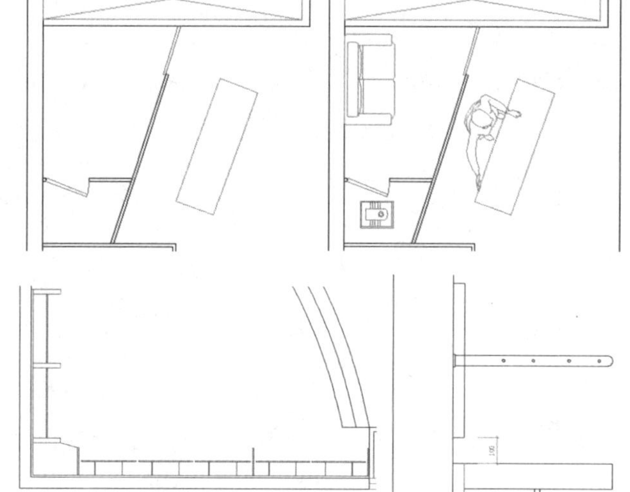

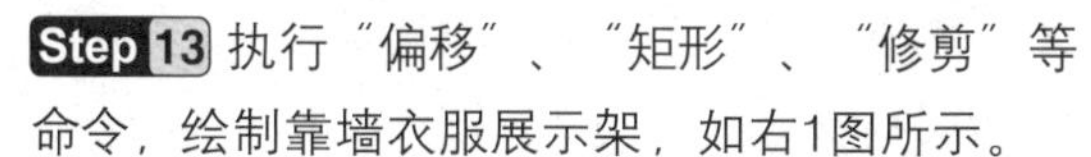

Step 13 执行“偏移”、“矩形”、“修剪”等命令，绘制靠墙衣服展示架，如右1图所示。

Step 14 执行“矩形”、“圆心，半径”、“圆角”等命令，绘制其他展示架，如右2图所示。

Step 15 执行“复制”命令，对绘制好的展示架进行复制，如下1图所示。

Step 16 执行“矩形”和“插入”命令，绘制模特展示台，并插入合适的“女模特”模型，如下2图所示。

Step 17 继续执行“插入”命令，将“衣架”模型插入到图形合适位置，并对其进行复制，如下3图所示。

Step 18 执行“复制”和“旋转”命令，继续对“衣架”模型进行旋转、复制操作，如下4图所示。

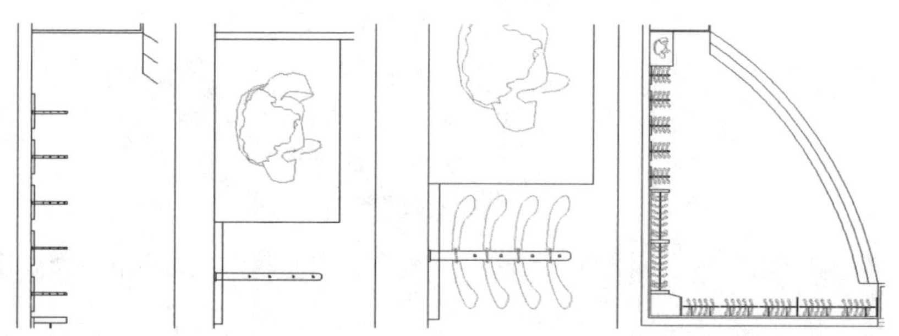

Step 19 按照同样的操作方法，绘制靠橱窗衣服展示架，并调入“衣架”模型，如下左图所示。

Step 20 执行“矩形”、“插入”等命令，绘制模特展示台，并插入“女模特”模型，如下右图所示。

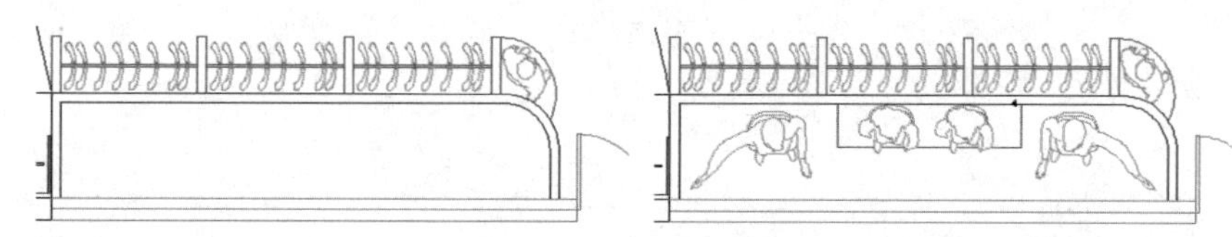

Step 21 执行“插入”和“复制”命令，将男、女模特模型插入到橱窗的合适位置，并对其进行旋转复制、旋转，如下左图所示。

Step 22 执行“矩形”、“偏移”、“修剪”等命令，绘制不锈钢中岛货柜，如下右图所示。

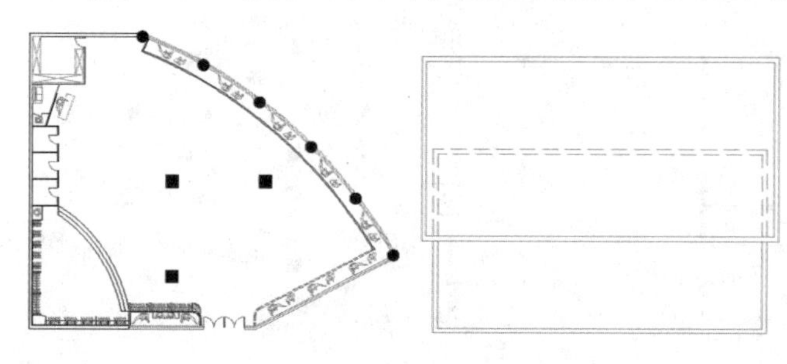

Step 23 执行“插入”、“复制”、“修剪”等命令，选择合适的“衣服”模型插入到图形合适位置，并对其进行修剪，如下左图所示。

Step 24 执行“矩形”、“旋转”、“复制”等命令，绘制不锈钢服饰展示架，并将“衣架”模型调入到图形合适位置，如下右图所示。

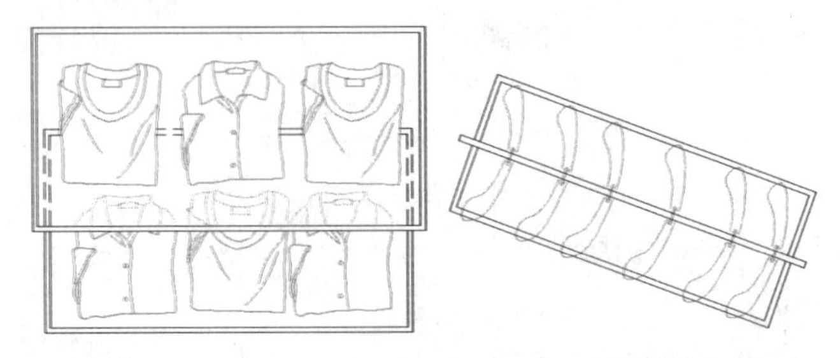

Step 25 执行“矩形”、“圆弧>三点”、“修剪”等命令，绘制异形不锈钢服饰展示架，并将“衣架”模型调入到图形合适位置，如下左图所示。

Step 26 执行“旋转”、“镜像”、“复制”等命令，将货柜、不锈钢服饰展示架放置在图形合适位置，如下右图所示。

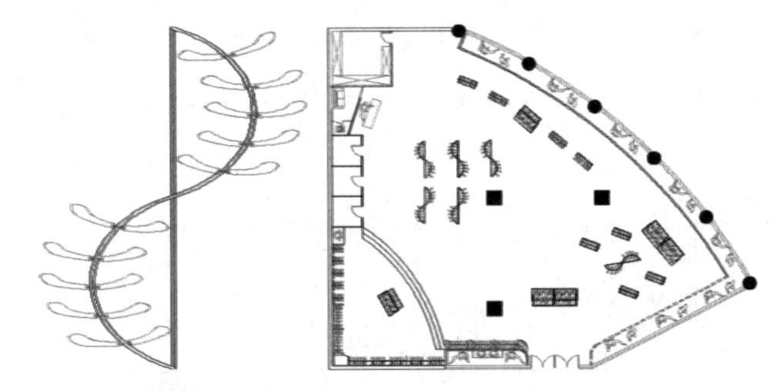

Step 27 执行“圆心，半径”、“偏移”和“复制”命令，绘制围巾、腰带展示架和模特展示台，如下左图所示。

Step 28 执行“复制”、“旋转”等命令，将“男、女模特”模型调入到合适位置，如下右图所示。

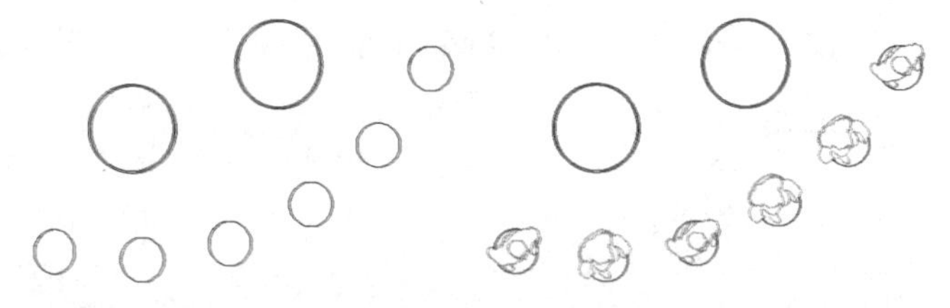

Step 29 执行“矩形”命令，绘制450×1500的矩形作为休息椅，并对其进行复制，如下左图所示。

Step 30 执行“插入”命令，将“沙发”、“盆栽”模型插入到图形合适位置，如下右图所示。

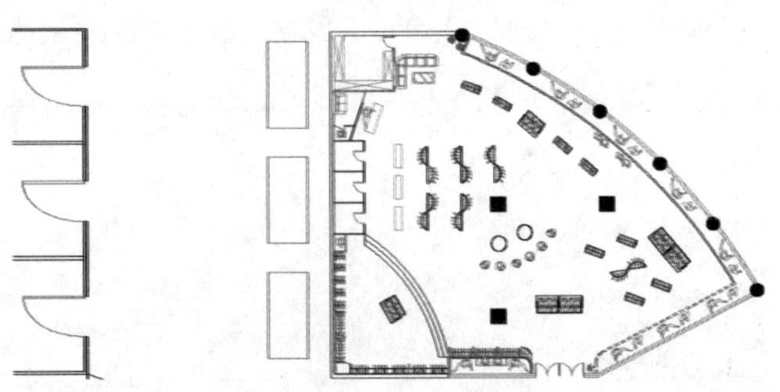

Step 31 执行“格式>文字样式”命令，新建“文字说明”样式，并设置其字体为“宋体”，高度为250，如下左图所示。

Step 32 将“标注”图层设置为当前层。执行“多行文字”命令，在相应的空间位置进行文字标注，如下右图所示。

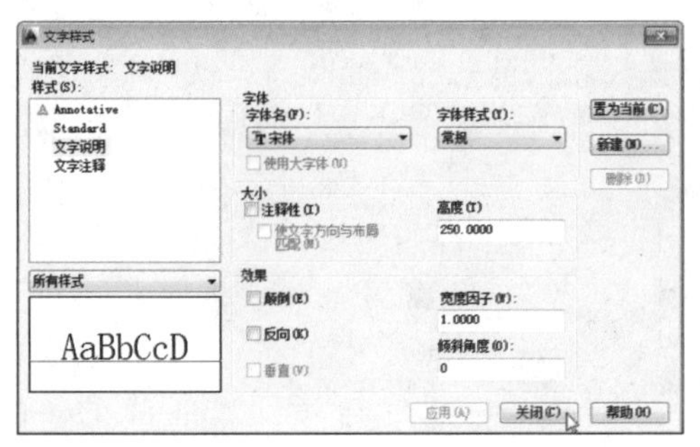
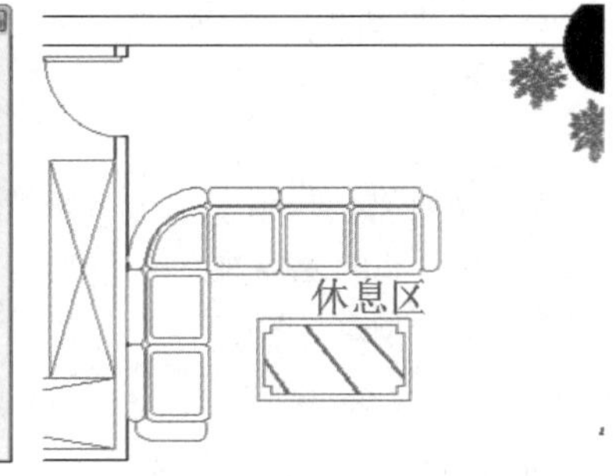

Step 33 继续执行“多行文字”命令，在其余需要文字说明的地方进行文字标注，效果如下左图所示。

Step 34 执行“插入”和“多行文字”命令，将“索引符号”调入到图形合适位置，并输入文字，如下中图所示。

Step 35 执行“复制”和“旋转”命令，对“索引符号”进行复制，并修改文字，如下右图所示。至此，服装专卖店平面布置图已绘制完毕。

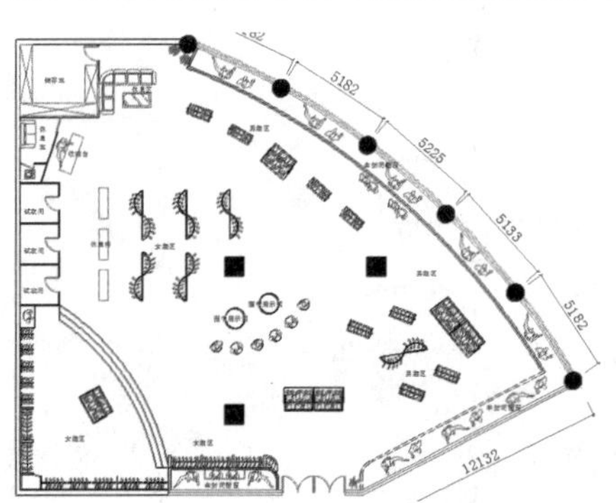
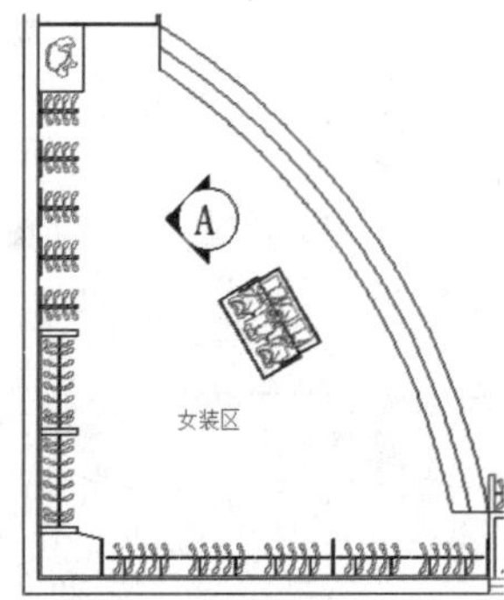

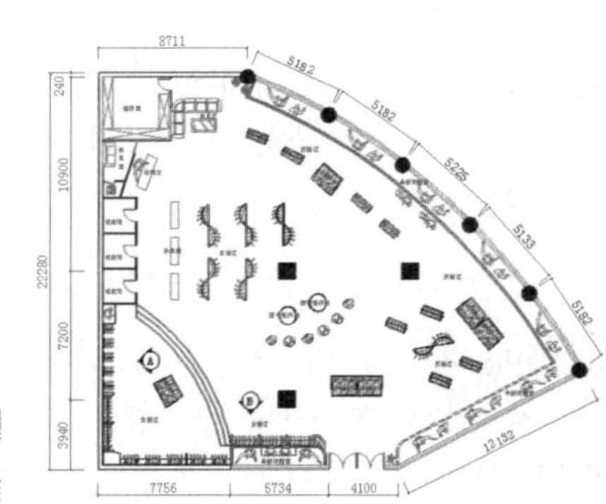

14.2.2 服装专卖店顶棚布置图

下面将为用户介绍服装专卖店顶棚布置图的绘制步骤。

Step 01 执行“复制”命令，对“平面布置图”进行复制，删除内部家具、门及文字，如下左图所示。

Step 02 执行“图层特性”命令，新建“顶面造型”和“引线标注”图层，并设置其图层属性，然后将“顶面造型”层设置为当前层，如下右图所示。

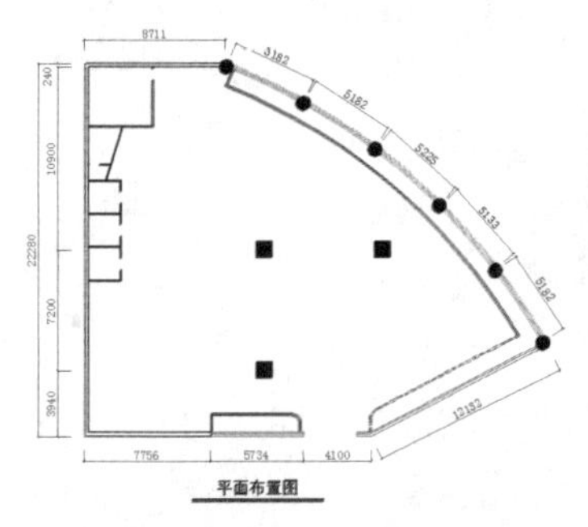

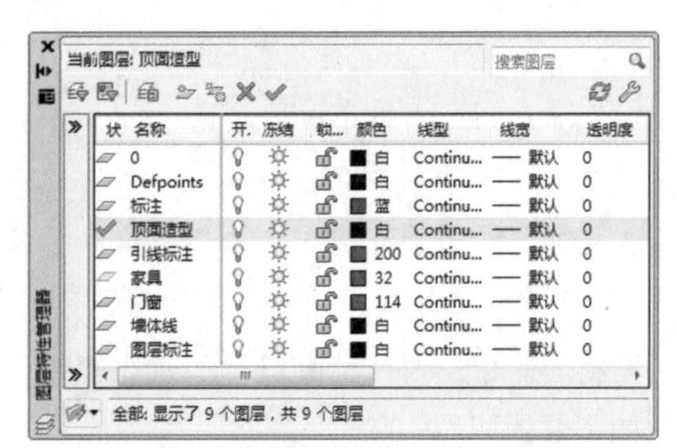

Step 03 执行“直线”命令，将所有门洞进行封闭，如右1图所示。

Step 04 执行“矩形”、“圆心，半径”和“圆弧＞三点”命令，在相应的位置绘制3500×2000的矩形、半径为2000mm的圆、及一条圆弧，如右2图所示。

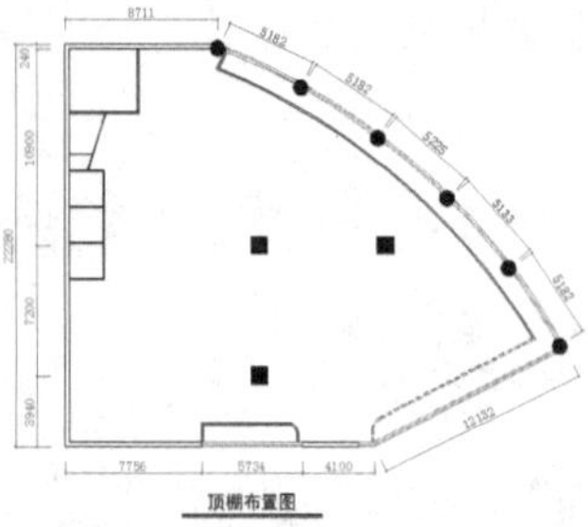

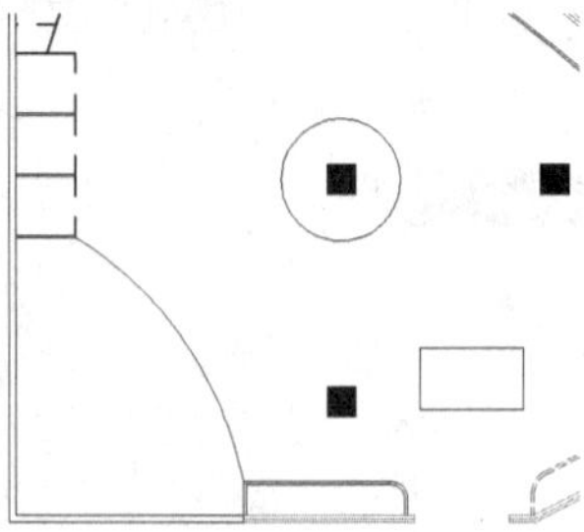

Step 05 执行“偏移”命令，将圆、矩形和圆弧偏移100mm，并设置其颜色为红色，线型为虚线，绘制出灯带线，如右1图所示。

Step 06 执行“矩形”、“旋转”、“插入”等命令，绘制出轨道射灯，如右2图所示。

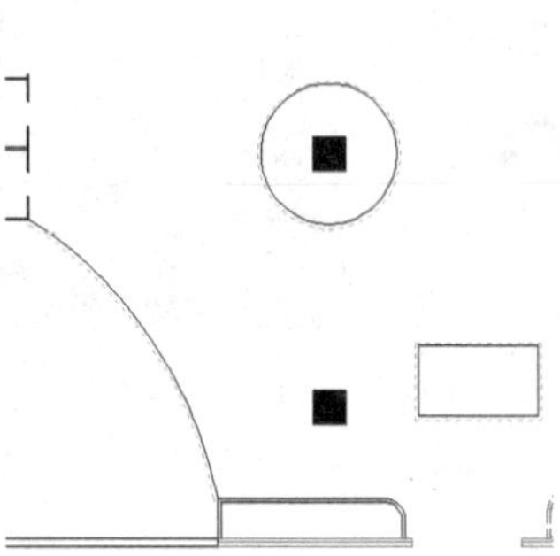

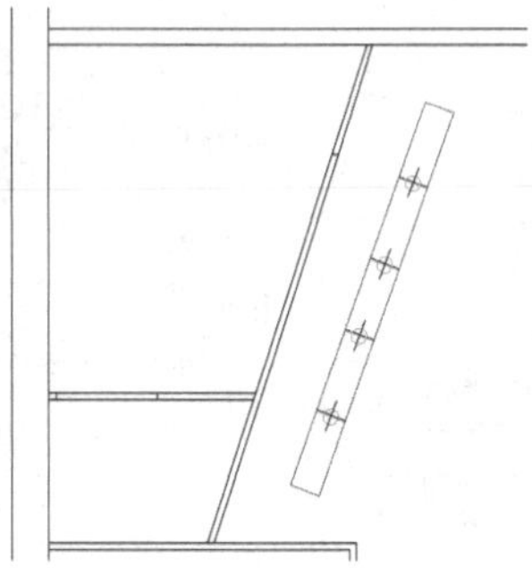

Step 07 执行“矩形”、“圆心，半径”、“插入”等命令，绘制其他轨道射灯，如右1图所示。

Step 08 执行“圆心，半径”和“直线”命令，绘制吸顶灯图形，并对其进行复制，如右2图所示。

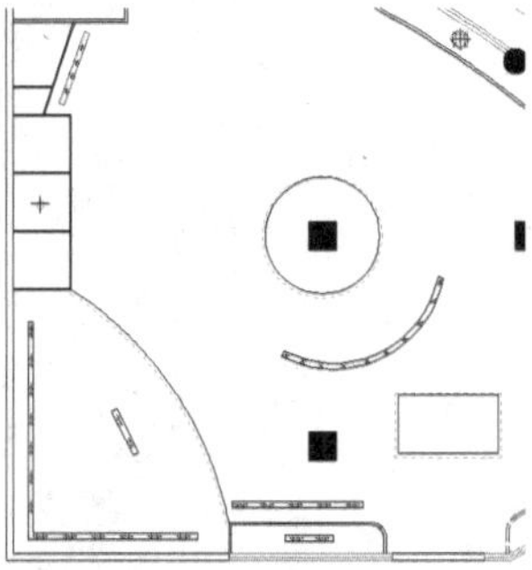

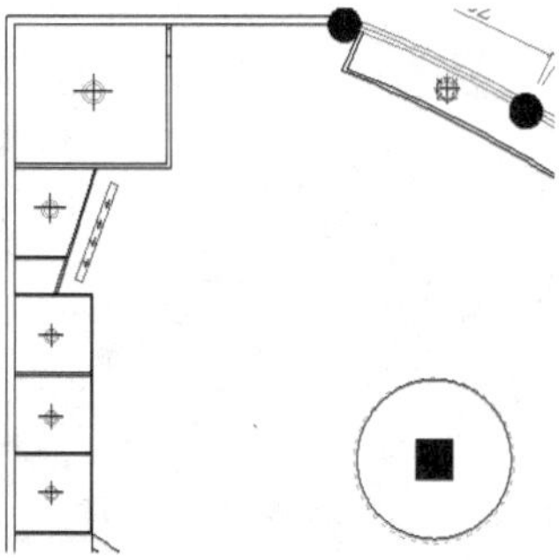

Step 09 执行“插入”和“复制”命令，将“筒灯”模型插入到图形合适位置，并对其进行复制，如右1图所示。

Step 10 继续执行“复制”命令，对“筒灯”模型进行复制，如右2图所示。

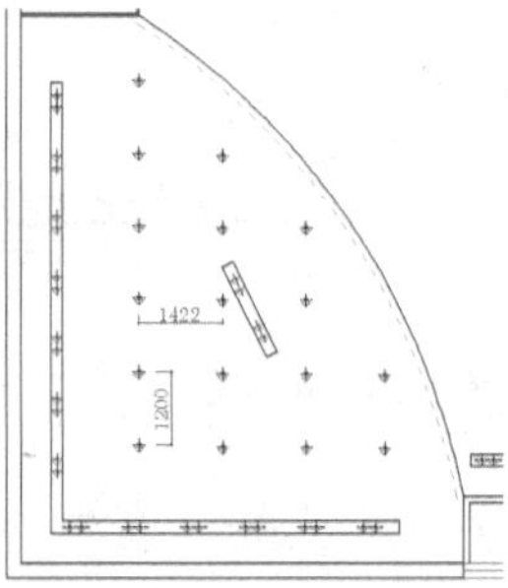

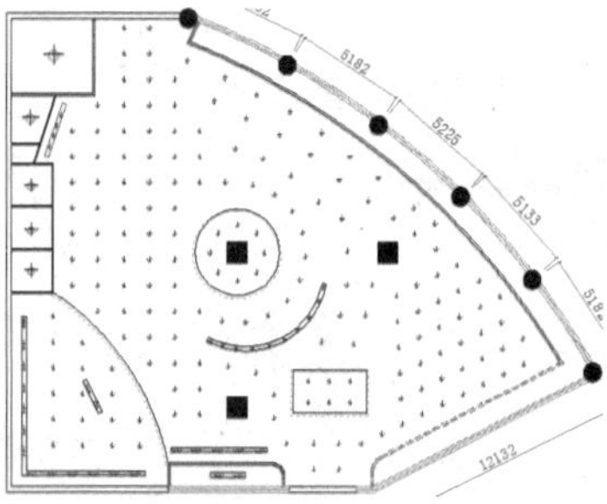

Step 11 执行“插入”命令，将“吊灯”模型插入到橱窗合适位置，并对其进行复制，如右1图所示。

Step 12 执行“插入”、“旋转”、“镜像”等命令，将“射灯”模型插入到柱子合适位置，并对其进行复制、旋转、镜像，如右2图所示。

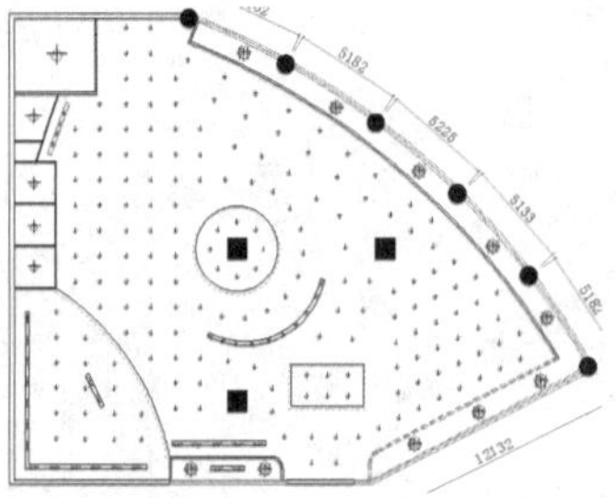

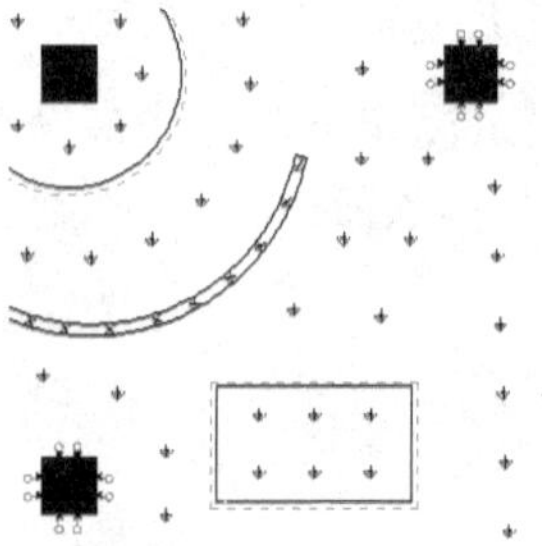

Step 13 将“标注”图层设置为当前层，执行“插入”命令，将“标高符号”插入到储藏室的合适位置，并输入标高值，如下左图所示。

Step 14 执行“复制”命令，对“标高符号”进行复制，并将其放置在图形的合适位置，然后根据需求修改标高值，如下右图所示。

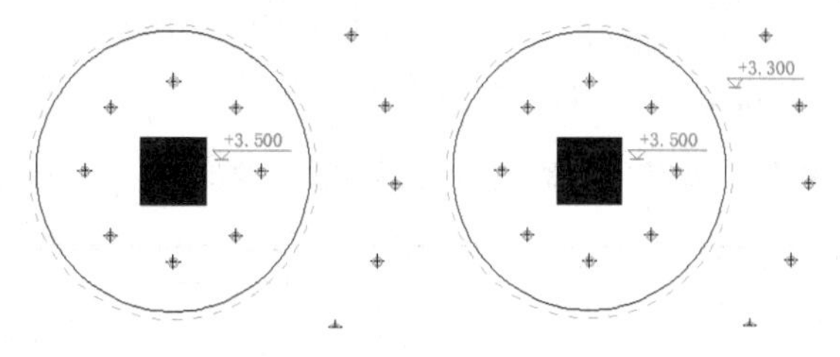

Step 15 继续执行“复制”命令，按照同样的操作方法，为服装专卖店剩余顶面添加标高符号，并根据需求修改标高值，如下左图所示。

Step 16 执行“格式>多重引线样式”命令，新建“平面标注”样式，并设置好其样式参数，如下中图所示。

Step 17 将“引线标注”图层设置为当前层。执行“标注>多重引线”命令，为图形添加引线标注，如下右图所示。至此，服装专卖店顶棚布置图已绘制完毕。

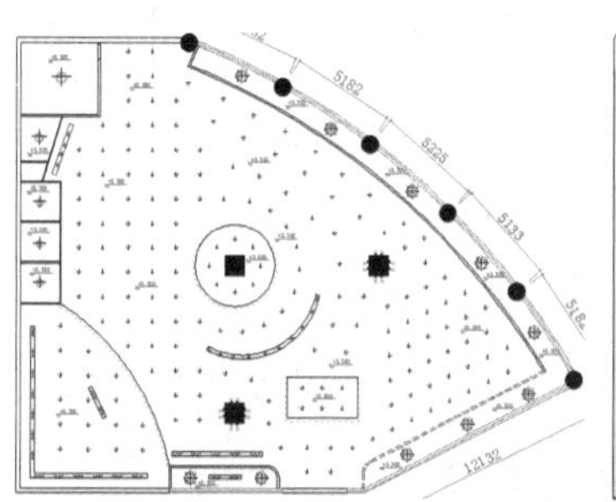

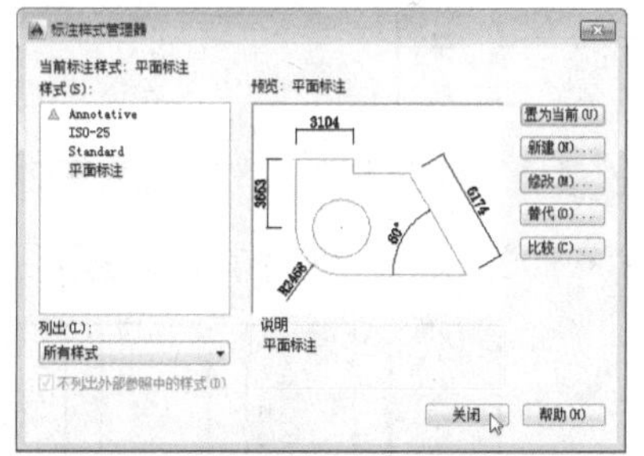

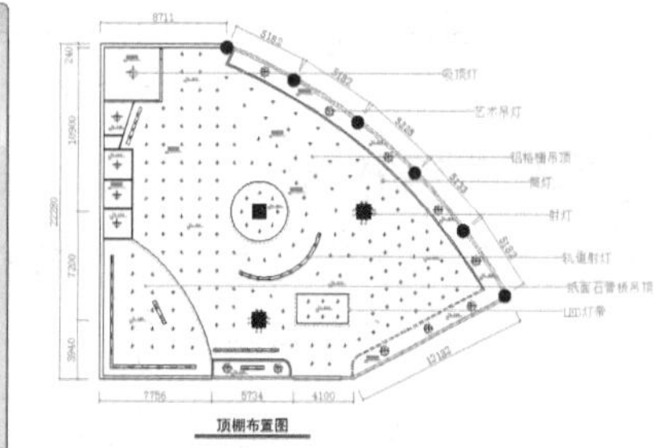

Section 14.3 服装专卖店主要立面图

下面将为用户介绍服装专卖店立面图的绘制步骤，主要有服装店A立面图、服装店B立面图和服装店门头立面图。

14.3.1 服装专卖店A立面图

下面将介绍服装专卖店A立面图的绘制步骤。

Step 01 执行“图层特性”命令，新建“立面造型”图层，设置其图层属性，并将其设置为当前工作图层，如下左图所示。

Step 02 执行“直线”、“偏移”和“修剪”命令，根据平面尺寸，绘制立面区域，如下右图所示。

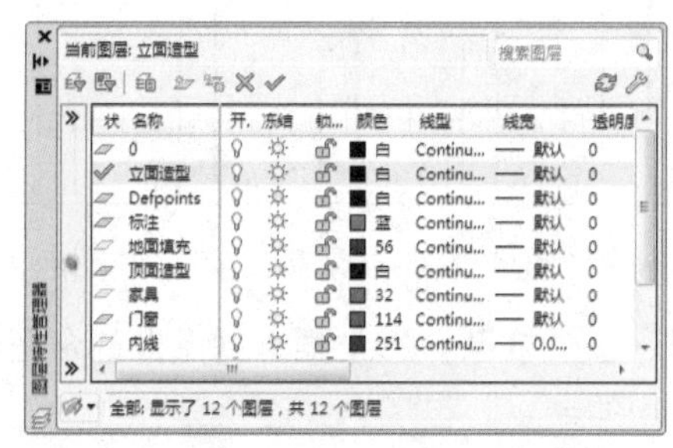

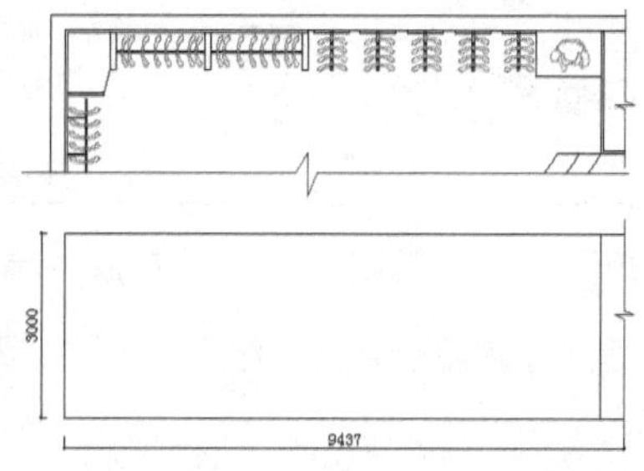

Step 03 执行“偏移”命令，设置偏移距离为150，将地平线向上偏移两次，然后执行“修剪”命令，对偏移线段进行适当修剪，绘制出台阶，如下左图所示。

Step 04 执行“矩形”、“直线”等命令，绘制模特展示台，如下右图所示。

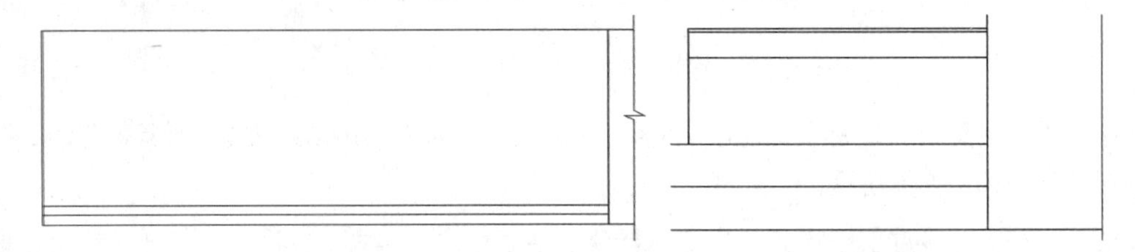

Step 05 执行“多段线”、“偏移”、“矩形”等命令，绘制展示台上方的吊顶造型，如下左图所示。

Step 06 执行“默认>块>插入”命令，将“筒灯”模型插入到图形的合适位置，如下右图所示。

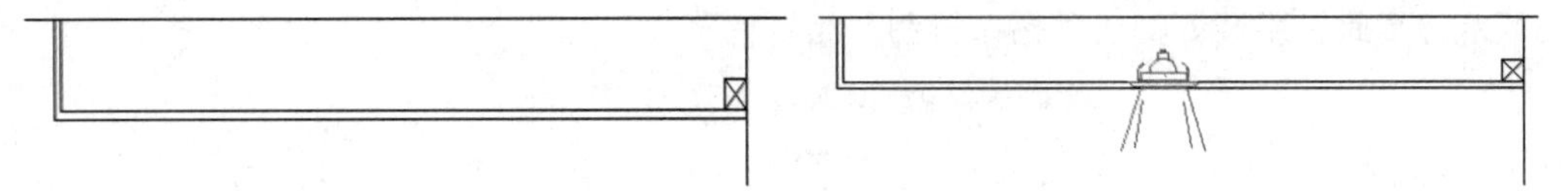

Step 07 继续执行“插入”命令，将“女模特”和“日光灯”模型插入到图形的合适位置，如下左图所示。

Step 08 执行“矩形”命令，绘制600×2700的矩形，并对其进行复制，如下右图所示。

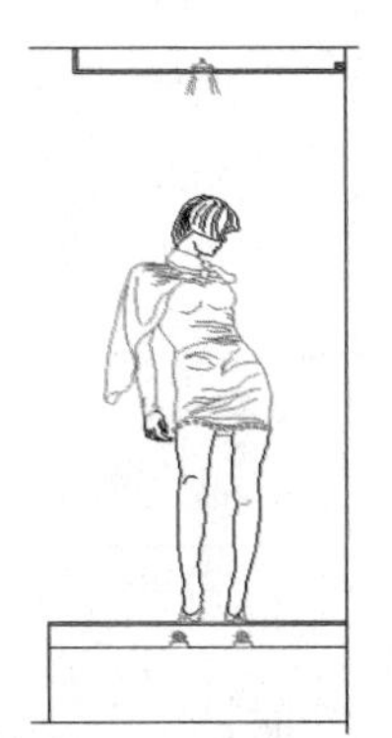

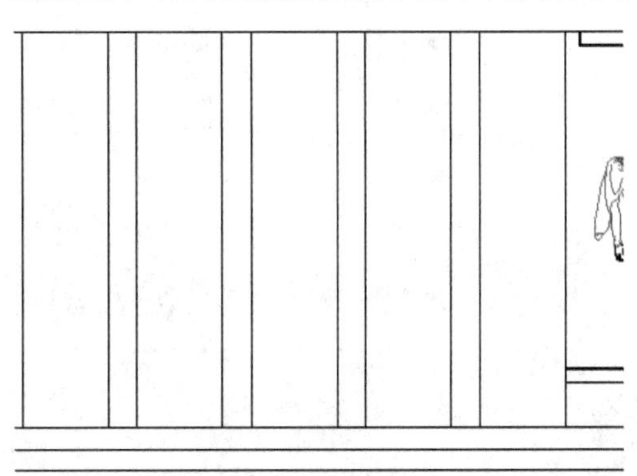

Step 09 执行“格式>文字样式”命令，新建“文字”样式，并设置其样式参数，如下左图所示。

Step 10 执行“默认>注释>多行文字”命令，在相应的位置输入文字，然后对其进行复制，如下右图所示。

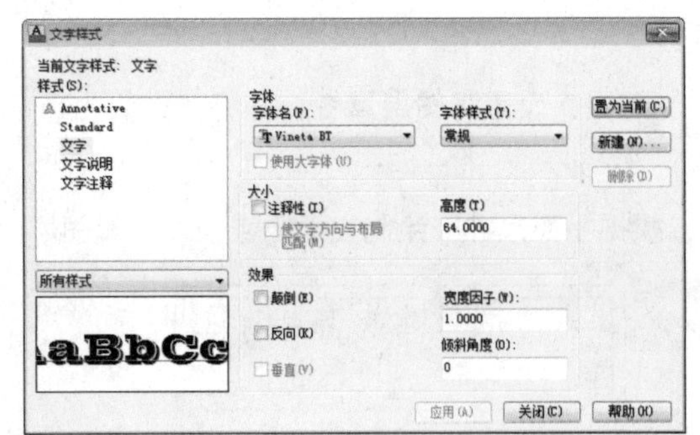

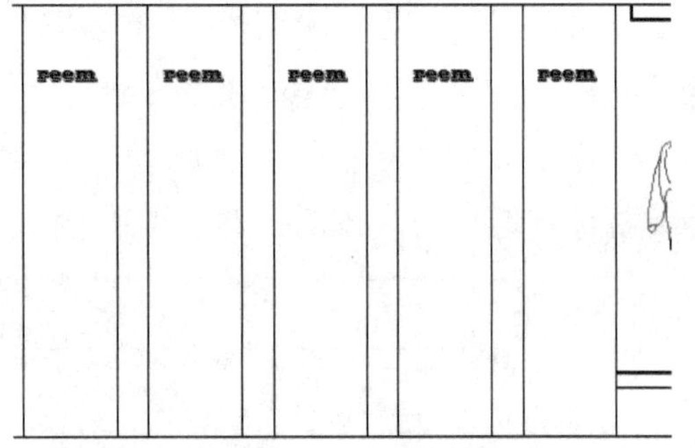

Step 11 执行“矩形”、“椭圆”、“倒圆角”等命令，绘制衣服展示架，如下左图所示。

Step 12 执行“插入”命令，将“射灯”、“衣服”及“衣架”模型插入到图形的合适位置，如下右图所示。

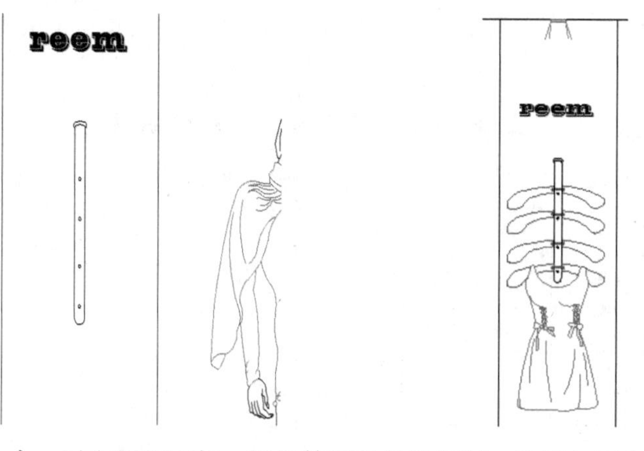

Step 13 执行“复制”命令，对衣服展示架、射灯等进行整体复制，效果如下左图所示。

Step 14 执行“偏移”、“修剪”等命令，绘制靠墙衣服展示架，如下右图所示。

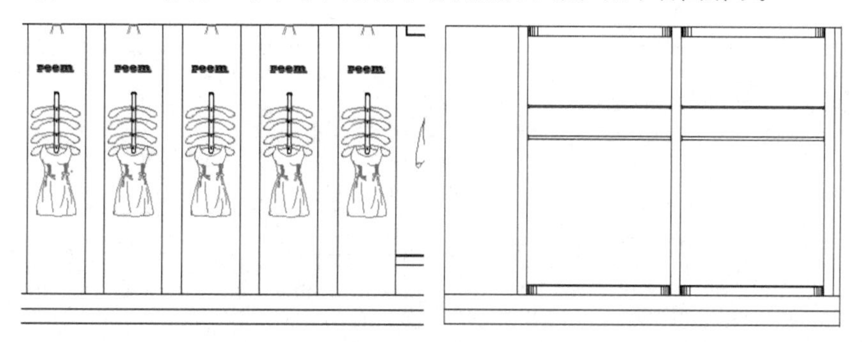

Step 15 执行“图案填充”命令，选择合适的图案对图形进行填充，如下左图所示。

Step 16 执行“插入”命令，将“衣服”、“玩具”等模型插入到图形的合适位置，并对其进行复制，效果如下右图所示。

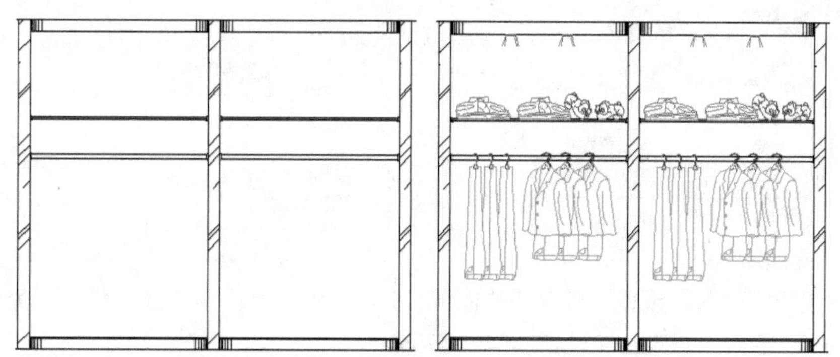

Step 17 执行“多段线”、“圆心，半径”、“矩形”等命令，绘制靠墙衣服展示架的侧面造型，如右1图所示。

Step 18 执行“插入”命令，将“衣服”模型插入到图形的合适位置，如右2图所示。

Step 19 执行“偏移”命令，将地平线向上偏移100，并对其进行修剪，完成踢脚线的绘制，如下左图所示。

Step 20 执行“格式>标注样式”命令，新建“立面标注”样式，并设置其样式参数，如下右图所示。

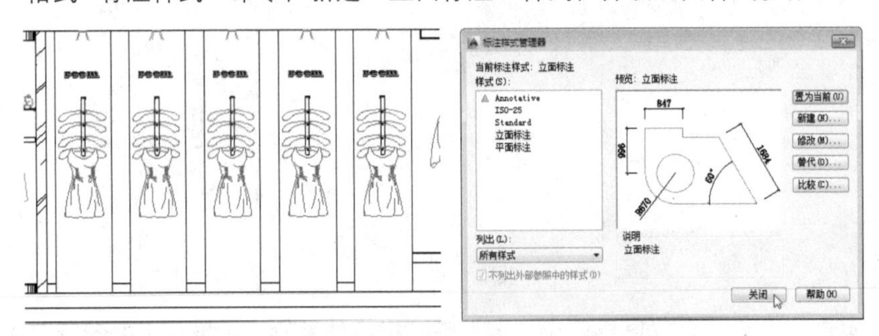

Step 21 将“标注”图层设置为当前层，然后执行“线性”和“连续”标注命令，为图形添加尺寸标注，如下图所示。

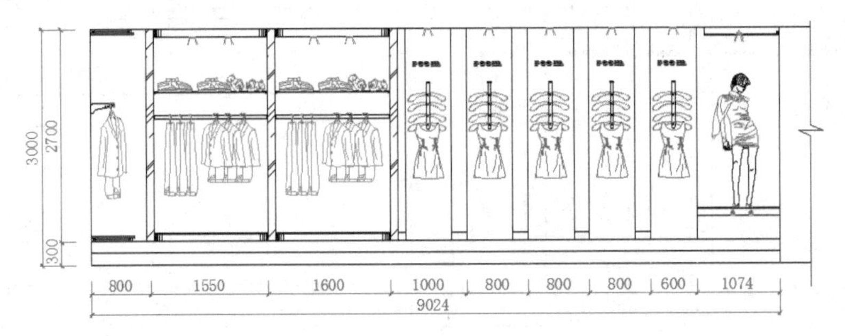

Step 22 执行“格式>多重引线样式”命令，新建“立面标注”样式，如下左图所示。

Step 23 单击“继续”按钮，在打开的对话框中，设置好引线样式，如下右图所示。

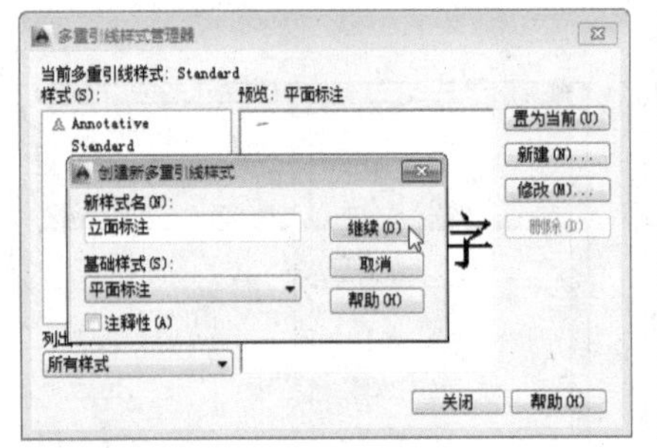

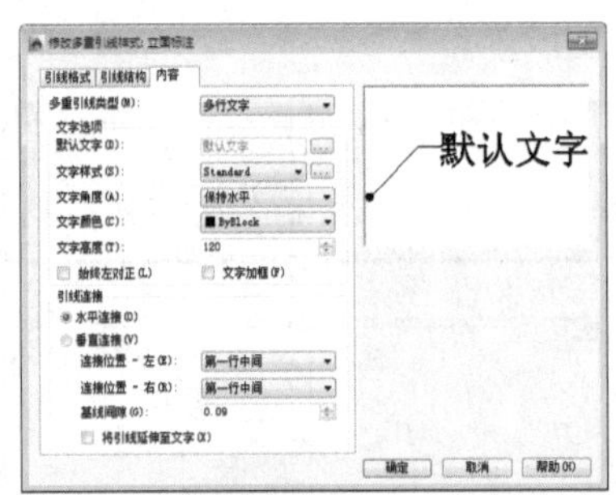

Step 24 将“引线标注”图层设置为当前工作图层。执行“标注>多重引线”命令，为图形添加引线标注，如下图所示。至此，服装店A立面图已绘制完毕。

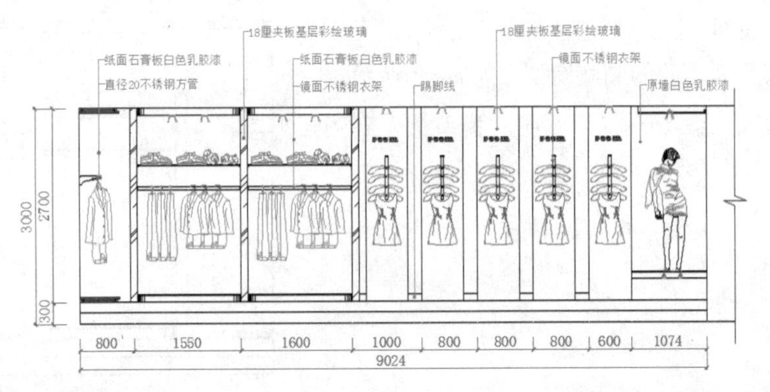

14.3.2 服装专卖店B立面图

下面将介绍服装专卖店B立面图的绘制步骤。

Step 01 将“立面造型”图层设置为当前层。执行“直线”、“偏移”和“修剪”命令，根据平面尺寸，绘制立面区域和吊顶线，如下左图所示。

Step 02 执行“偏移”命令，设置偏移距离为150，将地平线向上进行两次偏移，完成台阶的绘制，如下右图所示。

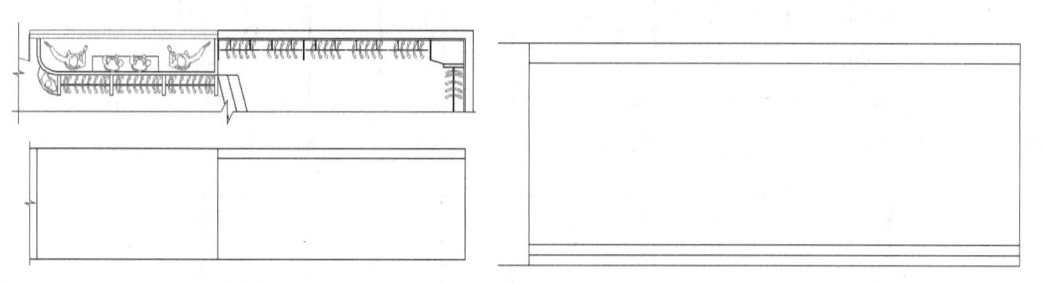

Step 03 继续执行“偏移”命令，将右侧轮廓线依次向左偏移100、600、337，如右1图所示。

Step 04 执行“多段线”、“圆心，半径”、“矩形”等命令，绘制靠墙衣服展示架的侧面造型，如右2图所示。

Step 05 执行“矩形”命令，绘制297×400的矩形，并对其进行复制，如右1图所示。

Step 06 执行“插入”命令，将“筒灯”、“衣服”、“鞋子”等模型插入到图形的合适位置，如右2图所示。

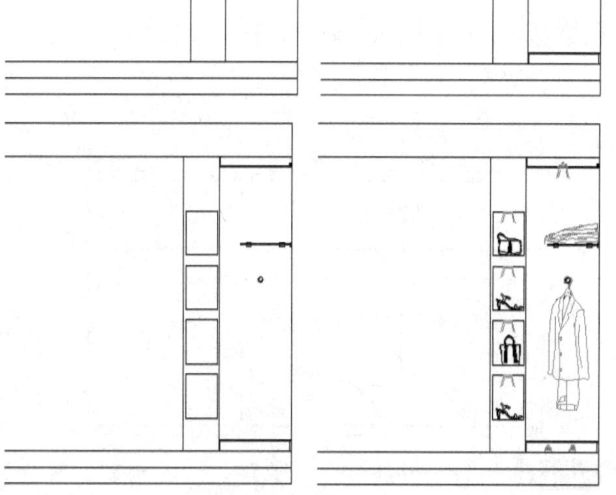

Step 07 执行“矩形”、“偏移”、“修剪”、“复制”等命令，绘制出靠墙衣服展示架，如下图所示。

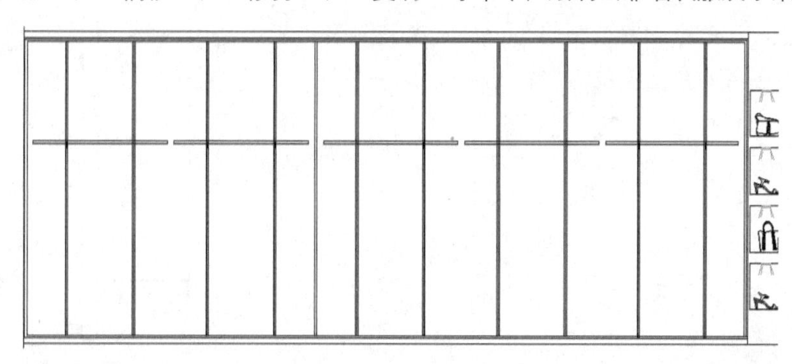

Step 08 执行“插入”命令，将“衣服”和“裤子”模型插入到衣架合适位置，并对其进行复制，如下图所示。

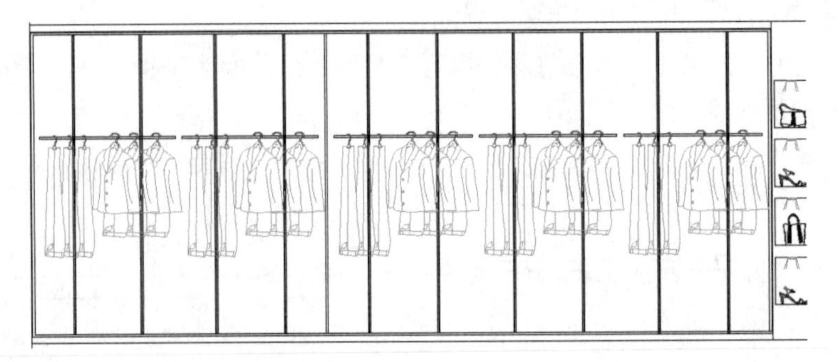

Step 09 执行“修改>修剪”命令，对图形进行适当修剪，效果如下图所示。

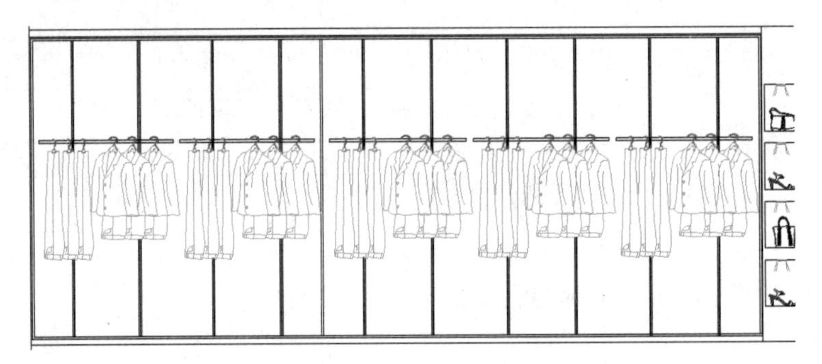

Step 10 执行“偏移”、“修剪”、“图案填充”等命令，绘制靠墙衣服展示架，如下左图所示。

Step 11 执行“插入”命令，将“上衣”、“裤子”、“玩具”等模型插入到图形的合适位置，并对其进行复制，如下右图所示。

Step 12 执行“直线”、“偏移”、“修剪”等命令，绘制模特展示台及顶面造型，如右1图所示。

Step 13 执行“插入”命令，将“筒灯”、“日光灯”及“女模特”模型插入到图形的合适位置，如右2图所示。

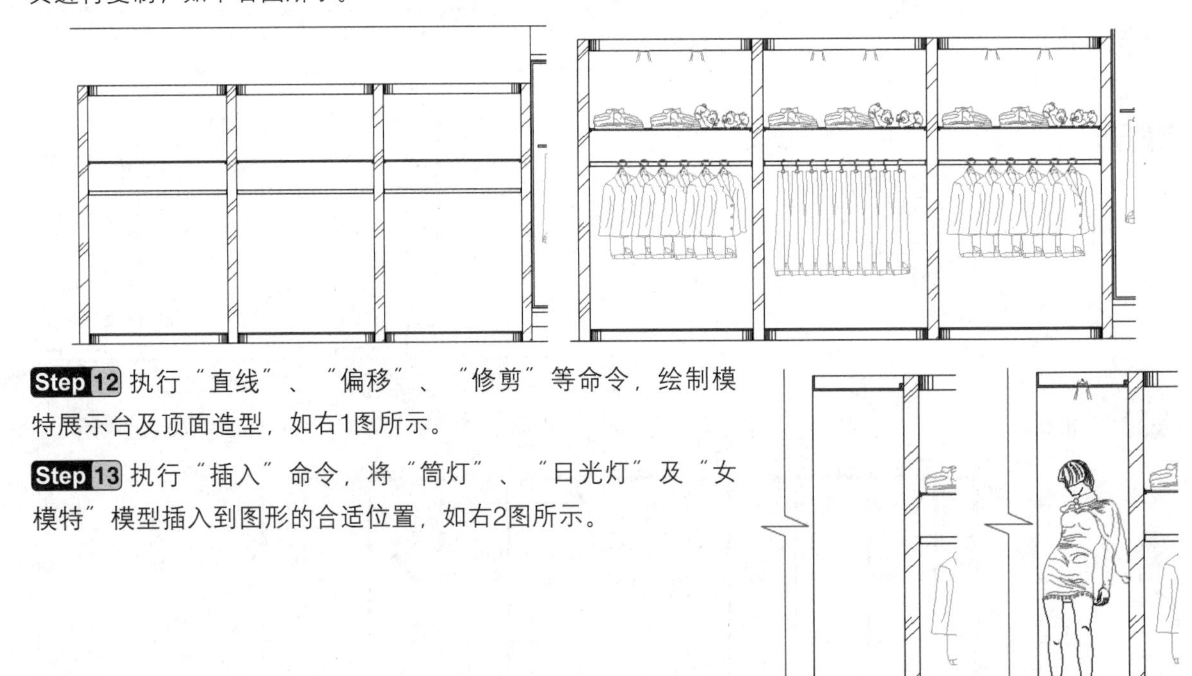

Step 14 将“标注”图层设置为当前层，然后执行“线性”和“连续”标注命令，为图形添加尺寸标注，如下图所示。

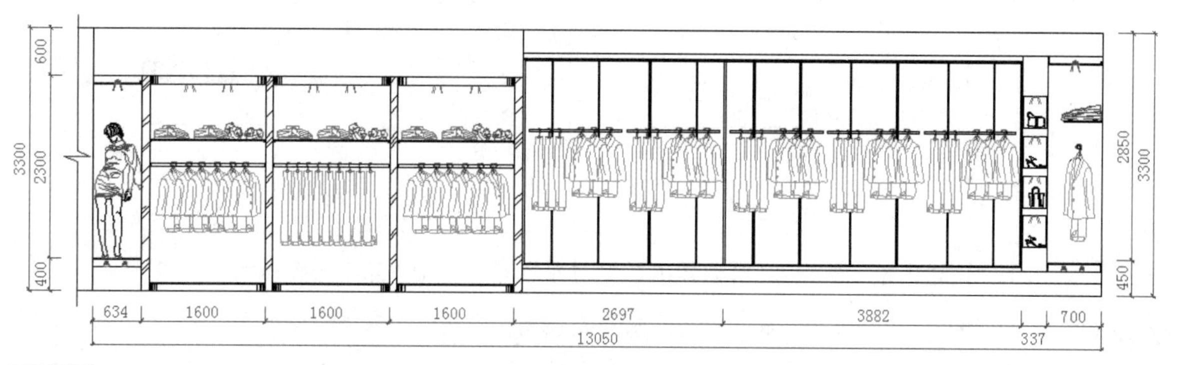

Step 15 将“引线标注”图层设置为当前层，执行“标注>多重引线”命令，为图形添加引线标注，如下图所示。至此，服装店B立面图已绘制完毕。

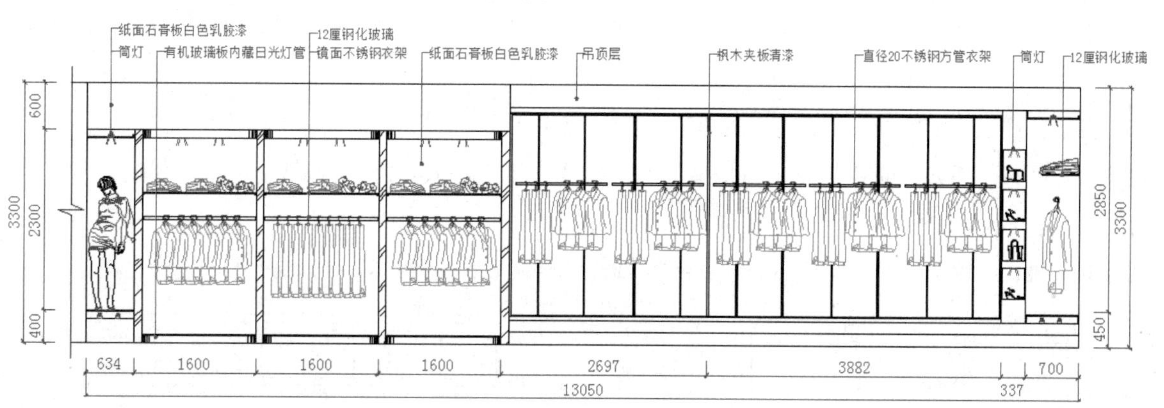

14.3.3 服装专卖店门头立面图

下面将介绍服装店门头立面图的绘制步骤。

Step 01 将“立面造型”图层设置为当前层。执行“直线”、“偏移”和“修剪”命令，根据平面尺寸，绘制立面区域和门洞，如下左图所示。

Step 02 继续执行“直线”、“偏移”和“修剪”命令，对轮廓线进行适当偏移，划分出门头和窗户区域，如下右图所示。

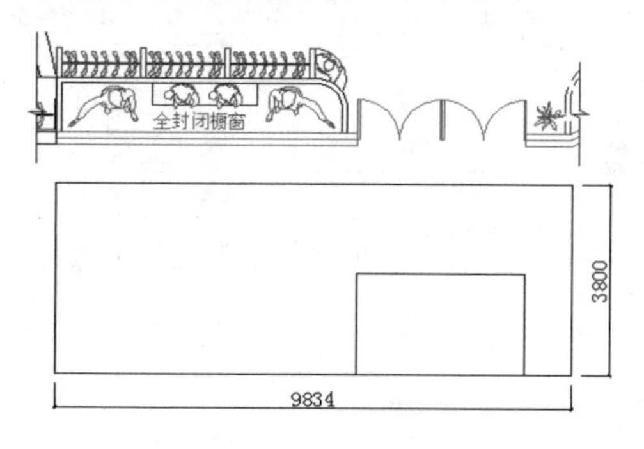

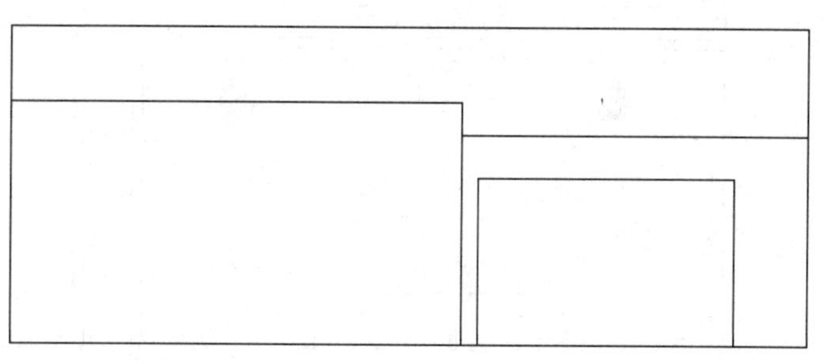

Step 03 执行“矩形”命令，绘制尺寸分别为2100×550和1300×380的两个矩形，如下左图所示。

Step 04 执行“多行文字”命令，在矩形内输入文字，并设置合适的字体和字高，如下右图所示。

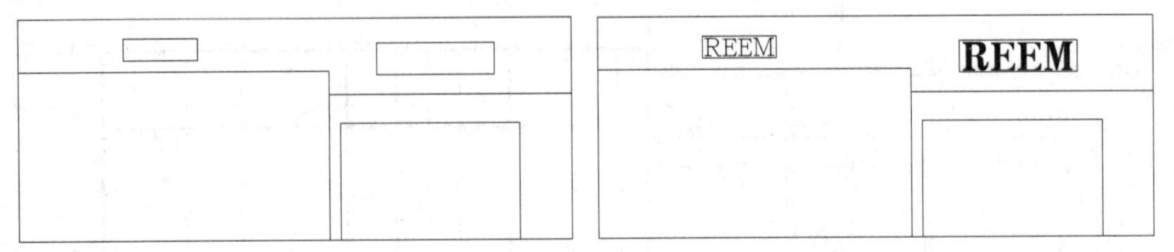

Step 05 执行“图案填充”命令，选择合适的图案对图形进行填充，如下左图所示。

Step 06 执行“矩形”、“偏移”和“修剪”命令，绘制出门图形，如下右图所示。

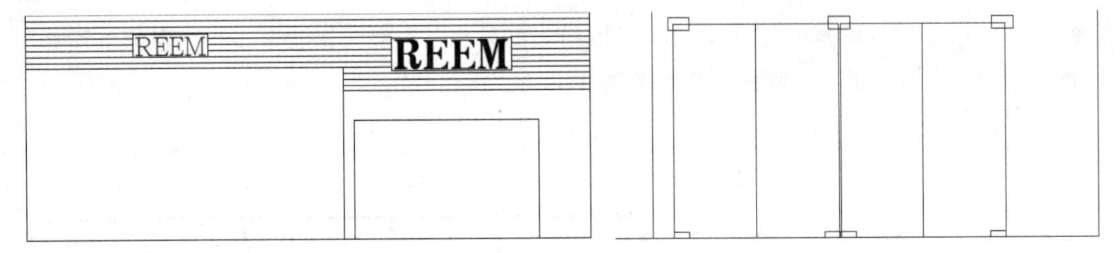

Step 07 执行“插入”命令，将“门把手”和“盆栽”模型插入到门的合适位置，并对其进行镜像、复制，如下左图所示。

Step 08 执行“偏移”和“修剪”命令，绘制出窗户及模特展示台，如下右图所示。

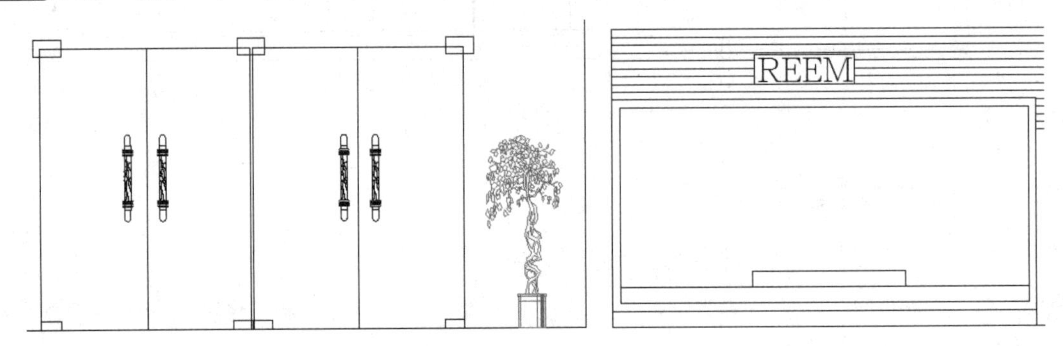

Step 09 执行“插入”命令，将“吊灯”模型插入到窗户的合适位置，如下左图所示。

Step 10 继续执行“插入”命令，将“女模特”模型插入到图形的合适位置，如下右图所示。

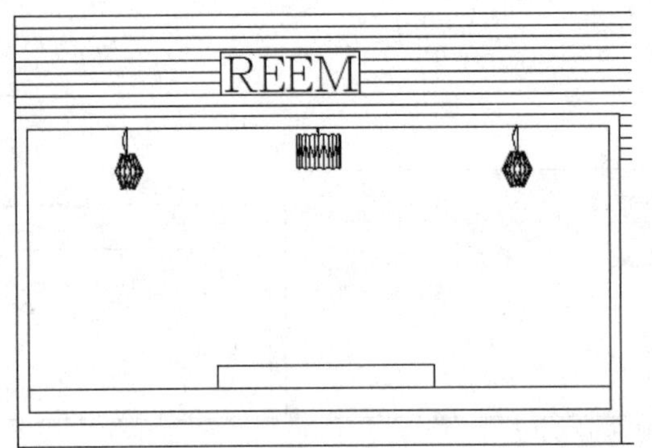

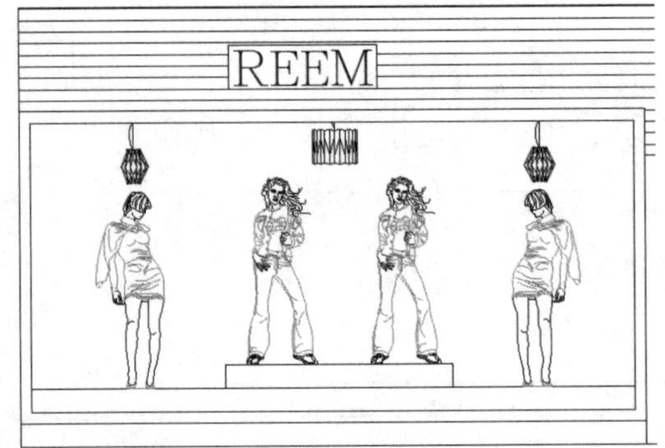

Step 11 执行“图案填充”命令，选择合适的图案对图形进行填充，如下图所示。

Step 12 将“标注”图层设置为当前层。执行“线性”和“连续”标注命令，为图形添加尺寸标注，如下图所示。

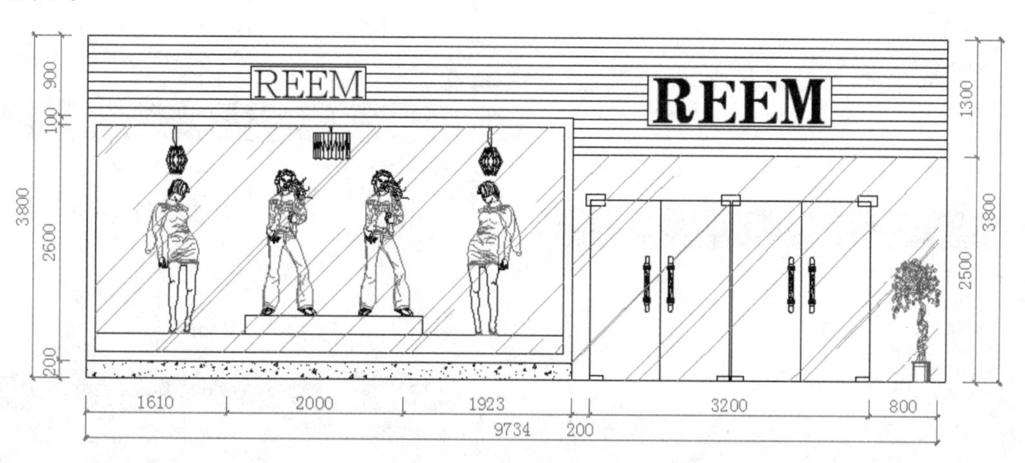

Step 13 将“引线标注”图层设置为当前层。执行“标注>多重引线”命令，为图形添加引线标注，如下图所示。

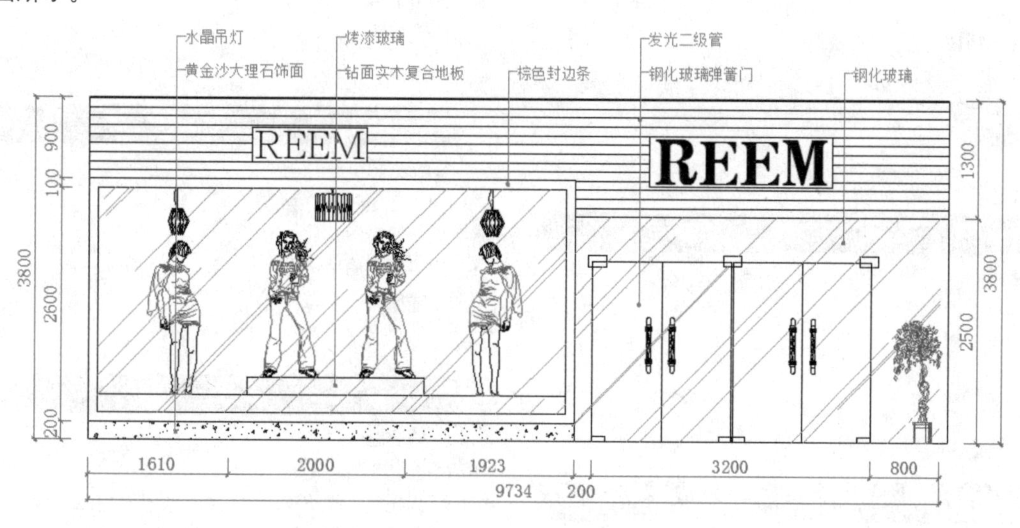

Appendix

Chapter 01

1. 填空题

（1）Computer Auto Design

（2）选择文件

（3）文本窗口

2. 选择题

（1）A （2）A （3）C （4）A

Chapter 02

1. 填空题

（1）选择样板

（2）视口

（3）动态输入功能

2. 选择题

（1）A （2）A （3）C （4）A

Chapter 03

1. 填空题

（1）图层特性、图层特性管理器

（2）Continuous

（3）图层特性管理器、置为当前

2. 选择题

（1）D （2）C （3）B （4）D

Chapter 04

1. 填空题

（1）点样式

（2）内接于圆、外切于圆

（3）圆心、轴，端点

2. 选择题

（1）D （2）D （3）C （4）A

Chapter 05

1. 填空题

（1）多个

（2）缩放

（3）同心偏移、直线

2. 选择题

（1）A （2）A （3）B （4）B

Chapter 06

1. 填空题

（1）对象合集

（2）写块

（3）增强属性编辑器

2. 选择题

（1）C （2）D （3）C （4）B

Chapter 07

1. 填空题

（1）Text，Ddedit

（2）Mtext，Ddedit

（3）%%C，%%P，%%D

2. 选择题

（1）A （2）C （3）B （4）A （5）B

Chapter 08

1. 填空题

（1）尺寸线、尺寸界线、尺寸箭头、尺寸文字

（2）基线标注

（3）ISAVEPERCENT

2. 选择题

（1）B （2）B （3）A （4）D （5）C

Chapter 09

1. 填空题

（1）世界坐标系

（2）楔体

（3）交集

2. 选择题

（1）B （2）D （3）B （4）C

Chapter 10

1. 填空题

（1）三维阵列、层数

（2）复制边

（3）区域渲染

2. 选择题

（1）B （2）C （3）A （4）ACD

Chapter 11

1. 填空题

（1）模型、布局

（2）布局、规格和尺寸、打印设备、打印参数

（3）图纸空间、工作空间

2. 选择题

（1）D （2）A （3）D （4）D